# blacklabel

## 중학수학 1-1

A 등 급 을 위 한 **명 품 수 학**

Tomorrow
better than today

# 중학 수학 1-1

| 저자 | 이문호 | 하나고등학교 | | 김숙영 | 성수중학교 |
| | 김원중 | 강남대성학원 | | 강희윤 | 휘문고등학교 |

| 검토한 선생님 | 김성은 | 블랙박스수학과학전문학원 | 최호순 | 관찰과추론 | 정규수 | 정성수학 |
| | 김미영 | 정일품수학전문학원 | 경지현 | 화서탑이지수학 | 홍성주 | 굿매쓰수학 |

**기획·검토에 도움을 주신 선생님**

| 강은실 | 천호하나학원 | 박대희 | 제주실전수학 | 이영주 | 제주피드백수학학원 |
| 강한길 | 미래의학원 | 박동민 | 울산동지수학과학전문학원 | 이윤주 | 와이제이수학 |
| 고대원 | 분당더원학원 | 박미옥 | 목포폴리아학원 | 이은경 | 이은경더쌤수학학원 |
| 권석 | IRC창의융합수학 | 박세진 | 원촌중 | 이종환 | 이꼼수학 |
| 김일 | 더브레인코어학원 | 박수준 | 수준영재수학학원 | 이준호 | 최상위수학학원 |
| 김경진 | 경진수학학원다산점 | 박유건 | 닥터박수학학원 | 이태섭 | 더고대수학 |
| 김근아 | 닥터매쓰205 | 박재민 | 과수원과학수학전문학원 | 이하나 | 이투스수학학원서창점 |
| 김동영 | 통쾌한수학 | 박준현 | 의성Hsecret수학 | 장두영 | 바움수학학원 |
| 김리안 | 인천수리안학원 | 박천진 | 천진수학 | 장아름 | 더아름교육 |
| 김미진 | 채움수학 | 배정연 | 제이엔씨수학학원 | 전찬용 | 다이나믹학원 |
| 김민수 | 대치원수학 | 서강익 | 원리비법수학 | 정대철 | 정샘수학 |
| 김병국 | 함평고 | 서영준 | 대전힐탑학원 | 정승민 | 덕이고 |
| 김봉조 | 퍼스트클래스수학영어전문학원 | 서용준 | 와이제이학원 | 정인규 | 옥동명인학원 |
| 김선호 | VVS입시학원 | 서원준 | 잠실시그마수학학원 | 정지용 | 과수원과학수학전문학원 |
| 김예리 | 목동탑앤탑학원 | 송은화 | MS수학전문학원 | 정화진 | 진화수학학원 |
| 김예지 | 과수원과학수학전문학원 | 송지연 | 아이비리그데칼트수학 | 조민아 | 러닝트리학원 |
| 김원대 | 메이블수학전문학원 | 송진우 | 도진우수학연구소 | 조영민 | 정석수학풍동학원 |
| 김윤선 | 국빈학원 | 송채연 | 팰리스수학과학 | 조현대 | 씨앤케이수학학원 |
| 김종훈 | 벤엘수학학원 | 안정훈 | 올바른수학보습학원 | 지정경 | 분당가인아카데미 |
| 김준호 | 양진중 | 엄지원 | 더매쓰수학학원 | 채문석 | 대치프리미어 |
| 김지현 | 파스칼대덕학원 | 여원구 | 제주피드백수학학원 | 채민식 | 천안필즈더클래식사고력학원 |
| 김진규 | 서울바움수학역삼력키 | 유광근 | 역촌파머스영어수학학원 | 채수경 | 원주미래와창조학원 |
| 김진호 | 이순신고 | 유동인 | 과수원과학수학전문학원 | 최진철 | 부평하이스트학원 |
| 김형진 | 닥터박수학전문학원 | 윤지혜 | 수준영재수학학원 | 추민지 | 닥터박수학학원 |
| 김호승 | MS수학전문학원 | 이근영 | 매스마스터−센텀수학 | 한광훈 | 행당뉴스터디학원 |
| 마현진 | 피드수학 | 이병문 | 쎈수학러닝센터덕소2학원 | 황성현 | 현수학영어학원 |
| 박경란 | 박경란수학교습소 | 이수동 | E&T수학전문학원 | | |

**초판1쇄** 2024년 8월 7일 **펴낸이** 신원근 **펴낸곳** ㈜진학사 블랙라벨부 **기획편집** 윤하나 유효정 홍다솔 김지민 최지영 김대현 **디자인** 이지영 **마케팅** 박세라
**주소** 서울시 종로구 경희궁길 34 **학습 문의** booksupport@jinhak.com **영업 문의** 02 734 7999 **팩스** 02 722 2537 **출판 등록** 제300-2001-202호

● 잘못 만들어진 책은 구입처에서 교환해 드립니다. ● 이 책에 실린 모든 내용에 대한 권리는 ㈜진학사에 있으므로 무단으로 전재하거나, 복제, 배포할 수 없습니다.

**이 책의 동영상 강의 사이트** 강남구청 인터넷수능방송 / EBS / 엠베스트 / 온리원 / 천재교과서

# WWW.JINHAK.COM

# 중학수학 1-1

A등급을 위한 명품 수학

## 블랙라벨

# 01
## 명품 문제만
## 담았다.

**계산만 복잡한 문제는 가라!**

블랙라벨 중학 수학은 우수 학군 중학교의
최신 경향 시험 문제를 개념별, 유형별로
분석한 뒤, 우수 문제만 선별하여 담았습니다.

# 02
## 고난도 문제의
## 비율이 높다.

**상위권 입맛에 맞췄다!**

블랙라벨 중학 수학은 고난도 문제의
비율이 낮은 다른 상위권 문제집과 달리
'상' 난이도의 문제가 50% 이상입니다.

# 03
## 수준에 따라
## 단계별로 학습할 수 있다.

**이제는 공부도 전략을 세워야 할 때!**

블랙라벨 중학 수학은 학습 수준에 따라 단계별
로 문제가 제시되어 있어, 원하는 학습 목표 수
준에 따라 공부 전략을 세우고 단계별로 학습할
수 있습니다.

## A등급 만들기
## 단계별 학습
## 프로젝트

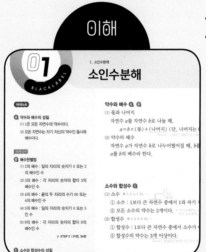

## 핵심개념 + 100점 노트

**핵심개념** 해당 단원을 완벽하게 이해하기 위한
필수적인 내용을 담았습니다. 또한, 예, 참고 등
을 통하여 개념을 이해하는 데 도움을 주도록 하
였습니다.

**100점 노트** 선생님만의 100점 노하우를 도식
화·구조화하여 제시하였습니다. 관련된 문제
번호를 링크하여 문제를 통해 확인할 수 있도록
하였습니다.

## 시험에 꼭 나오는 문제

시험에서 어려운 문제만 틀리는 것은 아니므로
문제 해결력을 키워주는 필수 문제를 담았습니다.

각 개념별로 엄선한 기출 대표 문제를 수록하여
실제 시험에서 기본적으로 80점은 확보할 수 있
도록 하였습니다.

# 읽기만 해도 공부가 되는 진짜 해설을 담았다!

해설만 읽어도 문제 해결 방안이 이해될 수 있도록 명쾌하고 자세한 해설을 담았습니다.

도전 문제에는 단계별 해결 전략을 제시하여 문제를 풀기 위해 어떤 방식, 어떤 사고 과정을 거쳐야 하는지 알 수 있습니다.

필수 개념, 필수 원리, 해결 실마리, 풀이 첨삭 및 교과 외 지식에 대한 설명 등의 BLACKLABEL 특강을 통하여 다른 책을 펼쳐 볼 필요없이 해설만 읽어도 학습이 가능합니다.

---

## 종합 ⟩ 심화 ⟩ 완성

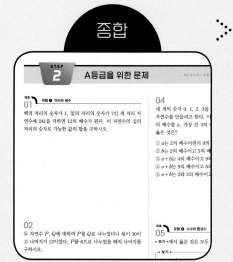

---

### A등급을 위한 문제

A등급의 발목을 잡는 다양한 유형의 문제와 우수 학군 중학교의 변별력 있는 신경향 예상 문제를 담았습니다.

**앗! 실수** 실제 시험에서 학생들이 실수하기 쉬운 문제들을 수록하였습니다. 정답과 해설의 오답 피하기를 확인하세요.

**서술형** 서술형 문항으로 논리적인 사고를 키울 수 있습니다.

**도전** 정답률 50% 미만의 문제를 수록하여 어려운 문제의 해결력을 강화할 수 있도록 하였습니다.

### 종합 사고력 도전 문제

타문제집과는 비교할 수 없는 변별력 있는 고난도 문제를 담아 최고등급을 받을 수 있습니다.

단계별 해결 전략을 제시하여 문제를 풀기 위해 어떤 방식, 어떤 사고 과정을 거쳐야 하는지 알 수 있습니다.

**창의 융합** 우수 학군 중학교의 타교과 융합 문제 및 실생활 문제를 담아 종합 사고력 및 응용력을 키울 수 있습니다.

### 대단원평가

서술형, 단계형 문제와 소요 시간을 제공하여 대단원별 모의 시험 형태로 구성하였습니다.

학교 시험에서 소요 시간이 긴 중 난이도 이상의 문제를 집중적으로 연습하고 대단원에서 학습한 내용을 최종 점검할 수 있도록 문제를 구성하였습니다.

BLACK LABEL

# 수학을 잘하기 위해서는

## 1 단계 순으로 학습하라.

이 책은 뒤로 갈수록 높은 사고력을 요하기 때문에 이 책에 나와 있는 단계대로 차근차근 공부해야 학습 효과를 극대화할 수 있다.

## 2 손으로 직접 풀어라.

자신 있는 문제라도 눈으로 풀지 말고 풀이 과정을 노트에 손으로 직접 적어보아야 자기가 알고 있는 개념과 모르고 있는 개념이 무엇인지 알 수 있다.

또한, 검산을 쉽게 할 수 있으며 답이 틀려도 틀린 부분을 쉽게 찾을 수 있어 효율적이다.

## 3 풀릴 때까지 풀어라.

대부분의 학생들은 풀이 몇 줄 끄적여보고 문제가 풀리지 않으면 포기하기 일쑤다. 그러나 어려운 문제일수록 포기하지 말고 끝까지 답을 얻어내려고 해야 한다.

충분한 시간 동안 시행착오를 겪으면서 얻게 된 지식은 온전히 내 것이 된다.

## 4 여러 가지 방법으로 풀어라.

수학이 다른 과목과 가장 다른 점은 풀이 방법이 여러 가지라는 점이다. 그렇기 때문에 학생에 따라 문제를 푸는 시간도 천차만별이다.

자신에게 가장 잘 맞는 방법을 찾기 위해서는 한 문제를 여러 가지 방법으로 풀어보아야 한다. 그렇게 하면 수학적 사고력도 키울 수 있고, 문제 푸는 시간도 줄일 수 있다.

## 5 틀린 문제는 꼭 다시 풀어라.

완벽히 내 것으로 소화할 때까지 틀린 문제와 풀이 방법이 확실하지 않은 문제는 꼭 다시 풀어야 한다.

나만의 '오답노트'를 만들어 자주 틀리는 문제와 잊어버리는 개념, 해결과정 등을 메모하여 같은 실수를 반복하지 않도록 한다.

# Contents

중학수학 1 - 2

I. 기본 도형
II. 평면도형
III. 입체도형
IV. 통계

* 중학수학 1-2 별매

If you can dream it,
you can do it.

무엇이라도 꿈을 꿀 수 있다면,
그것을 실행하는 것 역시 가능하다.

월트 디즈니

# I

# 소인수분해

BLACKLABEL

I. 소인수분해

# 소인수분해

## 100점노트

### Ⓐ 약수와 배수의 성질

(1) 1은 모든 자연수의 약수이다.

(2) 모든 자연수는 자기 자신의 약수인 동시에 배수이다.

## 100점공략

### Ⓑ 배수판별법

(1) 2의 배수 : 일의 자리의 숫자가 0 또는 2의 배수인 수

(2) 3의 배수 : 각 자리의 숫자의 합이 3의 배수인 수

(3) 4의 배수 : 끝의 두 자리의 수가 00 또는 4의 배수인 수

(4) 5의 배수 : 일의 자리의 숫자가 0 또는 5인 수

(5) 9의 배수 : 각 자리의 숫자의 합이 9의 배수인 수

▶ STEP 2 | 01번, 04번

### Ⓒ 소수와 합성수의 성질

(1) 1은 소수도 아니고 합성수도 아니다.

(2) 2는 소수 중에서 가장 작은 수이고 소수 중 유일하게 짝수이다.

(3) 2보다 큰 짝수는 모두 2를 약수로 가지므로 합성수이다.

### Ⓓ 소인수분해하는 방법

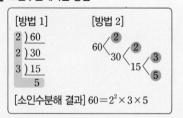

[소인수분해 결과] $60=2^2 \times 3 \times 5$

▶ STEP 2 | 14번

## 중요

### Ⓔ 자연수의 제곱수

(1) 제곱수 : 어떤 수를 제곱하여 얻은 수

(2) 자연수의 제곱수를 소인수분해하면 소인수의 지수는 모두 짝수이다.

▶ STEP 1 | 08번, STEP 2 | 15번, 16번, 17번

## 100점공략

### Ⓕ 자연수 $N=a^m \times b^n$의 약수의 총합

$\Rightarrow (1+a+a^2+\cdots+a^m)$
$\times (1+b+b^2+\cdots+b^n)$

(단, $a$, $b$는 서로 다른 소수, $m$, $n$은 자연수)

▶ STEP 2 | 19번

## 약수와 배수 Ⓐ, Ⓑ

(1) 몫과 나머지

자연수 $a$를 자연수 $b$로 나눌 때,

$$a = b \times (\text{몫}) + \underline{(\text{나머지})} \quad (\text{단, 나머지는 0 이상이고 } b \text{보다 작다.})$$

(나머지)=0이면 $a$는 $b$로 나누어떨어진다고 한다.

(2) 약수와 배수

자연수 $a$가 자연수 $b$로 나누어떨어질 때, $b$를 $a$의 약수, $a$를 $b$의 배수라 한다.

$$\underset{\downarrow a\text{의 약수}}{\overset{\downarrow b\text{의 배수}}{a = b \times (\text{몫})}}$$

## 소수와 합성수 Ⓒ

(1) 소수 예 2, 3, 5, 7, 11, ⋯ ┌ 1 ├ 소수 └ 합성수

① 소수 : 1보다 큰 자연수 중에서 1과 자기 자신만을 약수로 갖는 수

② 모든 소수의 약수는 2개이다. ※ 여기서 배우는 소수(素數)는 0.2, 1.3 등의 소수(小數)와는 다르다.

(2) 합성수 예 4, 6, 8, 9, 10, ⋯

① 합성수 : 1보다 큰 자연수 중에서 소수가 아닌 수

② 합성수의 약수는 3개 이상이다.

합성수는 1보다 크고 자기 자신보다 작은 약수를 하나 이상 갖는다.

## 소인수분해 Ⓓ, Ⓔ

(1) 거듭제곱 : 같은 수를 거듭하여 곱한 것

$2^1$로 2로 나타낸다.

① 밑 : 거듭제곱에서 곱하는 수

② 지수 : 거듭제곱에서 밑이 곱해진 개수

개수이므로 1, 2, 3, ⋯과 같은 자연수

$$\underbrace{a \times a \times a \times \cdots \times a}_{n\text{개}} = a^{\overset{\text{지수}}{n}}_{\underset{\text{밑}}{}}$$

(2) 소인수분해 자연수 $a$, $b$, $c$에 대하여 $a=b \times c$일 때, $b$, $c$를 $a$의 인수라 한다.

① 소인수 : 어떤 자연수의 약수 중에서 소수인 것

자연수에서는 약수와 인수가 같다.

② 소인수분해 : 합성수를 그 수의 소인수만의 곱으로 나타내는 것

소인수분해한 결과는 보통 크기가 작은 소인수부터 차례대로 쓰고, 같은 소인수의 곱은 거듭제곱으로 나타내지만 서로 다른 소인수의 곱은 더 이상 간단히 할 수 없다.

## 소인수분해를 이용하여 약수 구하기 Ⓕ

자연수 $N$이 $N=a^m \times b^n$ ($a$, $b$는 서로 다른 소수, $m$, $n$은 자연수)으로 소인수분해될 때,

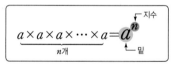

(1) $N$의 약수 $\Rightarrow (a^m\text{의 약수}) \times (b^n\text{의 약수})$

(2) $N$의 약수의 개수 $\Rightarrow \underset{a^m\text{의 약수의 개수}}{(m+1)} \times \underset{b^n\text{의 약수의 개수}}{(n+1)}$

예 80을 소인수분해하면 $80=2^4 \times 5$이므로 $2^4$의 약수와 5의 약수를 각각 곱하면 오른쪽 표와 같다.

따라서 80의 약수는 1, 2, 4, 5, 8, 10, 16, 20, 40, 80이고 약수의 개수는 $(4+1) \times (1+1)=10$

| × | 1 | 5 |
|---|---|---|
| 1 | $1 \times 1$ | $1 \times 5$ |
| 2 | $2 \times 1$ | $2 \times 5$ |
| $2^2$ | $2^2 \times 1$ | $2^2 \times 5$ |
| $2^3$ | $2^3 \times 1$ | $2^3 \times 5$ |
| $2^4$ | $2^4 \times 1$ | $2^4 \times 5$ |

## 01 약수와 배수

48을 어떤 자연수 $x$로 나누었더니 나머지가 8이었다. 이를 만족시키는 모든 $x$의 값의 합을 구하시오.

## 02 소수

세 수 $n$, $4 \times n + 1$, $7 \times n + 2$가 모두 소수가 되도록 하는 가장 작은 자연수 $n$의 값을 구하시오.

## 03 합성수

자연수에 대한 설명으로 •보기•에서 옳은 것을 모두 고른 것은?

•보기•
ㄱ. 모든 소수는 홀수이다.
ㄴ. 한 자리 자연수 중에서 소수는 4개이다.
ㄷ. 모든 합성수는 약수의 개수가 짝수이다.

① ㄱ     ② ㄴ     ③ ㄱ, ㄴ
④ ㄴ, ㄷ     ⑤ ㄱ, ㄴ, ㄷ

## 04 거듭제곱

•보기•에서 옳은 것을 모두 고르시오.

•보기•
ㄱ. $32 = 2^5$
ㄴ. $2 + 2 + 2 + 2 = 2^4$
ㄷ. $\dfrac{3}{2} \times \dfrac{3}{2} \times \dfrac{3}{2} \times \dfrac{3}{2} = \dfrac{3^4}{2}$
ㄹ. $2 \times 2 \times 2 + 3 \times 3 \times 5 = 2^3 + 3^2 \times 5$

## 05 거듭제곱의 활용

$3^{50}$의 일의 자리의 숫자는?

① 1     ② 3     ③ 5
④ 7     ⑤ 9

## 06 소인수

20 이상이고 30 이하인 자연수 중에서 소수가 $a$개일 때, 다음 중 소인수가 $a$개인 것은?

① 30     ② 60     ③ 72
④ 84     ⑤ 121

STEP 1

## 07 소인수분해

다음 조건을 만족시키는 자연수를 구하시오.

> (가) 35보다 크고 40보다 작다.
> (나) 2개의 소인수를 가지며, 두 소인수의 합은 5이다.

## 08 소인수분해의 활용

$360 \times a = b^2$을 만족시키는 $a$, $b$가 가장 작은 자연수가 되도록 할 때, $a+b$의 값은?

① 10      ② 30      ③ 50
④ 70      ⑤ 90

## 09 약수 구하기

$1 \times 2 \times 3 \times \cdots \times 9 \times 10$의 약수가 <u>아닌</u> 것은?

① 16      ② 35      ③ 42
④ 140      ⑤ 243

## 10 약수의 활용

180의 약수 중 세 번째로 작은 수와 네 번째로 큰 수의 합은?

① 40      ② 42      ③ 45
④ 48      ⑤ 50

## 11 약수의 개수

$\dfrac{2000}{N}$을 자연수로 만드는 자연수 $N$의 개수는?

① 12      ② 15      ③ 16
④ 18      ⑤ 20

## 12 약수의 개수의 활용

$2^4 \times a$의 약수의 개수가 10이 되도록 하는 10 이하의 자연수 $a$의 개수는?

① 2      ② 3      ③ 4
④ 5      ⑤ 6

## 대표 01 유형 ❶ 약수와 배수

백의 자리의 숫자가 1, 일의 자리의 숫자가 7인 세 자리 자연수에 241을 더하면 12의 배수가 된다. 이 자연수의 십의 자리의 숫자로 가능한 값의 합을 구하시오.

## 02

두 자연수 $P$, $Q$에 대하여 $P$를 $Q$로 나누었더니 몫이 30이고 나머지가 13이었다. $P$를 6으로 나누었을 때의 나머지를 구하시오.

## 03

221은 $n-3$으로 나누어떨어지고, $n$으로 나누면 나머지가 1이다. 두 자리 자연수 $n$의 값을 구하시오.

## 04

네 개의 숫자 0, 1, 2, 3을 각각 한 번씩 이용하여 네 자리 자연수를 만들려고 한다. 이와 같이 만든 수 중 가장 작은 4의 배수를 $a$, 가장 큰 3의 배수를 $b$라 할 때, 다음 설명 중 옳은 것은?

① $a$는 2의 배수이면서 9의 배수이다.
② $b$는 2의 배수이고 5의 배수는 아니다.
③ $a+b$는 4의 배수이고 9의 배수는 아니다.
④ $a+b$는 9의 배수이고 6의 배수는 아니다.
⑤ $a+b$는 2와 3의 배수이고 5의 배수는 아니다.

## 대표 05 유형 ❷ 소수와 합성수

•보기•에서 옳은 것은 모두 몇 개인가?

┌─ 보기 ─
ㄱ. 두 홀수의 곱은 합성수이다.
ㄴ. 모든 자연수는 약수가 2개 이상이다.
ㄷ. 합성수는 모두 짝수이다.
ㄹ. 소수이면서 합성수인 자연수가 있다.
ㅁ. 모든 합성수는 소수의 곱으로 나타낼 수 있다.
└─

① 1개          ② 2개          ③ 3개
④ 4개          ⑤ 5개

## 06

두 자연수 $a$, $b$는 모두 소수이고 $a=b+4$이다. $a$는 5보다 크고 35보다 작을 때, $b$의 값이 될 수 있는 모든 수의 합은?

① 30          ② 35          ③ 39
④ 42          ⑤ 50

## 07

$n$이 소수일 때, $\dfrac{165}{n-4}$가 자연수가 되도록 하는 모든 $n$의 값의 합을 구하시오.

## 08

앗!실수

다음과 같이 같은 크기의 정사각형 모양의 조각을 겹치지 않게 이어 붙여 가로, 세로를 구분하지 않고 직사각형 모양을 만들려고 한다.

같은 크기의 정사각형 모양의 조각 12개를 모두 사용하여 직사각형 모양을 만드는 방법은 다음의 3가지뿐이다.

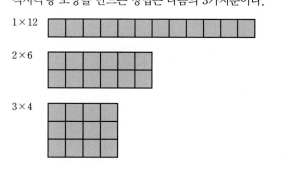

$1 \times 12$

$2 \times 6$

$3 \times 4$

• 보기 •에서 옳은 것을 모두 고른 것은?

┌ 보기 ┐

ㄱ. 정사각형 모양의 조각 23개를 모두 사용하여 직사각형 모양을 만드는 방법은 1가지이다.

ㄴ. 정사각형 모양의 조각 120개를 모두 사용하여 직사각형 모양을 만드는 방법은 8가지이다.

ㄷ. 정사각형 모양의 조각의 개수가 합성수이면 직사각형 모양을 만드는 방법은 3가지 이상이다.

① ㄱ          ② ㄱ, ㄴ          ③ ㄱ, ㄷ
④ ㄴ, ㄷ          ⑤ ㄱ, ㄴ, ㄷ

## 09

소수 $x$와 홀수 $y$에 대하여 $x^2+y=127$일 때, $y-x$의 값은?

① 104          ② 109          ③ 115
④ 119          ⑤ 121

## 10

대표

유형 ❸ 소인수분해

자연수 $A$, $a$, $b$, $c$가 다음 조건을 만족시킬 때, $a+b+c$의 값을 구하시오. (단, $b$는 2가 아닌 소수이다.)

㈎ $A \times 280$을 소인수분해하면 $2^a \times b \times 7$이다.
㈏ $A \times 144$를 소인수분해하면 $2^b \times 3^c$이다.

## 11

$7^{2026}-8^{1003}$을 10으로 나누었을 때의 나머지는?

① 1          ② 3          ③ 5
④ 7          ⑤ 9

## 12

1부터 5까지의 자연수를 모두 곱하여 만든 수는
$1 \times 2 \times 3 \times 4 \times 5 = 120$으로 맨 뒤에 0이 하나이다. 같은 방법으로 1부터 25까지의 자연수를 모두 곱하여 만든 수의 맨 뒤에 연속되는 0은 몇 개인가?

① 2개      ② 3개      ③ 4개
④ 5개      ⑤ 6개

## 13

자연수 $n$을 소인수분해했을 때, 소인수 2의 지수를 $\ll n \gg$이라 하자. 예를 들어 $24 = 2^3 \times 3$이므로 $\ll 24 \gg = 3$이다. 이때 $\ll n \gg = 5$가 되도록 하는 1000 이하의 자연수 $n$은 모두 몇 개인가?

① 16개      ② 18개      ③ 20개
④ 22개      ⑤ 24개

## 14

다음은 어떤 자연수 $A$를 소인수분해하는 과정이다.
$B = D$, $B + F = G$를 만족시키는 모든 자연수 $A$의 값의 합은? (단, $B$, $D$, $F$, $G$는 10보다 작은 소수이다.)

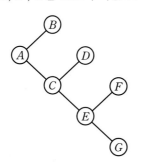

① 150      ② 200      ③ 500
④ 640      ⑤ 720

## 15

648을 자연수 $a$로 나누어 어떤 자연수의 제곱이 되게 하려고 한다. 이를 만족시키는 모든 자연수 $a$의 개수는?

① 4      ② 5      ③ 6
④ 7      ⑤ 8

## 16

$2^7 \times 3^2$의 약수 중에서 어떤 자연수의 제곱이 되는 수는 모두 몇 개인가?

① 6개      ② 7개      ③ 8개
④ 9개      ⑤ 10개

## 17

서술형

두 자연수 $a$, $b$에 대하여 다음 조건을 만족시키는 모든 $\dfrac{b}{a}$의 값의 합을 구하시오.

(가) $56 \times a = b^2$

(나) $\dfrac{b}{a}$의 값은 자연수이다.

STEP 2

## 18

288에 자연수를 곱하여 어떤 자연수의 세제곱이 되도록 할 때, 곱할 수 있는 자연수 중 100보다 작은 수는 모두 몇 개인가?

① 1개　　　　② 2개　　　　③ 3개
④ 4개　　　　⑤ 5개

**대표**
## 19　유형 ❺ 약수의 개수

자연수 $p$에 대하여

$\quad<p>$는 $p$의 모든 약수의 합,

$\quad\{p\}$는 $p$의 약수의 개수

라 하자. $<48>=x$, $\{x\}=y$일 때, $x+y$의 값은?

① 124　　　　② 126　　　　③ 128
④ 130　　　　⑤ 132

## 20

$A=2^2\times3^3\times5^2$일 때, $A$의 약수 중 짝수의 개수는?

① 16　　　　② 18　　　　③ 20
④ 22　　　　⑤ 24

## 21

한 자리 자연수 $a$, $b$를 각 자리의 숫자로 하는 두 자리 소수를 $ab$로 나타내기로 하자. 예를 들어 $a=2$, $b=3$일 때, $ab$는 두 자리의 소수 23을 의미한다. 이때 네 자리 자연수 $abab$의 약수의 개수를 구하시오.

**대표**
## 22　유형 ❻ 약수의 개수가 주어진 경우

세 자리 자연수 중 약수가 7개인 수와 약수가 5개인 수의 합을 구하시오.

## 23

자연수의 약수에 대한 설명으로 •보기•에서 옳은 것을 모두 고른 것은?

┌─ **보기** •─────────────────────┐
ㄱ. 소수 $a$, 자연수 $m$에 대하여 $a^m$의 약수는 $m$개이다.

ㄴ. 두 자연수 $a$, $b$에 대하여 $a<b$이면
　　($a$의 약수의 개수)$<$($b$의 약수의 개수)이다.

ㄷ. 약수가 3개인 자연수는 소수의 제곱수이다.
└──────────────────────────────┘

① ㄱ　　　　　② ㄷ　　　　　③ ㄱ, ㄴ
④ ㄱ, ㄷ　　　⑤ ㄴ, ㄷ

## 24

50보다 작은 자연수 $a$의 약수의 개수가 6일 때, $a$가 될 수 있는 수는 모두 몇 개인가?

① 4개  ② 5개  ③ 6개
④ 7개  ⑤ 8개

## 25

자연수 $n$에 대하여 $F(n)=(n$의 약수의 개수$)$라 할 때, 다음 조건을 만족시키는 모든 $a$의 값의 합은?

> ㉮ $a$는 9 이상이고 100 미만인 자연수이다.
> ㉯ $F(6)\times F(a)=F(72)$

① 34  ② 49  ③ 74
④ 83  ⑤ 87

## 26

자연수 $N$을 18로 나누면 몫이 5이고 나머지가 $r$일 때, $r$의 약수가 4개이다. 이를 만족시키는 서로 다른 자연수 $r$의 값의 합을 구하시오.

## 27

다음은 10부터 99까지의 자연수 중에서 약수가 홀수 개인 자연수의 개수를 구하는 과정이다.

> 홀수와 홀수의 곱은 [ ㉮ ]이고 짝수와 짝수의 곱, 짝수와 홀수의 곱은 짝수이다.
> 이것을 이용하면 10부터 99까지의 자연수 중에서 약수가 홀수 개인 수를 구할 수 있다.
> (i) 자연수 $n$에 대하여
> $$n=p^k \text{ (단, } p \text{는 소수, } k \text{는 자연수)}$$
> 이라 하면 $n$의 약수는 $(k+1)$개이고, 이것이 홀수이려면 $k$는 짝수이어야 한다.
> (ii) 자연수 $n$에 대하여
> $$n=p^k \times q^t$$
> (단, $p$, $q$는 서로 다른 소수, $k$, $t$는 자연수)
> 이라 하면 $n$의 약수는 [ ㉯ ]개이고, 이것이 홀수이려면 $k$와 $t$가 모두 짝수이어야 한다.
> (iii) 소인수가 3개 이상일 때도 같은 방법으로 생각하면 $n$을 소인수분해할 때, 소인수의 지수가 모두 [ ㉰ ]이어야 한다.
> (i), (ii), (iii)에서 $n$은 어떤 자연수를 두 번 곱한 수가 되므로 10부터 99까지의 자연수 중에서 조건을 만족시키는 수는 [ ㉱ ]개이다.

위의 과정에서 ㉮, ㉯, ㉰, ㉱에 알맞은 것은?

| | ㉮ | ㉯ | ㉰ | ㉱ |
|---|---|---|---|---|
| ① | 홀수 | $(k+1)\times t$ | 짝수 | 7 |
| ② | 홀수 | $(k+1)\times(t+1)$ | 짝수 | 6 |
| ③ | 홀수 | $(k+1)\times(t+1)$ | 짝수 | 7 |
| ④ | 짝수 | $(k+1)\times t$ | 홀수 | 6 |
| ⑤ | 짝수 | $(k+1)\times(t+1)$ | 홀수 | 6 |

## 28

도전

다음 조건을 만족시키는 가장 작은 자연수를 구하시오.

> ㉮ 소인수분해했을 때, 서로 다른 소인수가 3개이고, 이 소인수들의 합은 20이다.
> ㉯ 약수가 12개이다.

## 01

1부터 100까지의 자연수의 곱

$$1 \times 2 \times 3 \times \cdots \times 99 \times 100 = 2^m \times 3^n \times N \times 97$$

(단, $N$은 2의 배수도 아니고 3의 배수도 아니다.)

일 때, 자연수 $m$, $n$에 대하여 $m+n$의 값은?

① 83      ② 95      ③ 99

④ 120      ⑤ 145

## 02

1부터 200까지의 자연수를 연속하는 세 수끼리 묶은 198개의 묶음을 다음과 같이 차례대로 배열하였다. 이때 한 묶음 안의 세 수의 합이 12의 배수가 되는 묶음의 개수를 구하시오.

$$(1, 2, 3), (2, 3, 4), (3, 4, 5), \cdots, (198, 199, 200)$$

## 03

자연수 $n$을 소인수분해하였을 때, 각 소인수를 곱해진 개수만큼 모두 더한 값을 $[n]$이라 하자. 예를 들어 $28 = 2^2 \times 7$이므로 $[28] = 2+2+7 = 11$이다. $[a] = 10$을 만족시키는 가장 작은 자연수 $a$의 값을 구하시오.

## 04

서로 다른 한 자리의 세 소수 $a$, $b$, $c$를 사용하여 여섯 자리 자연수를 만들었다. 예를 들어 $a=2$, $b=3$, $c=5$일 때, $abcabc$는 여섯 자리 자연수 235235를 의미한다. 이와 같이 만든 여섯 자리 자연수 $abcabc$의 약수가 16개일 때, 세 자리 자연수 $abc$의 값을 구하시오. (단, $a<b<c$)

## 05

다음 조건을 만족시키는 가장 작은 자연수 $N$의 값을 구하시오.

㈎ $N$은 75로 나누어떨어진다.

㈏ $N$을 소인수분해하였을 때, 소인수는 3, 5이다.

㈐ $N$의 약수는 12개이다.

## 06

자연수 $a$를 소인수분해하면

$a = b \times c$ (단, $b$, $c$는 $b < c$인 서로 다른 소수)

이다. $a \times b \times c$의 값이 100 이상이고 900 이하일 때, $a$의 값 중에서 가장 큰 값을 구하시오.

## 07

두 자연수 $a$, $b$가 다음 조건을 만족시킨다.

㈎ $a \times b = 1 \times 2 \times 3 \times \cdots \times 9$

㈏ $\dfrac{a}{b}$의 값은 1보다 작다.

$\dfrac{a}{b}$가 분모가 $b$인 기약분수일 때, $\dfrac{a}{b}$의 개수를 구하시오.

## 08

창의 융합

빨간색, 파란색, 노란색의 정육면체 모양의 주사위 3개를 동시에 던져서 나오는 눈의 수를 각각 $a$, $b$, $c$라 하자. $\dfrac{60 \times a \times b}{c}$가 어떤 자연수의 제곱일 때, $a \times b \times c$의 값으로 가능한 값을 모두 구하시오.

(단, 각 주사위의 눈의 수는 1부터 6까지의 자연수이다.)

# 02 최대공약수와 최소공배수

BLACKLABEL

## 100점노트

### Ⓐ 최대공약수의 활용

주어진 문장 속에 '가장 큰', '최대의', '가능한 한 많은', '가능한 한 크게' 등의 표현이 있는 문제는 최대공약수를 이용한다.

(1) 두 종류 이상의 물건을 가능한 한 많은 사람에게 남김없이 똑같이 나누어 주는 문제

(2) 직사각형 모양을 가능한 한 큰 정사각형 모양으로 빈틈없이 채우는 문제

(3) 두 개 이상의 자연수를 동시에 나누어떨어지게 하는 가장 큰 자연수를 구하는 문제

▶ STEP 1 | 09번, 10번, 11번, 12번

### Ⓑ 최소공배수의 활용

주어진 문장 속에 '가장 작은', '최소의', '가능한 한 적은', '가능한 한 작게' 등의 표현이 있는 문제는 최소공배수를 이용한다.

(1) 두 사람(이동 수단)이 동시에 출발한 후, 처음으로 다시 동시에 만나는(출발하는) 시각을 구하는 문제

(2) 직육면체 모양을 가능한 한 작은 정육면체 모양으로 빈틈없이 쌓는 문제

(3) 세 자연수 $a, b, c$ 중에서 어느 것으로 나누어도 나머지가 같은 가장 작은 자연수를 구하는 문제

▶ STEP 1 | 13번, 14번, 15번, 16번

## 100점공략

### Ⓒ 서로소인 두 수의 최대공약수, 최소공배수

두 자연수 $a, b$가 서로소일 때

(1) (최대공약수)$=1$

(2) (최소공배수)$=a \times b$

▶ STEP 2 | 18번, STEP 3 | 04번

## 중요

### Ⓓ 최대공약수와 최소공배수의 관계

두 자연수 $A, B$의 최대공약수가 $G$이고, 최소공배수가 $L$일 때,

$A=a \times G, B=b \times G$ ($a, b$는 서로소)

라 하면

(1) $L=a \times b \times G$

(2) $A \times B=(a \times G) \times (b \times G)$

$=G \times (a \times b \times G)$

$=G \times L$

▶ STEP 1 | 17번, STEP 2 | 19번, 20번, 21번

---

## 공약수와 최대공약수 Ⓐ

(1) 공약수 : 두 개 이상의 자연수의 공통인 약수

(2) 최대공약수 : 공약수 중에서 가장 큰 수 ← 공약수 중에서 가장 작은 수는 항상 1이므로 최소공약수는 생각하지 않는다.

(3) 최대공약수의 성질 : 두 개 이상의 자연수의 공약수는 모두 최대공약수의 약수이다.

(4) 서로소 : 최대공약수가 1인 두 자연수　예　4와 7은 서로소이다.
└ 1은 모든 자연수와 서로소이고 서로 다른 두 소수는 항상 서로소이다.

## 최대공약수 구하는 방법 ← 주어진 수의 형태가 소인수분해된 꼴인 경우에는 방법 (1)을, 자연수인 경우에는 방법 (2)를 사용하는 것이 편리하다.

(1) 소인수분해를 이용하는 방법

① 각 수를 소인수분해한다.

② 공통인 소인수를 모두 곱한다. 이때 소인수의 지수가 같으면 그대로, 다르면 지수가 작은 쪽을 택하여 곱한다.

$36 = 2^2 \times 3^2$
$60 = 2^2 \times 3 \times 5$
─────────────
(최대공약수)$=2^2 \times 3 \quad =12$

(2) 공약수로 나누는 방법

① 1이 아닌 공약수로 주어진 수를 각각 나눈다.

② 몫에 1 이외의 공약수가 없을 때까지 공약수로 계속 나눈다.

③ 나누어 준 공약수를 모두 곱한다.

주의 세 수의 최대공약수를 구할 때, 세 수의 공약수가 있을 때까지만 공약수로 나눈다.

$\begin{array}{r|cc} 2 & 36 & 60 \\ 2 & 18 & 30 \\ 3 & 9 & 15 \\ \hline & 3 & 5 \end{array}$

(최대공약수)
$=2 \times 2 \times 3 = 12$

## 공배수와 최소공배수 Ⓑ

(1) 공배수 : 두 개 이상의 자연수의 공통인 배수

(2) 최소공배수 : 공배수 중에서 가장 작은 수 ← 공배수는 끝없이 계속 구할 수 있으므로 공배수 중에서 가장 큰 것은 알 수 없다. 따라서 최대공배수는 생각하지 않는다.

(3) 최소공배수의 성질 : 두 개 이상의 자연수의 공배수는 모두 최소공배수의 배수이다.

참고 두 자연수의 공약수는 유한개이지만 공배수는 무수히 많다.

## 최소공배수 구하는 방법

(1) 소인수분해를 이용하는 방법

① 각 수를 소인수분해한다.

② 소인수를 모두 곱한다. 이때 소인수의 지수가 같으면 그대로, 다르면 지수가 큰 쪽을 택하여 곱한다.

③ 공통이 아닌 소인수는 모두 택하여 곱한다.

$90 = 2 \times 3^2 \times 5$
$42 = 2 \times 3 \times 7$
─────────────
(최소공배수)$=2 \times 3^2 \times 5 \times 7 = 630$

(2) 공약수로 나누는 방법

① 1이 아닌 공약수로 주어진 수를 각각 나눈다.

② 세 수의 공약수가 없을 때는 두 수의 공약수로 나누고, 공약수가 없는 수는 그대로 아래로 내린다.

③ 나누어 준 공약수와 마지막 몫을 모두 곱한다.

$\begin{array}{r|ccc} 2 & 30 & 14 & 12 \\ 3 & 15 & 7 & 6 \\ \hline & 5 & 7 & 2 \end{array}$

(최소공배수)
$=2 \times 3 \times 5 \times 7 \times 2$
$=420$

## 01 서로소

다음 중 옳은 것은?

① 서로소인 두 수는 모두 소수이다.
② 서로 다른 두 소수는 항상 서로소이다.
③ 서로 다른 두 홀수는 항상 서로소이다.
④ 모든 자연수와 서로소인 수는 없다.
⑤ 10 이하의 자연수 중에서 6과 서로소인 자연수는 4개이다.

## 02 최대공약수

두 수 24, $2^2 \times a \times 7$의 최대공약수가 12이다. $a$의 값이 될 수 있는 자연수를 작은 수부터 차례대로 나열할 때, 처음 세 수의 합을 구하시오.

## 03 최대공약수의 성질

120과 자연수 $a$의 공약수가 20의 약수와 같을 때, 다음 중 $a$의 값이 될 수 <u>없는</u> 것은?

① $2^2 \times 5$        ② $2^2 \times 5^2$        ③ $2^2 \times 5^3$
④ $2^3 \times 5$        ⑤ $2^2 \times 5 \times 7$

## 04 공약수의 개수

두 수 45, $3^2 \times 5 \times 7$의 공약수의 개수는?

① 6        ② 7        ③ 8
④ 9        ⑤ 10

## 05 최소공배수

두 자연수 343과 $x$는 서로소이고 두 수의 최소공배수가 $2^2 \times 3 \times 7^3$일 때, $x$의 값은?

① 6        ② 12        ③ 14
④ 21        ⑤ 28

## 06 최소공배수의 성질

12, 18, 24의 공배수를 작은 수부터 차례대로 나열할 때, 앞에서 세 번째의 수를 구하시오.

## 07 최소공배수 – 미지수 구하기

세 자연수 $5 \times x$, $6 \times x$, $10 \times x$의 최소공배수가 300일 때, $x$의 값은?

① 2      ② 3      ③ 5
④ 6      ⑤ 10

## 08 최대공약수와 최소공배수 – 지수 구하기

두 수 $2^2 \times 3^a \times 5$, $2^b \times 3^2 \times 7$의 최대공약수가 $2^m \times 3^n$이고, 최소공배수가 $2^4 \times 3^3 \times 5 \times 7$일 때, $m+n$의 값을 구하시오.
    (단, $a$, $b$, $m$, $n$은 자연수이다.)

## 09 최대공약수의 실생활 문제 – 자연수 나누기

어떤 자연수로 38, 56, 74를 나누면 항상 2가 남는다. 이러한 자연수 중에서 가장 큰 수를 구하시오.

## 10 최대공약수의 실생활 문제 – 되도록 많은 사람에게 나누어 주기

과자 60개, 빵 36개를 남김없이 되도록 많은 봉투에 똑같이 나누어 담으려고 한다. 나누어 담는 봉투 수를 $a$, 한 봉투에 담는 과자와 빵의 개수를 각각 $b$, $c$라 할 때, $a+b+c$의 값을 구하시오.

## 11 최대공약수의 실생활 문제 – 일정한 간격으로 놓기

가로, 세로의 길이가 각각 120 m, 90 m인 직사각형 모양의 땅의 둘레에 일정한 간격으로 나무를 심으려고 한다. 나무 사이의 간격이 최대가 되도록 할 때, 필요한 나무는 몇 그루인가? (단, 네 모퉁이에 반드시 나무를 심는다.)

① 12그루      ② 14그루      ③ 15그루
④ 18그루      ⑤ 20그루

## 12 최대공약수의 실생활 문제 – 직육면체 채우기

가로의 길이가 560 cm, 세로의 길이가 240 cm, 높이가 320 cm인 직육면체 모양의 컨테이너에 크기가 같은 정육면체 모양의 제품 상자를 빈틈없이 실으려고 한다. 제품 상자의 크기를 가능한 한 크게 할 때, 제품 상자의 한 모서리의 길이는?
    (단, 컨테이너와 제품 상자의 두께는 생각하지 않는다.)

① 40 cm      ② 60 cm      ③ 80 cm
④ 100 cm      ⑤ 120 cm

**13** 최소공배수의 실생활 문제 – 자연수 나누기

세 자연수 5, 6, 8 중 어느 수로 나누어도 항상 4가 남는 가장 큰 세 자리 자연수는?

① 934      ② 940      ③ 956

④ 964      ⑤ 986

**14** 최소공배수의 실생활 문제 – 동시에 출발하여 다시 만나는 경우

어느 역에서 지하철은 16분 간격으로, 버스는 20분 간격으로 출발한다. 오전 8시에 지하철과 버스가 동시에 출발하였을 때, 그 이후에 처음으로 다시 지하철과 버스가 동시에 출발하는 시각은?

① 오전 8시 40분      ② 오전 9시

③ 오전 9시 20분      ④ 오전 9시 40분

⑤ 오전 10시

**15** 최소공배수의 실생활 문제 – 톱니바퀴

톱니의 개수가 각각 36, 24인 톱니바퀴 A, B가 서로 맞물려 돌아가고 있다. 두 톱니바퀴가 회전하기 시작하여 처음으로 다시 같은 톱니에서 동시에 맞물리는 것은 톱니바퀴 A가 몇 바퀴 회전한 후인지 구하시오.

**16** 최소공배수의 실생활 문제 – 정육면체 만들기

어느 폐품 예술가는 밑면의 가로, 세로의 길이가 각각 24 cm, 12 cm이고, 높이가 15 cm인 직육면체 모양의 티슈 상자를 빈틈없이 쌓아 가장 작은 정육면체 모양의 구조물을 만들려고 한다. 이때 필요한 티슈 상자의 개수는?

① 200      ② 300      ③ 400

④ 500      ⑤ 600

**17** 최대공약수와 최소공배수의 관계

두 자연수 42, $A$의 최대공약수가 14이고, 최소공배수가 84일 때, 자연수 $A$의 값을 구하시오.

**18** 최대공약수와 최소공배수의 활용 – 분수를 자연수로 만들기

두 분수 $\dfrac{12}{a}$, $\dfrac{18}{a}$이 모두 자연수가 되도록 하는 자연수 $a$의 값 중에서 가장 큰 수를 $A$, 두 분수 $\dfrac{b}{12}$, $\dfrac{b}{18}$가 모두 자연수가 되도록 하는 자연수 $b$의 값 중에서 가장 작은 수를 $B$라 할 때, $A+B$의 값은?

① 12      ② 24      ③ 30

④ 36      ⑤ 42

**대표 01** 유형 ❶ 서로소

20 이하의 자연수 중에서 88과 서로소인 수의 개수를 구하시오.

**02**

서로소가 아닌 두 자연수 $A$, $B$의 곱이 294일 때, $B-A$의 값 중에서 가장 큰 값을 구하시오. (단, $A<B$)

**대표 03** 유형 ❷ 최대공약수

다음 조건을 만족시키는 자연수 $x$의 값 중에서 가장 큰 수는?

> (개) $x$와 60의 최대공약수는 12이다.
> (내) $x$와 40의 최대공약수는 8이다.
> (대) $x$는 80보다 작다.

① 48      ② 54      ③ 60
④ 66      ⑤ 72

**04**

두 수 $A$, $B$의 최대공약수가 432일 때, 이 두 수의 공약수 중에서 자연수의 제곱이 되는 수는 모두 몇 개인가?

① 5개      ② 6개      ③ 7개
④ 8개      ⑤ 9개

**05** 앗! 실수

다음 조건을 만족시키는 세 자연수 $A$, $B$, $C$를 $[A, B, C]$로 나타낼 때, $[A, B, C]$로 가능한 것의 개수는?

> (개) $A+B+C=120$
> (내) $A$, $B$, $C$의 최대공약수는 12이다.
> (대) $A<B<C$

① 1      ② 2      ③ 3
④ 4      ⑤ 5

**06**

다음 조건을 만족시키는 자연수 $A$ 중에서 가장 작은 값을 구하시오.

> (개) 자연수 $A$의 소인수는 3개이다.
> (내) 두 수 $A$, 280의 공약수는 8개이다.

## 07

두 자연수 $a$, $b$에 대하여 두 수 $a$와 $b$의 공약수의 개수를 $\langle a, b \rangle$와 같이 나타내기로 하자. 예를 들어 $\langle 18, 24 \rangle = 4$이고 $\langle 14, 21 \rangle = 2$이다. $\langle\langle 20, 30 \rangle, \langle a, 12 \rangle\rangle = 1$이 성립할 때, 자연수 $a$의 값이 될 수 없는 것은?

① 4  ② 5  ③ 6
④ 7  ⑤ 8

---

### 유형 ❸ 최소공배수

## 08

자연수 $A$에 12를 곱하면 두 수 18, 42의 공배수가 된다. 이러한 자연수 $A$의 값 중에서 가장 작은 수를 구하시오.

## 09

**서술형**

세 자연수 $x$, $y$, $z$의 비가 $2 : 3 : 8$이고, 이 세 자연수의 최소공배수가 144일 때, $x + y + z$의 값을 구하시오.

## 10

서로 다른 세 자연수 $n$, 12, 42의 최소공배수는 252이다. 이때 $n$의 값이 될 수 있는 모든 자연수는 모두 몇 개인지 구하시오.

## 11

$a$가 2보다 큰 자연수일 때, 두 수 10과 $3 \times a$의 공배수 중에서 두 자리 자연수는 2개 이상 존재한다. 이때 $a$의 값을 구하시오.

## 12

두 자연수 $A$, $B$의 최소공배수를 $L(A, B)$로 나타낼 때, •보기•에서 옳은 것을 모두 고른 것은?

> **• 보기 •**
>
> ㄱ. $L(4, 6) = 12$
> ㄴ. $L(A, n \times A) = n \times L(A, A)$ (단, $n$은 자연수이다.)
> ㄷ. $L(m \times A, n \times B) = m \times n \times L(A, B)$
> (단, $m$, $n$은 자연수이다.)

① ㄱ  ② ㄴ  ③ ㄱ, ㄴ
④ ㄴ, ㄷ  ⑤ ㄱ, ㄴ, ㄷ

## 13

세 자연수 $A$, $B$, $C$에 대하여 $A$의 $\frac{1}{3}$, $A$의 $\frac{1}{4}$의 합은 $B$와 같고, $A$의 $\frac{1}{2}$, $A$의 $\frac{1}{3}$, $A$의 $\frac{1}{5}$의 합은 $C$와 같다. 이를 만족시키는 가장 작은 세 자연수 $A$, $B$, $C$에 대하여 $A+B+C$의 값은?

① 147　　　　② 157　　　　③ 162
④ 174　　　　⑤ 184

**대표 14** 유형 ❹ 최대공약수와 최소공배수

세 자연수 $N$, $2^2 \times 3^3 \times 5$, $2 \times 3^2 \times 5 \times 7$의 최대공약수가 $2 \times 3^2 \times 5$이고, 최소공배수가 $2^2 \times 3^3 \times 5 \times 7$일 때, $N$의 값이 될 수 있는 모든 자연수의 개수는?

① 4　　　　② 6　　　　③ 7
④ 8　　　　⑤ 10

## 15

다음 조건을 만족시키는 세 자연수 $a$, $b$, $c$의 최소공배수를 구하시오.

(개) $a$, $b$, $c$의 최대공약수는 5이다.
(내) $\dfrac{a}{4} = \dfrac{b}{6} = \dfrac{c}{5}$

## 16

두 자연수 $a$, $b$가 다음 조건을 만족시킬 때, 가장 작은 자연수 $a$의 값을 구하시오.

(개) 두 수 $a$, 15의 최대공약수는 5이다.
(내) 4로 나누면 2가 남고 5로 나누면 3이 남고 6으로 나누면 4가 남는 자연수 중에서 가장 작은 수는 $b$이다.
(대) $a$는 $b$보다 크다.

## 17

60보다 작은 서로 다른 두 자연수 $A$, $B$의 최대공약수가 7이다. 이 두 자연수에 각각 7을 더한 수의 최대공약수는 21이고, 최소공배수는 원래 두 자연수의 최소공배수보다 28이 작다고 한다. 처음 두 자연수 $A$, $B$에 대하여 $A+B$의 값을 구하시오.

## 18　　　　도전

두 자연수 $A$, $B$에 대하여
$A▲B = (A,\ B$의 최소공배수$)$,
$A△B = (A,\ B$의 최대공약수$)$
라 할 때, • 보기 •에서 옳은 것을 모두 고른 것은?

• 보기 •
ㄱ. $A▲B = A△B$이면 $A=B$
ㄴ. $A△B = 1$이면 $A▲B = A \times B$
ㄷ. $(6△n)▲10 = 10$을 만족시키는 자연수 $n$은 6개이다.
(단, $1 < n < 10$)

① ㄱ　　　　② ㄱ, ㄴ　　　　③ ㄱ, ㄷ
④ ㄴ, ㄷ　　　　⑤ ㄱ, ㄴ, ㄷ

두 자리 자연수 $A$, $B$의 최소공배수는 240이고,
$A \times B = 2880$일 때, $B - A$의 값은? (단, $A < B$)

① 12  ② 24  ③ 36
④ 48  ⑤ 60

**20**

다음 조건을 만족시키는 세 자연수 $a$, $b$, $c$에 대하여
$a + b + c$의 값을 구하시오.

> ㈎ $a$, $b$의 최대공약수는 6, 최소공배수는 60이다.
> ㈏ $b$, $c$의 최대공약수는 15, 최소공배수는 30이다.
> ㈐ $a < c < b$

**21**

두 자연수 $A$, $B$에 대하여 두 수의 합은 80이고, 두 수의
최대공약수와 최소공배수의 곱은 1500이다. 두 수 $A$, $B$의
최대공약수가 두 자리 자연수일 때, $B - A$의 값을 구하시
오. (단, $A < B$)

세 분수 $\dfrac{90}{n}$, $\dfrac{n}{3}$, $\dfrac{108}{n}$을 모두 자연수가 되도록 하는 자연
수 $n$의 개수를 구하시오.

**23** 〔서술형〕

세 수 $\dfrac{21}{44}$, $\dfrac{28}{33}$, $1\dfrac{13}{22}$의 어느 것에 곱하여도 그 결과가 자연

수가 되도록 하는 분수 중에서 가장 작은 기약분수를 $\dfrac{b}{a}$라

할 때, $a + b$의 값을 구하시오.

**24**

자연수 $m$, $n$에 대하여 세 분수 $\dfrac{84}{n}$, $\dfrac{114}{n}$, $\dfrac{m}{n}$을 약분하면

모두 자연수이다. $\dfrac{114}{n} < \dfrac{m}{n}$을 만족시키는 가장 작은 자연

수 $\dfrac{m}{n}$에 대하여 $m$의 값은?

① 124  ② 120  ③ 115
④ 60  ⑤ 20

**25** 유형 ❼ 최대공약수의 실생활 문제

초콜릿 40개, 과자 32개, 사탕 72개를 가능한 한 많은 학생들에게 남김없이 똑같이 나누어 주려고 했더니 초콜릿은 4개, 과자는 1개가 각각 부족하고 사탕은 6개가 남았다. 이때 나누어 주려고 했던 학생 수는?

① 9 　　　② 10 　　　③ 11
④ 12 　　　⑤ 13

**26**

다음 그림과 같이 세 변의 길이가 각각 24 m, 30 m, 42 m 인 삼각형 모양의 땅이 있다. 이 땅의 둘레에 일정한 간격으로 기둥을 세우려고 할 때, 필요한 기둥은 최소한 몇 개인지 구하시오. (단, 세 모퉁이에 반드시 기둥을 세운다.)

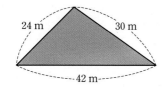

**27**

가로, 세로의 길이가 각각 48 cm, 36 cm이고, 높이가 24 cm인 직육면체 모양의 떡을 가능한 한 큰 정육면체 모양으로 남김없이 똑같이 잘라 판매하려고 한다. 자른 정육면체 모양의 떡을 개당 3000원에 판매하여 모두 팔았을 때, 총 판매 금액은?

① 24000원 　　　② 36000원 　　　③ 48000원
④ 60000원 　　　⑤ 72000원

**28**

남학생 33명과 여학생 23명이 봉사 활동에 참여하였다. 봉사 활동을 위해 몇 개의 팀으로 나누려고 한다. 각 팀에 속하는 남학생과 여학생의 수를 각각 같게 하려고 하였으나 마지막 팀은 다른 팀에 비해 남학생이 1명 많고 여학생이 1명 적게 배정이 되었다고 할 때, 다음 중 옳지 <u>않은</u> 것은?

① 팀은 최대 8개까지 만들 수 있다.
② 팀의 수를 4개로 하면 마지막 팀을 제외한 나머지 팀에 대하여 각 팀에 14명씩 배정된다.
③ 팀의 수를 최대로 하면 마지막 팀을 제외한 나머지 팀에 대하여 각 팀에 7명씩 배정된다.
④ 팀의 수를 최대로 할 때, 마지막 팀에 배정되는 여학생은 3명이다.
⑤ 팀의 수를 최대로 할 때, 마지막 팀을 제외한 나머지 팀에 대하여 각 팀에 배정되는 남학생은 4명이다.

**29**

어느 제과점에서 쿠키 선물 상자를 제작하기 위하여 초코 쿠키 288개, 버터 쿠키 192개를 만들었다. 각 선물 상자마다 같은 개수의 초코 쿠키, 같은 개수의 버터 쿠키를 담아 포장하려고 한다. 한 상자에 쿠키를 8개 이상 담을 때, 만들 수 있는 선물 상자의 최대 개수를 구하시오.

**30** 유형 ❽ 최소공배수의 실생활 문제

어떤 사탕 바구니에서 사탕을 3개씩 여러 번 또는 4개씩 여러 번 또는 5개씩 여러 번 꺼내면 마지막에는 항상 1개의 사탕이 남는다고 한다. 이 사탕 바구니에서 사탕을 7개씩 여러 번 꺼내면 바구니에 남는 사탕이 없다고 할 때, 처음 사탕 바구니에는 사탕이 최소 몇 개 들어 있었는지 구하시오.

## 31

신호등의 신호가 직진, 좌회전, 정지의 순서대로 반복하여 켜지는 교차로 A, B가 있다. 각 신호가 켜져 있는 시간은 다음 표와 같고 신호가 바뀌는 중간에 황색 신호가 1초 동안 켜져 있다. 교차로 A, B에서 직진 신호가 동시에 켜진 후 몇 초 후에 처음으로 다시 직진 신호가 동시에 켜지는지 구하시오.

| 신호등 | 직진 | 좌회전 | 정지 |
|---|---|---|---|
| 교차로 A | 16초 | 20초 | 15초 |
| 교차로 B | 15초 | 41초 | 22초 |

## 32

세 톱니바퀴 A, B, C가 다음 그림과 같이 서로 맞물려 돌고 있다. A가 2회전하는 동안 B는 7회전하고, C가 3회전하는 동안 B는 5회전한다. 이때 A가 20회전하는 동안 C는 몇 회 회전하는지 구하시오.

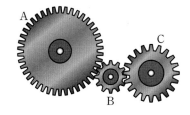

## 33

어떤 마을에서 원 모양의 공원의 둘레를 따라 무궁화 묘목을 동일한 간격으로 심으려고 한다. 묘목을 6 m 간격으로 심을 때와 14 m 간격으로 심을 때, 심는 묘목의 수가 20그루 차이가 난다고 한다. 이때 공원의 둘레의 길이는?

① 175 m
② 210 m
③ 245 m
④ 280 m
⑤ 315 m

## 34

윤영이와 희정이는 5월 1일부터 같은 피아노 학원에 다니기로 하였다. 윤영이는 연속하여 2일 동안 학원을 가고 하루를 쉬고, 희정이는 연속하여 3일 동안 학원을 가고 이틀을 쉬기로 할 때, 5월 1일부터 100일 동안 윤영이와 희정이가 같이 학원에 가는 날은 모두 며칠인가?

① 37일
② 38일
③ 39일
④ 40일
⑤ 41일

## 35

일정한 속도로 달리는 장난감 자동차 A, B, C가 각각의 트랙을 달릴 수 있게 설계되어 있는 트랙이 있다. A, C가 트랙을 한 바퀴 도는 데 각각 8초, 16초 걸리고 B는 A보다 느리고 C보다 빠르다. 세 장난감 자동차가 출발선에서 동시에 출발한 후, 20분이 지나는 순간에 출발선을 동시에 25번째 통과하였다. B가 트랙을 10바퀴 도는 데 걸리는 시간은?

① 100초
② 110초
③ 120초
④ 130초
⑤ 140초

## 36

지현이가 100원짜리와 500원짜리 동전이 들어 있는 두 저금통 A, B에서 동전을 모두 꺼내어 각각 금액을 세었더니 두 저금통의 금액이 서로 같았고, 각 저금통의 금액의 합은 22000원보다 많고 26000원보다 적었다고 한다. 저금통 A에 들어 있는 100원짜리 동전과 500원짜리 동전의 개수가 같았고, 저금통 B에 들어 있는 100원짜리 동전과 500원짜리 동전의 금액이 같았다고 할 때, 각 저금통에 들어 있는 동전의 금액의 총합은 얼마인지 구하시오.

## 01

두 자연수 $A$, $B$가 다음 조건을 만족시킬 때, $A+B$의 값을 구하시오.

> (가) $14 \times A = 16 \times B$
> (나) $A$, $B$의 최소공배수는 672이다.

## 02

수진이네 가족은 작년에 [그림 1]과 같이 가로, 세로의 길이가 각각 40 m, 24 m인 직사각형 모양의 텃밭의 둘레에 일정한 간격으로 가능한 한 적게 나무를 심었다. 올해에는 [그림 2]와 같이 가로, 세로의 길이가 각각 16 m, 12 m인 직사각형 모양의 연못을 만들면서 텃밭의 둘레에 일정한 간격으로 가능한 한 적게 나무를 다시 심기로 계획하였다. 다음 물음에 답하시오. (단, 텃밭의 모든 모퉁이에 반드시 나무를 심는다.)

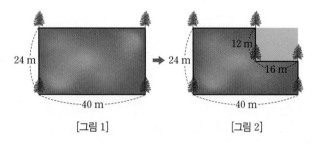

[그림 1]   →   [그림 2]

(1) 수진이네 가족이 작년에 심은 나무는 몇 그루인지 구하시오.

(2) 기존에 있던 나무를 옮겨 심는 것이 가능하다고 할 때, 연못을 만들면서 올해 새로 더 구입해야 하는 나무는 몇 그루인지 구하시오.

## 03

톱니바퀴가 1초마다 1개씩 맞물려 돌아가는 두 톱니바퀴 A, B가 있다. 톱니바퀴 A의 톱니 수는 15개로, 1부터 15까지의 자연수가 하나씩 순서대로 적혀 있다. 톱니바퀴 B의 톱니 수는 25개로, 1부터 25까지의 자연수가 하나씩 순서대로 적혀 있다. 현재 톱니바퀴 A의 15와 톱니바퀴 B의 25가 맞물려 있는 상태에서 두 톱니바퀴가 돌아가기 시작할 때, 3분 50초 동안 두 톱니바퀴의 같은 번호가 몇 회 서로 맞물리는지 구하시오.

## 04

1부터 21까지의 자연수가 각각 하나씩 적힌 21장의 카드가 들어 있는 상자가 있다. 이 상자에서 카드를 두 장 꺼내어 적힌 수를 확인하고 카드를 다시 상자에 넣은 후 카드를 두 장 또 꺼내어 적힌 수를 확인하고 카드를 상자에 넣는다. 이때 처음 꺼낸 두 장의 카드에 적힌 두 수의 최소공배수를 $A$라 하고 다시 꺼낸 두 장의 카드에 적힌 두 수의 최대공약수를 $B$라 할 때, $A$의 최댓값과 $B$의 최댓값의 합을 구하시오.

## 05

다음 조건을 만족시키는 자연수 $n$의 값을 구하시오.

> (가) $n$, 90의 최대공약수는 18이고, $n$은 7의 배수이다.
>
> (나) $n$은 세 자리 정수이고, $n$을 21로 나누면 자연수의 제 곱수가 된다.

## 07

세 수 37, 101, 197을 1보다 큰 어떤 자연수 $A$로 나누면 나 머지가 모두 같을 때, 이를 만족시키는 $A$의 값 중에서 가장 큰 수를 구하시오.

## 06

어느 학교 학생 250명이 산으로 수학여행을 갔다. 이 산에 는 정원이 15명인 케이블카 A, B가 한 대씩 있다. 케이블 카 탑승장에서 전망대까지 올라가는 시간과 내려오는 시간 이 케이블카 A는 각각 6분씩 걸리고, 케이블카 B는 각각 8분씩 걸린다. 두 케이블카가 동시에 출발하여 250명의 학 생들이 모두 탑승장에서 전망대까지 올라가는 데 걸리는 최 소 시간을 구하시오. (단, 케이블카는 처음 출발 시 탑승장에 있는 상태이고, 학생들의 승하차 시간은 생각하지 않는다.)

## 08

다음 그림과 같이 가로, 세로의 길이가 각각 120 cm, 80 cm인 직사각형 모양의 벽 ABCD에 한 변의 길이가 5 cm인 정사각형 모양의 타일을 겹치지 않게 빈틈없이 붙 였다. 이때 대각선 BD가 지나가는 타일의 개수를 구하시오.

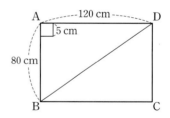

# 대단원평가

## 01

$3^{30} \times 7^{20}$의 일의 자리의 숫자는?

① 1       ② 3       ③ 5

④ 7       ⑤ 9

## 02

세 자연수 $a$, $b$, $c$가

$$45 \times a = 72 \times b = c^2$$

을 만족시킬 때, $a+b+c$의 값 중에서 가장 작은 값을 구하시오.

## 03

자연수 $n$에 대하여 $<n>$은 $n$을 소인수분해하였을 때, 모든 소인수의 합이라 하자. 예를 들어 $<6>=2+3=5$이고, $<50>=2+5=7$이다. 소인수가 3개인 어떤 자연수 $a$에 대하여 $<a>=15$일 때, 가장 작은 자연수 $a$의 값을 구하시오.

## 04

다음 조건을 만족시키는 모든 자연수 $n$의 값의 합은?

> ㈎ $20<n<40$인 자연수이다.
> ㈏ $n$의 모든 약수의 합은 $n+1$이다.

① 62       ② 66       ③ 68

④ 97       ⑤ 120

## 05

다음 조건을 만족시키는 50 이하의 두 자연수 $a$와 $b$에 대하여 $a+b$의 값 중에서 가장 작은 값은?

> ㈎ 1부터 $a$까지의 자연수 중 2 또는 3의 배수는 30개이다.
> ㈏ 1부터 $b$까지의 자연수 중 3 또는 5의 배수는 20개이다.

① 87       ② 90       ③ 92

④ 95       ⑤ 97

## 06

자연수 $n$의 약수의 개수를 $A(n)$으로 나타낼 때,

$$A(120) \times A(x) = 64$$

를 만족시키는 가장 작은 자연수 $x$의 값을 구하시오.

## 07

세 자연수 $A$, $B$, $C$에 대하여 $A$와 $B$의 최대공약수는 28, $B$와 $C$의 최대공약수는 12일 때, $A$, $B$, $C$의 최대공약수는?

① 1      ② 2      ③ 4
④ 6      ⑤ 12

## 08

한 개에 500원인 연필 96개, 한 개에 800원인 볼펜 72개, 한 개에 1000원인 수정테이프 48개를 상자에 나누어 담아 문구 세트로 판매하려고 한다. 각 문구 세트에 들어가는 연필, 볼펜, 수정테이프의 개수를 각각 같게 하고, 문구 세트를 가능한 한 많이 만들려고 한다. 이때 문구 세트 한 개의 가격을 구하시오. (단, 상자의 가격은 무시한다.)

## 09

다음 조건을 만족시키는 모든 $A$의 값의 합은?

> ㈎ $A$, $B$, $a$, $b$는 모두 자연수이다.
> ㈏ $A = \dfrac{36}{a}$, $B = \dfrac{90}{b}$
> ㈐ $b = 6 \times a$

① 16      ② 24      ③ 32
④ 40      ⑤ 48

## 10

두 자연수 $A$, $B$의 최대공약수가 $2 \times 5$이고 최소공배수가 $2 \times 3 \times 5^2 \times 7$일 때, 두 수 $A$, $B$의 합으로 가능한 값 중에서 가장 작은 값을 구하시오.

## 11

어떤 버스 터미널에서 A행 버스는 오전 6시부터 12분 간격으로 출발하고, B행 버스는 오전 6시 20분부터 16분 간격으로 출발한다. 오전 6시 40분 이후에 두 버스가 두 번째로 다시 동시에 출발하는 시각을 구하시오.

## 12

운동장에 100명의 학생들이 모여 1번부터 100번까지의 번호표를 들고 다음과 같이 단계별 활동을 한다.

> [1단계] 모든 학생들이 번호 순서대로 일렬로 선다.
> [2단계] 2의 배수의 번호표를 가진 학생은 모두 앉는다.
> [3단계] 3의 배수의 번호표를 가진 학생 중에서 서 있는 학생은 앉고, 앉아 있는 학생은 선다.
> [4단계] 4의 배수의 번호표를 가진 학생 중에서 서 있는 학생은 앉고, 앉아 있는 학생은 선다.
>     ⋮

(1) 1부터 10까지의 번호표를 가진 학생 중 [100단계]까지의 활동을 마친 후 서 있는 학생들의 번호를 모두 구하시오.

(2) [100단계]까지의 활동을 마친 후 서 있는 학생 수를 구하시오.

If you run into a wall,

don't turn around and give up.

Figure out how to climb it,

go through it, or work around it.


장애물 때문에 반드시 멈출 필요는 없어요.

벽에 부딪힌다면 돌아서서 포기하지 말아요.

어떻게 벽에 오를지, 뚫고 갈 수 있을지,

돌아갈 순 없는지 생각해봐요.


마이클 조던

# 정수와 유리수

BLACKLABEL

II. 정수와 유리수

# 정수와 유리수

## 100점노트

**A 실생활 속의 양의 부호, 음의 부호**

\+ : 증가, 이익, 상승, 영상, 해발, 수입, ~ 후

\- : 감소, 손해, 하락, 영하, 해저, 지출, ~ 전

▶ STEP 1 | 01번

**B** $+2=+\dfrac{2}{1}$와 같이 정수는 분수 꼴로 나타낼 수 있으므로 유리수이다.

**C 수직선과 유리수**

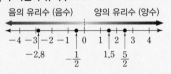

음의 유리수 (음수)　　양의 유리수 (양수)

▶ STEP 1 | 05번

중요

**D 절댓값의 성질**

(1) 0의 절댓값은 0이다. 즉, $|0|=0$이다.

(2) 절댓값이 $a(a>0)$인 수는 $+a$, $-a$의 2개이다.

(3) 절댓값은 항상 0 또는 양수이다.

(4) 수를 수직선 위에 나타낼 때, 0을 나타내는 점에서 멀어질수록 절댓값이 커진다.

**E 수직선과 수의 대소 관계**

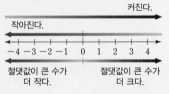

▶ STEP 1 | 09번 , 10번

**F 부등호의 의미**

(1) 기호 ≥는 '>' 또는 '='이다.

(2) 기호 ≤는 '<' 또는 '='이다.

## 100점공략

**G 절댓값의 범위**

(1) $|x|<a(a>0)$ ⇨ $-a<x<a$

(2) $|x|>a(a>0)$
　⇨ $x<-a$ 또는 $x>a$

(3) $|a|=|b|$ ⇨ $a=b$ 또는 $a=-b$

---

## 양수와 음수 Ⓐ

(1) 어떤 기준에 대하여 서로 반대되는 성질을 가지는 양을 각각 수로 나타낼 때, 부호 $+$, $-$를 붙여 나타낼 수 있다. 이때 $+$를 양의 부호, $-$를 음의 부호라 한다. ┈ 덧셈, 뺄셈의 기호와 모양은 같지만 그 뜻은 다르다.

(2) 양수와 음수　┈ 0은 양수도 아니고 음수도 아니다.

① 양수 : 0보다 큰 수로 양의 부호 $+$를 붙인 수

② 음수 : 0보다 작은 수로 음의 부호 $-$를 붙인 수

## 정수

(1) 정수 ┈ 자연수에 양의 부호 $+$를 붙인 수

　양의 정수, 0, 음의 정수를 통틀어 정수라 한다.

(2) 정수의 분류 ┈ 자연수에 음의 부호 $-$를 붙인 수

$$정수\begin{cases} 양의\ 정수(자연수) : +1,\ +2,\ +3,\ \cdots \\ 0 \quad\text{┈ 양의 정수는 양의 부호 +를 생략하여 1, 2, 3, …과 같이 나타내기도 한다.} \\ 음의\ 정수 : -1,\ -2,\ -3,\ \cdots \end{cases}$$

## 유리수 Ⓑ

(1) 유리수　(유리수)$=\dfrac{(정수)}{(0이\ 아닌\ 정수)}$ ← 어떤 수도 0으로 나눌 수 없으므로 분모는 0이 아니다.

① 양의 유리수 : 분모, 분자가 자연수인 분수에 양의 부호 $+$를 붙인 수

② 음의 유리수 : 분모, 분자가 자연수인 분수에 음의 부호 $-$를 붙인 수

③ 양의 유리수, 0, 음의 유리수를 통틀어 유리수라 한다.

(2) 유리수의 분류

$$유리수\begin{cases} 정수\begin{cases} 양의\ 정수(자연수) : +1,\ +2,\ +3,\ \cdots \\ 0 \\ 음의\ 정수 : -1,\ -2,\ -3,\ \cdots \end{cases} \\ 정수가\ 아닌\ 유리수 : -\dfrac{3}{4},\ -0.2,\ +\dfrac{1}{6},\ +2.7,\ \cdots \end{cases}$$

## 수직선과 절댓값 Ⓒ, Ⓓ

(1) 수직선 : 기준이 되는 점에 수 0을 대응시키고 그 점의 오른쪽에 양의 정수, 왼쪽에 음의 정수를 같은 간격으로 점을 잡아서 차례대로 대응시킨 직선

유리수도 정수와 마찬가지로 수직선 위에 나타낼 수 있다.

(2) 절댓값 : 수직선 위에서 0을 나타내는 점과 어떤 수를 나타내는 점 사이의 거리를 그 수의 절댓값이라 하고, 기호 $|\ \ |$를 사용하여 나타낸다.

## 수의 대소 관계 Ⓔ　수직선 위에서 오른쪽에 있는 수가 왼쪽에 있는 수보다 크다.

(1) 양수는 0보다 크고, 음수는 0보다 작다. ⇨ (음수)$<0<$(양수)

(2) 양수는 음수보다 크다. ⇨ (음수)$<$(양수)

(3) 양수끼리는 절댓값이 큰 수가 더 크고, 음수끼리는 절댓값이 큰 수가 더 작다.

## 부등호의 사용 Ⓕ, Ⓖ

| | |
|---|---|
| $a>b$ | $a$는 $b$보다 크다. $a$는 $b$ 초과이다. |
| $a<b$ | $a$는 $b$보다 작다. $a$는 $b$ 미만이다. |
| $a\geq b$ | $a$는 $b$보다 크거나 같다. $a$는 $b$보다 작지 않다. $a$는 $b$ 이상이다. |
| $a\leq b$ | $a$는 $b$보다 작거나 같다. $a$는 $b$보다 크지 않다. $a$는 $b$ 이하이다. |

## 01 양수와 음수

다음 밑줄 친 부분을 양의 부호 + 또는 음의 부호 −를 사용하여 나타낸 것으로 옳은 것은?

① 오늘 아침 기온은 영상 24 °C이다. : −24 °C
② 한라산은 해발 1947 m이다. : −1947 m
③ 진학이는 등교 시간에 10분 늦게 도착했다. : +10분
④ 자유이용권을 사면 10000원 할인을 받는다. : +10000원
⑤ 빈 병을 수거하여 1000원을 모았다. : −1000원

## 02 정수의 분류

다음 수 중에서 양의 정수의 개수를 $a$, 음의 정수의 개수를 $b$라 할 때, $a \times b$의 값을 구하시오.

$$0.2, \quad -\frac{2}{3}, \quad +5, \quad 0, \quad \frac{7}{4}, \quad -3, \quad -\frac{4}{2}, \quad \frac{24}{4}$$

## 03 유리수의 분류

다음은 유리수를 분류하여 나타낸 것이다.

$$\text{유리수} \begin{cases} \text{정수} \begin{cases} \text{양의 정수(자연수)} \\ 0 \\ \text{음의 정수} \end{cases} \\ \boxed{\phantom{XXXXX}} \end{cases}$$

• 보기 •에서 □에 해당하는 수의 개수를 구하시오.

┌ 보기 ┐
$$-\frac{63}{21}, \quad -17, \quad -\frac{46}{7}, \quad \frac{5}{12}, \quad 5.123, \quad 12$$

## 04 유리수의 성질

다음 설명 중 옳은 것은?

① 자연수가 아닌 정수는 모두 음의 정수이다.
② 가장 큰 음의 정수는 0이다.
③ 유리수는 양의 유리수와 음의 유리수로 되어 있다.
④ 서로 다른 두 정수 사이에는 적어도 하나의 정수가 있다.
⑤ 서로 다른 두 유리수 사이에는 무수히 많은 유리수가 있다.

## 05 수를 수직선 위에 나타내기

다음 수직선 위의 다섯 개의 점 A, B, C, D, E가 나타내는 수로 옳지 <u>않은</u> 것은?

① A : −3
② B : −$\frac{4}{3}$
③ C : +$\frac{4}{3}$
④ D : +2.5
⑤ E : +4

## 06 수직선에서 같은 거리에 있는 점

수직선에서 세 점 A, B, C가 나타내는 수는 각각 −14, −2, 6이다. 두 점 A, B와 같은 거리에 있는 점을 P, 두 점 B, C와 같은 거리에 있는 점을 Q라 할 때, 두 점 P와 Q 사이의 거리는?

① 2
② 4
③ 6
④ 8
⑤ 10

**07** 절댓값

두 정수 $x$, $y$에 대하여 $|x|=2$, $|y|=6$이다. 수직선 위에서 $x$, $y$를 나타내는 두 점 사이의 거리가 가장 멀 때의 거리를 $a$, 가장 가까울 때의 거리를 $b$라 할 때, $\dfrac{a}{b}$의 값을 구하시오.

**08** 절댓값의 성질

다음 중에서 옳지 <u>않은</u> 것을 모두 고르면? ( 정답 2개 )

① 절댓값이 4인 수는 4뿐이다.
② 절댓값이 가장 작은 정수는 0이다.
③ 절댓값이 같은 두 수를 나타내는 점과 원점 사이의 거리는 같다.
④ 절댓값이 3 이하인 정수는 6개이다.
⑤ 음수의 절댓값은 항상 양수이다.

**09** 절댓값의 대소 관계

다음 수를 절댓값이 큰 수부터 차례대로 나열했을 때, 세 번째에 오는 수는?

$$-2.4, \quad -\dfrac{8}{3}, \quad 2, \quad \dfrac{5}{2}, \quad \dfrac{9}{4}$$

① $-2.4$  ② $-\dfrac{8}{3}$  ③ $2$
④ $\dfrac{5}{2}$  ⑤ $\dfrac{9}{4}$

**10** 수의 대소 관계

다음 중 □ 안에 알맞은 부등호가 나머지 넷과 <u>다른</u> 하나는?

① $-11 \,\square\, -8$
② $-0.1 \,\square\, \dfrac{1}{10}$
③ $-\dfrac{2}{3} \,\square\, -\dfrac{3}{4}$
④ $\dfrac{4}{5} \,\square\, \left|-\dfrac{5}{6}\right|$
⑤ $\left|+\dfrac{3}{4}\right| \,\square\, \left|-\dfrac{6}{7}\right|$

**11** 부등호의 사용

다음 조건을 만족시키는 $a$의 값에 대한 설명 중 옳지 <u>않은</u> 것은?

> $a$는 $-3$보다 크고 2보다 작거나 같다.

① $-3 < a \leq 2$
② 정수 $a$는 5개이다.
③ $-\dfrac{11}{4}$은 $a$의 값이 될 수 없다.
④ 유리수 $a$는 무수히 많다.
⑤ $a$는 $-3$ 초과이고 2 이하이다.

**12** 주어진 범위에 속하는 수

두 정수 $a$, $b$에 대하여 $a \leq x < 7$을 만족시키는 정수 $x$가 5개, $-2 < y < b$를 만족시키는 정수 $y$가 6개일 때, $b-a$의 값은?

① $1$  ② $2$  ③ $3$
④ $4$  ⑤ $5$

대표
**01** 유형 ❶ 정수와 유리수

다음 수에 대한 설명 중 • 보기 •에서 옳은 것을 모두 고르시오.

$$-2.3, \quad 5, \quad +\frac{3}{4}, \quad \frac{12^2}{2^3}, \quad 0, \quad -2$$

• 보기 •

ㄱ. 자연수는 2개이다.
ㄴ. 양의 유리수는 2개이다.
ㄷ. 유리수는 6개이다.
ㄹ. 음수는 2개이다.
ㅁ. 정수가 아닌 유리수는 3개이다.

**02**

다음 수 중에서 양의 유리수의 개수를 $x$, 음의 유리수의 개수를 $y$, 정수가 아닌 유리수의 개수를 $z$라 할 때, $x \times y \times z$의 약수의 개수를 구하시오.

$$-4, \quad 3.2, \quad -\frac{7}{5}, \quad 0, \quad -\frac{78}{26}, \quad 502$$

**03**

다음 • 보기 •에서 정수에 대한 설명 중 옳은 것의 개수는?

• 보기 •

ㄱ. 모든 정수는 자연수이다.
ㄴ. 어떤 정수라도 바로 앞의 정수와 바로 뒤의 정수를 알 수 있다.
ㄷ. 서로 다른 두 정수 사이에는 무수히 많은 정수가 존재한다.
ㄹ. 가장 작은 양의 정수가 존재한다.

① 없다.　　② 1　　③ 2
④ 3　　⑤ 4

**04**

다음 • 보기 •에서 유리수에 대한 설명으로 옳은 것을 모두 고른 것은?

• 보기 •

ㄱ. 0과 1 사이에는 무수히 많은 유리수가 있다.
ㄴ. 가장 큰 음의 유리수는 −1이다.
ㄷ. 정수에는 유리수가 아닌 것도 있다.
ㄹ. 모든 유리수는 $\dfrac{(정수)}{(자연수)}$ 꼴로 나타낼 수 있다.

① ㄱ, ㄴ　　② ㄱ, ㄷ　　③ ㄱ, ㄹ
④ ㄴ, ㄹ　　⑤ ㄷ, ㄹ

대표
**05** 유형 ❷ 수직선

수직선에서 서로 다른 두 수 $a$, $b$를 나타내는 점으로부터 같은 거리에 있는 점이 나타내는 수가 3이고, −1을 나타내는 점과 $a$를 나타내는 점 사이의 거리가 4이다. 이때 $b$의 값을 구하시오.

**06**

다음 수직선에서 두 점 B, E가 나타내는 수가 각각 −12, 6이고, 다섯 개의 점 A, B, C, D, E 사이의 간격이 모두 같을 때, • 보기 •에서 옳은 것을 모두 고른 것은?

A　　B　　C　　D　　E
　　−12　　　　　　6

• 보기 •

ㄱ. 다섯 개의 점 A, B, C, D, E 중 양수를 나타내는 점은 2개이다.
ㄴ. 두 점 A와 D 사이의 거리는 18이다.
ㄷ. 두 점 C와 D 사이를 4등분하는 점 중에서 점 C에 가장 가까운 점은 −3을 나타내는 점보다 왼쪽에 있다.

① ㄴ　　② ㄱ, ㄴ　　③ ㄱ, ㄷ
④ ㄴ, ㄷ　　⑤ ㄱ, ㄴ, ㄷ

## 07

5명의 학생 A, B, C, D, E가 한 줄로 서 있는데 그 위치가 다음 조건을 만족시킨다. 이때 앞에 있는 학생부터 차례대로 나열한 것은?

> (가) C는 A보다 1 m 뒤에 있다.
> (나) C는 B보다 8 m 앞에 있다.
> (다) D는 C보다 6 m 뒤에 있다.
> (라) E는 맨 앞사람과 맨 뒷사람의 한가운데에 있다.

① A, C, B, E, D  　② A, C, E, D, B
③ A, D, E, B, C  　④ B, A, E, C, D
⑤ C, B, D, A, E

## 08

수직선에서 두 수 $-\dfrac{9}{4}$와 $\dfrac{5}{3}$를 나타내는 점을 각각 A, B라 할 때, 수직선을 그려 그 위에 두 점 A, B를 나타내고, $-\dfrac{9}{4}$와 $\dfrac{5}{3}$ 사이에 있는 정수 중 음수가 아닌 수를 모두 구하시오.

## 09

인형 가게 A, B, C, D에서는 동일한 인형을 판매하고 있다. 이 인형의 각 가게에서의 가격과 집에서 각 가게에 다녀오는 데 필요한 왕복 교통비를 조사하면 다음 표와 같다.

| 가게 | 인형의 가격 | 왕복 교통비 |
|---|---|---|
| A | $p$원 | 1000원 |
| B | D 가게보다 500원 싸다. | 1700원 |
| C | A 가게보다 1200원 싸다. | 1300원 |
| D | C 가게보다 200원 비싸다. | 900원 |

네 가게 A, B, C, D에서의 인형의 가격과 왕복 교통비를 더한 금액을 각각 $q$원, $r$원, $s$원, $t$원이라 하자. 5개의 수 $p$, $q$, $r$, $s$, $t$를 나타내는 점을 각각 수직선 위에 나타낼 때, 왼쪽에서 네 번째에 있는 점이 나타내는 수를 구하시오.

## 10

다음 그림과 같이 수직선 위에 네 점 A, B, C, D가 있을 때, •보기•에서 옳은 것을 모두 고른 것은?

> •보기•
> ㄱ. 점 A가 나타내는 수는 $-3.75$이다.
> ㄴ. 세 점 A, C, D 중 점 B와 가장 가까운 점은 점 A이다.
> ㄷ. 두 점 A와 D로부터 같은 거리에 있는 점은 점 C보다 오른쪽에 있다.

① ㄱ  　② ㄱ, ㄴ  　③ ㄱ, ㄷ
④ ㄴ, ㄷ  　⑤ ㄱ, ㄴ, ㄷ

## 11

수직선 위에 6개의 점 A, B, C, D, E, F가 있다. 다음 표는 이 6개의 점 중에서 두 점 사이의 거리를 나타낸 것이다. 예를 들어 B와 D 사이의 거리는 56이다.

|   | A | B | C | D | E | F |
|---|---|---|---|---|---|---|
| A |   | 27 |   |   | 124 |   |
| B |   |   |   | 56 |   |   |
| C |   |   |   |   | 53 |   |
| D |   |   |   |   |   | 78 |
| E |   |   |   |   |   |   |
| F |   |   |   |   |   |   |

표에 물이 쏟아져서 표의 일부가 보이지 않게 되었을 때, 점 C와 점 F 사이의 거리를 구하시오. (단, 점 A, B, C, D, E, F가 나타내는 수를 각각 $a$, $b$, $c$, $d$, $e$, $f$라 할 때, $a<b<c<d<e<f$이다.)

## 12 유형 ❸ 절댓값

절댓값이 같은 서로 다른 두 정수 사이에 13개의 정수가 있다. 이를 만족시키는 두 정수 중에서 양수를 구하시오.

## 13

$-11.1$에 가장 가까운 정수를 $a$, $\dfrac{32}{3}$에 가장 가까운 정수를 $b$라 할 때, $|a| + |b|$의 값을 구하시오.

서술형

## 14

세 정수 $a$, $b$, $c$가 다음 조건을 만족시킬 때, 양의 정수 $c$의 값은?

⑺ 수직선에서 $a$를 나타내는 점은 0을 나타내는 점으로부터 3만큼 떨어져 있다.
⒁ $|b| = |-5|$
⒀ 세 수 $a$, $b$, $c$의 절댓값의 합은 10이다.

① 1      ② 2      ③ 3
④ 4      ⑤ 5

## 15

$|a| + |b| = 3$을 만족시키는 두 정수 $a$, $b$를 $(a, b)$로 나타낼 때, $(a, b)$의 개수는?

① 12      ② 13      ③ 14
④ 15      ⑤ 16

## 16

다음 조건을 만족시키는 절댓값이 10보다 작은 세 정수 $a$, $b$, $c$를 $(a, b, c)$로 나타낼 때, $(a, b, c)$의 개수를 구하시오.

⑺ $|b|$는 $|a|$의 약수이다.
⒁ $|b| = |c| + 1$
⒀ $|c| > 1$

## 17

두 유리수 $a$, $b$에 대하여 $a$의 절댓값은 $b$의 절댓값의 3배이고 수직선에서 두 수 $a$와 $b$가 나타내는 두 점 사이의 거리가 12일 때, $|a| + |b|$의 값이 될 수 있는 수 중에서 가장 작은 수를 구하시오.

도전

STEP 2

**18** 유형 ④ 수의 대소 관계

서로 다른 두 수 $a$, $b$에 대하여

$a▲b=(a, b$ 중에서 큰 수$)$,

$a☆b=(a, b$ 중에서 절댓값이 큰 수$)$

라 하자. $\{(-3)▲2.4\}☆\left\{\left(-\dfrac{13}{5}\right)☆\dfrac{5}{2}\right\}$ 의 값을 구하시오.

**19**

다음 그림과 같이 수직선 위에 네 점 A, B, C, D가 있을 때, • 보기 •에서 옳은 것을 모두 고른 것은?

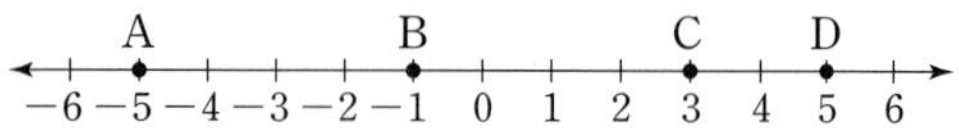

• 보기 •

ㄱ. 점 A는 점 B보다 4만큼 왼쪽에 있다.

ㄴ. 각 점이 나타내는 수의 절댓값이 두 번째로 작은 점은 C이다.

ㄷ. 0을 나타내는 점으로부터 점 A까지의 거리와 점 D까지의 거리는 서로 같다.

① ㄱ      ② ㄷ      ③ ㄱ, ㄷ

④ ㄴ, ㄷ      ⑤ ㄱ, ㄴ, ㄷ

**20**

(앗! 실수)

$[a]$를 $a$보다 크지 않은 최대의 정수라 하자. 예를 들어 $[3.5]=3$, $\left[\dfrac{1}{3}\right]=0$이다. 다음 중 옳지 <u>않은</u> 것은?

① $[0]=0$      ② $\left[\dfrac{5}{2}\right]=2$

③ $[-4]=-4$      ④ $[-0.5]=0$

⑤ $\left[-\dfrac{9}{2}\right]=-5$

**21**

서로 다른 네 유리수 $a$, $b$, $c$, $d$가 다음 조건을 만족시킬 때, $a$, $b$, $c$, $d$를 작은 수부터 차례대로 나열한 것은?

(개) $|c|>|d|$

(내) $c$는 음수이다.

(대) $b$는 $c$보다 작다.

(래) $a$와 $b$가 나타내는 점은 원점으로부터 거리가 같다.

① $b$, $c$, $a$, $d$    ② $b$, $c$, $d$, $a$    ③ $c$, $b$, $a$, $d$

④ $c$, $b$, $d$, $a$    ⑤ $c$, $d$, $b$, $a$

**22**

수직선 위의 서로 다른 네 점 A, B, C, D가 나타내는 수를 각각 $a$, $b$, $c$, $d$라 할 때, 다음 조건을 만족시키는 $a$, $b$, $c$, $d$를 작은 수부터 차례대로 나열하시오.

(개) 점 A는 원점으로부터 가장 가깝다.

(내) 점 B와 점 C는 원점을 기준으로 서로 반대 방향에 있다.

(대) 점 D는 점 A와 점 B로부터 같은 거리만큼 떨어져 있다.

(래) 원점의 왼쪽에 있는 점의 개수가 오른쪽에 있는 점의 개수보다 많다.

**23**

$|a|>|b-1|$인 두 수 $a$, $b$에 대하여 • 보기 •에서 옳은 것을 모두 고른 것은?

• 보기 •

ㄱ. $a<b$

ㄴ. $b$가 $a$보다 원점에서 가깝다.

ㄷ. $a=-1$일 때, 정수인 $b$는 1개이다.

ㄹ. $|a|+|b-1|>0$

① ㄱ, ㄴ      ② ㄱ, ㄷ      ③ ㄴ, ㄷ

④ ㄴ, ㄹ      ⑤ ㄷ, ㄹ

## 24

절댓값이 3보다 크고 8보다 작거나 같은 정수의 개수를 $a$,
절댓값이 3보다 작거나 같은 정수의 개수를 $b$라 할 때,
$a+b$의 값은?

① 14　　　　　② 15　　　　　③ 16
④ 17　　　　　⑤ 18

## 25

정수 $n$에 대하여

$$\left|\frac{n}{4}\right| \leq 1, \quad -\frac{10}{3} \leq n < 7$$

일 때, 이를 만족시키는 정수 $n$의 개수는?

① 4　　　　　② 5　　　　　③ 6
④ 7　　　　　⑤ 8

## 26

다음 그림과 같은 전개도로 만든 정육면체에서 마주 보는
면에 있는 두 수는 절댓값이 같고 부호가 반대이다.
$b=4\times a$일 때, 두 수 $b$, $c$ 사이에 존재하는 정수의 개수를
구하시오.

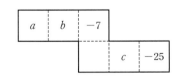

## 27

다음 조건을 만족시키는 $a$의 값 중에서 가장 작은 수를 $m$,
가장 큰 수를 $M$이라 할 때, $M\times m$의 값을 구하시오.

> ㈎ $a$는 10 미만의 음의 정수가 아닌 정수이다.
> ㈏ $|10-a| \leq |a|$
> ㈐ $a$는 짝수가 아니다.

## 28

$-\dfrac{1}{4}$보다 크고 $\dfrac{3}{2}$보다 작은 정수가 아닌 유리수를 기약분수
로 나타낼 때, 분모가 8인 것의 개수는?

① 3　　　　　② 4　　　　　③ 5
④ 6　　　　　⑤ 7

## 29

절댓값이 5 이하인 정수 중에서 서로 다른 두 수 $a$, $b$를 택
하여 $\dfrac{a}{b}$ 꼴인 유리수를 만들려고 한다. $-1$보다 크고 2보다
작은 서로 다른 유리수의 개수를 구하시오.

## 01

유리수 $x$에 대하여

$$[[x]]=\begin{cases} 0 & (x\text{는 자연수}) \\ 1 & (x\text{는 자연수가 아닌 정수}) \\ 2 & (x\text{는 정수가 아닌 유리수}) \end{cases}$$

라 하자. 예를 들어 $[[5]]=0$, $[[1.2]]=2$이다.

$[[a]]+[[0]]+\left[\left[\dfrac{24}{6}\right]\right]+\left[\left[-\dfrac{9}{3}\right]\right]=3$을 만족시키는 $a$의 값 중에서 가장 큰 수를 구하시오.

## 02

다음 수직선에서 두 점 A, D가 나타내는 수가 각각 2, 8이고, 5개의 점 A, B, C, D, E 사이의 간격은 모두 같다.

A $-$ B $-$ C $-$ D $-$ E
$\quad$ 2 $\qquad\quad$ 8

점 C가 나타내는 수를 $a$, 점 E가 나타내는 수를 $b$라 할 때, $\dfrac{a}{7}<\dfrac{30}{x}<\dfrac{b}{3}$를 만족시키는 자연수 $x$의 개수를 구하시오.

## 03

다음 그림은 서울의 한강 밑을 지나는 지하철 분당선의 하저터널 단면도이다. 한강 수면의 한 지점 A에서 수직 방향으로 내려왔을 때, 한강 바닥과 만나는 지점을 B, 하저터널의 천장과 만나는 지점을 C, 하저터널의 바닥과 만나는 지점을 D라 하자. 두 지점 A, B의 위치를 각각 수로 나타내면 10, $-2$이다. 물음에 답하시오.

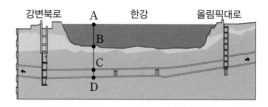

⑴ 지점 B가 두 지점 A, C로부터 같은 거리에 있다고 할 때, 지점 C의 위치를 수로 나타내시오.

⑵ 두 지점 A, C 사이의 거리와 두 지점 C, D 사이의 거리의 비가 4 : 1일 때, 지점 D의 위치를 수로 나타내시오.

## 04

절댓값이 서로 다른 두 유리수 $x$, $y$에 대하여

$M(x,y)=(x, y$ 중에서 절댓값이 큰 수),
$m(x,y)=(x, y$ 중에서 절댓값이 작은 수)

라 할 때, $m(M(-7, 5), M(a, 6))=6$을 만족시키는 정수 $a$의 개수를 구하시오.

## 05

다음 조건을 만족시키는 두 정수 $m$, $n$을 $(m, n)$으로 나타낼 때, $(m, n)$의 개수를 구하시오.

㉮ $2 < |m| \leq 4$, $1 \leq |n| < 3$
㉯ $m < n$

## 06

다음 조건을 만족시키는 정수 $a$의 값을 구하시오.

㉮ $a$와 부호가 같은 정수 $b$에 대하여 $a > b$이고, $a$의 절댓값은 $b$의 절댓값보다 작다.
㉯ $a$의 절댓값은 89보다 크고 99보다 작거나 같다.
㉰ $|a|$의 약수는 2개이다.

## 07

한 장의 카드에 한 개의 양의 유리수를 약분하지 않고 적은 후, 다음 그림과 같이 위에서부터 한 줄씩, 왼쪽에서 오른쪽 방향으로 배열하여 7층의 탑 모양을 만들었다.

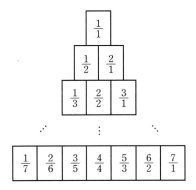

카드에 적힌 유리수 중에서 정수가 아닌 유리수를 작은 수부터 차례대로 나열할 때, $\dfrac{5}{3}$는 몇 번째 수인지 구하시오.

## 08

창의 융합

민혁, 종국, 현서가 각각 $\dfrac{5}{3}$, $\dfrac{5}{4}$, $-\dfrac{11}{5}$이 적힌 카드를 가지고 있다. 다음과 같은 규칙이 적혀 있는 나무판 Ⓐ, Ⓑ, Ⓒ가 상자에 담겨 있고, 세 사람이 서로 다른 나무판을 동시에 한 장씩 뽑아 각각의 규칙대로 카드를 바꿔 받는다.

Ⓐ : 가지고 있는 카드에 적힌 수보다 크지 않은 최대의 정수가 적힌 카드로 바꿔 받는다.
Ⓑ : 가지고 있는 카드에 적힌 수와 절댓값이 같고 부호가 반대인 수가 적힌 카드로 바꿔 받는다.
Ⓒ : 가지고 있는 카드에 적힌 수의 절댓값이 적힌 카드로 바꿔 받는다.

세 사람이 각각 나무판 뽑기를 동시에 2번 진행하였더니 민혁이가 가지고 있는 카드에 적힌 수가 $-2$로 세 사람이 가지고 있는 카드에 적힌 수 중에서 2번째로 큰 수일 때, 종국이와 현서가 가지고 있는 카드에 적힌 수를 각각 구하시오. (단, 규칙에 따라 바꿔 받아야 하는 수가 적힌 카드가 모두 존재한다.)

# 04 정수와 유리수의 계산

**100점노트**

**중요**

**A** 유리수의 뺄셈

(1) □를 빼는 것은 −□를 더하는 것과 같다.
  ⇨ ■−(+□)=■+(−□)

(2) −□를 빼는 것은 □를 더하는 것과 같다.
  ⇨ ■−(−□)=■+(+□)

▶ STEP 1 | 03번

**B** 세 수 이상의 덧셈과 뺄셈의 혼합 계산

(ⅰ) 뺄셈을 모두 덧셈으로 바꾼다.

(ⅱ) 덧셈의 계산 법칙을 이용하여 계산한다.

▶ STEP 1 | 01번

**C** 부호가 생략된 수의 덧셈과 뺄셈

(ⅰ) 생략된 양의 부호 +를 넣는다.

(ⅱ) 뺄셈을 덧셈으로 바꾸어 계산한다.

**D** 유리수의 곱셈의 부호

**E** 0이 아닌 세 개 이상의 수의 곱셈

곱해진 음수의 개수에 따라 부호가 결정된다.

$\begin{cases} 음수가\ 짝수\ 개이면\ ⊕ \\ 음수가\ 홀수\ 개이면\ ⊖ \end{cases}$

▶ STEP 2 | 22번

**100점 공략**

**F** 음수의 거듭제곱의 부호

(1) 지수가 짝수이면 ⇨ ⊕

  예 $(-1)^2=+1$

(2) 지수가 홀수이면 ⇨ ⊖

  예 $(-1)^3=-1$

▶ STEP 1 | 08번, 09번, STEP 2 | 18번

**G** 유리수의 나눗셈의 부호

**H** 유리수의 곱셈과 나눗셈의 혼합 계산

(ⅰ) 역수를 이용하여 나눗셈을 곱셈으로 바꾼다.

(ⅱ) 부호를 결정한 후 각 수의 절댓값의 곱에 결정된 부호를 붙인다.

▶ STEP 1 | 12번

---

**유리수의 덧셈**

(1) 부호가 같은 두 수의 합 : 두 수의 절댓값의 합에 두 수의 공통인 부호를 붙인다.

(2) 부호가 다른 두 수의 합 : 두 수의 절댓값의 차에 절댓값이 큰 수의 부호를 붙인다.

**덧셈의 계산 법칙** 뺄셈에서는 교환법칙과 결합법칙이 성립하지 않는다.

세 수 $a$, $b$, $c$에 대하여

(1) 교환법칙 : $a+b=b+a$

(2) 결합법칙 : $(a+b)+c=a+(b+c)$

**유리수의 뺄셈 A, B, C**

두 수의 뺄셈은 빼는 수의 부호를 바꾸어 덧셈으로 고쳐서 계산한다.

**유리수의 곱셈 D, E, F**

(1) 부호가 같은 두 수의 곱 : 두 수의 절댓값의 곱에 양의 부호 +를 붙인다.

(2) 부호가 다른 두 수의 곱 : 두 수의 절댓값의 곱에 음의 부호 −를 붙인다.

(3) 어떤 수와 0의 곱은 항상 0이다.

**곱셈의 계산 법칙**

세 수 $a$, $b$, $c$에 대하여

(1) 교환법칙 : $a\times b=b\times a$

(2) 결합법칙 : $(a\times b)\times c=a\times(b\times c)$

(3) 덧셈에 대한 곱셈의 분배법칙

$$a\times(b+c)=a\times b+a\times c,\ (a+b)\times c=a\times c+b\times c$$

**유리수의 나눗셈 G, H**

(1) 유리수의 나눗셈

  ① 부호가 같은 두 수의 나눗셈의 몫

    : 두 수의 절댓값의 나눗셈의 몫에 양의 부호 +를 붙인다.

  ② 부호가 다른 두 수의 나눗셈의 몫

    : 두 수의 절댓값의 나눗셈의 몫에 음의 부호 −를 붙인다.

  ③ 0을 0이 아닌 수로 나눈 몫은 항상 0이다.

(2) 역수를 이용한 나눗셈

  ① 역수 : 두 수의 곱이 1일 때, 한 수를 다른 수의 역수라 한다.

   ┗ 0은 역수를 갖지 않는다.

  ② 역수를 이용한 유리수의 나눗셈 : 나누는 수의 역수를 곱하여 계산한다.

   예 곱셈으로 바꾼다.

   $(+6)\div(-2)=(+6)\times\left(-\dfrac{1}{2}\right)=-3$

   역수로 바꾼다.

**유리수의 덧셈, 뺄셈, 곱셈, 나눗셈의 혼합 계산**

(ⅰ) 거듭제곱이 있으면 거듭제곱을 먼저 계산한다.

(ⅱ) 괄호가 있으면 괄호 안을 먼저 계산한다.

  이때 괄호는 (소괄호) ⇨ {중괄호} ⇨ [대괄호]의 순서로 계산한다.

(ⅲ) 곱셈, 나눗셈을 먼저 계산한 후 덧셈, 뺄셈을 계산한다.

## 01 유리수의 덧셈과 뺄셈

다음 중에서 계산 결과가 가장 작은 것은?

① $(-8)+(+4)-(-3)$

② $(+6)-(-2)+(-7)$

③ $\left(+\dfrac{9}{5}\right)-(+6)-\left(-\dfrac{11}{5}\right)$

④ $\left(-\dfrac{2}{3}\right)-\left(-\dfrac{1}{6}\right)+\left(-\dfrac{1}{4}\right)$

⑤ $(-3.2)-(-4.1)-(+2.8)$

## 02 절댓값을 이용한 유리수의 덧셈과 뺄셈

다음 수 중에서 가장 큰 수를 $a$, 절댓값이 가장 작은 수를 $b$ 라 할 때, $a-b$의 값은?

$$-\dfrac{7}{2}, \quad \dfrac{13}{3}, \quad -2.6, \quad +4.1, \quad 2, \quad -\dfrac{1}{3}$$

① $\dfrac{5}{6}$

② $4.6$

③ $\dfrac{14}{3}$

④ $\dfrac{11}{2}$

⑤ $21$

## 03 바르게 계산한 답 구하기

어떤 유리수에서 $-\dfrac{1}{2}$을 빼야 할 것을 잘못하여 더했더니 그 결과가 $-\dfrac{3}{4}$이 되었다. 바르게 계산한 답을 구하시오.

## 04 새로운 기호로 주어진 연산

두 유리수 $a$, $b$에 대하여

$$a*b=(a+1)-(1-b),$$
$$a◎b=(a+1)-(b+1)$$

이라 할 때, $\left\{\dfrac{1}{2}*\left(-\dfrac{2}{3}\right)\right\}+\left\{\left(-\dfrac{3}{2}\right)◎\dfrac{1}{3}\right\}$의 값을 구하시오.

## 05 유리수의 덧셈과 뺄셈의 활용

다음 그림에서 이웃하는 네 수의 합은 항상 $-\dfrac{1}{6}$이다. ㉠에 알맞은 수는?

| ㉠ | | | 1 | $-2$ | $\dfrac{3}{2}$ |
|---|---|---|---|---|---|

① $-\dfrac{2}{3}$

② $-\dfrac{1}{3}$

③ $0$

④ $1$

⑤ $\dfrac{3}{2}$

## 06 유리수의 덧셈과 뺄셈의 실생활의 활용

오른쪽 표는 어느 해 12월 1일부터 12월 5일까지의 기온을 전날과 비교하여 증가 했으면 부호 $+$, 감소했으면 부호 $-$를 사용하여 나타낸 것이다. 11월 30일의 기온이 7.4 °C이었을 때, 기온이 두 번째로 낮은 날은 언제 인가?

| 12월 1일 | $-2.1$ |
|---|---|
| 12월 2일 | $-0.9$ |
| 12월 3일 | $+4.3$ |
| 12월 4일 | $-3.8$ |
| 12월 5일 | $+0.2$ |

① 12월 1일

② 12월 2일

③ 12월 3일

④ 12월 4일

⑤ 12월 5일

## 07 유리수의 곱셈의 계산 법칙

다음 식의 계산 과정에서 ㉠, ㉡, ㉢에 이용된 계산 법칙을 차례대로 구한 것은?

$$24 \times (-3)^2 \times \left\{ \frac{1}{3} + \left( -\frac{5}{8} \right) \right\}$$
$$= 9 \times 24 \times \left\{ \frac{1}{3} + \left( -\frac{5}{8} \right) \right\} \quad \dashv ㉠$$
$$= 9 \times \left[ 24 \times \left\{ \frac{1}{3} + \left( -\frac{5}{8} \right) \right\} \right] \quad \dashv ㉡$$
$$= 9 \times \left\{ 24 \times \frac{1}{3} + 24 \times \left( -\frac{5}{8} \right) \right\} \quad \dashv ㉢$$
$$= 9 \times \{ 8 + (-15) \} = -63$$

① 곱셈의 교환법칙, 분배법칙, 곱셈의 결합법칙
② 곱셈의 교환법칙, 분배법칙, 덧셈의 결합법칙
③ 곱셈의 교환법칙, 곱셈의 결합법칙, 분배법칙
④ 곱셈의 결합법칙, 곱셈의 교환법칙, 분배법칙
⑤ 곱셈의 결합법칙, 분배법칙, 곱셈의 결합법칙

## 08 유리수의 거듭제곱

다음 중에서 계산 결과가 가장 큰 수는?

① $-3^2$  ② $(-3)^3$  ③ $-(-3^3)$
④ $-3 \times (-3)^2$  ⑤ $(-3)^2 \times (-3^2)$

## 09 $(-1)^n$이 포함된 식의 계산

$(-1) + (-1)^2 + (-1)^3 + (-1)^4 + \cdots + (-1)^{2025}$을 계산하면?

① $-2025$  ② $-1$  ③ $0$
④ $1$  ⑤ $2025$

## 10 역수

$-8$보다 $-5$만큼 작은 수를 $a$, $1\frac{1}{3}$의 역수를 $-b$라 할 때, $a \times b$의 값은?

① $-4$  ② $-3$  ③ $-\frac{9}{4}$
④ $\frac{9}{4}$  ⑤ $4$

## 11 유리수의 곱셈과 나눗셈

다음 세 수 $a$, $b$, $c$의 대소 관계는?

$$a = (-5)^2 \times (+0.8) \times \left( -\frac{1}{2} \right)^3$$
$$b = \left( -\frac{1}{10} \right) \div \left( +\frac{4}{5} \right) \div \left( -\frac{5}{8} \right)$$
$$c = \left( +\frac{4}{11} \right) \times \left( -\frac{22}{9} \right) \times \left( -\frac{3}{8} \right)$$

① $a < b < c$  ② $a < c < b$  ③ $b < a < c$
④ $b < c < a$  ⑤ $c < a < b$

## 12 유리수의 곱셈과 나눗셈의 혼합 계산

$A = \frac{2}{13} \times \left\{ \left( -\frac{5}{3} \right) \div \frac{5}{18} \right\}$, $B = 0.16 \times 16 \div \left( -\frac{4}{3} \right) \div \frac{1}{(-5)^2}$

일 때, $B \div A$의 값을 구하시오.

**13** 곱셈과 나눗셈 사이의 관계

두 유리수 $a$, $b$에 대하여

$$a \times \left(-\frac{7}{5}\right) = \frac{21}{20}, \quad \frac{2}{9} \div b = -\frac{16}{45}$$

일 때, $a \div b$의 값을 구하시오.

**14** 부호 판정하기

0이 아닌 세 유리수 $a$, $b$, $c$에 대하여

$$a \times b < 0, \quad a < b, \quad b \div c > 0$$

일 때, 다음 중 옳은 것은?

① $a>0$, $b>0$, $c>0$  ② $a>0$, $b>0$, $c<0$
③ $a<0$, $b>0$, $c>0$  ④ $a<0$, $b>0$, $c<0$
⑤ $a<0$, $b<0$, $c>0$

**15** 문자로 주어진 수의 대소 관계

$-1<a<0$인 유리수 $a$에 대하여 다음 중 가장 큰 수는?

① $-a$  ② $-a-1$  ③ $-a^2$
④ $-\dfrac{1}{a}$  ⑤ $-\dfrac{1}{a^2}+2$

**16** 유리수의 덧셈, 뺄셈, 곱셈, 나눗셈의 혼합 계산

다음 식을 계산할 때, 네 번째로 계산해야 하는 것과 계산 결과를 바르게 나열한 것은?

$$\frac{7}{9} + \left\{ -3 - \frac{5}{4} \div \left(-\frac{3}{2}\right)^2 \right\} \times 5$$
$$\uparrow \quad \uparrow \quad \uparrow \quad \uparrow \quad \uparrow$$
$$\text{ㄱ} \quad \text{ㄴ} \quad \text{ㄷ} \quad \text{ㄹ} \quad \text{ㅁ}$$

① ㄱ, $-19$  ② ㄱ, $-17$  ③ ㄴ, $-18$
④ ㅁ, $-18$  ⑤ ㅁ, $-17$

**17** 유리수의 혼합 계산의 수직선에의 활용

다음 수직선 위의 네 점 A, B, C, D를 나타내는 수를 각각 $a$, $b$, $c$, $d$라 할 때, $a \times [\{(-b) \div c - (b+c)\} - d]$의 값은?

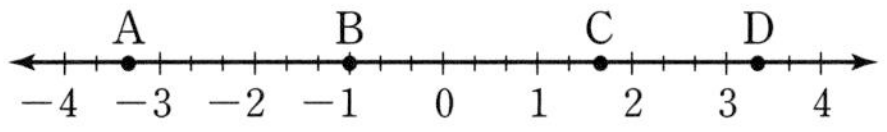

① $-\dfrac{19}{6}$  ② $-2$  ③ $-\dfrac{7}{6}$
④ $11$  ⑤ $\dfrac{34}{3}$

**18** 두 점을 이은 선분을 $m:n$으로 나누는 점

다음 그림과 같이 수직선 위의 두 점 A, B 사이의 거리를 $3:4$로 나누는 점을 C라 할 때, 점 C가 나타내는 수는?

(단, 점 C는 두 점 A, B 사이에 있다.)

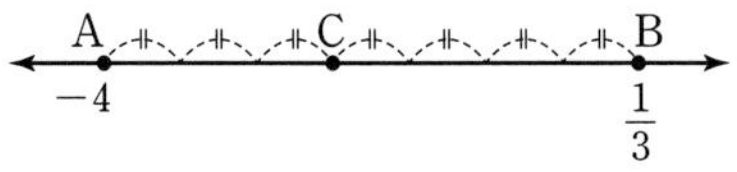

① $-\dfrac{15}{7}$  ② $-\dfrac{13}{7}$  ③ $0$
④ $\dfrac{13}{7}$  ⑤ $\dfrac{15}{7}$

**대표**

## 01

유형 ❶ 유리수의 덧셈과 뺄셈

$-\dfrac{7}{4}$보다 $\dfrac{1}{3}$만큼 큰 수를 $x$, 3보다 $-\dfrac{1}{2}$만큼 작은 수를 $y$라 할 때, $x<n<y$를 만족시키는 정수 $n$의 개수를 구하시오.

## 02

$A=-\dfrac{7}{3}-\left\{\left(-\dfrac{3}{4}\right)+7\right\}-\left(-\dfrac{1}{2}\right)$이라 할 때, $A$보다 작지 않은 음의 정수의 개수는?

① 2      ② 4      ③ 6
④ 8      ⑤ 10

## 03

다음을 계산하면?

$$\left(\dfrac{1}{2}+\dfrac{1}{3}+\dfrac{1}{4}+\dfrac{1}{5}+\dfrac{1}{6}\right)-\left(\dfrac{2}{3}+\dfrac{2}{4}+\dfrac{2}{5}+\dfrac{2}{6}\right)$$
$$+\left(\dfrac{3}{4}+\dfrac{3}{5}+\dfrac{3}{6}\right)-\left(\dfrac{4}{5}+\dfrac{4}{6}\right)+\dfrac{5}{6}$$

① $\dfrac{1}{3}$      ② $\dfrac{19}{30}$      ③ $\dfrac{7}{10}$
④ $\dfrac{11}{15}$      ⑤ $\dfrac{23}{30}$

## 04

다음 조건을 만족시키는 두 정수 $a$, $b$의 값을 각각 구하시오.

> (가) $a+1$의 절댓값은 2보다 작다.
> (나) $b+1$의 절댓값은 1보다 작다.
> (다) $b$의 값은 $a$의 값보다 크다.

## 05

다음 조건을 만족시키는 두 정수 $a$, $b$에 대하여 모든 $a$의 값의 합은?

> (가) $b\times|a+b|=57$
> (나) $b$와 9는 서로소이다.

① $-40$      ② $-38$      ③ $-36$
④ 38      ⑤ 40

**대표**

## 06

유형 ❷ 유리수의 덧셈과 뺄셈의 활용

다음은 어느 등산로의 다섯 지점 A, B, C, D, E의 높이를 측정하여 이를 정리해 놓은 것이다.

> $+4.8$ m   $-6.2$ m   $+9.5$ m   $-2.3$ m
> E ← B ← A ↔ C → D

예를 들어 'A $\xrightarrow{+9.5\text{ m}}$ C'는 C가 A보다 9.5 m만큼 높음을 뜻한다. 다섯 지점 중 가장 높은 지점과 가장 낮은 지점의 높이의 차를 구하시오.

## 07

다음 그림에서 가로로 이웃한 두 칸의 수의 합이 바로 윗 칸의 수가 된다.

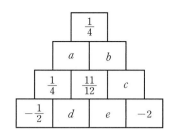

다음 중 $a \sim e$의 값으로 옳은 것은?

① $a = -\dfrac{7}{6}$　　② $b = -\dfrac{11}{12}$　　③ $c = -\dfrac{13}{6}$

④ $d = \dfrac{1}{6}$　　⑤ $e = \dfrac{3}{4}$

## 08

다음 조건을 만족시키는 세 유리수 $a$, $b$, $c$에 대하여 $a - b - c$의 값을 구하시오.

> ㈎ $a$는 음수이다.
> ㈏ 수직선에서 $b$를 나타내는 점은 $a$를 나타내는 점의 왼쪽에 있다.
> ㈐ $b$와 $c$는 부호가 반대이고, 수직선에서 $b$, $c$를 나타내는 두 점은 원점으로부터의 거리가 같다.
> ㈑ 수직선에서 $a$, $c$를 나타내는 두 점 사이의 거리는 $\dfrac{11}{2}$이고, $b$, $c$를 나타내는 두 점 사이의 거리는 8이다.

## 09

광수, 영자, 영철이가 한 번 게임을 할 때 1위는 3점, 2위는 1점, 3위는 $-2$점을 얻는 보드게임을 하고 있다. 총 3회의 게임을 하였더니 광수는 7점, 영자는 $-3$점을 얻었을 때, 영철이가 얻은 점수는?

① $-2$점　　② $-1$점　　③ 0점
④ 1점　　⑤ 2점

## 10

도전

다음과 같이 주어진 수의 배열 중 $+3$, $-2$, $-5$에서 가운데에 있는 $-2$는 $+3$과 $-5$의 합이고, $-2$, $-5$, $-3$에서 가운데에 있는 $-5$는 $-2$와 $-3$의 합이다.

$$+3, \ -2, \ -5, \ -3, \ \cdots$$

이와 같은 규칙으로 수를 나열할 때, 100번째에 오는 수를 구하시오.

## 11

두 수 $a$, $b$에 대하여 $[a, b]$를 두 수 $a$와 $b$의 차라 하자. $[[-5, 7], [a, 3]] = 9$가 성립하도록 하는 $a$의 값 중에서 가장 큰 수를 $M$, 가장 작은 수를 $m$이라 할 때, $[M, m]$의 값을 구하시오.

## 12

모든 유리수는 정수 부분과 0과 1 사이의 유리수 부분의 합으로 나타낼 수 있다. 예를 들어 $\dfrac{3}{2} = 1 + \dfrac{1}{2}$, $-\dfrac{10}{3} = -4 + \dfrac{2}{3}$이다. 이와 같이 네 유리수 $-\dfrac{37}{14}$, $-\dfrac{21}{5}$, $\dfrac{59}{7}$, $\dfrac{79}{16}$를 나타낼 때, 정수 부분을 각각 $a_1$, $a_2$, $a_3$, $a_4$라 하고 0과 1 사이의 유리수 부분을 각각 $b_1$, $b_2$, $b_3$, $b_4$라 하자. $a_1 - b_2 + a_3 - b_4$의 정수 부분과 0과 1 사이의 유리수 부분을 차례대로 구하시오.

STEP 2

**13** 유형 ❸ 유리수의 곱셈과 나눗셈

다음 등식을 만족시키는 유리수 $a$의 값은?

$$\left(-\frac{3}{5}\right) \div a \times \left(-\frac{5}{2}\right)^2 = -\frac{5}{4}$$

① 1        ② 2        ③ 3

④ 4        ⑤ 5

**14**

분배법칙을 이용하여 $\dfrac{2025^2 - 2025}{2024}$의 값을 구하시오.

**15**

두 양의 정수 $A$, $B$가 등식

$$A \div \left(-\frac{1}{3}\right) \times 4 \div \left(-\frac{10}{7}\right) = B$$

를 만족시킬 때, $A+B$의 값 중에서 가장 작은 수를 구하시오.

**16** 서술형

네 유리수 $-\dfrac{3}{4}$, 6, 2, $-\dfrac{4}{3}$ 중에서 서로 다른 두 수를 골라 곱한 값 중 가장 큰 수를 $a$, 가장 작은 수를 $b$라 할 때, $a \div b$의 값을 구하시오.

**17**

두 유리수 $x$, $y$가

$$|x| - |y| = 5, \ |y| = \frac{3}{2}$$

을 만족시킬 때, $x \div y$의 값 중에서 가장 큰 값과 가장 작은 값의 차는?

① 8        ② $\dfrac{26}{3}$        ③ $\dfrac{28}{3}$

④ 10        ⑤ $\dfrac{32}{3}$

**18** 앗! 실수

$(-1)^n \times (-1)^{2n+3} \div (-1)^{2n+1} \times (-1)^{n+1}$의 값을 구하시오.
(단, $n$은 자연수이다.)

두 수 $a$, $b$가

$$a = \left\{ 1 - \left( -\frac{6}{5} \right)^2 \div \left( -\frac{3}{10} \right) \right\} \div \frac{3}{5},$$

$$b = -\frac{5}{6} - \left\{ -2 + \frac{15}{4} \times \left( \frac{2}{3} \right)^2 \div \left( -\frac{1}{2} \right)^3 \right\}$$

일 때, $a < x < b$를 만족시키는 정수 $x$의 개수는?

① 3  ② 4  ③ 5
④ 6  ⑤ 7

**20**

$-\frac{5}{2}$보다 $-3$만큼 큰 수를 $a$, $-2$보다 $-\frac{1}{2}$만큼 작은 수를 제곱한 수를 $b$, $\frac{2}{3}$를 $\frac{1}{6}$로 나눈 수를 $c$라 할 때, $a \div (b - c)$의 값은?

① $-\frac{21}{5}$  ② $-\frac{15}{4}$  ③ $-\frac{5}{3}$
④ $\frac{22}{7}$  ⑤ $\frac{27}{8}$

**21**

두 유리수 $A$, $B$에 대하여

$$A = -\frac{6}{7} \times \left\{ \frac{1}{2} + \frac{15}{4} \div \left( -\frac{5}{2} \right)^2 \times 5 \right\} + 1, \ A \times B = 1$$

일 때, $B$의 값은?

① $-1$  ② $-\frac{1}{2}$  ③ $\frac{1}{2}$
④ 1  ⑤ 2

**22**

$\left( \frac{1}{2} - 1 \right) \times \left( \frac{1}{3} - 1 \right) \times \left( \frac{1}{4} - 1 \right) \times \cdots \times \left( \frac{1}{30} - 1 \right)$의 값은?

① $-\frac{1}{10}$  ② $-\frac{1}{20}$  ③ $-\frac{1}{30}$
④ $\frac{1}{30}$  ⑤ $\frac{1}{10}$

**23** 서술형

두 유리수 $a$, $b$에 대하여

$$a \triangle b = (a + b) \div a \ (a \neq 0),$$

$$a \bigstar b = |a - b|$$

라 할 때, $x \bigstar (8 \triangle 12) = \frac{7}{2}$을 만족시키는 모든 유리수 $x$의 값의 합을 구하시오.

어떤 수에 $-\frac{2}{3}$를 곱하고 $-\frac{3}{2}$을 빼야 할 것을 잘못하여 $\left( -\frac{2}{3} \right)^2$을 곱하고 $-\frac{3}{2}$을 더하였더니 $\frac{5}{6}$가 되었다. 바르게 계산한 결과는?

① $-2$  ② $-1$  ③ 0
④ 1  ⑤ 2

STEP 2

**25**

갑과 을이 계단에서 가위바위보를 하여 이기면 4칸 올라가고 지면 3칸 내려가기로 하였다. 처음 위치를 0으로 하고 한 칸 올라가는 것을 $+1$, 한 칸 내려가는 것을 $-1$이라 하자. 10번 가위바위보를 하여 갑이 6번 이겼다고 할 때, 갑과 을의 위치의 값의 차를 구하시오.

(단, 비기는 경우는 없다.)

**26**

다음과 같은 3단계로 이루어진 연산이 있다. $\frac{5}{3}$를 [1단계], [2단계], [3단계] 순으로 적용한 결과를 구하시오.

[1단계] 주어진 수에서 $-\frac{5}{6}$를 뺀 후 $-9$를 곱하고, $\frac{3}{4}$ 으로 나눈다.

[2단계] [1단계]에서 구한 수를 제곱하고, $-2$로 나눈다.

[3단계] [2단계]에서 구한 수에 $-\frac{2}{3}$를 곱하고, $-300$을 뺀다.

**27**

$[x]$는 $x$보다 크지 않은 최대의 정수를 나타낸다고 한다. 예를 들어 $[1]=1$, $[2.3]=2$이다. 이때 다음을 계산하시오.

$$[3.7]+\left[\frac{49}{11}\right]\div\left[-\frac{17}{4}\right]-\frac{1}{5}\times\left([-2.3]\times\left[-\frac{20}{3}\right]\right)$$

**28**

두 유리수 $a$, $b$에 대하여

$a\triangledown b=$(수직선에서 두 수 $a$, $b$를 나타내는 두 점으로부터 같은 거리에 있는 점이 나타내는 수)

라 할 때, $\left(-\frac{1}{2}\right)\triangledown\left(\frac{1}{3}\triangledown\frac{1}{5}\right)$의 값은?

① $-\frac{4}{15}$  ② $-\frac{7}{30}$  ③ $-\frac{7}{60}$

④ $\frac{17}{60}$  ⑤ $\frac{8}{15}$

**29**

오른쪽 수직선에서 네 점 A, B, C, D 사이의 간격이 모두 같고, 점 C가 나타내는

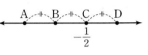

수는 $-\frac{1}{2}$이다. 다음 중 두 점 A, D가 나타내는 수로 가능한 것은?

① $-\frac{2}{3}$, $\frac{1}{3}$  ② $-\frac{5}{2}$, $1$  ③ $-3$, $\frac{7}{2}$

④ $-4$, $\frac{7}{4}$  ⑤ $-\frac{13}{2}$, $\frac{5}{2}$

**30**

다음 조건을 만족시키는 서로 다른 두 정수 $a$, $b$에 대하여 $(-5)\times a+b\div 4-a\times b$의 값을 구하시오.

㈎ $b<0<a$

㈏ $6\times|a|=|b|$

㈐ 수직선 위에서 $a$와 $b$를 나타내는 두 점 사이의 거리는 14이다.

## 31

$A = 12.43 \times (-14.24) - 3 \times 7.43 + 12.43 \times 17.24$,

$B = 2 - 2 \times \left\{ \dfrac{3}{4} + \left( -\dfrac{1}{2} \right)^3 \div \left( -2 + \dfrac{1}{2} \right) \times \dfrac{3}{2} \right\}$

일 때, 다음 그림과 같은 전개도를 접어 직육면체를 만들려고 한다. 마주 보는 면에 적힌 두 수가 서로 역수일 때, $a \div \dfrac{3}{b} \times c$의 값을 구하시오.

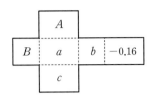

## 32

여섯 개의 유리수 $-1$, $-\dfrac{1}{2}$, $0$, $3$, $\dfrac{7}{2}$, $4$가 각 면에 하나씩 적혀 있는 정육면체 모양의 주사위에서 마주 보는 면에 적힌 두 수의 합은 3이다. 이와 같은 주사위 4개를 다음 그림과 같이 쌓았을 때, 주사위끼리 맞붙어 가려지는 면을 제외한 모든 면에 적힌 수의 합의 최댓값을 구하시오.

**대표 33** 유형 ❻ 부호 판정하기

네 수 $a$, $b$, $c$, $d$가 다음 조건을 만족시킬 때, 나머지 넷과 부호가 <u>다른</u> 하나는?

| ⑺ $a \times b < 0$ | ⑷ $b + c = 0$ | ⒟ $d \div c > 1$ |

① $\dfrac{a}{c}$   ② $a \times d$   ③ $b \times (a + d)$

④ $c \times (d - c)$   ⑤ $d \times (c - b)$

## 34

0이 아닌 세 유리수 $a$, $b$, $c$에 대하여

$a > b > c$, $a \times b < 0$, $a + b > 0$, $a + c < 0$

일 때, 다음 중 옳지 <u>않은</u> 것은?

① $|a| - |b| > 0$   ② $|a| - |c| < 0$
③ $|b| - |c| > 0$   ④ $b \times c > 0$
⑤ $a - c > 0$

## 35

두 정수 $a$, $b$에 대하여 $|a| \leq 4$, $|b| \leq 3$일 때, 다음 조건을 만족시키는 두 수 $a$, $b$를 모두 찾아 $(a, b)$ 꼴로 나타내시오.

| ⑺ $a \times b > 0$ | ⑷ $a + b < 0$ | ⒟ $a \div b \geq 2$ |

## 36

세 유리수 $a$, $b$, $c$에 대하여

$a > 0$, $b \times c \div a > 0$, $1 < |c| < |b| < |a|$

일 때, 다음 수를 큰 것부터 차례대로 나열하시오.

(단, $a$, $b$, $c$ 중에는 부호가 다른 것이 반드시 있다.)

| $\dfrac{1}{b}$, | $-\dfrac{1}{c}$, | $-a$, | $\dfrac{1}{a}$, | $b^2$ |

## 01

수직선 위에 10개의 수

$$-\frac{1}{200},\ x_1,\ x_2,\ x_3,\ x_4,\ \frac{3}{25},\ y_1,\ y_2,\ y_3,\ y_4$$

를 나타내면 10개의 점 사이의 거리가 일정하다.
$x_1+x_2+x_3+x_4+y_1+y_2+y_3+y_4$의 값을 구하시오.

$$\left(\text{단},\ -\frac{1}{200}<x_1<x_2<x_3<x_4<\frac{3}{25}<y_1<y_2<y_3<y_4\right)$$

## 02

A, B, C 세 차량이 직선 주로를 달리는 레이싱 대회에 참가하였다. 총 거리는 1000 m이고 각각의 차량은 빨간 지점을 지날 때마다 속력을 $\frac{1}{2}$로 줄여야 한다. 세 차량은 같은 지점에서 출발하고 세 차량의 처음 속력은 모두 같다고 할 때, 가장 빨리 도착한 차량부터 순서대로 쓰시오. (단, 빨간 지점을 기준으로 나누어진 구간별 속력은 동일하고, (시간)=(거리)÷(속력)이다.)

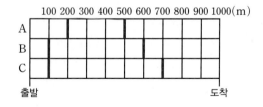

## 03

창의 융합

네 유리수 $\frac{3}{4}$, $-2$, $-\frac{1}{3}$, $\frac{5}{2}$에서 서로 다른 세 수를 골라 다음 식의 □ 안에 한 번씩 써넣어 계산하였을 때, 나올 수 있는 값 중에서 가장 큰 수를 구하시오.

$$\boxed{\quad\square-\square\times\square\quad}$$

## 04

다음 조건을 만족시키는 세 정수 $A$, $B$, $C$에 대하여
$A+B-C$의 값 중에서 가장 큰 값은?

㈎ 세 정수 중 한 수는 음의 정수이고 두 수는 양의 정수이다.
㈏ 세 수의 절댓값은 모두 1보다 크다.
㈐ $A\times B\times C=-60$이다.

① 12      ② 13      ③ 15
④ 19      ⑤ 21

## 05

오른쪽 그림과 같이 각 면에 유리수가 하나씩 적혀 있는 정육면체 모양의 주사 위에서 마주 보는 면에 적힌 두 수의 곱 은 1이다. 수지와 가인이가 이 주사위

를 두 번씩 던져 첫 번째 나온 눈의 수에서 두 번째 나온 눈 의 수를 뺀 값이 더 큰 사람이 이기는 게임을 하고 있다. 수 지가 주사위를 두 번 던져 $\frac{7}{5}$과 $-\frac{2}{3}$가 차례대로 나왔다. 가인이가 주사위를 두 번 던져 나온 눈의 수를 차례대로 $a$, $b$라 하고, 가인이가 이기는 경우의 $a$, $b$를 $(a, b)$로 나 타낼 때, $(a, b)$의 개수를 구하시오.

## 06

네 개의 정수 $a$, $b$, $c$, $d$가
$$(13-a) \times (12-b) \times (11-c) \times (10-d) = 9$$
를 만족시킬 때, $a+b+c+d$의 값은?

(단, $13-a$, $12-b$, $11-c$, $10-d$는 서로 다른 정수이다.)

① 40      ② 42      ③ 44

④ 46      ⑤ 48

## 07

다음 그림의 9개의 칸에 1부터 9까지의 자연수를 한 번만 사용하여 삼각형의 각 변의 네 개의 수의 합이 모두 같도록 배치한다. 이때 •보기•에서 옳은 것을 모두 고르시오.

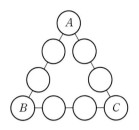

• 보기 •

ㄱ. 각 변의 수의 합은 20이다.

ㄴ. $A$, $B$, $C$ 중에서 적어도 하나는 5이다.

ㄷ. $A+B+C$의 값은 3의 배수이다.

## 08

0이 아닌 세 정수 $a$, $b$, $c$가 다음을 모두 만족시킬 때, $b-a+c$의 값 중에서 가장 큰 값을 구하시오.

⑺ $a+b+c=4$

⑻ $ac>0$, $b<0$

⑼ $|a|<|b|<|c|<6$

# 대단원평가

## 01

다음 수를 수직선 위에 점으로 나타낼 때, 오른쪽에서 세 번째에 있는 점이 나타내는 수보다 작거나 같은 정수 중에서 가장 큰 수를 구하시오.

$$-\frac{13}{5}, \quad +3.6, \quad -2, \quad \frac{5}{2}, \quad \frac{38}{19}, \quad 3$$

## 02

정수 $a$는 $-7$보다 작지 않고 $\frac{7}{2}$보다 작다. $a$의 절댓값이 2보다 클 때, 이를 만족시키는 정수 $a$의 개수를 구하시오.

## 03

• 보기 •에서 옳은 것을 모두 고른 것은?

┌ 보기 ┐

ㄱ. $|a|+|b|=0$이면 $a=0$, $b=0$이다.
ㄴ. $a<b<0$이면 $|a|>|b|$이다.
ㄷ. $a<0<b$이면 $|a|>|b|$이다.

① ㄱ          ② ㄱ, ㄴ          ③ ㄱ, ㄷ
④ ㄴ, ㄷ        ⑤ ㄱ, ㄴ, ㄷ

## 04

다음 조건을 만족시키는 서로 다른 세 정수 $a$, $b$, $c$의 대소 관계는?

⑦ $b$는 음수이고, $b$의 절댓값은 3이다.
④ $c$는 $-4$보다 작다.
⑤ 수직선 위에서 $a$를 나타내는 점은 $b$를 나타내는 점보다 0을 나타내는 점에 더 가깝다.

① $a<b<c$          ② $a<c<b$          ③ $b<a<c$
④ $c<a<b$          ⑤ $c<b<a$

## 05

두 유리수 $-\frac{4}{3}$와 $\frac{17}{9}$ 사이에 있는 분모가 7이며 정수가 아닌 유리수의 개수를 $a$, 두 유리수 $-\frac{27}{5}$과 $\frac{11}{4}$ 사이에 있는 분모가 7이며 정수가 아닌 유리수의 개수를 $b$라 할 때, $a+b$의 값을 구하시오.

## 06

자연수 $n$에 대하여 $\frac{1}{n\times(n+1)}=\frac{1}{n}-\frac{1}{n+1}$이 성립함을 이용하여 $\frac{1}{1\times2}+\frac{1}{2\times3}+\frac{1}{3\times4}+\cdots+\frac{1}{9\times10}$의 값을 구하시오.

## 07

어느 시장에서는 10000원짜리 물건을 첫째 날은 10 % 할인하고, 둘째 날은 첫째 날 가격의 20 %를 할인하고, 셋째 날은 둘째 날 가격의 20 %를 할증하여 팔았다. 첫째 날과 셋째 날의 이 물건의 가격의 차는?

① 0원  ② 120원  ③ 240원
④ 360원  ⑤ 480원

## 08

다음 표에서 가로, 세로, 대각선에 있는 세 수의 합은 모두 같다. 세 수 $a$, $b$, $c$에 대하여 $a \div (b-c)$의 값을 구하시오.

| $a$ | $-\dfrac{1}{2}$ | $-\dfrac{4}{3}$ |
|---|---|---|
| $-\dfrac{3}{2}$ | $-\dfrac{5}{6}$ | $b$ |
| $-\dfrac{1}{3}$ | $c$ | $-1$ |

## 09

두 유리수 $a$, $b$에 대하여 $a>0$, $b<0$, $|a|=|b|$일 때, •보기•에서 옳은 것을 모두 고른 것은?

┌ 보기 ┐
ㄱ. $a+b=0$　　　　ㄴ. $a^2-b^2=0$
ㄷ. $\dfrac{a}{b}-1=0$　　　ㄹ. $\dfrac{1}{a}+\dfrac{1}{b}=0$
└─────────┘

① ㄱ, ㄴ, ㄷ  ② ㄱ, ㄴ, ㄹ  ③ ㄱ, ㄷ, ㄹ
④ ㄴ, ㄷ, ㄹ  ⑤ ㄱ, ㄴ, ㄷ, ㄹ

## 10

네 유리수 $+\dfrac{5}{3}$, $-\dfrac{11}{2}$, $-6$, $+0.4$ 중에서 서로 다른 세 수 $a$, $b$, $c$를 뽑아 $a \times b \div c$를 계산한 결과 중 가장 작은 값을 구하시오.

## 11

$\dfrac{11}{48}$을 다음과 같이 나타내었을 때, $a+b+c+d$의 값을 구하시오. (단, $a$, $b$, $c$, $d$는 자연수이다.)

$$\frac{11}{48} = \cfrac{1}{a+\cfrac{1}{b+\cfrac{1}{c+\cfrac{1}{d}}}}$$

## 12

절댓값이 10 이상 20 이하인 서로 다른 몇 개의 정수의 곱이 35640, 합이 2가 될 때, 다음 물음에 답하시오.

(1) 서로 다른 몇 개의 정수를 모두 구하시오.
(2) 서로 다른 몇 개의 정수 중에서 가장 큰 정수와 가장 작은 정수의 합을 구하시오.

BLACKLABEL CAFE
bLa

Our greatest glory is

not in never falling,

but in rising every time we fall.

가장 큰 영광은 한 번도 실패하지 않음이 아니라

실패할 때마다 다시 일어서는 데에 있다.

공자

# 문자와 식

## II

BLACKLABEL

# 05 문자의 사용과 식

## 100점노트

### 100점 공략

**A** 자주 쓰이는 수량 사이의 관계

(1) $a \% \Rightarrow \dfrac{a}{100}$

(2) 정가가 $x$원인 물건을 $a \%$ 할인할 때
$\Rightarrow$ (판매 가격)
　$=$ (정가) $-$ (할인 금액)
　$=x-\dfrac{a}{100} \times x$(원)

(3) $1\,\mathrm{m}=100\,\mathrm{cm}=1000\,\mathrm{mm}$,
$1\,\mathrm{kg}=1000\,\mathrm{g}$

(4) 1시간$=$60분, 1분$=$60초

(5) 백의 자리의 숫자가 $a$, 십의 자리의 숫자가 $b$, 일의 자리의 숫자가 $c$인 세 자리 자연수
$\Rightarrow 100 \times a+10 \times b+c$

(6) (거리)$=$(속력)$\times$(시간),
(속력)$=\dfrac{(거리)}{(시간)}$, (시간)$=\dfrac{(거리)}{(속력)}$

(7) (소금물의 농도)
$=\dfrac{(소금의 양)}{(소금물의 양)} \times 100(\%)$,
(소금의 양)
$=\dfrac{(소금물의 농도)}{100} \times (소금물의 양)$

▶ STEP 1 | 02번, STEP 2 | 03번, 06번, 27번
STEP 3 | 04번, 05번

### 주의

**B** 곱셈 기호의 생략

(1) $0.1 \times a$는 $0.a$로 쓰지 않고 $0.1a$로 쓴다.

(2) $3 \times 2=32$와 같이 두 수의 곱셈에서 곱셈 기호 '$\times$'를 생략해서 나타낼 수는 없다.

**C** 나눗셈 기호의 생략

(1) $a \div 1=\dfrac{a}{1}=a$

(2) $a \div(-1)=\dfrac{a}{-1}=-a$

**D** 다항식의 계수

(1) 다항식에서 항의 계수를 말할 때는 숫자 앞의 부호까지 포함한다.

(2) $x=1 \times x$이므로 $x$의 계수는 1이고
$-x=(-1) \times x$이므로 $x$의 계수는 $-1$이다.

**E** 분배법칙

(1) $a \times(b+c)=a \times b+a \times c$

(2) $(a+b) \times c=a \times c+b \times c$

## 문자를 사용한 식 Ⓐ

문자를 사용하면 수량 사이의 관계를 간단한 식으로 나타낼 수 있다.

## 곱셈 기호와 나눗셈 기호의 생략 Ⓑ, Ⓒ

(1) 곱셈 기호의 생략 ──1 또는 $-1$과 문자의 곱에서는 1을 생략한다.　예 $1 \times x=x$, $(-1) \times x=-x$

① (수)$\times$(문자) : 곱셈 기호 $\times$를 생략하고, 수를 문자 앞에 쓴다.

② (문자)$\times$(문자) : 곱셈 기호 $\times$를 생략하고, 보통 알파벳 순서로 쓴다.

③ 괄호가 있는 식과 수의 곱은 곱셈 기호 $\times$를 생략하고, 수를 괄호 앞에 쓴다.
──예 $(a+1) \times 3=3(a+1)$

④ 같은 문자의 곱은 거듭제곱으로 나타낸다.

(2) 나눗셈 기호의 생략 : 나눗셈 기호 $\div$를 생략하고 분수 꼴로 나타낸다.

$$a \div b=a \times \dfrac{1}{b}=\dfrac{a}{b} \ (단, \ b \neq 0)$$
──'$b$는 0이 아니다.'를 기호 $\neq$를 사용하여 $b \neq 0$으로 나타낸다.

## 식의 값

──문자에 음수를 대입할 때는 괄호를 이용한다.

(1) 대입 : 문자를 사용한 식에서 문자를 수로 바꾸어 넣는 것

(2) 식의 값 : 문자를 사용한 식에서 문자에 수를 대입하여 계산한 결과

## 다항식과 일차식 Ⓓ

(1) 항 : 수 또는 문자의 곱으로 이루어진 식

(2) 상수항 : 수로만 이루어진 항

(3) 계수 : 수와 문자의 곱으로 이루어진 항에서 문자에 곱해진 수

(4) 다항식 : 한 개 이상의 항의 합으로 이루어진 식

(5) 단항식 : 다항식 중에서 한 개의 항으로만 이루어진 다항식

(6) 차수 : 문자를 포함한 항에서 문자가 곱해진 개수

(7) 다항식의 차수 : 다항식을 이루는 각 항의 차수 중에서 가장 큰 값

(8) 일차식 : 차수가 1인 다항식

$x^2$의 계수　차수　상수항
$$2x^2+3$$
항　　항

## 일차식과 수의 곱셈, 나눗셈 Ⓔ

(1) (일차식)$\times$(수) : 분배법칙을 이용하여 일차식의 각 항에 수를 곱한다.

(2) (일차식)$\div$(수) : 분배법칙을 이용하여 나누는 수의 역수를 일차식의 각 항에 곱한다.

## 일차식의 덧셈, 뺄셈

(1) 동류항 : 문자와 차수가 각각 같은 항 ← 상수항은 모두 동류항이다.

(2) 동류항의 계산 : 분배법칙을 이용하여 간단히 한다.

(3) 일차식의 덧셈과 뺄셈

(ⅰ) 괄호가 있는 경우에는 분배법칙을 이용하여 괄호를 먼저 푼다.

괄호 앞에 $\begin{cases} +가 있으면 \Rightarrow 괄호 안의 부호를 그대로 \\ -가 있으면 \Rightarrow 괄호 안의 부호를 반대로 \end{cases}$

(ⅱ) 동류항끼리 모아서 계산한다.

**01** 곱셈 기호와 나눗셈 기호의 생략

$a \div b \div \{c \div (1 \div d)\} \times e$를 곱셈 기호와 나눗셈 기호를 생략하여 나타내면?

① $\dfrac{bcde}{a}$     ② $\dfrac{abcd}{e}$     ③ $\dfrac{ade}{bc}$

④ $\dfrac{acd}{be}$     ⑤ $\dfrac{ae}{bcd}$

**02** 문자를 사용한 식

다음 중 문자를 사용한 식으로 바르게 나타낸 것은?

① 십의 자리의 숫자가 $a$, 일의 자리의 숫자가 $b$인 두 자리 자연수는 $ab$이다.
② 12자루에 $x$원인 연필 한 자루의 가격은 $12x$원이다.
③ 4명이 $x$원씩 내서 $y$원짜리 피자 한 판을 사고 남은 금액은 $(4x+y)$원이다.
④ 정가가 $a$원인 연필을 20 % 할인하여 판매할 때, 연필의 판매 가격은 $0.8a$원이다.
⑤ $x$명에게 사탕을 7개씩 나누어 주고 5개가 남았을 때, 사탕의 총 개수는 $7x-5$이다.

**03** 식의 값 구하기

$x=-2$일 때, 다음 중 식의 값이 나머지 넷과 다른 하나는?

① $(-x)^4$     ② $-x^4$     ③ $(-2x)^2$

④ $-2x^3$     ⑤ $-\dfrac{x^5}{2}$

**04** 식의 값 구하기-분수를 분모에 대입하는 경우

$a=\dfrac{3}{2}$, $b=\dfrac{4}{3}$, $c=\dfrac{4}{5}$일 때, $\dfrac{6}{a}-\dfrac{12}{b}+\dfrac{4}{c}$의 값은?

① $-4$     ② $-2$     ③ $0$

④ $2$     ⑤ $4$

**05** 식의 값의 활용

공기 중에서 소리의 속력은 기온이 $x$ ℃일 때, 초속 $(391+0.6x)$ m라 한다. 블랙이는 기온이 15 ℃인 어느 날 번개가 친지 3초 후에 천둥소리를 들었다. 번개가 친 곳에서 블랙이가 있는 곳까지의 거리는?

① 1.1 km     ② 1.2 km     ③ 1.3 km
④ 1.4 km     ⑤ 1.5 km

**06** 다항식의 항, 계수, 차수

다항식에 대한 설명 중 옳은 것은?

① $xy+1$은 일차식이다.
② $1-2x-3x^2$에서 항은 3개이다.
③ $3x+5$는 단항식이다.
④ $x+y-y^2-8$의 상수항은 8이다.
⑤ $5x^2-3x+1$의 차수는 5이다.

**07** 일차식

다음 중 일차식의 개수는?

| | | | |
|---|---|---|---|
| $x+1$ | $3y$ | $\dfrac{2}{x}$ | $2y^2+3y-1$ |
| $3a-2$ | $\dfrac{b+1}{3}$ | $5a^2-1$ | $b$ |

① 3       ② 4       ③ 5

④ 6       ⑤ 7

**08** (일차식)×(수), (일차식)÷(수)

두 다항식 $\dfrac{2}{3}(6x-12)$, $(-4x+8)÷\left(-\dfrac{4}{3}\right)$에 대하여 $x$의

계수의 합을 $a$, 상수항의 합을 $b$라 할 때, $a-b$의 값은?

① 21       ② 19       ③ 17

④ 15       ⑤ 13

**09** 일차식의 덧셈과 뺄셈

다음 식을 계산했을 때, 상수항이 가장 큰 것은?

① $(x-1)+(3x+5)$

② $(5x-1)-(3x-6)$

③ $(8-x)+4(3x-1)$

④ $2(3x+1)-3(5x-1)$

⑤ $8\left(-\dfrac{1}{2}x+\dfrac{1}{4}\right)-6\left(\dfrac{2}{3}x-\dfrac{3}{2}\right)$

**10** 문자에 일차식 대입하기

$A=2x-3$, $B=4x+2$, $C=-x+1$일 때,

$\dfrac{1}{2}(3B-2A)+3\{C-(A-B)\}$를 계산하시오.

**11** 바르게 계산한 식 구하기

어떤 일차식 $A$에 $3x-5$를 더해야 할 것을 잘못하여 **뺐**더니 $2x-1$이 되었다. 바르게 계산한 식을 $B$라 할 때, $A+B$를 계산하시오.

**12** 도형에서의 일차식의 계산

다음 그림과 같이 가로의 길이가 $2x$ cm, 세로의 길이가 15 cm인 공간에 색종이 8장을 배열하여 수학책의 제목을 적으려고 한다. 색종이 사이의 간격이 3 cm로 일정할 때, 색종이 8장의 넓이의 합을 $x$를 사용한 식으로 나타내면 $(ax+b)$ cm²이다. 두 상수 $a$, $b$에 대하여 $a-b$의 값을 구하시오.

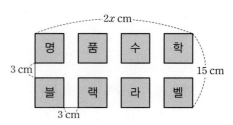

**대표**
## 01
유형 ❶ 곱셈 기호와 나눗셈 기호의 생략

곱셈 기호 $\times$ 와 나눗셈 기호 $\div$ 를 생략하여 나타낸 식으로
• 보기 •에서 옳은 것을 모두 고른 것은?

**• 보기 •**

ㄱ. $2 \times x = x^2$

ㄴ. $(a+b) \div \dfrac{1}{2} = 2(a+b)$

ㄷ. $2 \div 5x = \dfrac{5}{2}x$

ㄹ. $x \div 3 + y \times (-3) = \dfrac{x}{3} - 3y$

ㅁ. $x - y \times z \div 3 = \dfrac{(x-y)z}{3}$

① ㄱ, ㄴ      ② ㄱ, ㅁ      ③ ㄴ, ㄹ
④ ㄱ, ㄷ, ㄹ      ⑤ ㄴ, ㄷ, ㅁ

## 02
다음 중 곱셈 기호와 나눗셈 기호를 생략한 결과가 나머지 넷과 <u>다른</u> 하나는?

① $-y \times z \div x$

② $y \times z \div (-x)$

③ $-z \div (x \div y)$

④ $z \div x \times (-1) \div y$

⑤ $y \times z \div x \times (-1)$

**대표**
## 03
유형 ❷ 문자를 사용한 식으로 나타내기

어느 중학교의 작년 전체 학생 $x$명 중 $a\,\%$가 남학생이었다. 올해는 작년에 비해 여학생 수가 $5\,\%$ 감소했을 때, 올해 여학생 수를 문자를 사용한 식으로 바르게 나타낸 것은?

① $\dfrac{19}{20}\left(a - \dfrac{x}{100}\right)$      ② $\dfrac{19}{20}\left(x - \dfrac{a}{100}\right)$

③ $\dfrac{21}{20}\left(x - \dfrac{a}{100}\right)$      ④ $\dfrac{19}{20}\left(x - \dfrac{ax}{100}\right)$

⑤ $\dfrac{21}{20}\left(x - \dfrac{ax}{100}\right)$

## 04
어떤 공장에서 $a$명이 $b$일 동안 $c$개의 제품을 만들 수 있을 때, 두 명이 하루 동안 만들 수 있는 제품의 개수는?
(단, 모든 사람이 이 제품을 만드는 속도는 같다.)

① $\dfrac{2a}{bc}$      ② $\dfrac{b}{2ac}$      ③ $\dfrac{2c}{ab}$

④ $\dfrac{ab}{2c}$      ⑤ $\dfrac{2bc}{a}$

## 05
어느 반 학생들의 100 m 달리기 기록은 남학생 $x$명의 평균이 16초, 여학생 $y$명의 평균이 19초이다. 이 반 전체 학생의 100 m 달리기 기록의 평균을 $x$, $y$를 사용하여 바르게 나타낸 것은?

① $\dfrac{x+y}{35}$ 초      ② $\dfrac{16x+19y}{2}$ 초

③ $\dfrac{19x+16y}{x+y}$ 초      ④ $\dfrac{16x+19y}{35}$ 초

⑤ $\dfrac{16x+19y}{x+y}$ 초

## 06
수진이가 집에서 출발하여 분속 125 m로 $x$분 동안 걸었더니 학교 가는 길에 있는 문구점에 도착했고, 문구점에서 출발하여 분속 154 m로 서둘러 걸었더니 학교에 도착했다고 한다. 수진이네 집과 학교 사이의 거리가 2 km일 때, 수진이가 문구점에서 학교까지 가는 데 걸린 시간을 문자를 사용한 식으로 바르게 나타낸 것은?

① $(2000 - 125x)$분      ② $\dfrac{93}{2000-125x}$ 분

③ $\dfrac{154}{2000-125x}$ 분      ④ $\dfrac{2000-125x}{154}$ 분

⑤ $\dfrac{2000-125x}{93}$ 분

## 07

한 변의 길이가 $x$ cm인 정사각형 20개를 다음 그림과 같이 1 cm씩 겹쳐서 직사각형을 만들었다. 완성된 직사각형의 넓이를 문자를 사용한 식으로 바르게 나타낸 것은?

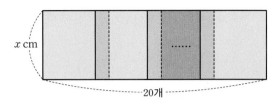

① $20x^2$ cm$^2$
② $x(20x-20)$ cm$^2$
③ $x(20x-19)$ cm$^2$
④ $x(20x-18)$ cm$^2$
⑤ $x(20x-17)$ cm$^2$

**대표**
## 08 유형 ❸ 식의 값 구하기

$a=-\dfrac{1}{2}$일 때, 다음 식의 값의 대소 관계로 옳은 것은?

$$a \quad \frac{1}{a} \quad a^2 \quad \frac{1}{a^2} \quad a^3$$

① $\dfrac{1}{a}<a<a^3<a^2<\dfrac{1}{a^2}$
② $\dfrac{1}{a}<a<a^2<a^3<\dfrac{1}{a^2}$
③ $\dfrac{1}{a}<\dfrac{1}{a^2}<a<a^2<a^3$
④ $\dfrac{1}{a^2}<\dfrac{1}{a}<a<a^2<a^3$
⑤ $\dfrac{1}{a^2}<\dfrac{1}{a}<a^3<a^2<a$

## 09

$|a|=|b|=3$이고 $a>b$일 때, $\dfrac{3a^2-b^3+18}{a^2+b^2}$의 값은?

① 1
② 2
③ 3
④ 4
⑤ 5

## 10

다음은 불쾌지수, 섭씨온도, 화씨온도에 대한 설명이다.

> 불쾌지수란 날씨에 따라서 사람이 불쾌감을 느끼는 정도를 기온과 습도를 이용하여 나타내는 수치이다.
> 기온이 화씨 $a$ °F이고, 습구 온도가 화씨 $b$ °F일 때, 불쾌지수는 $0.4(a+b)+15$이다.
> 이때 섭씨 $x$ °C는 화씨 $\left(\dfrac{9}{5}x+32\right)$ °F이다.

현재 기온이 섭씨 26 °C이고, 습구 온도가 섭씨 24 °C일 때, 불쾌지수를 구하시오.

## 11 〔서술형〕

체격지수의 일종인 카우프지수는 체중(g)을 신장(cm)의 제곱으로 나눈 수에 10을 곱한 것이다. 카우프지수에 따른 비만도는 다음 표와 같다.

| 카우프지수 | 비만도 |
| --- | --- |
| 18.5 이하 | 저체중 |
| 18.5 초과 23 이하 | 정상 |
| 23 초과 25 이하 | 과체중 |
| 25 초과 30 이하 | 비만 |
| 30 초과 | 고도비만 |

체중이 $a$ kg이고 키가 $b$ cm인 사람의 카우프지수를 $a$, $b$를 사용한 식으로 나타내고, 체중이 45 kg이고 키가 1.5 m인 사람의 비만도를 구하시오.

## 12 〔도전〕

다음 그림과 같이 성냥개비를 이용하여 $n$개의 정사각형을 만들려고 한다. 물음에 답하시오.

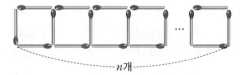

(1) $n$개의 정사각형을 만들 때 필요한 성냥개비의 개수를 $n$에 대한 일차식으로 나타내시오.

(2) 정사각형 50개를 만들 때 필요한 성냥개비의 개수를 구하시오.

## 13

다음 중 계산 결과가 $-3(2x+4)$와 같은 것은?

① $3 \times (2x+4)$  　　② $(3x-4) \times 2$

③ $(2x-4) \div \dfrac{1}{3}$  　　④ $(x+2) \div \left(-\dfrac{1}{6}\right)$

⑤ $(-3x+6) \div \left(-\dfrac{1}{2}\right)$

## 14

한 변의 길이가 $x$ cm인 정사각형의 둘레의 길이를 $A$ cm, 넓이를 $B$ cm²라 할 때, 다항식 $(-2)^3+(-2)^2 A-2B$에 대한 설명으로 다음 중 옳은 것은?

① 다항식의 차수는 3이다.
② $x^2$의 계수는 2이다.
③ $x$의 계수는 4이다.
④ 상수항은 8이다.
⑤ $x=2$일 때, 식의 값은 16이다.

## 15

$ax+b$에 $-4$를 곱하면 $-12x+4$가 되고, $-12x+4$를 $-\dfrac{2}{3}$로 나누면 $cx+d$가 될 때, 네 상수 $a$, $b$, $c$, $d$에 대하여 $a+b+c+d$의 값은?

① 12  　　② 13  　　③ 14

④ 15  　　⑤ 16

## 16

어느 볼링 동호회에서 볼링 경기를 위해 필요한 경비를 알아보았더니 다음 표와 같았다.

| 항목 | 비용 |
|---|---|
| 볼링장 임대료 | $x$원 |
| 볼링화 대여료(1인당) | 2000원 |
| 간식비(1인당) | $y$원짜리 음료수 2개, 500원짜리 물 1개 |

이 볼링 경기에 참여하는 회원이 25명일 때, 필요한 총경비를 $x$, $y$를 사용한 식으로 나타내고, 총경비를 25명이 똑같이 나누어 낸다고 할 때, 1인당 내야 할 금액을 $x$, $y$를 사용한 식으로 나타내시오.

## 17

앗! 실수

상자에 초콜릿이 $(27x+36)$개 들어 있다. 첫째 날에는 전체 초콜릿 개수의 $\dfrac{4}{9}$를 먹고, 둘째 날에는 10개를 먹고, 셋째 날에는 남은 개수의 $\dfrac{2}{5}$를 먹었다. 상자에 남아 있는 초콜릿이 $(ax+b)$개라 할 때, $a+b$의 값을 구하시오.

(단, $a$, $b$는 상수이다.)

## 18

오른쪽 그림과 같이 가로, 세로의 길이가 각각 8, 10인 직사각형 모양의 종이 ABCD를 꼭짓점 A가 변 BC 위의 점 I와 만나도록 접었더니 선분 EB의 길이가 4가 되었다. 선분 FG의 길이를 $x$라 할 때, 사각형 EIGF의 넓이를 $x$에 대한 일차식으로 나타내시오.

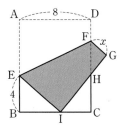

대표

## 19 유형 ⑤ 일차식의 덧셈과 뺄셈

$\dfrac{x-1}{6}-\dfrac{2x+1}{3}+\dfrac{3x-1}{2}$을 계산하여 $ax+b$ 꼴로 나타낼

때, $a^2+b^2$의 값은? (단, $a$, $b$는 상수이다.)

① 1  　　　　② 2  　　　　③ 3

④ 4  　　　　⑤ 5

## 20

$a(x^2+3x)-\dfrac{1}{3}\{4x^2+3\{x-(4x-2)\}\}$가 $x$에 대한 일차

식일 때, $x$의 계수는? (단, $a$는 상수이다.)

① $-7$  　　　　② $-4$  　　　　③ 1

④ 7  　　　　⑤ 11

## 21

다음 계산식의 배열에서 계산 결과가 일정한 규칙이 있을

때, $a-b$의 값을 구하시오. (단, $a$, $b$는 상수이다.)

$$\boxed{x-\dfrac{1}{3}-\dfrac{1}{2}\left(x+\dfrac{1}{3}\right)} \Rightarrow \boxed{\dfrac{2}{3}(2x-1)-\left(x-\dfrac{1}{3}\right)}$$

$$\Rightarrow \boxed{ax+b} \Rightarrow \boxed{x+1-\dfrac{4x+6}{5}}$$

## 22

다음 삼각형의 한 변에 놓인 네 식의 합이 모두 같을 때, $A$에 들어갈 일차식을 구하시오.

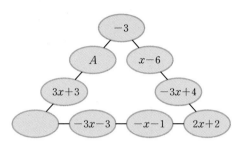

## 23

0이 아닌 두 유리수 $x$, $y$에 대하여 $x:y=2:3$일 때,

$\dfrac{2x-y}{3x-y}-\dfrac{4x-3y}{x+2y}$의 값은?

① $\dfrac{5}{12}$  　　　　② $\dfrac{11}{24}$  　　　　③ $\dfrac{1}{2}$

④ $\dfrac{13}{24}$  　　　　⑤ $\dfrac{7}{12}$

## 24

짝수 $m$, 홀수 $n$에 대하여

$(-1)^{m+n}(5a+b-3)-(-1)^{mn}(-2a+b+1)$
$$+(-1)^{m+1}(a-b+2)$$

를 간단히 하면?

① $-4a-b+1$  　　　　② $-4a-b$

③ $-2a-b+1$  　　　　④ $2a-b$

⑤ $4a-b+1$

**25**

세 다항식 $A$, $B$, $C$에 대하여

$A+(-2x+y+3)=-y+1$, $B-(x-y-2)=\dfrac{1}{2}A$,

$3C=2B$가 성립할 때, $A-2B+6C$를 계산하시오.

---

대표
**26** 유형 ❻ 일차식의 계산의 활용

4개의 상자 A, B, C, D에 사탕이 들어 있다. 상자 A에는 상자 B보다 사탕이 8개 더 들어 있고, 상자 C에는 상자 B보다 사탕이 10개 적게 들어 있으며, 상자 D에는 상자 C보다 사탕이 12개 적게 들어 있다. 사탕이 가장 많이 들어 있는 상자와 가장 적게 들어 있는 상자의 사탕의 개수의 차는?

① 12      ② 18      ③ 24

④ 30      ⑤ 36

---

**27**

어느 과자 공장에서 지난주 A과자의 생산량은 $x$봉지이었고, B과자의 생산량은 A과자의 생산량보다 2만 봉지가 적었다. 이번 주에 A과자의 생산량은 지난주보다 10 % 감소했고, B과자의 생산량은 지난주보다 20 % 증가했다고 한다. 이 과자 공장의 이번 주 A, B과자의 생산량의 합을 $x$를 사용한 식으로 바르게 나타낸 것은?

① $(2.1x-28000)$봉지      ② $(2.1x-24000)$봉지

③ $(2.1x-20000)$봉지      ④ $(2.4x-28000)$봉지

⑤ $(2.8x-24000)$봉지

---

**28**

토왕성폭포는 설악산에 있는 국내 최장의 폭포로 대한민국의 명승 제96호로 지정된 폭포이다. 토왕성폭포가 보이는 전망대는 다음 그림과 같이 설악산 주차장에서 출발하여 육담폭포, 비룡폭포를 거쳐서 갈 수 있다.

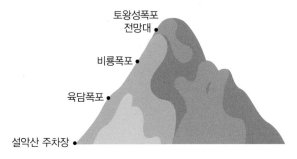

설악산 주차장에서 비룡폭포까지의 거리는 $(21x+3)$ km, 설악산 주차장에서 토왕성폭포 전망대까지의 거리는 $(25x+19)$ km, 육담폭포에서 토왕성폭포 전망대까지의 거리는 $(22x+5)$ km이다. 육담폭포에서 비룡폭포까지의 거리를 구하시오.

---

**29**

다음 그림과 같이 수직선 위의 두 점 A, B가 나타내는 수는 각각 $-x+3$, $7x+27$이다. 선분 AB 사이의 점 P에 대하여 선분 AP와 선분 PB의 길이의 비가 $3:5$일 때, 점 P가 나타내는 수를 $x$를 사용한 식으로 나타내시오.

$$\overset{\text{A}}{\underset{-x+3}{\bullet}} \quad \overset{\text{P}}{\bullet} \quad\quad \overset{\text{B}}{\underset{7x+27}{\bullet}}$$

---

**30**

진수와 미정이가 계단의 중간 지점에서 가위바위보를 하여 이기는 사람은 2칸 올라가고 지는 사람은 1칸 내려가는 게임을 하였다. 가위바위보를 총 20번 하여 진수가 $a$번 이겼다고 할 때, 진수와 미정이의 위치의 차를 $a$를 사용한 식으로 바르게 나타낸 것은?

(단, $a>10$이고 비기는 경우는 없다.)

① $(4a-50)$칸      ② $(4a-60)$칸

③ $(5a-50)$칸      ④ $(5a-60)$칸

⑤ $(6a-60)$칸

**대표**

### 31 유형 ❼ 도형에서의 일차식의 계산

다음 그림과 같이 반지름의 길이가 $x$인 원 네 개가 정사각형의 내부에 꼭 맞게 들어 있다. 색칠한 부분의 둘레의 길이를 $x$를 사용한 식으로 바르게 나타낸 것은?

( 단, 원주율은 3으로 계산한다. )

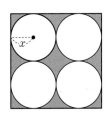

① $16x$      ② $24x$      ③ $36x$

④ $40x$      ⑤ $46x$

### 32

다음 그림과 같은 직사각형에서 색칠한 부분의 넓이를 $x$를 사용한 식으로 나타내시오.

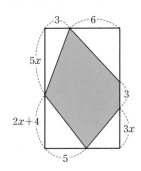

### 33

다음 그림과 같이 밑면의 가로, 세로의 길이가 각각 $7x+8$, $x+2$이고 높이가 $2x-1$인 직육면체를 5개의 직육면체로 잘랐을 때, 새로 생긴 직육면체 5개의 모든 모서리 길이의 합을 $x$를 사용한 식으로 나타내시오.

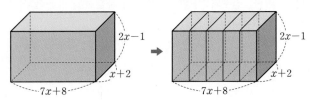

### 34

한 변의 길이가 10 cm인 정사각형 모양의 종이 $x$장을 다음 그림과 같이 일정하게 겹쳐 놓았다. 이 도형의 넓이를 $x$를 사용한 식으로 나타내시오.

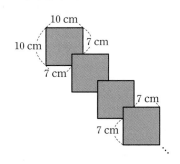

### 35

다음 그림과 같이 윗변의 길이가 $k+2$, 아랫변의 길이가 $2k-3$, 높이가 25인 사다리꼴이 있다. 윗변의 길이를 10 % 줄이고, 아랫변의 길이를 10 % 늘이고, 높이를 20 % 줄여서 만든 사다리꼴의 넓이를 $k$를 사용한 식으로 바르게 나타낸 것은?

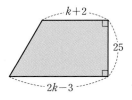

① $15k-15$      ② $15k-5$      ③ $31k-15$

④ $31k+15$      ⑤ $31k+25$

**앗! 실수**

### 36

다음 도형의 둘레의 길이를 $x$를 사용한 식으로 나타내시오.

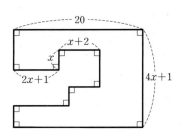

## 01

0이 아닌 두 유리수 $a$, $b$에 대하여

$$a \triangle b = \begin{cases} |a| & (a \geq b) \\ \dfrac{3}{b} & (a < b) \end{cases}$$

라 하자. $2 \triangle 6 = A$, $\left(-\dfrac{1}{3}\right) \triangle (-5) = B$일 때,

$A^2 - \dfrac{B}{A}$의 값을 구하시오.

## 02

$x$의 계수가 3이고 상수항이 0이 아닌 $x$에 대한 일차식 $A$에 대하여 $x = k$일 때의 식의 값을 $A_k$라 하자. 이때 $A_1 - A_2 + A_3 - A_4$의 값을 구하시오.

## 03

다음 그림과 같이 여러 종류의 정사각형을 붙여 만든 사각형이 있다. 정사각형 A의 한 변의 길이를 $x$라 할 때, 정사각형 B의 한 변의 길이를 $x$를 사용한 식으로 나타내시오.

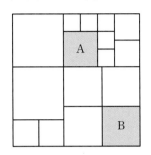

## 04

지수네 어머니는 자동차를 타고 집에서 출발하여 지수의 하교 시각에 맞춰 학교 앞에 도착하고, 지수를 태워 집으로 간다. 어느 날 지수네 어머니는 평소와 같은 시각에 집에서 출발하여 평소보다 일찍 하교한 지수가 10분 동안 걸어 온 지점에서 지수를 태워 집으로 오니 평소보다 4분 빨리 도착하였다. 지수가 집을 향해 걸은 속력이 분속 $x$ m일 때, 자동차의 속력을 $x$를 사용한 식으로 나타내시오.
(단, 지수가 걷는 속력과 자동차의 속력은 항상 일정하다.)

## 05

컵 A에는 $a$ %의 소금물 400 g, 컵 B에는 $b$ %의 소금물 300 g이 들어 있다. 컵 A의 소금물 100 g을 컵 B에 넣고 잘 섞은 후, 컵 B의 소금물 200 g을 컵 A에 다시 넣어 잘 섞었다. 마지막 컵 A의 소금물의 농도를 $a$, $b$를 사용한 식으로 나타내시오.

## 06

다음 그림과 같이 2번 접어 3겹으로 만든 리본을 가위로 자른다. 리본이 놓여 있는 방향과 수직으로 1번, 2번, 3번, … 자르면 리본은 각각 몇 개의 조각으로 나누어진다.

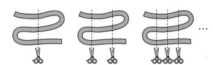

위와 같은 방법으로 $n$번 접어 ($n+1$)겹으로 만든 리본을 가위로 10번 자를 때, 나누어진 리본 조각의 개수를 $n$을 사용한 식으로 나타내시오.

## 07

두 자연수 $m$과 $n$ 사이의 기약분수 중 분모가 9인 모든 기약분수의 개수를 $m$, $n$을 사용한 식으로 나타내시오.

(단, $m<n$)

## 08

아래 표는 자연수를 어떤 규칙에 따라 나열한 것이다. 예를 들어 2행 3열의 수는 20이다.

|  | 1열 | 2열 | 3열 | 4열 | … |
|---|---|---|---|---|---|
| 1행 | 1 | 3 | 5 | 7 | … |
| 2행 | 4 | 12 | 20 | 28 | … |
| 3행 | 9 | 27 | 45 | 63 | … |
| 4행 | 16 | 48 | 80 | 112 | … |
| ⋮ | ⋮ | ⋮ | ⋮ | ⋮ |  |

다음 물음에 답하시오.

(1) 6행 3열의 수를 구하시오.

(2) 7행 $x$열의 수와 10행 ($x+2$)열의 수의 합을 $x$를 사용한 식으로 나타내시오.

# 06 일차방정식의 풀이

## 100점 노트

**Ⓐ** (1) 좌변 : 등식에서 등호의 왼쪽 식
(2) 우변 : 등식에서 등호의 오른쪽 식
(3) 양변 : 등식의 좌변과 우변

**Ⓑ 항등식이 될 조건**
$ax+b=cx+d$가 $x$에 대한 항등식일 때,
$a=c, b=d$

▶ STEP 1 | 03번, 04번, STEP 3 | 05번

**Ⓒ '$x$에 대한 항등식'과 같은 표현**
(1) 모든 $x$에 대하여 성립할 때
(2) $x$의 값에 관계없이 성립할 때
(3) $x$의 값에 어떤 수를 대입해도 성립할 때

▶ STEP 1 | 04번, STEP 2 | 03번, 05번

**Ⓓ 등식의 성질**
(1) $a=b$이면 $\dfrac{a}{c}=\dfrac{b}{c}$ (거짓)
(2) $ac=bc$이면 $a=b$ (거짓)
⇨ 0으로 나눌 수 없으므로 $c\neq0$이라는 조건이 필요하다.

**Ⓔ 이항할 때 항의 부호의 변화**
(1) $+a$를 이항하면 $-a$
(2) $-a$를 이항하면 $+a$

▶ STEP 1 | 06번

## 100점 공략

**Ⓕ** (1) $ax+b=cx+d$에서
① 해가 무수히 많을 조건 : $a=c, b=d$
② 해가 없을 조건 : $a=c, b\neq d$
③ 해가 한 개일 조건 : $a\neq c$
(2) 방정식 $ax+b=0$이 $x$에 대한 일차방정식이 되는 조건 ⇨ $a\neq0$
(3) 방정식 $ax^2+bx+c=0$이 $x$에 대한 일차방정식이 되는 조건 ⇨ $a=0, b\neq0$

▶ STEP 1 | 14번, STEP 2 | 07번, 29번, 30번, STEP 3 | 05번

## 100점 공략

**Ⓖ 여러 가지 일차방정식의 풀이**
(1) 계수에 분수가 있으면 양변에 분모의 최소공배수를 곱하여 계수를 정수로 고친다.
(2) 계수에 소수가 있으면 양변에 10, 100, 1000, … 등 10의 거듭제곱을 곱하여 계수를 정수로 고친다.
(3) 문자가 포함된 비례식이 주어질 때, 비례식의 성질을 이용하여 방정식으로 나타낸다.
⇨ $a:b=c:d$이면 $ad=bc$

▶ STEP 1 | 09번, 10번, 12번, STEP 2 | 06번, 08번, 09번, 20번, 21번, 23번, 24번, 25번, 27번, 28번, STEP 3 | 02번, 03번

## 등식 Ⓐ

등호($=$)를 사용하여 두 수나 두 식이 서로 같음을 나타낸 식

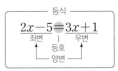

## 방정식과 항등식 Ⓑ, Ⓒ

┌─등식에서 등호가 성립할 때   ┌─등식에서 등호가 성립하지 않을 때
(1) 방정식 : 미지수의 값에 따라 참이 되기도 하고, 거짓이 되기도 하는 등식
① 미지수 : 방정식에 있는 문자 미지수는 보통 알파벳 소문자 $x$로 나타낸다.
② 방정식의 해(근) : 방정식을 참이 되게 하는 미지수의 값
③ 방정식을 푼다. : 방정식의 해를 구하는 것
(2) 항등식 : 미지수가 어떤 값을 가지더라도 항상 참이 되는 등식 예 $2(x-3)=2x-6$

## 등식의 성질 Ⓓ

(1) 등식의 성질
① 등식의 양변에 같은 수를 더하여도 등식은 성립한다.
⇨ $a=b$이면 $a+c=b+c$
② 등식의 양변에서 같은 수를 빼도 등식은 성립한다.
⇨ $a=b$이면 $a-c=b-c$
③ 등식의 양변에 같은 수를 곱하여도 등식은 성립한다.
⇨ $a=b$이면 $ac=bc$
④ 등식의 양변을 0이 아닌 같은 수로 나누어도 등식은 성립한다.
⇨ $a=b$이면 $\dfrac{a}{c}=\dfrac{b}{c}$ (단, $c\neq0$)
(2) 등식의 성질을 이용한 방정식의 풀이
등식의 성질을 이용하여 주어진 방정식을 $x=(수)$ 꼴로 고치면 방정식의 해를 구할 수 있다.

## 일차방정식 Ⓔ, Ⓕ

(1) 이항 : 등식의 성질을 이용하여 등식의 어느 한 변에 있는 항을 부호를 바꾸어 다른 변으로 옮기는 것
(2) 일차방정식 : 방정식에서 우변에 있는 모든 항을 좌변으로 이항하여 동류항끼리 정리하였을 때, ($x$에 대한 일차식)$=0$ 꼴이 되는 방정식을 $x$에 대한 일차방정식이라 한다.

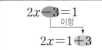

## 일차방정식의 풀이 Ⓖ

(ⅰ) 괄호가 있으면 괄호를 풀고 정리한다.
(ⅱ) 계수에 분수 또는 소수가 있으면 양변에 알맞은 수를 곱하여 분수나 소수를 정수로 고친다.
(ⅲ) 미지수 $x$를 포함한 항은 좌변으로, 상수항은 우변으로 이항한다.
(ⅳ) 양변을 정리하여 $ax=b$ $(a\neq0)$ 꼴로 고친다.
(ⅴ) 양변을 $x$의 계수 $a$로 나눈다.

**01** 문장을 등식으로 나타내기

다음 문장을 등식으로 나타냈을 때, 옳은 것을 모두 고르면?

(정답 2개)

① 자연수 $x$를 3으로 나누면 몫이 7이고 나머지가 $y$이다.
   $\Rightarrow 3x-7=y$

② $x$와 90의 평균은 75이다. $\Rightarrow \dfrac{1}{2}(x+90)=75$

③ 농도가 12 %인 소금물 $x$ g에 녹아 있는 소금의 양은
   30 g이다. $\Rightarrow 12x=30$

④ 연속하는 세 자연수 중에서 가장 작은 수가 $y$일 때, 이
   세 자연수의 합은 99이다. $\Rightarrow y+(y+1)+(y+2)=99$

⑤ 5개에 2000원인 사과 $x$개와 3개에 6000원인 배 $y$개의
   가격은 12000원이다. $\Rightarrow 1000x+18000y=12000$

**02** 방정식의 해

다음 중 [  ] 안의 수가 주어진 방정식의 해인 것은?

① $2x-1=3-x$ [2]

② $\dfrac{1}{4}x-1=-\dfrac{3}{2}x+8$ [6]

③ $5-2x=-3(x+1)$ [-2]

④ $0.6x+3=0.8x-2$ [25]

⑤ $-11=4x-2$ $\left[-\dfrac{5}{2}\right]$

**03** 항등식의 뜻

• 보기 •에서 항등식인 것을 모두 고른 것은?

┌ 보기 ────────────────
│ ㄱ. $x=7$
│ ㄴ. $3(-x+3)=9-3x$
│ ㄷ. $6-x=x+6$
│ ㄹ. $4x+1=3(x-1)+x+4$
│ ㅁ. $-x+5=6-(x+2)$
└────────────────────

① ㄱ, ㄴ        ② ㄱ, ㄹ        ③ ㄴ, ㄹ
④ ㄴ, ㅁ        ⑤ ㄷ, ㅁ

**04** 항등식이 될 조건

등식 $2x-3=5x-[2-\{-3+x+(ax+b)\}]$가 $x$의 값에
관계없이 항상 참이 될 때, 두 상수 $a$, $b$에 대하여 $a+b$의 값은?

① $-2$        ② $-1$        ③ 0
④ 1           ⑤ 2

**05** 등식의 성질을 이용한 방정식의 풀이

오른쪽은 등식의 성질을 이
용하여 방정식
$$\dfrac{4+2x}{3}=\dfrac{3}{4}$$
을 푸는 과정이다. ㈎, ㈏,
㈐에서 이용한 등식의 성질
을 • 보기 •에서 각각 짝지은
것은?

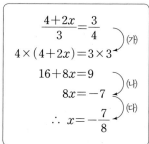

┌ 보기 ────────────────────
│ $a=b$이고 $c$는 자연수일 때
│ ㄱ. $a+c=b+c$      ㄴ. $a-c=b-c$
│ ㄷ. $ac=bc$         ㄹ. $\dfrac{a}{c}=\dfrac{b}{c}$
└────────────────────────

① ㈎ — ㄱ, ㈏ — ㄴ, ㈐ — ㄷ
② ㈎ — ㄴ, ㈏ — ㄷ, ㈐ — ㄱ
③ ㈎ — ㄴ, ㈏ — ㄷ, ㈐ — ㄹ
④ ㈎ — ㄷ, ㈏ — ㄱ, ㈐ — ㄹ
⑤ ㈎ — ㄷ, ㈏ — ㄴ, ㈐ — ㄹ

**06** 이항

등식 $2x-6+3x=4x+2$를 이항만을 이용하여 $ax=b$ 꼴
로 고쳤을 때, 두 자연수 $a$, $b$에 대하여 $a+b$의 값은?

① 6        ② 7        ③ 8
④ 9        ⑤ 10

## 07 일차방정식의 뜻

다음 중 $x$에 대한 일차방정식을 모두 고르면? (정답 2개)

① $x^2 = 5x - 6$

② $x^2 + 2x = x(x-2) + 3$

③ $3(x-2) = 3x - 6$

④ $x = 5$

⑤ $x(x-1) + 2 = 2x + 1$

## 08 괄호가 있는 일차방정식

일차방정식 $2(x-4) = 8 - 2\{5 - (3-x)\}$를 풀면?

① $x = 1$    ② $x = 2$    ③ $x = 3$

④ $x = 4$    ⑤ $x = 5$

## 09 계수가 분수 또는 소수인 일차방정식

일차방정식 $-0.75x + \dfrac{7}{12} = -\dfrac{7}{6}x + 1$의 해를 구하시오.

## 10 비례식으로 주어진 일차방정식

비례식 $\dfrac{8}{3} : \dfrac{1-3x}{6} = 4 : (x+2)$를 만족시키는 $x$의 값은?

① $-1$    ② $-2$    ③ $-3$

④ $-4$    ⑤ $-5$

## 11 해가 주어진 일차방정식

$x$에 대한 일차방정식 $2x - 3a = 2\left(a - \dfrac{x}{3}\right) - 2$의 해가 $x = -2$일 때, 상수 $a$의 값은?

① $-\dfrac{2}{3}$    ② $-\dfrac{1}{3}$    ③ $0$

④ $\dfrac{1}{3}$    ⑤ $\dfrac{2}{3}$

## 12 해가 같은 두 일차방정식

$x$에 대한 두 일차방정식
$$\dfrac{2m-x}{3} - mx = \dfrac{7}{3}, \quad 0.6(-x+0.5) = \dfrac{1}{4}x + 2$$
의 해가 서로 같을 때, 상수 $m$의 값은?

① $\dfrac{1}{8}$    ② $\dfrac{3}{8}$    ③ $\dfrac{5}{8}$

④ $\dfrac{7}{8}$    ⑤ $\dfrac{9}{8}$

## 13 해에 대한 조건이 주어진 일차방정식

$x$에 대한 일차방정식 $2(x-2) = a - 3(x-3)$의 해가 자연수가 되도록 하는 모든 음의 정수 $a$의 값의 합은?

① $-12$    ② $-11$    ③ $-10$

④ $-9$    ⑤ $-8$

## 14 특수한 해를 갖는 방정식

$x$에 대한 방정식 $(3-a)x = 3b - 4(x+3)$의 해가 없도록 하는 두 상수 $a$, $b$의 조건을 각각 구하시오.

**대표 01** 유형 ❶ 등식, 방정식, 항등식

다음은 등식의 성질을 이용하여 일차방정식
$6x-2=-10+2x$의 해를 구하는 과정이다.

$$6x-2=-10+2x$$
$$6x-2+\boxed{(가)}=-10+2x+\boxed{(가)}$$
$$6x=-8+2x$$
$$6x-\boxed{(나)}x=-8+2x-\boxed{(나)}x$$
$$4x=-8$$
$$\frac{4x}{\boxed{(다)}}=\frac{-8}{\boxed{(다)}}$$
$$\therefore x=-2$$

(가), (나), (다)에 알맞은 값을 각각 $a$, $b$, $c$라 할 때, 세 자연수 $a$, $b$, $c$에 대하여 $a+b+c$의 값을 구하시오.

**02**

다음 (가), (나), (다)가 $b$, $c$를 사용한 식일 때, (가), (나), (다)에 알맞은 식의 합을 구하시오.

$$a=b$$이면 $a+c=\boxed{(가)}$
$$a=3b+c$$이면 $-2a=\boxed{(나)}$
$$a=-2b-c$$이면 $3a+5c=\boxed{(다)}$

**03**

등식 $ax+b(3x-2)=(4a-3)x+6$이 모든 $x$에 대하여 항상 참이 되도록 하는 두 상수 $a$, $b$의 조건을 바르게 나타낸 것은?

① $a=-2$, $b=-3$  　② $a\neq-2$, $b=-3$
③ $a=-2$, $b=3$  　④ $a\neq-2$, $b=3$
⑤ $a=2$, $b\neq-3$

**04**

세 유리수 $a$, $b$, $c$에 대하여 등식 $2a+1=b-1$이 성립할 때, 다음 중 옳지 <u>않은</u> 것을 모두 고르면? (정답 2개)

① $2a+c=b+c-2$  　② $2(a+b)=3b$
③ $2ac-bc=-2c$  　④ $a-3=\dfrac{b-5}{2}$
⑤ $\dfrac{a+2}{2}=\dfrac{b+2}{4}$

**05**

$x$에 대한 방정식 $4kx-3b=ak+5x-3$이 $k$의 값에 관계없이 항상 $x=3$을 해로 가질 때, 두 상수 $a$, $b$에 대하여 $a+3b$의 값을 구하시오.

**대표 06** 유형 ❷ 일차방정식의 풀이

일차방정식 $3x-\left[3.8x-1-3\left\{(3x-4)\div\dfrac{3}{2}-x\right\}\right]=0$의 해를 구하시오.

## 07

방정식 $(a-2)x^2+3x+1=3x(x-b)+3$이 $x$에 대한 일차방정식이 되도록 하는 두 상수 $a$, $b$의 조건을 각각 구하시오.

## 08

일차방정식 $\dfrac{4x-2}{5}+0.8=0.6(3-x)-1.2$의 해를 $x=A$라 할 때, $\dfrac{1}{A}$보다 작은 자연수는 몇 개인지 구하시오.

## 09

비례식 $3(x+1):5=(x+3):2$를 만족시키는 $x$의 값을 $a$, 방정식 $\dfrac{2-x}{3}=\dfrac{3x-2}{6}-\dfrac{3}{2}$의 해를 $x=b$라 할 때, $a+b$의 값을 구하시오.

## 10

일차방정식 $2(2x+1)=3(x-1)-1$에서 우변의 괄호 앞에 있는 3을 어떤 수로 잘못 보고 풀었더니 해가 $x=8$이었을 때, 이 어떤 수는?

① 5          ② 6          ③ 7
④ 8          ⑤ 9

## 11 　　　　　　　　　　　　　　　　　서술형

상수 $k$에 대하여 $S_k$의 값은 $x$에 대한 일차방정식 $2(x-k+1)=3\times(2-k)$의 해이다. 예를 들어, $S_6$의 값은 방정식 $2(x-6+1)=3\times(2-6)$을 만족시키는 $x$의 값이다. 이때 $S_1+S_2-S_3$의 값을 구하시오.

## 12

$x$에 대한 일차방정식 $6x-A-3=4(x-1)$에서 좌변의 $-A$를 $+A$로 잘못 보고 풀었더니 항등식이 되었다. 이 일차방정식을 바르게 풀었을 때의 해를 구하시오.

## 13

다음과 같이 아래에 있는 왼쪽 ☐ 안의 식에서 오른쪽 ☐ 안의 식을 뺀 것이 위에 놓인 ☐ 안의 식이 되도록 하는 규칙이 있다.

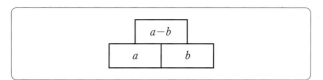

주어진 규칙에 따라 다음 ☐ 안을 채울 때, $A=-7$을 만족시키는 $x$의 값을 구하시오.

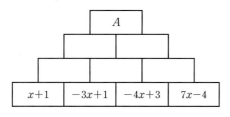

## 14

두 자연수 $A$, $B$에 대하여
$$A \bigstar B = (A와 B의 \ 최대공약수),$$
$$A \triangle B = (A와 B의 \ 최소공배수)$$
로 나타내기로 하자. 다음 두 식을 만족시키는 $x$, $y$에 대하여 $(x \bigstar y) \triangle (x \triangle y)$의 값을 구하시오.

> ㈎ $(40 \bigstar 56) \times x - 10 = 5(x+46)$
> ㈏ $2y - (16 \triangle 40) = 0$

## 15

0이 아닌 세 상수 $a$, $b$, $c$에 대하여 $\dfrac{a}{6} = \dfrac{b}{3} = \dfrac{c}{2}$일 때, $x$에 대한 일차방정식 $(a-b-c)(x-2) - (a-4b+12c) = 0$의 해를 구하시오.

## 16

$-2 < x < 2$일 때, 방정식 $|x-2| + |x+2| + 3x = 5$의 해를 구하시오.

## 17

약분하면 $\dfrac{3}{5}$이 되는 어떤 분수의 분자에 6을 더한 후, 분모에 분자를 더하고 5를 뺀 다음, 약분하였더니 다시 $\dfrac{3}{5}$이 되었다. 처음의 분수를 $\dfrac{b}{a}$라 할 때, $a+b$의 값은?

(단, $a > 0$, $b > 0$)

① 21   ② 22   ③ 23
④ 24   ⑤ 25

## 18  〔도전〕

두 수 또는 두 식 $a$, $b$에 대한 연산 $*$를 $a*b = ab+a$로 정할 때, 방정식 $|(4*x) - (x*2)| = 2$의 해는?

① $x=2$   ② $x=6$
③ $x=-6$ 또는 $x=-2$   ④ $x=-2$ 또는 $x=2$
⑤ $x=-2$ 또는 $x=6$

$x$에 대한 일차방정식 $ax+5=9-bx$의 해는 일차방정식 $3(x-1)=2(x-2)$의 해의 2배이다. 이때 두 상수 $a$, $b$에 대하여 $a+b$의 값은?

① $-4$ ② $-2$ ③ $2$
④ $4$ ⑤ $6$

## 20

$x$에 대한 두 일차방정식

$$\frac{3x-4}{2}=\frac{2x+9}{3}, \quad \frac{5x+a}{2}=0.6x-\frac{4+5a}{10}$$

의 해의 비가 $3:2$일 때, 상수 $a$의 값은?

① $-10$ ② $-8$ ③ $-6$
④ $-4$ ⑤ $-2$

## 21

다음 세 등식을 만족시키는 $x$의 값이 모두 같을 때, 두 상수 $a$, $b$에 대하여 $a+b$의 값을 구하시오.

$$\frac{1}{6}x+\frac{2}{3}=\frac{1}{3}x-\frac{1}{6}$$
$$3\{5x-(6x+a)\}=-12$$
$$\left(5x+\frac{a}{3}\right):(bx+7)=2:3$$

## 22

다음 두 일차방정식의 해가 서로 같을 때, 상수 $a$의 값을 구하시오.

$$3(x-1)-a=3$$
$$4x-[6x-3-\{9x-(6x-5)\}]=a$$

## 23

$x$에 대한 두 일차방정식

$$0.12(x-3)+\frac{2}{5}=0.6-0.2x, \quad |m-1|-4x=0$$

의 해가 서로 같도록 하는 모든 상수 $m$의 값의 곱은?

① $-48$ ② $-40$ ③ $-36$
④ $24$ ⑤ $30$

## 24 서술형

$x$에 대한 두 일차방정식

$$\frac{2a-x}{3}=\frac{3a-5}{2}+x, \quad 0.4(3x+2a+1)-\frac{2x-1}{5}=1$$

의 해를 각각 $x=A$, $x=B$라 할 때, $A-B=2$를 만족시키는 상수 $a$의 값을 구하시오.

## 25

$x$에 대한 두 일차방정식

$$x+4a=3-2(x-1), \quad x-\frac{x+a}{3}=1$$

의 해가 절댓값은 같고 부호는 서로 다를 때, 상수 $a$의 값을 구하시오.

---

**대표**
## 26
유형 ❹ 해에 대한 조건이 주어진 일차방정식

$x$에 대한 일차방정식 $\dfrac{ax-2}{3}=\dfrac{7}{3}-x$의 해가 정수가 되도록 하는 모든 정수 $a$의 값의 합은?

① $-18$  ② $-15$  ③ $-12$
④ $-9$  ⑤ $-6$

---

## 27

음수 $a$에 대하여 방정식 $\dfrac{1}{2}a+1=\dfrac{x-a}{6}-1$의 해가 자연수가 되도록 하는 모든 $a$의 값의 합은?

① $-\dfrac{17}{2}$  ② $-\dfrac{21}{2}$  ③ $-\dfrac{25}{2}$
④ $-\dfrac{29}{2}$  ⑤ $-\dfrac{33}{2}$

---

## 28

$x$에 대한 일차방정식 $4(x-1)+a=x+6$과 비례식 $2:3=(5-b):(y-4)$를 만족시키는 $x$, $y$의 값이 각각 자연수가 되도록 하는 두 자연수 $a$, $b$를 $(a,b)$와 같이 나타낼 때, 서로 다른 $(a,b)$의 개수는? (단, $b<5$)

① 4  ② 6  ③ 8
④ 10  ⑤ 12

---

**대표**
## 29
유형 ❺ 특수한 해를 갖는 방정식

$x$에 대한 방정식 $(2a-1)x+4b-3=ax-b+12$가 $x=0$뿐만 아니라 다른 해도 가질 때, 두 상수 $a$, $b$에 대하여 $a^2+b^2$의 값은?

① 2  ② 5  ③ 8
④ 10  ⑤ 13

---

## 30

$x$에 대한 방정식 $(a+4)x+b-5=5a-4b$의 해는 무수히 많고, $x$에 대한 방정식 $5(x+1)=c(3x+1)$의 해는 존재하지 않는다. 이때 세 상수 $a$, $b$, $c$에 대하여 $a-2b+3c$의 값은?

① 6  ② 7  ③ 8
④ 9  ⑤ 10

---

## 01

방정식 $x - \dfrac{2}{2 - \dfrac{2x}{x-2}} = -3 + \dfrac{3}{-3 + \dfrac{3x}{x+3}}$ 의 해를 구하시오.

## 02

준하와 권민이가 $x$에 대한 일차방정식

$$\frac{a(x-1)}{2} - \frac{2-bx}{3} = -\frac{5}{6}$$

를 풀고 있다. 준하는 상수 $a$를 $-1$로 잘못 보고 풀어서 해로 $x = -\dfrac{4}{5}$를 얻었고, 권민이는 상수 $b$를 2로 잘못 보고 풀어서 해로 $x=2$를 얻었다. 처음 일차방정식을 바르게 풀었을 때의 해를 구하시오.

## 03

$x$에 대한 두 일차방정식

$$5(x-a) = 3(x+b),\ \frac{x+2a}{5} = \frac{x-b}{3}$$

의 해가 서로 같을 때, $\dfrac{a}{b}$의 값을 구하시오. (단, $a \neq 0$, $b \neq 0$)

## 04

$x$에 대한 일차방정식

$$3(x+a+5) = 2(x-1) + 5(x+a) - a$$

의 해가 $x=b$일 때, 두 자연수 $a$, $b$에 대하여 $ab$의 값 중 가장 작은 값을 구하시오.

## 05

서로 다른 두 수 또는 두 식 $a$, $b$에 대한 연산 $\triangledown$를
$$a \triangledown b = 2ab - b + 1$$
과 같이 정할 때, 등식 $\{2 \triangledown (x-1)\} \triangledown 3 = (x+m) \triangledown n$에 대하여 다음 물음에 답하시오.

(1) 주어진 등식이 $x$에 대한 항등식이 되도록 하는 두 상수 $m$, $n$의 조건을 각각 구하시오.

(2) 주어진 등식을 만족시키는 $x$의 값이 존재하지 않도록 하는 두 상수 $m$, $n$의 조건을 각각 구하시오.

## 06

$x$에 대한 세 일차방정식
$$3x - 2 = 2a - 3,$$
$$2(x-1) - \{3(x-1) - b - 2(3-x)\} = 0,$$
$$3.2(x-4) = 2.4(2x-a) - 16.8$$
의 해가 차례대로 $x = n-1$, $x = n$, $x = n+1$일 때, 세 상수 $a$, $b$, $n$의 값을 구하시오.

## 07

방정식 $|2x - 5 + |x+1|| = 5$의 해를 모두 구하시오.

## 08

$x$에 대한 일차방정식
$$\frac{x}{a} + \frac{x}{b} + \frac{x}{c} - 3 = \frac{b+c}{a} + \frac{a+c}{b} + \frac{a+b}{c}$$
의 해를 세 상수 $a$, $b$, $c$를 사용하여 나타내시오.
$$\left( 단, \ \frac{1}{a} + \frac{1}{b} + \frac{1}{c} \neq 0, \ abc \neq 0 \right)$$

Ⅲ. 문자와 식

# 일차방정식의 활용

## 100점노트

**A** 백의 자리의 숫자가 $a$, 십의 자리의 숫자가 $b$, 일의 자리의 숫자가 $c$인 세 자리 자연수
$\Rightarrow 100a+10b+c$

▶ STEP 2 | 01번

**B** 개수의 합이 일정한 경우
A, B의 개수의 합이 주어졌을 때
$\Rightarrow$ A의 개수를 $x$라 하면 B의 개수는
(A, B의 개수의 합)$-x$

▶ STEP 2 | 05번, 06번, STEP 3 | 04번

**C** (물건 가격)=(한 개의 가격)×(개수)
(거스름돈)=(낸 돈)$-$(물건 가격)

▶ STEP 2 | 08번, 10번, 11번

**D** 두 사람이 서로 다른 지점에서 마주 보고 걷다가 만나는 경우
걷기 시작한 지 $x$분 후 만났다고 하면
($x$분 동안 두 사람이 이동한 거리의 합)
=(두 지점 사이의 거리)

▶ STEP 3 | 08번

## 100점공략

**E** 호수의 둘레를 두 사람이 반대 방향 또는 같은 방향으로 돌다가 만나는 경우
돌기 시작한 지 $x$분 후 처음 만났다고 하면
(1) 반대 방향으로 도는 경우
($x$분 동안 두 사람이 이동한 거리의 합)
=(호수의 둘레의 길이)
(2) 같은 방향으로 도는 경우
($x$분 동안 두 사람이 이동한 거리의 차)
=(호수의 둘레의 길이)

▶ STEP 2 | 18번, STEP 3 | 07번

## 주의

**F** 각각의 단위가 다른 경우, 방정식을 세우기 전에 단위를 통일한다.
(1) 1 km=1000 m
(2) 1시간=60분, 1분=$\dfrac{1}{60}$시간

▶ STEP 1 | 04번, STEP 2 | 15번, 16번

## 100점공략

**G** 시계에 대한 문제
시침은 1분에 0.5°씩, 분침은 1분에 6°씩 움직인다.

▶ STEP 2 | 30번, STEP 3 | 06번

## 일차방정식을 활용하여 문제를 해결하는 순서

(ⅰ) 문제의 뜻을 파악하고 구하려고 하는 것을 미지수 $x$로 놓는다.

(ⅱ) 문제의 뜻에 따라 방정식을 세운다.

(ⅲ) 방정식을 푼다.

(ⅳ) 구한 해가 문제의 뜻에 맞는지 확인한다.

## 수에 대한 문제 **A** **B**

(1) 어떤 수에 대한 문제 : 어떤 수를 $x$로 놓고 $x$에 대한 방정식을 세운다.

(2) 연속하는 자연수에 대한 문제

① 연속하는 세 자연수 : $x-1$, $x$, $x+1$ 또는 $x$, $x+1$, $x+2$

② 연속하는 세 홀수(짝수) : $x-2$, $x$, $x+2$ 또는 $x$, $x+2$, $x+4$

## 원가, 정가에 대한 문제 **C**

(1) 원가가 $x$원인 물건에 $a$ %의 이익을 붙여 정한 정가

$\Rightarrow$ (정가)=(원가)+(이익)=$x+x \times \dfrac{a}{100}=\left(1+\dfrac{a}{100}\right)x$(원)

(2) 정가가 $x$원인 물건을 $a$ % 할인한 판매 가격

$\Rightarrow$ (판매 가격)=(정가)$-$(할인 금액)=$x-x \times \dfrac{a}{100}=\left(1-\dfrac{a}{100}\right)x$(원)

(3) (이익)=(판매 가격)$-$(원가)

## 거리, 속력, 시간에 대한 문제 **D** **E** **F**

(거리)=(속력)×(시간), (속력)=$\dfrac{(거리)}{(시간)}$, (시간)=$\dfrac{(거리)}{(속력)}$

## 농도에 대한 문제

(1) (소금물의 농도)=$\dfrac{(소금의 양)}{(소금물의 양)} \times 100(\%)$

(2) (소금의 양)=$\dfrac{(소금물의 농도)}{100} \times$ (소금물의 양)

**참고** 소금물에 물을 더 넣거나 물을 증발시켜도 소금의 양은 변하지 않는다.

## 일에 대한 문제

전체 일의 양을 1로 생각하고 단위 시간(1일, 1시간, 1분 등) 동안 한 일의 양을 먼저 구한다.

**예** 일을 마치는 데 5일이 걸린다. $\Rightarrow$ 1일 동안 하는 일의 양은 $\dfrac{1}{5}$이다.

## 도형에 대한 문제

(1) (직사각형의 넓이)=(가로의 길이)×(세로의 길이)

(2) (삼각형의 넓이)=$\dfrac{1}{2}$×(밑변의 길이)×(높이)

(3) (사다리꼴의 넓이)=$\dfrac{1}{2}$×{(윗변의 길이)+(아랫변의 길이)}×(높이)

## 01 연속하는 자연수

연속하는 세 홀수 중 가장 큰 수의 3배와 가장 작은 수의 차는 나머지 한 수의 3배보다 15만큼 작다고 할 때, 가장 큰 수는?

① 21      ② 23      ③ 25
④ 27      ⑤ 29

## 02 정가, 원가

어떤 상점에서 휴대폰 케이스의 원가에 40 %의 이익을 붙여 정가로 정했다. 그런데 이 휴대폰 케이스가 잘 팔리지 않아 정가에서 600원을 할인하여 팔았더니 원가의 20 %의 이익을 얻었다. 이때 휴대폰 케이스의 원가는?

① 2600원      ② 2700원      ③ 2800원
④ 2900원      ⑤ 3000원

## 03 증가, 감소

어느 놀이공원에 두 놀이기구 A, B가 있다. 작년에는 놀이기구 A의 1회 이용 요금이 놀이기구 B의 1회 이용 요금보다 600원 비쌌는데 올해에는 두 놀이기구 A, B의 1회 이용 요금이 작년에 비해 각각 12 %, 18 % 인상되어 두 놀이기구의 이용 요금이 같아졌다고 한다. 작년 놀이기구 A의 1회 이용 요금은?

① 11800원      ② 12000원      ③ 12200원
④ 12400원      ⑤ 12600원

## 04 거리, 속력, 시간

재원이는 자전거를 타고 시속 16 km로 집에서 학교까지 갔다. 그런데 학교에서 집으로 돌아올 때는 학교를 갈 때보다 거리가 500 m 더 짧은 길을 시속 5 km로 걸어서 왔다. 재원이가 집과 학교 사이를 왕복하는 데 걸린 시간이 총 48분일 때, 집에서 학교까지 자전거를 타고 간 거리는?

① $\dfrac{20}{7}$ km      ② 3 km      ③ $\dfrac{22}{7}$ km

④ $\dfrac{23}{7}$ km      ⑤ $\dfrac{24}{7}$ km

## 05 농도

12.5 %의 소금물 600 g에 몇 g의 소금을 더 넣으면 16 %의 소금물이 되는가?

① 5 g      ② 10 g      ③ 15 g
④ 20 g      ⑤ 25 g

## 06 일

어떤 일을 완성하는 데 재동이는 12일, 진혁이는 15일이 걸린다고 한다. 재동이와 진혁이가 5일 동안 함께 일한 후에 나머지를 재동이가 혼자 일하여 이 일을 완성하였다. 이때 재동이가 혼자 일한 날은 며칠인지 구하시오.

## 07 도형

오른쪽 그림과 같이 가로, 세로의 길이가 각각 $x$ cm, 20 cm인 직사각형 모양의 종이의 네 모퉁이를 한 변의 길이가 3 cm인 정사각형 모양으로 각각 잘라낸 후 접어서 뚜껑이 없는 직육면체 모양의 상자를 만들었다. 이 상자의 부피가 336 cm³일 때, $x$의 값을 구하시오.

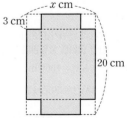

대표
**01** 유형 ❶ 수, 개수에 대한 문제

각 자리의 숫자의 합이 12인 두 자리 자연수가 있다. 이 자연수의 십의 자리의 숫자와 일의 자리의 숫자를 바꾼 수는 처음 수의 2배보다 39만큼 작다고 할 때, 처음 수는?

① 57      ② 58      ③ 59

④ 60      ⑤ 61

**02**

은영이는 올해로 14살이 되었다. 올해 은영이의 할아버지의 나이는 은영이의 아버지, 오빠, 동생의 나이의 합과 같다. 은영이와 할아버지의 나이의 합이 아버지, 오빠, 동생의 나이의 합과 같아질 때의 은영이의 나이는?

① 26세      ② 27세      ③ 28세

④ 29세      ⑤ 30세

**03** 앗! 실수

고은이는 부모님이 결혼하신 해로부터 2년 후에 태어났다. 올해 고은이의 아버지는 본인의 나이의 $\frac{4}{11}$배 동안 결혼 생활을 했음을 알았다. 4년 후에 고은이의 나이는 아버지의 나이에서 12를 뺀 수의 절반과 같다고 할 때, 올해 고은이의 아버지의 나이를 구하시오.

**04**

우리 반과 옆 반이 농구 경기를 했다. 전반전에서 우리 반은 옆 반에 5점 차로 지고 있었고, 후반전에서 우리 반이 얻은 점수는 후반전에서 옆 반이 얻은 점수의 3배보다 6만큼 적었다. 전후반 경기가 모두 끝난 후 우리 반이 옆 반을 7점 차로 이겼을 때, 우리 반이 후반전에서 얻은 점수는?

① 20점      ② 21점      ③ 22점

④ 23점      ⑤ 24점

**05**

집중 독서실, 열공 독서실의 1일 이용료는 다음 표와 같다.

| | 평일 | 주말 |
|---|---|---|
| 집중 독서실 | 700원 | 900원 |
| 열공 독서실 | 600원 | 1000원 |

우빈이는 집중 독서실과 열공 독서실을 주말 7일을 포함하여 총 20일 이용했다. 집중 독서실에서 9일, 열공 독서실에서 11일을 공부하고 이용료로 총 15300원을 지불하였을 때, 우빈이가 주말에 열공 독서실을 이용한 날은 며칠인지 구하시오. (단, 우빈이는 하루에 한 독서실만을 이용했다.)

대표
**06** 유형 ❷ 비율, 정가, 할인에 대한 문제

어느 중학교의 작년의 전체 학생은 500명이었다. 올해는 작년에 비하여 남학생 수는 8 % 증가하고, 여학생 수는 4 % 감소하여 전체 학생이 7명 증가하였다. 이때 올해의 여학생 수는?

① 225      ② 243      ③ 250

④ 264      ⑤ 275

## 07

할아버지와 할머니께 각각 드릴 상자에 사탕과 초콜릿이 섞여 있다. 할아버지께 드릴 상자 속의 사탕과 초콜릿의 개수의 합과 할머니께 드릴 상자 속의 사탕과 초콜릿의 개수의 합의 비는 8 : 7, 할아버지께 드릴 상자 속의 사탕과 초콜릿의 개수의 비는 9 : 7, 할머니께 드릴 상자 속의 사탕과 초콜릿의 개수의 비는 4 : 3이다. 전체 사탕이 전체 초콜릿보다 24개 더 많을 때, 전체 사탕의 개수는?

① 99 ② 102 ③ 105
④ 108 ⑤ 111

## 08

어느 상인이 도매상점에서 1개당 6000원인 물건을 100개 구입하였고, 운반비로 100000원을 지불하였다. 그런데 운반하던 도중에 실수로 물건 20개가 파손되어 파손된 물건은 팔 수 없게 되었다. 이 상인이 남은 물건을 모두 팔아 물건을 구입하는 데 든 총 비용의 20 %만큼 이익을 얻으려면 도매 가격에 몇 %의 이익을 붙여서 이 물건의 판매 가격을 정해야 하는가? (단, 물건을 구입하는 데 든 총 비용에는 운반비도 포함된다.)

① 65 % ② 70 % ③ 75 %
④ 80 % ⑤ 85 %

## 09

어느 중학교 1학년 학생 전체가 공연 관람을 하러 갔다. 공연장에는 5인용 의자가 놓여 있는데 한 의자에 5명씩 꽉 차게 앉았더니 의자 3개가 비었고, 조금 편하게 앉기 위해 빈 의자에 한 명씩 옮겨 앉았더니 몇 개의 의자에는 5명씩 앉고 나머지 의자에는 4명씩 앉게 되었다. 5명씩 앉은 의자의 개수와 4명씩 앉은 의자의 개수의 비가 4 : 3일 때, 1학년 전체 학생 수는?

① 156 ② 158 ③ 160
④ 162 ⑤ 164

## 10

어떤 마트의 주인이 과일 도매상점에서 귤을 4개당 2000원을 지불하고 여러 개 사와서 첫째 날은 그중 절반을 3개당 2400원의 가격으로 팔고, 둘째 날은 남은 양의 80 %를 5개당 3500원의 가격으로 팔았다. 셋째 날은 남은 양의 전부를 원가에 20 %의 이익을 붙여 팔아 총 144000원의 이익을 얻었을 때, 과일 도매상점에서 사온 귤은 몇 개인지 구하시오.

## 11

도전

지원이네 학교에서는 인쇄기를 임대하여 사용하고 있다. 임대료의 기본요금은 50000원이고, 1장을 인쇄할 때마다 5원씩 내며 인쇄한 종이의 사용분에 따라 구간별로 다음 표와 같이 할인율을 적용받는다.

| 사용분 구간 | 할인율 |
|---|---|
| 처음 1000장까지의 사용분 | 0 % |
| 1001장부터 3000장까지의 사용분 | 10 % |
| 3000장을 초과한 사용분 | 10 % 할인 후<br>10 % 추가 할인 |

예를 들어 1500장을 인쇄했을 때, 처음 1000장까지는 1장당 5원씩 내고 나머지 500장에 대해서는 1장당 10 % 할인을 받는다. 지원이네 학교에서 3000장을 초과하여 인쇄하고 인쇄기 임대료로 80200원을 냈을 때, 인쇄한 종이는 모두 몇 장인지 구하시오. (단, 버려지는 종이는 없다.)

## 12

어느 회사의 입사 시험에서는 서류 심사를 통해 전체 지원자의 $\frac{1}{2}$을 1차 합격자로 뽑은 후, 1차 합격자를 대상으로 면접을 실시하여 면접을 통과하면 최종 합격자로 선발한다. 올해 입사 시험에서 1차 합격자의 $\frac{3}{5}$은 남자이고, 최종 합격자의 $\frac{3}{7}$은 여자, 면접 불합격자의 $\frac{9}{25}$는 여자였다. 최종 합격자가 140명이었을 때, 전체 지원자 수를 구하시오.

지우개를 봉지에 나누어 담고 있다. 봉지에 지우개를 3개씩 담으면 지우개가 7개 남고, 5개씩 담으면 지우개가 3개 모자란다고 한다. 이때 5개의 봉지에 지우개를 4개씩 나누어 담으면 어떻게 되는가?

① 지우개 1개가 모자란다.
② 지우개 2개가 모자란다.
③ 지우개 3개가 모자란다.
④ 지우개 1개가 남는다.
⑤ 지우개 2개가 남는다.

**14**

어느 학급의 학생들이 야영을 하는데 한 텐트에 6명씩 들어가면 3명의 학생이 들어가지 못하고, 한 텐트에 8명씩 들어가면 텐트 한 개가 남고, 마지막 텐트에는 5명이 들어간다고 한다. 이때 야영에 참여한 학생 수는?

① 42        ② 43        ③ 44
④ 45        ⑤ 46

토끼와 거북이는 1 km 달리기 시합을 하기로 했다. 거북이는 출발선에서부터 분속 10 m로 달린다. 토끼는 거북이가 출발한 지 30분 후에 출발하여 거북이의 속력의 3배로 $x$ m를 달리고, 중간에 낮잠을 40분 동안 자다가 일어나 거북이의 속력의 5배로 달려 겨우 거북이와 동시에 결승선을 통과할 수 있었다. 이때 $x$의 값은?

① 600        ② 650        ③ 700
④ 750        ⑤ 800

**16**

속력과 길이가 같은 두 기차 A, B가 있다. A 기차는 길이가 1 km인 다리를 완전히 지나는 데 32초가 걸렸고, B 기차는 길이가 600 m인 다리를 지나는데 처음 15초 동안은 잘 달리다가 도중에 나타난 장애물 때문에 남은 거리는 달리던 속력의 절반의 속력으로 달려 다리를 완전히 지나가는 데 33초가 걸렸다. 이때 B 기차가 장애물을 만난 이후의 속력은?

① 초속 22 m        ② 초속 25 m        ③ 초속 28 m
④ 초속 31 m        ⑤ 초속 34 m

**17**

정민이는 자전거를 타고 등교를 한다. 집에서 학교까지 가는데 시속 15 km로 가면 등교 시간보다 9분 일찍 학교에 도착하고 시속 12 km로 가면 등교 시간보다 3분 늦게 도착한다. 정민이가 아침 동아리 활동으로 등교 시간보다 12분 일찍 등교하려면 자전거로 시속 몇 km로 가면 되는가?
(단, 집에서 출발하는 시각은 같다.)

① 시속 16 km        ② 시속 17 km        ③ 시속 18 km
④ 시속 19 km        ⑤ 시속 20 km

**18**

영석이와 선희는 둘레의 길이가 2.1 km인 원 모양의 산책로를 걸으려고 하는데 영석이와 선희의 걷는 속력의 비는 4 : 3이다. 이 산책로의 같은 지점에서 오전 8시에 동시에 출발하여 서로 반대 방향으로 걸었더니 오전 8시 15분에 처음으로 만났다. 영석이와 선희가 만난 지점에서 15분 동안 휴식을 취한 후 같은 방향으로 동시에 출발했을 때, 영석이와 선희가 처음으로 다시 만나는 시각을 구하시오.

## 19

태한이네 가족은 바닷가에 놀러갔다가 해안의 산책로를 걷게 되었다. 산책로 옆에는 일정한 운행 간격과 일정한 속력으로 달리는 레일바이크의 선로가 있다. 분속 60 m의 속력으로 천천히 산책하는 태한이네 가족을 11분마다 레일바이크가 추월하고 있고, 태한이네 가족은 8분마다 마주 오는 레일바이크와 만나고 있다. 이때 레일바이크의 속력은 시속 몇 km인지 구하시오.

## 20 유형 ❺ 농도에 대한 문제

컵 A에는 4 %의 소금물 250 g, 컵 B에는 10 %의 소금물 200 g이 들어 있다. 컵 A에서 물 $2x$ g을 증발시키고, 컵 B에는 물 $x$ g을 더 넣은 후 두 컵 A, B에 들어 있는 소금물을 모두 섞었더니 8 %의 소금물이 되었다. 이때 $x$의 값은?

① 60　　　② 65　　　③ 70
④ 75　　　⑤ 80

## 21

어느 파이 가게에서 치즈의 함유량이 20 %인 치즈 파이의 치즈의 양을 15 g 늘리고, 다른 재료 20 g을 더 넣어 신제품을 만들었다. 이 신제품의 치즈의 함유량이 25 %라 할 때, 원래 팔던 치즈 파이의 무게는?

① 100 g　　　② 125 g　　　③ 150 g
④ 175 g　　　⑤ 200 g

## 22

5 %의 소금물 300 g에서 소금물을 덜어내고, 덜어낸 소금물과 같은 양의 물을 넣은 후 8 %의 소금물을 섞어 6 %의 소금물 500 g을 만들었다. 이때 덜어낸 소금물에 들어 있는 소금의 양은?

① $\frac{1}{5}$ g　　　② $\frac{1}{4}$ g　　　③ $\frac{1}{3}$ g
④ $\frac{1}{2}$ g　　　⑤ 1 g

## 23 서술형

컵 A에는 $x$ %의 설탕물 500 g, 컵 B에는 6 %의 설탕물 400 g이 들어 있다. 두 컵 A, B에서 각각 200 g의 설탕물을 덜어내어 서로 바꾸어 넣었더니 컵 A에 들어 있는 설탕물의 농도가 컵 B에 들어 있는 설탕물의 농도보다 2 % 더 높았다. 이때 $x$의 값을 구하시오.

## 24 유형 ❻ 일에 대한 문제

어떤 수영장에 물을 가득 채우려면 A관으로는 10시간, B관으로는 5시간이 걸리고, 가득 찬 물을 C관으로 빼내는 데에는 8시간이 걸린다고 한다. 이 수영장에 처음에 A관을 열어 물을 채우다가 도중에 C관을 일정 시간 동안 연 후 C관을 잠그고 B관을 C관을 열었던 시간보다 10분 길게 열었더니 처음 A관을 연 지 8시간 만에 수영장에 물이 가득 찼다. 이때 중간에 C관을 열어 둔 시간을 구하시오.

**25**

만둣집의 주인은 수습생보다 4분 동안 36개의 만두를 더 만든다고 한다. 이 만둣집의 주인이 21분, 수습생이 28분 동안 각각 만두를 만들었을 때, 수습생은 주인이 만든 만두의 개수의 $\frac{2}{3}$를 만들었다. 이때 주인과 수습생이 만든 만두의 개수의 합을 구하시오. (단, 주인과 수습생 모두 만두 1개를 만드는 데 걸리는 시간은 일정하다.)

**26**

어떤 일을 완성하는 데 민혁이는 5시간, 지수는 4시간이 걸린다고 한다. 민혁이는 한 번 일할 때마다 25분씩 하고, 지수는 한 번 일할 때마다 24분씩을 한다. 민혁이가 먼저 일을 시작해서 지수와 번갈아가며 한 번씩 일을 하여 민혁이가 마지막으로 25분 동안 일하고 이 일이 완성되었을 때, 민혁이가 일한 시간을 구하시오.

**대표**
**27**   유형 ❼ 도형, 시계, 규칙성에 대한 문제

길이가 60 cm인 철사를 6조각으로 나누어 4개의 철사로 다음 그림과 같이 선분 AB의 길이가 6 cm인 직사각형 ABCD를 만들고, 나머지 2개의 철사로 두 선분 EG와 FH를 만들었다. 두 직사각형 ABGE와 EGCD의 넓이의 비가 3 : 2이고, 두 직사각형 EFHD와 FGCH의 넓이의 비가 2 : 1일 때, 직사각형 FGCH의 넓이는?

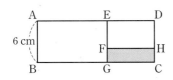

① 11 cm²    ② 12 cm²    ③ 13 cm²
④ 14 cm²    ⑤ 15 cm²

**28** 앗!실수

모양과 크기가 같은 흰 바둑돌과 검은 바둑돌이 총 58개가 있다. 다음 그림과 같이 흰 바둑돌로는 정삼각형을 만들고, 검은 바둑돌로는 정사각형을 만들었더니 정삼각형의 한 변에 놓인 흰 바둑돌의 개수는 정사각형의 한 변에 놓인 검은 바둑돌의 개수의 $\frac{1}{2}$배보다 7만큼 크다고 한다. 이때 흰 바둑돌은 모두 몇 개인지 구하시오.

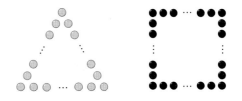

**29**

다음 그림은 어느 달의 달력의 일부분이다. 이 달력에서 ⌐┐ 모양으로 선택한 5개의 숫자의 합이 100이 되도록 할 때, 선택한 5개의 숫자 중 가장 큰 숫자를 구하시오.

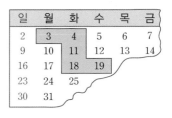

**30**

2시와 3시 사이에 시계의 시침과 분침이 서로 반대 방향으로 일직선이 되는 시각은?

① 2시 $11\frac{7}{11}$분      ② 2시 $11\frac{10}{11}$분

③ 2시 $43\frac{3}{11}$분      ④ 2시 $43\frac{7}{11}$분

⑤ 2시 $43\frac{10}{11}$분

## 01

어느 행사장에서 다음 규칙에 따라 진행자가 아이들에게 사탕을 나누어 준다고 한다.

첫 번째 아이에게는 가지고 있는 전체 사탕의 $\frac{1}{20}$과 1개를 더 준다.

두 번째 아이에게는 첫 번째 아이에게 주고 남은 사탕의 $\frac{1}{20}$과 2개를 더 준다.

세 번째 아이에게는 두 번째 아이에게 주고 남은 사탕의 $\frac{1}{20}$과 3개를 더 준다.

⋮

진행자가 가지고 있는 사탕을 남김없이 전부 아이들에게 나누어 주었더니 아이들이 받은 사탕의 개수는 모두 같았다. 이때 사탕을 받은 아이들은 모두 몇 명인지 구하시오.

## 02

선우네 반 학생 30명이 쪽지시험을 보았는데 10명이 통과하지 못했다. 쪽지시험에 통과한 학생의 최저 점수가 선우네 반 학생 30명의 평균 점수보다는 8점 낮았고, 통과한 학생들의 평균 점수보다는 18점 낮았다. 또한, 쪽지시험에 통과하지 못한 학생들의 평균 점수는 쪽지시험에 통과한 학생의 최저 점수의 $\frac{1}{2}$배보다 5점 높았을 때, 쪽지시험에 통과한 학생의 최저 점수를 구하시오.

## 03

길이가 같은 세 향초 A, B, C가 있다. 세 향초 A, B, C의 타는 속도는 각각 일정하고 A 향초는 5시간 만에, B 향초는 4시간 만에 다 타버린다고 한다. 오전 10시에 세 향초 A, B, C에 동시에 불을 붙이고 얼마 후 남은 향초 A, B, C의 길이를 재었더니 길이의 비가 21 : 15 : 5이었다. 이때 C 향초가 다 타버리는 데 걸리는 시간을 구하시오.

## 04

'트라이애슬론(triathlon)'은 라틴어로, '3가지(tri)'와 '경기(athlon)'의 합성어이다. 트라이애슬론은 수영, 사이클, 마라톤을 한 선수가 연이여 실시하며 우리나라에서는 주로 '철인3종경기'라 불린다.

└ 수영(swim)  └ 사이클(cycle)  마라톤(marathon)

'철인3종경기'에 참가한 어느 선수의 기록이 2시간 30분이고, 이 경기에 참가하는 동안 소모된 총 열량은 1830 kcal이다. 이 선수가 수영 경기와 마라톤 경기에 사용한 시간의 비가 2 : 3이고 각 경기에서 분당 소모되는 열량은 다음 표와 같다.

| 경기 | 수영 | 사이클 | 마라톤 |
|---|---|---|---|
| 분당 소모 열량 | 14 kcal | 14 kcal | 8 kcal |

이 선수가 사이클 경기에 몇 분을 사용했는지 구하시오.

## 05

크리스마스 파티를 위해 컵케이크와 쿠키를 준비했다. 이웃에게 나눠주기 위해 하나의 상자에 컵케이크 11개와 쿠키 5개씩 담았더니 컵케이크의 개수는 딱 맞았지만 마지막에 쿠키 60개가 남았다. 쿠키가 너무 많이 남은 것 같아 다시 다꺼내어 하나의 상자에 컵케이크 7개와 쿠키 5개씩 담았더니 이번에는 쿠키의 개수는 딱 맞았지만 마지막에 컵케이크가 4개 남았다. 준비한 컵케이크의 개수를 $a$, 쿠키의 개수를 $b$라 할 때, $a+b$의 값을 구하시오.

(단, 상자는 충분히 많다.)

## 06

석우는 학교 수업을 마치고 담임선생님의 종례가 끝났을 때 시계를 한 번 확인한 후 10분 동안 청소를 하고 나서 다시 시계를 보았더니 4시 30분과 5시 사이에 시계의 시침과 분침이 이루는 각 중 작은 각이 직각을 이루고 있었다. 담임선생님의 종례가 끝났을 때, 시침과 분침이 이루는 각 중 크기가 작은 각의 크기를 구하시오.

## 07

오른쪽 그림과 같이 한 변의 길이가 4 cm인 정육각형 ABCDEF의 변 위를 화살표 방향으로 움직이는 두 점 P, Q가 있다. 점 P는 꼭짓점 A에서 출발하여 초속 3 cm로, 점 Q는 꼭짓점 D에서 출발하여 초속 2 cm로 정육각형의 둘레를 반복하여 돈다고 할 때, 다음 물음에 답하시오.

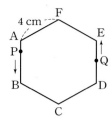

(1) 점 P와 점 Q가 세 번째로 만나는 때는 출발한 지 몇 초 후인지 구하시오.

(2) 점 P와 점 Q가 출발 후 세 번째로 만나는 지점을 구하시오.

## 08

기차 A가 600 m 길이의 철교를 완전히 통과하는 데 30초가 걸리고, 1200 m 길이의 터널을 통과할 때 기차가 완전히 보이지 않는 시간은 50초이다. 기차 A와는 속력이 다른 기차 B가 기차 A와 950 m 떨어진 지점에서 마주 보고 달리기 시작하여 두 기차의 앞부분이 스치는 순간까지 걸린 시간이 20초일 때, 기차 B의 속력을 구하시오.

(단, 두 기차 A, B의 속력은 각각 일정하다.)

## 01

다음 그림과 같이 한 변의 길이가 $a-b$인 정사각형 4개와 한 변의 길이가 $2a-3b$인 정사각형 3개를 모두 이용하여 직사각형을 만들었다. 직사각형의 둘레의 길이를 $a$를 사용하여 나타내시오.

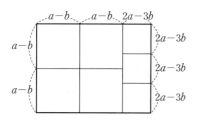

## 02

$a-b+c=0$일 때,
$$\frac{4ac}{(a-b)(b-c)}-\frac{3ab}{(b-c)(c+a)}+\frac{2bc}{(c+a)(a-b)}$$
의 값을 구하시오. (단, $a-b\neq0$, $b-c\neq0$, $c+a\neq0$)

## 03

두 자연수 $m$, $n$에 대하여
$$(-1)^m\left(\frac{2}{3}x-\frac{1}{2}y\right)-(-1)^n\left(\frac{1}{3}x+\frac{3}{2}y\right)$$
를 계산하면 $ax+by$일 때, $a-b$의 값 중 가장 큰 값을 구하시오. (단, $a$, $b$는 상수이다.)

## 04

다음 일차방정식의 해 중에서 가장 큰 해와 가장 작은 해의 차를 구하시오.

> ㈎ $0.3x+2.4=0.6(1-x)$
>
> ㈏ $\frac{3}{4}x+5=\frac{1}{2}(x-7)$
>
> ㈐ $4(2x-8)=-3x-\{5x-(2-x)\}$

## 05

비례식 $\dfrac{x-8}{4}:3=(x-3):2$를 만족시키는 $x$의 값이 일차방정식 $6(x-a)=x+10$의 해의 $\dfrac{1}{4}$배일 때, 상수 $a$의 값을 구하시오.

## 06

$x$에 대한 일차방정식 $\dfrac{x+3}{3}=\dfrac{(a-1)-x}{6}$의 해가 음의 정수가 되도록 하는 상수 $a$의 값 중 가장 큰 음의 정수는?

① $-1$　　　　② $-2$　　　　③ $-3$
④ $-4$　　　　⑤ $-5$

## 07

수현이는 자전거를 타고 시속 24 km로 강 옆의 직선 도로를 달리고, 미연이는 시속 20 km로 움직이는 배를 타고 흐르는 강을 오르내린다. 수현이와 미연이가 강의 상류에 있는 다리에서 동시에 출발하여 하류에 있는 다리에 도착한 후 다시 출발 장소로 돌아왔을 때, 수현이가 10분 먼저 도착했다. 이때 수현이와 미연이가 움직인 거리는?

(단, 강물이 흐르는 속력은 시속 4 km이다.)

① 8 km      ② 10 km      ③ 12 km
④ 14 km      ⑤ 16 km

## 08

사탕을 대형, 중형, 소형 세 종류의 포장 봉투에 넣으려고 한다. 대형 봉투에는 5개씩, 중형 봉투에는 3개씩, 소형 봉투에는 2개씩 사탕을 넣고, 중형 봉투의 개수는 소형 봉투의 개수의 3배이다. 100개의 포장 봉투에 365개의 사탕을 모두 넣으려고 할 때, 필요한 대형 봉투의 개수는?

① 20      ② 25      ③ 30
④ 35      ⑤ 40

## 09

두 유리병 A, B 각각에 쌀과 보리가 섞여 있다. 유리병 A에 들어 있는 쌀과 보리의 무게의 비는 2 : 3이고, 유리병 B에 들어 있는 쌀과 보리의 무게의 비는 5 : 4이다. 두 유리병 A, B에 들어 있는 쌀과 보리를 모두 꺼내어 섞었더니 쌀과 보리의 무게의 비가 9 : 10이고 무게가 총 95 g인 혼합물이 되었다. 이때 두 유리병 A, B를 섞기 전 유리병 A에 들어 있는 보리의 무게를 구하시오.

## 10

등식 $2x-6a=10bx+6$이 모든 $x$에 대하여 항상 성립할 때, $\dfrac{a}{b}+\dfrac{2a^2}{b}+\dfrac{3a^3}{b}+\dfrac{4a^4}{b}+\cdots+\dfrac{100a^{100}}{b}$의 값을 구하시오.

## 11

각 자리의 숫자가 모두 다른 세 자리 자연수 $x$가 있다. 이 자연수의 백의 자리의 숫자와 일의 자리의 숫자를 바꾼 수를 $y$라 하자. $x-y=594$일 때, 가능한 세 자리 자연수 $x$의 개수를 구하시오.

(단, 두 자연수 $x$, $y$의 일의 자리의 숫자는 0이 아니다.)

## 12

어떤 일을 완성하는 데 영수와 영철이가 각각 혼자서 하면 12일, 16일이 걸린다. 하지만 두 사람이 함께 일을 하면 같이 이야기를 하면서 일을 하게 되어 각각 혼자 일할 때의 $\dfrac{6}{7}$의 속도로 일하게 된다. 이 일을 영철이가 이틀 동안 혼자 한 후, 두 사람이 함께 하다가 나머지를 영수가 혼자서 하여 완성하였다. 한편, 두 사람이 함께 일한 기간은 전체 일을 완성하는 데 걸린 기간의 절반이다. 다음 물음에 답하시오.

(1) 전체 일의 양을 1이라 할 때, 두 사람이 함께 일할 때 하루 동안 하는 일의 양을 구하시오.

(2) 두 사람이 함께 일한 기간을 $x$일이라 할 때, 이 일을 완성하는 동안 영수가 혼자 일한 기간을 $x$에 대한 식으로 나타내시오.

(3) (2)의 식을 이용하여 두 사람이 함께 일한 기간을 구하시오.

Happiness makes up in height

for what it lacks in length.

모자라는 부분을 채워가는 것이 행복이다.

로버트 프로스트

# IV

## 좌표평면과 그래프

BLACKLABEL

# 08 좌표평면과 그래프

BLACKLABEL

**100점노트**

**주의**

Ⓐ $a \neq b$일 때, 순서쌍 $(a, b)$와 순서쌍 $(b, a)$는 서로 다르다.

Ⓑ 각 사분면 위의 점의 $x$좌표, $y$좌표의 부호

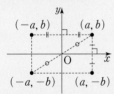

| 사분면<br>좌표 | 제1사분면 | 제2사분면 | 제3사분면 | 제4사분면 |
|---|---|---|---|---|
| $x$좌표 | + | − | − | + |
| $y$좌표 | + | + | − | − |

▶ STEP 2 | 03번, 04번, STEP 3 | 03번

**100점공략**

Ⓒ 점 $(a, b)$가 제1사분면 위의 점일 때

• 점 $(a, b)$와 $x$축에 대하여 대칭인 점의 좌표와 사분면
  ⇨ $(a, -b)$, 제4사분면

• 점 $(a, b)$와 $y$축에 대하여 대칭인 점의 좌표와 사분면
  ⇨ $(-a, b)$, 제2사분면

• 점 $(a, b)$와 원점에 대하여 대칭인 점의 좌표와 사분면
  ⇨ $(-a, -b)$, 제3사분면

▶ STEP 2 | 06번, 07번, 08번, 09번, STEP 3 | 04번

Ⓓ 변수와 달리 일정한 값을 갖는 수나 문자를 상수라 한다.

Ⓔ 오른쪽 위로 향하는 그래프는 $x$의 값이 증가할 때, $y$의 값도 증가하는 관계를 나타내고, 오른쪽 아래로 향하는 그래프는 $x$의 값이 증가할 때, $y$의 값은 감소하는 관계를 나타낸다. 또한, 같은 모양이 반복하여 나타나는 그래프는 주기적으로 변화하는 두 변수의 관계를 나타낸다.

▶ STEP 2 | 21번

## 수직선 위의 점의 좌표

(1) 좌표 : 수직선 위의 한 점에 대응하는 수

(2) 수직선 위의 점 P의 좌표가 $a$일 때, 기호로 P($a$)와 같이 나타낸다.

(3) 원점 : 좌표가 0인 점 O

## 좌표평면 위의 점의 좌표 Ⓐ

(1) 순서쌍 : 두 수의 순서를 정하여 쌍으로 나타낸 것

(2) 좌표평면

두 수직선이 각각 원점에서 서로 수직으로 만날 때

① $x$축 : 가로의 수직선

② $y$축 : 세로의 수직선

③ 좌표축 : $x$축과 $y$축을 통틀어 이르는 말

④ 원점 : 두 좌표축이 만나는 점 O

⑤ 좌표평면 : 좌표축이 정해진 평면

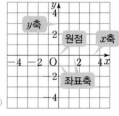

원점 O의 좌표는 (0, 0)

(3) 좌표평면 위의 점의 좌표

① 좌표평면 위의 한 점 P에서 $x$축, $y$축에 각각 내린 수선과 $x$축, $y$축이 만나는 점에 대응하는 수를 각각 $a$, $b$라 할 때, 순서쌍 $(a, b)$를 점 P의 좌표라 하고, 이것을 기호 P($a$, $b$)로 나타낸다.

② 점 P($a$, $b$)에서 $a$를 점 P의 $x$좌표, $b$를 점 P의 $y$좌표라 한다.

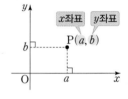

## 사분면 Ⓑ, Ⓒ

좌표평면은 오른쪽 그림과 같이 좌표축에 의하여 네 부분으로 나누어지는데, 이들을 각각

제1사분면, 제2사분면, 제3사분면, 제4사분면

이라 한다.

이때 좌표축은 어느 사분면에도 속하지 않는다.

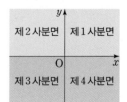

## 그래프와 그 해석 Ⓓ, Ⓔ

(1) 변수 : $x$, $y$와 같이 변하는 값을 나타내는 문자

(2) 그래프 : 서로 관계가 있는 두 변수 $x$, $y$의 순서쌍 $(x, y)$를 좌표로 하는 점을 좌표평면 위에 모두 나타낸 것

(3) 그래프의 해석

① 문제의 뜻을 파악한 후 $x$축과 $y$축이 각각 무엇을 나타내는지 확인한다.

② $x$의 값에 따라 $y$의 값이 어떻게 변하는지 확인한다.

**참고** 그래프는 점, 직선, 곡선 등으로 나타낼 수 있다.

## 01 순서쌍

두 순서쌍 $(4a-1,\ 3-b)$, $(3-a,\ 2b+4)$가 서로 같을 때, $ab$의 값은?

① $-\dfrac{1}{15}$      ② $-\dfrac{2}{15}$      ③ $-\dfrac{1}{5}$

④ $-\dfrac{4}{15}$      ⑤ $-\dfrac{1}{3}$

## 02 좌표평면

다음 중 오른쪽 좌표평면 위의 점 A, B, C, D, E의 좌표 $(a,\ b)$에 대하여 $2a-b=5$를 만족시키는 점은?

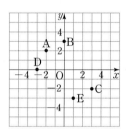

① A      ② B
③ C      ④ D
⑤ E

## 03 좌표평면 위의 점의 좌표

네 점 $A(-6,\ 5)$, $B(a,\ b)$, $C(2,\ b)$, $D(2,\ 5)$를 네 꼭짓점으로 하는 사각형 ABCD가 정사각형일 때, $ab$의 값을 구하시오. (단, $b<0$)

## 04 좌표축 위의 점

두 점 $A(4a+3,\ 5-b)$, $B(-3a+2,\ 3b-1)$이 각각 $x$축, $y$축 위에 있다. 점 C는 점 A와 $x$좌표가 같고, 점 B와 $y$좌표가 같을 때, 점 C의 좌표는?

① $(0,\ 14)$      ② $\left(\dfrac{17}{3},\ 0\right)$      ③ $\left(\dfrac{17}{3},\ 14\right)$

④ $\left(\dfrac{17}{3},\ 17\right)$      ⑤ $(14,\ 0)$

## 05 사분면

점 $(x-3,\ 6-y)$가 제2사분면 위에 있도록 하는 두 자연수 $x,\ y$의 순서쌍 $(x,\ y)$는 모두 몇 개인지 구하시오.

## 06 사분면의 결정

점 $P(a,\ b)$가 제2사분면 위의 점일 때, 다음 중 제3사분면 위의 점의 좌표가 <u>아닌</u> 것은?

① $(ab,\ a-b)$          ② $(a,\ -b)$
③ $(-b,\ a)$          ④ $(-2a,\ b-a)$
⑤ $(a-2b,\ a)$

## 07 대칭인 점의 좌표

점 $(a, -7)$과 $x$축에 대하여 대칭인 점을 A, 점 $(2, b)$와 $y$축에 대하여 대칭인 점을 B라 하자. 두 점 A, B가 일치할 때, $a+b$의 값을 구하시오.

## 08 삼각형의 넓이

좌표평면 위의 세 점 $A(-4, a)$, $B(2, -1)$, $C(-4, 1)$을 꼭짓점으로 하는 삼각형 ABC의 넓이가 12가 되도록 하는 모든 $a$의 값의 합을 구하시오.

## 09 사각형의 넓이

좌표평면 위의 네 점 $A(2, 3)$, $B(-3, 3)$, $C(-5, -2)$, $D(3, -2)$를 꼭짓점으로 하는 사각형 ABCD의 넓이를 구하시오.

## 10 그래프로 나타내기

수영장에서 수면으로부터 10 m 위의 지점에서 수면에 수직 방향으로 공을 위로 던질 때, 공을 던지고 나서 $x$초 후의 공의 수면으로부터의 높이를 $y$ m라 하자. 두 변수 $x$, $y$ 사이의 관계를 그래프로 바르게 나타낸 것은?

①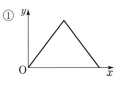

②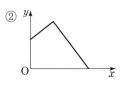

③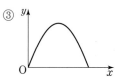

④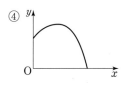

⑤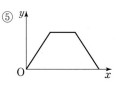

## 11 그래프의 해석

민지와 동생 민수는 집에서 2 km 떨어진 학교까지 각각 일정한 속력으로 걸어간다고 한다. 민지와 민수가 집에서 학교까지 같은 경로로 이동할 때, 민수가 출발한 지 $x$분 후 이동한 거리를 $y$ km라 하자. 다음 그림은 두 변수 $x$, $y$ 사이의 관계를 나타낸 그래프이다.

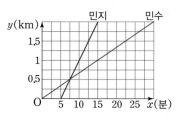

이 그래프에 대한 설명으로 • 보기 •에서 옳은 것을 모두 고른 것은?

> • 보기 •
>
> ㄱ. 민지가 학교까지 가는 데 걸린 시간은 15분이다.
> ㄴ. 민지가 민수보다 15분 빨리 학교에 도착한다.
> ㄷ. 민지의 속력은 민수의 속력의 3배이다.

① ㄱ      ② ㄱ, ㄴ      ③ ㄱ, ㄷ
④ ㄴ, ㄷ      ⑤ ㄱ, ㄴ, ㄷ

대표
01 · 유형 ❶ 순서쌍과 좌표

## 01

주사위를 한 번 던져 나온 눈의 수를 $x$라 할 때, $x$의 양의 약수의 개수를 $a$, $x$ 이하의 자연수 중 $x$와 서로소인 자연수의 개수를 $b$라 하자. $a \leq b$를 만족시키는 두 자연수 $a$, $b$의 순서쌍 $(a, b)$의 개수는?

① 1 　　　　② 2 　　　　③ 3

④ 4 　　　　⑤ 5

## 02

좌표평면 위의 점 $(x, y)$를 점 $(-ax+y, 2x-y)$로 이동시키는 규칙이 있다. 세 점 A(3, 5), B(0, 1), C(0, 0)을 이 규칙에 따라 이동시킨 점을 각각 A′, B′, C′이라 할 때, 삼각형 A′B′C′이 이등변삼각형이 되도록 하는 상수 $a$의 값을 모두 고르면? (정답 2개)

① 1 　　　　② $\dfrac{4}{3}$ 　　　　③ $\dfrac{5}{3}$

④ 2 　　　　⑤ $\dfrac{7}{3}$

대표
03 · 유형 ❷ 사분면

## 03

점 $(a-b, ab)$가 제3사분면 위에 있을 때, 다음 중 항상 제1사분면 위에 있는 점의 좌표는?

① $(a, -ab)$ 　　　　② $(-a, -b)$

③ $(-ab, a+b)$ 　　　　④ $\left(b-a, -\dfrac{b}{a}\right)$

⑤ $\left(\dfrac{a}{b}, a-b\right)$

## 04

$a$, $b$가 다음 조건을 만족시킬 때, 점 P$(a, -b)$는 어느 사분면 위의 점인지 구하시오.

(가) $\dfrac{b}{a}<0$ 　　　　(나) $a+b<0$ 　　　　(다) $|a|<|b|$

## 05

좌표평면 위에 세 점 A, B, C가 있다. 점 A$(a-3, b-2)$는 $x$축 위에 있고, 점 B$(a+4, b-1)$은 $y$축 위에 있고, 점 C$(a+c+1, b-c+2)$는 어느 사분면에도 속하지 않을 때, $a+b+c$의 값 중 가장 큰 값을 구하시오.

대표
06 · 유형 ❸ 대칭인 점의 좌표

## 06

좌표평면 위의 점 P$(a, a-2b)$와 $y$축에 대하여 대칭인 점을 Q, 점 R$(3a-2, -b+5)$와 $x$축에 대하여 대칭인 점을 S라 하자. 두 점 Q, S가 원점에 대하여 대칭일 때, $a+b$의 값을 구하시오.

STEP 2

## 07

점 $\left(-\dfrac{b}{a},\ a+b\right)$와 $x$축에 대하여 대칭인 점 P가 제2사분면 위에 있을 때, 점 $(a,\ ab)$와 원점에 대하여 대칭인 점 Q는 어느 사분면 위의 점인가?

① 제1사분면      ② 제2사분면
③ 제3사분면      ④ 제4사분면
⑤ 어느 사분면에도 속하지 않는다.

## 08

좌표평면 위의 점 $(x,\ y)$가 다음 규칙에 따라 이동한다.

⟨⟩
> ㈎ $x=y$이면 $x$축에 대하여 대칭인 점으로 이동한다.
> ㈏ $x<y$이면 $y$축에 대하여 대칭인 점으로 이동한다.
> ㈐ $x>y$이면 원점에 대하여 대칭인 점으로 이동한다.

이 규칙에 따라 점 $A_1(6,\ -6)$이 이동한 점을 $A_2$, 점 $A_2$가 이동한 점을 $A_3$, 점 $A_3$이 이동한 점을 $A_4$, $\cdots$라 할 때, 점 $A_{500}$의 좌표를 구하시오.

## 09

좌표평면 위의 점이 다음 규칙에 따라 이동한다.

> 규칙 A : $x$축에 대하여 대칭인 점으로 이동한다.
> 규칙 B : $y$축에 대하여 대칭인 점으로 이동한다.
> 규칙 C : 원점에 대하여 대칭인 점으로 이동한다.
>
> 규칙 X★Y : 두 규칙 X, Y에 대하여 규칙 Y에 따라 이동한 후, 다시 규칙 X에 따라 이동한다.

이때 점 $P(-3,\ 2)$가 다음 규칙에 따라 이동한 점의 좌표를 구하시오. (단, 괄호 (　)가 있는 경우 괄호 안의 규칙을 먼저 따른다.)

(1) A★B

(2) B★(C★A)

## 10

좌표평면 위의 세 점 $A(2,\ 3)$, $B(-2,\ 2)$, $C(5,\ -1)$을 꼭짓점으로 하는 삼각형 ABC의 넓이는?

① $\dfrac{21}{2}$      ② $\dfrac{19}{2}$      ③ $\dfrac{17}{2}$
④ $\dfrac{15}{2}$      ⑤ $\dfrac{13}{2}$

## 11

오른쪽 그림과 같이 좌표평면 위에 네 점 $A(2,\ 0)$, $B(5,\ 0)$, $C(0,\ 1)$, $D(0,\ 3)$이 있다. 제1사분면 위의 점 P에 대하여 삼각형 PAB와 삼각형 PDC의 넓이가 같을 때, 다음 중 점 P의 좌표로 가능한 것을 모두 고르면? (정답 2개)

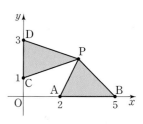

① $\left(\dfrac{1}{2},\ \dfrac{1}{3}\right)$      ② $\left(\dfrac{1}{2},\ 1\right)$      ③ $\left(\dfrac{3}{2},\ 1\right)$
④ $(3,\ 4)$      ⑤ $(4,\ 6)$

## 12

좌표평면 위의 네 점 A, B, C, D가 다음 조건을 만족시킬 때, 사각형 ABCD의 넓이를 구하시오.

> ㈎ $A(-3,\ 5)$, $C(5,\ -2)$
> ㈏ 점 B는 점 A와 원점에 대하여 대칭이다.
> ㈐ 점 D는 점 C와 $x$축에 대하여 대칭이다.

## 13

서술형

좌표평면 위의 세 점 A$(-3, 2a-4)$, B$(2a-b-6, 2)$, C$(-ab, a+2b)$에 대하여 점 A는 $x$축 위에 있고, 점 B는 $y$축 위에 있다. 이때 세 점 A, B, C를 꼭짓점으로 하는 삼각형 ABC의 넓이를 구하시오.

## 14

앗! 실수

점 A$(1-a, 4)$와 $x$축, $y$축, 원점에 대하여 대칭인 점을 각각 B, C, D라 하자. 이때 삼각형 BCD의 넓이가 16이 되도록 하는 모든 상수 $a$의 값의 합을 구하시오. (단, $a \neq 1$)

## 15

점 A$(a, b)$와 $x$축에 대하여 대칭인 점 B가 제2사분면 위에 있다. 두 점 A, B와 한 점 C$(-a, a+b)$를 꼭짓점으로 하는 삼각형 ABC의 넓이가 24가 되도록 하는 두 정수 $a$, $b$의 순서쌍 $(a, b)$의 개수를 구하시오.

대표
유형 ⑤ 그래프의 해석

## 16

다음 그림은 진수와 석현이가 걸은 시간을 $x$분, 걸은 거리를 $y$ m라 할 때, 두 변수 $x$, $y$ 사이의 관계를 나타낸 그래프이다.

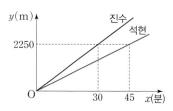

진수와 석현이가 각각 일정한 속력으로 걸을 때, 두 사람이 1시간 동안 걸은 거리의 차는?

① 0.6 km      ② 0.9 km      ③ 1.2 km

④ 1.5 km      ⑤ 1.8 km

## 17

다음 그림은 어느 날 8시 15분에 동시에 집을 나선 서현이와 대현이가 등교할 때, 학교로부터 떨어진 거리(m)를 시각에 따라 나타낸 그래프이다. 이 그래프에 대한 해석으로 옳지 <u>않은</u> 것은? (단, 두 사람은 직선 위를 움직인다.)

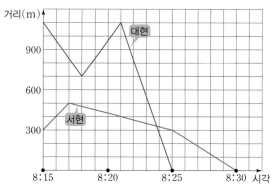

① 서현이가 이동한 거리는 총 700 m이다.

② 대현이가 이동 방향을 바꾼 횟수는 총 2회이다.

③ 대현이의 집이 서현이의 집보다 학교로부터 더 멀다.

④ 대현이는 8:18부터 학교 반대 방향으로 걷기 시작했다.

⑤ 서현이는 집에서 출발하여 이동 방향을 바꿀 때까지의 구간보다 8:25부터 학교에 도착할 때까지의 구간에 더 빨리 걸었다.

STEP 2

## 18

다음 그림은 어느 문구점에서 원가가 50원인 펜 1개의 판매 가격을 $x$원, 하루 동안 판매되는 펜의 개수를 $y$라 할 때, 두 변수 $x$, $y$ 사이의 관계를 나타낸 그래프이다.

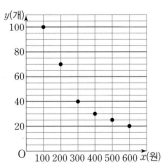

하루 동안 판매되는 펜의 판매 이익이 최대가 될 때의 펜 1 개의 판매 가격을 구하시오.

(단, $x=100$, $200$, $300$, $\cdots$, $600$)

## 19

다음 그림은 석중이가 관람차에 탑승한 지 $x$분 후 지면으로 부터 관람차의 높이를 $y$ m라 할 때, 두 변수 $x$, $y$ 사이의 관계를 나타낸 그래프이다.

(단, 탑승한 관람차는 2바퀴를 돌고 멈춘다.)

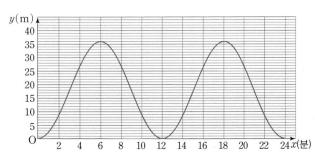

이 관람차에 대한 설명이 다음과 같을 때, 상수 $a$, $b$, $c$에 대하여 $a+b+c$의 값을 구하시오.

> ㈎ 탑승한 관람차가 지면으로부터 가장 높은 곳에 있을 때의 높이는 $a$ m이다.
> ㈏ 탑승한 관람차의 지면으로부터의 높이가 27 m 이하 인 시간은 $b$분 동안이다.
> ㈐ 탑승한 관람차가 1바퀴 돌아서 처음 탑승한 지점으로 오는 것은 탑승한 지 $c$분 후이다.

## 20

다음 그림과 같이 부피가 모두 같은 세 용기 ㉠, ㉡, ㉢에 시간당 일정한 양의 물을 채우려고 한다.

㉠        ㉡        ㉢

각 용기에 $x$분 동안 물을 채울 때, 물의 높이를 $y$ cm라 하 면 두 변수 $x$, $y$ 사이의 관계를 나타낸 그래프가 다음 그림 과 같다. 세 용기 ㉠, ㉡, ㉢에 알맞은 그래프를 바르게 짝 지은 것은?

|  | ㉠ | ㉡ | ㉢ |
|---|---|---|---|
| ① | A | B | C |
| ② | A | C | B |
| ③ | B | A | C |
| ④ | B | C | A |
| ⑤ | C | A | B |

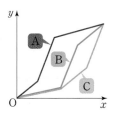

## 21

도전

오른쪽 그림과 같은 정사각형 ABCD 가 있다. 두 점 P, Q가 각각 두 점 D, B에서 동시에 출발하여 서로 같은 속 력으로 정사각형 ABCD의 변을 따 라 반시계 방향으로 한 바퀴 움직일 때, 두 점 P, Q가 출발한 지 $x$초 후 의 삼각형 PQC의 넓이를 $y$라 하자. 두 변수 $x$, $y$ 사이의 관계를 그래프로 바르게 나타낸 것은?

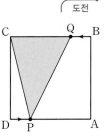

(단, 점 P, Q, C가 일직선 위에 있을 때, $y=0$으로 한다.)

①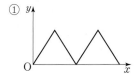

②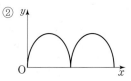

③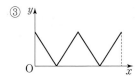

④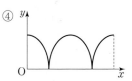

⑤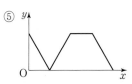

## 01

좌표평면 위의 네 점 A$(-5, 6)$, B$(-3, -4)$, C$(7, -5)$, D$(5, 3)$을 꼭짓점으로 하는 사각형 ABCD가 있다. 점 P$(a, b)$가 사각형 ABCD의 변 위에 있을 때, $-a+b$의 값 중 가장 큰 값을 구하시오.

## 02

좌표평면 위의 네 점 A$(0, 4)$, B$(0, -6)$, C$(2, -6)$, D$(2, 4)$를 꼭짓점으로 하는 직사각형 ABCD가 있다. 두 점 P, Q가 각각 원점 O에서 동시에 출발하여 직사각형 ABCD의 변 위를 움직이는데, 점 P는 매초 4의 속력으로 시계 방향으로, 점 Q는 매초 6의 속력으로 시계 반대 방향으로 움직인다고 한다. 다음 물음에 답하시오.

(1) 출발한 지 2초 후 두 점 P, Q가 도착하는 점의 좌표를 각각 구하시오.

(2) 두 점 P, Q가 원점 O에서 처음으로 다시 만나는 것은 원점 O를 출발한 지 몇 초 후인지 구하시오.

(3) 두 점 P, Q가 원점 O에서 세 번째로 다시 만나는 것은 원점 O를 출발한 지 몇 초 후인지 구하시오.

## 03

세 유리수 $a$, $b$, $c$가 다음 조건을 만족시킬 때, 점 P$(|a|-|b|, bc)$는 제$p$사분면 위의 점이고, 점 Q$\left(\dfrac{b+c}{a}, c^2-a^2\right)$은 제$q$사분면 위의 점이다. 이때 $p-q$의 값을 구하시오.

> (가) $b<a<c$　　(나) $ac<0$　　(다) $a+c<0$

## 04

좌표평면 위의 점 A$(a, b)$에 대하여 점 A와 세 점 B, C, D가 각각 $x$축, $y$축, 원점에 대하여 대칭이다. 네 점 A, B, C, D를 꼭짓점으로 하는 사각형 ACDB의 둘레의 길이가 24가 되도록 하는 두 정수 $a$, $b$의 순서쌍 $(a, b)$의 개수를 구하시오.

## 05

좌표평면 위의 세 점 $A(-3, a)$, $B(1, -1)$, $C(4, b)$를 꼭짓점으로 하는 삼각형 ABC의 넓이를 $a$, $b$에 대한 식으로 나타내시오. (단, $a \neq b$, $a > 0$, $b > 0$)

## 06

좌표평면 위의 세 점 $A(a, -3)$, $B(b, -3)$, $C(c, 5)$가 다음 조건을 만족시킨다.

㉮ $ab < 0$, $a - b > 0$
㉯ $-5 \leq c \leq 5$
㉰ 삼각형 ABC의 넓이는 36이다.

세 정수 $a$, $b$, $c$에 대하여 $a + b - c$의 값 중 가장 큰 값을 구하시오.

## 07

어떤 제품 760개를 만드는 데 처음 10분은 수지가 혼자 만들고, 그 후 수지와 지우가 함께 만들려고 한다. 다음 그림은 제품을 만들기 시작하여 $x$분 후까지 만든 제품의 개수를 $y$라 할 때, 두 변수 $x$, $y$ 사이의 관계를 나타낸 그래프의 일부이다.

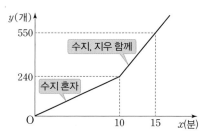

이 제품 760개를 지우가 혼자 만들 때, 걸리는 시간을 구하시오.

(단, 수지와 지우가 제품을 만드는 속력은 각각 일정하다.)

## 08

창의 융합

높이가 30 cm인 직육면체 모양의 수조가 있다. 이 수조에 다음 그림과 같이 높이가 각각 10 cm, 20 cm인 2개의 칸막이를 밑면에 수직으로 세운 후 수조의 ㉮ 쪽에서 매초 100 cm³의 물을 넣으려고 한다.

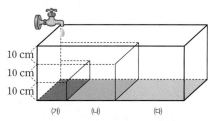

다음 그림은 물을 넣은 지 $x$초 후의 수면의 최대 높이를 $y$ cm라 할 때, 두 변수 $x$, $y$ 사이의 관계를 나타낸 그래프이다.

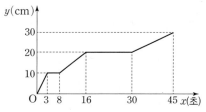

㉮, ㉯, ㉰ 칸의 바닥의 넓이를 각각 구하시오.

(단, 칸막이의 두께는 생각하지 않는다.)

# 09 정비례와 반비례

BLACKLABEL

**100점노트**

**Ⓐ** $y$가 $x$에 정비례할 때, $\dfrac{y}{x}\,(x\neq0)$의 값은 일정하다.

⇨ $y=ax\,(a\neq0,\ x\neq0)$에서 $\dfrac{y}{x}=a$로 일정하다.

▶ STEP 3 | 02번

**Ⓑ** 정비례 관계의 예
· 정다각형의 한 변의 길이와 둘레의 길이
· 일정한 속력으로 달린 시간과 거리
· 농도가 일정할 때, 소금물의 양과 소금의 양

▶ STEP 1 | 01번, STEP 2 | 01번, 32번

**중요**

**Ⓒ** 정비례 관계 $y=ax\,(a\neq0)$의 그래프는 $a$의 절댓값이 작을수록 $x$축에 가깝고, $a$의 절댓값이 클수록 $y$축에 가깝다.

▶ STEP 1 | 05번, STEP 2 | 06번, STEP 3 | 01번

**Ⓓ** $y$가 $x$에 반비례할 때, $xy$의 값은 일정하다.

⇨ $y=\dfrac{a}{x}\,(a\neq0,\ x\neq0)$에서 $xy=a$로 일정하다.

▶ STEP 3 | 02번

**Ⓔ** 반비례 관계의 예
· 넓이가 일정한 삼각형의 밑변의 길이와 높이
· 넓이가 일정한 직사각형의 가로, 세로의 길이
· 일정한 거리를 움직일 때, 걸린 시간과 속력

▶ STEP 2 | 01번, 28번

**중요**

**Ⓕ** 반비례 관계 $y=\dfrac{a}{x}\,(a\neq0)$의 그래프는 $a$의 절댓값이 작을수록 원점에 가깝고, $a$의 절댓값이 클수록 원점에서 멀리 떨어진다.

▶ STEP 2 | 14번, STEP 3 | 01번

## 정비례 Ⓐ. Ⓑ

변하는 두 양 $x$, $y$에서

　　$x$의 값이 2배, 3배, 4배, …가 될 때,

　　$y$의 값도 2배, 3배, 4배, …가 되는

관계가 있으면 $y$는 $x$에 정비례한다고 한다.

$y$가 $x$에 정비례하면 $y=ax\,(a\neq0)$인 관계식이 성립하고,

$x$, $y$ 사이에 $y=ax\,(a\neq0)$인 관계가 성립하면 $y$는 $x$에 정비례한다.

## 정비례 관계 $y=ax\,(a\neq0)$의 그래프 Ⓒ

|  | $a>0$일 때 | $a<0$일 때 |
|---|---|---|
| 그래프 | | |
| 그래프의 모양 | 원점을 지나면서 오른쪽 위로 향하는 직선 | 원점을 지나면서 오른쪽 아래로 향하는 직선 |
| 지나는 사분면 | 제1사분면, 제3사분면 | 제2사분면, 제4사분면 |
| 증가·감소 | $x$의 값이 증가하면 $y$의 값도 증가 | $x$의 값이 증가하면 $y$의 값은 감소 |

## 반비례 Ⓓ. Ⓔ

변하는 두 양 $x$, $y$에서

　　$x$의 값이 2배, 3배, 4배, …가 될 때,

　　$y$의 값이 $\dfrac{1}{2}$배, $\dfrac{1}{3}$배, $\dfrac{1}{4}$배, …가 되는

관계가 있으면 $y$는 $x$에 반비례한다고 한다.

$y$가 $x$에 반비례하면 $xy=a\,(a\neq0)$, 즉 $y=\dfrac{a}{x}$인 관계식이 성립하고,

$x$, $y$ 사이에 $xy=a\,(a\neq0)$, 즉 $y=\dfrac{a}{x}$인 관계가 성립하면 $y$는 $x$에 반비례한다.

## 반비례 관계 $y=\dfrac{a}{x}\,(a\neq0)$의 그래프 Ⓕ

|  | $a>0$일 때 | $a<0$일 때 |
|---|---|---|
| 그래프 | | |
| 그래프의 모양 | 좌표축에 점점 가까워지면서 한없이 뻗어 나가는 한 쌍의 매끄러운 곡선 | |
| 지나는 사분면 | 제1사분면, 제3사분면 | 제2사분면, 제4사분면 |

**01** 문장에서 정비례와 반비례 관계 찾기

다음 중 $y$가 $x$에 정비례하는 것은?

① 자연수 $x$의 역수 $y$
② 하루 중 밤의 길이가 $x$시간일 때, 낮의 길이 $y$시간
③ 우리 반 학생들의 번호 $x$번과 그 사람의 몸무게 $y$ kg
④ 1분에 $x$장 인쇄할 수 있는 프린터로 80장 인쇄할 때, 걸리는 시간 $y$분
⑤ 둘레의 길이가 $x$ cm인 정육각형의 한 변의 길이 $y$ cm

**02** 정비례 관계식 구하기

$y$가 $x$에 정비례하고, $x=5$일 때의 $y$의 값과 $x=-2$일 때의 $y$의 값의 차가 21이다. $x$, $y$ 사이의 관계식을 구하시오.

**03** 반비례 관계식 구하기

$x$의 값이 2배, 3배, 4배, …가 될 때, $y$의 값은 $\dfrac{1}{2}$배, $\dfrac{1}{3}$배, $\dfrac{1}{4}$배, …가 되는 관계가 있다. 이때 다음 표의 $A$, $B$, $C$에 대하여 $ABC$의 값을 구하시오.

| $x$ | $A$ | $-2$ | $4$ | $C$ |
|---|---|---|---|---|
| $y$ | $-\dfrac{1}{4}$ | $-\dfrac{3}{4}$ | $B$ | $\dfrac{1}{6}$ |

**04** 정비례 관계 $y=ax$ $(a \neq 0)$의 그래프

오른쪽 그림과 같이 $y=ax$의 그래프가 두 점 $(-4, -2)$, $(b, 3)$을 지날 때, $\dfrac{b}{a}$의 값을 구하시오.
(단, $a$는 상수이다.)

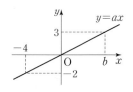

**05** 정비례 관계 $y=ax$ $(a \neq 0)$의 그래프와 $a$의 값 사이의 관계

정비례 관계 $y=-x$의 그래프와 $y=ax$, $y=bx$의 그래프가 오른쪽 그림과 같고 두 수 $a$, $b$는 다음 값 중 하나이다. 두 수 $a$, $b$의 값을 각각 구하시오.

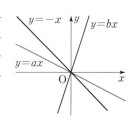

$$-2, \qquad -\frac{1}{2}, \qquad \frac{1}{3}, \qquad 1, \qquad 3$$

**06** 정비례 관계 $y=ax$ $(a \neq 0)$의 그래프와 도형의 넓이

오른쪽 그림과 같이 $y=x$의 그래프 위의 점 A와 $y=-\dfrac{2}{3}x$의 그래프 위의 점 B의 $x$좌표가 모두 3일 때, 삼각형 AOB의 넓이는?
(단, O는 원점이다.)

① 6
② $\dfrac{13}{2}$
③ 7
④ $\dfrac{15}{2}$
⑤ 8

**07** 반비례 관계 $y=\dfrac{a}{x}$ ($a\neq0$)의 그래프

다음 중 오른쪽 그림과 같은 그래프 위의 점이 <u>아닌</u> 것은?

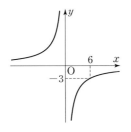

① $(-3,\ 6)$  ② $(-2,\ 9)$

③ $\left(-\dfrac{1}{2},\ 36\right)$  ④ $(1,\ -18)$

⑤ $\left(3,\ -\dfrac{1}{6}\right)$

**08** 반비례 관계 $y=\dfrac{a}{x}$ ($a\neq0$)의 그래프 위의 점 중 좌표가 자연수인 경우

반비례 관계 $y=\dfrac{16}{x}$의 그래프 위의 점 중에서 $x$좌표와 $y$좌표가 모두 자연수인 점의 좌표를 모두 구하시오.

**09** 반비례 관계 $y=\dfrac{a}{x}$ ($a\neq0$)의 그래프와 도형의 넓이

오른쪽 그림과 같이 반비례 관계 $y=-\dfrac{20}{x}$의 그래프 위에 점 A가 있고, 점 A와 원점에 대하여 대칭인 점 B가 있다. 선분 AB를 대각선으로 하고 네 변이 모두 $x$축 또는 $y$축과 평행한 직사각형 ACBD의 넓이를 구하시오.

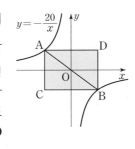

**10** $y=ax$ ($a\neq0$)의 그래프와 $y=\dfrac{b}{x}$ ($b\neq0$)의 그래프가 만나는 점

오른쪽 그림과 같이 $y=\dfrac{a}{x}$, $y=-\dfrac{4}{3}x$의 그래프가 두 점 A, B에서 만날 때, $a+b+c$의 값은?

(단, $a$, $b$, $c$는 상수이다.)

① $-24$  ② $-12$

③ $-6$  ④ $6$

⑤ $12$

**11** 정비례 관계의 활용

길이가 4 m인 전선의 무게는 80 g이고, 이 전선 10 g당 가격이 200원이라 한다. 이 전선 $x$ m의 가격을 $y$원이라 할 때, $x$, $y$ 사이의 관계식과 이 전선 90 m의 가격을 순서대로 구하시오.

**12** 반비례 관계의 활용

매분 3 L씩 물을 넣으면 10분 만에 가득 차는 물통이 있다. 이 물통에 매분 $x$ L씩 $y$분 동안 물을 넣으면 물통이 가득 찬다고 할 때, $x$, $y$ 사이의 관계식과 이 물통에 매분 5 L씩 물을 넣어 물통이 가득 찰 때까지 걸리는 시간을 순서대로 구하면?

① $y=30x$, 6분  ② $y=30x$, 5분

③ $y=30x$, 3분  ④ $y=\dfrac{30}{x}$, 6분

⑤ $y=\dfrac{30}{x}$, 5분

**대표 01**    유형 ❶ 정비례와 반비례

• 보기 •에서 $y$가 $x$에 정비례하지도 않고 반비례하지도 않는 것을 모두 고르시오.

┌─ • 보기 • ─────────────────────┐
ㄱ. 60 km의 거리를 시속 $x$ km로 달린 시간 $y$시간
ㄴ. 시계의 분침이 $x$분 동안 회전한 각도 $y°$
ㄷ. 한 번 통화하는 데 기본요금이 7원이고 1초당 통화
    요금이 2원일 때, $x$초 동안 통화한 요금 $y$원
ㄹ. 둘레의 길이가 $x$ cm인 직사각형의 넓이 $y$ cm²
ㅁ. $x$ %의 소금물 300 g에 들어 있는 소금의 양 $y$ g
ㅂ. 넓이가 30 cm²인 마름모의 한 대각선의 길이가
    $x$ cm일 때, 다른 대각선의 길이 $y$ cm
└────────────────────────────┘

**02**

$x$, $y$가 다음 조건을 만족시킨다. $x=6$일 때의 $y$의 값을 구하시오.

$(앗! 실수)$

┌────────────────────────────┐
(가) $3y$가 $x$에 정비례한다.
(나) $x=-4$일 때, $y=3$이다.
└────────────────────────────┘

**03**

$x$, $y$가 다음 조건을 만족시킨다. $x=-10$일 때의 $y$의 값을 구하시오.

┌────────────────────────────┐
(가) $xy$의 값은 일정한 음수이다.
(나) $x=2$일 때의 $y$의 값과 $x=4$일 때의 $y$의 값의 차가
    3이다.
└────────────────────────────┘

**04**

$y$가 $x$에 반비례하고 $x=5$일 때 $y=m$, $x=-3$일 때 $y=n$, $x=k$일 때 $y=\dfrac{m}{3}-\dfrac{n}{2}$이다. 이때 $7k$의 값을 구하시오.

**05**

파란색 상자에 $x$를 넣으면 $y=ax$가 나오고, 빨간색 상자에 $x$를 넣으면 $y=\dfrac{b}{x}$가 나온다.

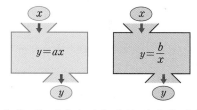

파란색 상자에 2를 넣어서 나온 수를 빨간색 상자에 넣었더니 $-12$가 나왔다. 파란색 상자에 $-3$을 넣어서 나온 수를 빨간색 상자에 넣었을 때, 나오는 수를 구하시오.

(단, $a$, $b$는 상수이다.)

**대표 06**    유형 ❷ 정비례 관계 $y=ax$ $(a≠0)$의 그래프

다음 중 정비례 관계 $y=ax$ $(a≠0)$의 그래프에 대한 설명으로 옳지 <u>않은</u> 것은?

① 원점을 지나는 직선이다.
② 점 $(0, 0)$과 점 $(1, a)$를 지난다.
③ $a$의 값이 클수록 그래프는 $y$축에 가깝다.
④ $a>0$일 때, 그래프 위의 원점이 아닌 모든 점의 $x$좌표와
    $y$좌표의 부호가 같다.
⑤ $a<0$일 때, 그래프는 제2사분면과 제4사분면을 지난다.

## 07

어떤 정비례 관계의 그래프가 원점과 점 $(-2, -5)$, 점 $(m, 3m-2)$를 지날 때, $m$의 값은?

① $-2$  ② $-1$  ③ $2$
④ $4$  ⑤ $8$

## 08

좌표평면 위의 두 점 $A(-3, 2)$, $B(-1, 6)$에 대하여 $y=ax$의 그래프가 선분 $AB$와 만날 때, 상수 $a$의 값의 범위는?

① $-\dfrac{2}{3} \le a \le 6$  ② $-\dfrac{2}{3} \le a \le \dfrac{1}{6}$

③ $-\dfrac{2}{3} \le a \le -\dfrac{1}{6}$  ④ $-6 \le a \le -\dfrac{2}{3}$

⑤ $-6 \le a \le \dfrac{2}{3}$

## 09

정비례 관계 $y=ax$의 그래프가 오른쪽 그림과 같이 두 점 $(2, 0)$, $(2, 5)$를 꼭짓점으로 하고 $x$축 위에 한 변이 있는 정사각형의 넓이를 이등분할 때, 양수 $a$의 값을 구하시오.

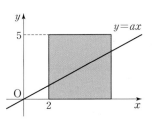

(단, 주어진 정사각형은 제2사분면을 지나지 않는다.)

## 10

다음 그림과 같이 두 점 $A$, $C$는 각각 $y=3x$, $y=\dfrac{1}{3}x$의 그래프 위에 있고, 점 $A$의 좌표는 $A(2, 6)$이다. 제1사분면 위의 사각형 $ABCD$가 정사각형일 때, 정사각형 $ABCD$의 한 변의 길이를 구하시오. (단, 정사각형 $ABCD$의 네 변은 $x$축 또는 $y$축에 평행하다.)

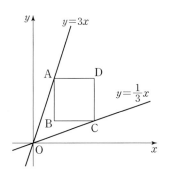

## 11

오른쪽 그림과 같이 $y$축 위에 점 $A$가 있고, $y=ax$, $y=bx$의 그래프는 제2사분면, 제4사분면을 지나는 직선이다. 두 점 $C$, $B$가 각각 $y=ax$, $y=bx$의 그래프 위에 있고, 세 점 $A$, $B$, $C$의 $y$좌표가 모두 같다. 두 선분 $AB$, $BC$의 길이의 비가 $1:3$일 때, 다음 중 $b-a$의 값과 그 값이 같은 것은? (단, $a$, $b$는 상수이다.)

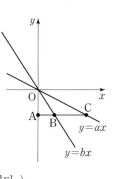

① $-3a$  ② $2a$  ③ $3a$
④ $-3b$  ⑤ $3b$

## 12

오른쪽 그림과 같이 두 점 $A$, $B$는 각각 $y=7x$, $y=\dfrac{1}{10}x$의 그래프 위에 있다. 네 직선 $AC$, $DG$, $EF$, $HB$는 $x$축에 평행하고 두 직선 $CE$, $GH$는 $y$축에 평행하다. 선분 $CE$와 $GH$, 선분 $DG$와 $HB$의 길이가 각각 같고 삼각형 $ACD$, 사각형 $DEFG$, 삼각형 $FHB$의 넓이의 비가 $1:2:1$일 때, 점 $E$의 좌표를 구하시오.

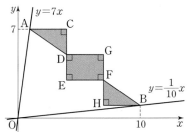

STEP 2

## 13

정비례 관계 $y=ax$의 그래프 위의 점 P와 두 점 A$(-6, 0)$, B$(0, 8)$에 대하여 두 삼각형 OPA, OPB의 넓이의 비가 $1:2$가 되도록 하는 모든 상수 $a$의 값의 곱을 구하시오. (단, O는 원점이고, 점 P는 원점이 아니다.)

**대표**
## 14
유형 ❸ 반비례 관계 $y=\dfrac{a}{x}\,(a\neq0)$의 그래프

다음 중 반비례 관계 $y=-\dfrac{6}{x}$의 그래프에 대한 설명으로 옳은 것을 모두 고르면? (정답 2개)

① 원점을 지나는 직선이다.
② 점 $(3, -2)$를 지난다.
③ 제1사분면과 제3사분면을 지난다.
④ 0이 아닌 두 수 $a$, $b$에 대하여 점 $(a, b)$가 주어진 그래프 위의 점이면 점 $(-a, -b)$도 주어진 그래프 위에 있다.
⑤ 주어진 그래프는 $y=-\dfrac{24}{x}$의 그래프보다 원점에서 멀리 떨어져 있다.

## 15

오른쪽 그림은 $y=\dfrac{a}{x}$의 그래프이다. $y$좌표가 각각 $-6$, $-3$인 그래프 위의 두 점 A, B의 $x$좌표의 차가 2일 때, $x$좌표가 $-1$인 그래프 위의 점 C의 $y$좌표는?
(단, $a$는 상수이다.)

① 5  ② 6
③ 9  ④ 12
⑤ 15

## 16

두 점 A$(a, b)$, B$(c, d)$가 다음 조건을 만족시킬 때, $ab+\dfrac{d}{c}$의 값을 구하시오.

> ㈎ 점 A는 반비례 관계 $y=-\dfrac{8}{x}$의 그래프 위의 점이다.
>
> ㈏ 점 B는 반비례 관계 $y=\dfrac{36}{x}$의 그래프 위의 점이다.
>
> ㈐ 두 수 $c$, $d$ $(c<d)$는 자연수이고, $c$는 $d$의 약수가 아니다.

## 17

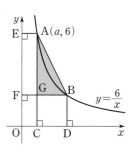

오른쪽 그림과 같이 $y=\dfrac{6}{x}$의 그래프 위의 두 점 A$(a, 6)$, B에 대하여 두 점 A, B에서 $x$축에 그은 수선이 $x$축과 만나는 점을 각각 C, D라 하고, 두 점 A, B에서 $y$축에 그은 수선이 $y$축과 만나는 점을 각각 E, F라 하자. 두 선분 AC, BF가 만나는 점을 G라 하면 사각형 AEFG의 넓이가 4일 때, 삼각형 AGB의 넓이를 구하시오.

## 18

오른쪽 그림과 같이 제1사분면 위의 세 점 A, B, C는 $y=\dfrac{9}{x}$의 그래프 위의 점이고, 점 B는 직사각형 ADEF의 대각선 DF의 길이를 이등분하는 점이다. 점 B의 $x$좌표는 3, 점 D의 $y$좌표는 1일 때, $y=\dfrac{9}{x}$의 그래프와 선분 EF가 만나는 점 C의 좌표를 구하시오. (단, 선분 AF는 $x$축과 평행하고, 점 A의 $x$좌표는 점 B의 $x$좌표보다 작으며 점 B의 $x$좌표는 점 C의 $x$좌표보다 작다.)

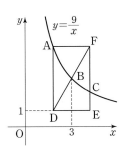

## 19

오른쪽 그림과 같이 $y=\dfrac{6}{x}$의 그래프의 제1사분면 위의 점 A에서 $x$축에 평행한 직선을 그어 $y=-\dfrac{8}{x}$의 그래프와 만나는 점을 B라 하고, 점 B에서 $y$축에 평행한 직선을 그어 $y=\dfrac{6}{x}$의 그래프와 만나는 점을 C라 할 때, 삼각형 ABC의 넓이는?

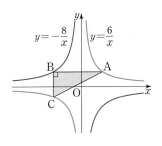

① $\dfrac{45}{4}$  ② $\dfrac{23}{2}$  ③ $\dfrac{47}{4}$

④ 12  ⑤ $\dfrac{49}{4}$

## 20

서술형

점 $\left(2a+3,\ \dfrac{1}{2}a-3\right)$이 $x$축 위에 있을 때, $y=\dfrac{a}{x}$의 그래프 위의 점 중에서 $x$좌표와 $y$좌표가 모두 정수인 점의 개수를 구하시오. (단, $a$는 상수이다.)

## 21

오른쪽 그림과 같이 점 A$(-3,\ -2)$는 $y=\dfrac{a}{x}$의 그래프 위의 점이고 점 B$(4,\ -3)$은 $y=\dfrac{b}{x}$의 그래프 위의 점일 때, 두 반비례 관계 $y=\dfrac{a}{x}$,

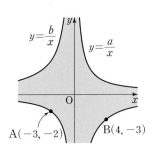

$y=\dfrac{b}{x}$의 그래프로 둘러싸인 부분에 있는 점 중에서 $x$좌표와 $y$좌표가 모두 0이 아닌 정수인 점의 개수를 구하시오. (단, $a$, $b$는 상수이고 그래프 위의 점은 포함하지 않는다.)

## 22

도전

$y=\dfrac{3}{x}$의 그래프 위의 두 점 A$\left(a,\ \dfrac{3}{a}\right)$, B$\left(b,\ \dfrac{3}{b}\right)$과 $y=\dfrac{1}{x}$의 그래프 위의 두 점 C$\left(a,\ \dfrac{1}{a}\right)$, D$\left(b,\ \dfrac{1}{b}\right)$에 대하여

(삼각형 ABC의 넓이) : (삼각형 BCD의 넓이)$=2:1$일 때, $\dfrac{b}{a}$의 값은? (단, $0<a<b$)

① $\dfrac{3}{2}$  ② 2  ③ $\dfrac{5}{2}$

④ 3  ⑤ $\dfrac{7}{2}$

**대표**
**23** 유형 ❹ $y=ax\,(a\neq0),\ y=\dfrac{b}{x}\,(b\neq0)$의 그래프의 활용

오른쪽 그림과 같이 두 점 A, C는 $y=\dfrac{a}{x}$의 그래프 위의 점이고, 두 점 B, D는 $y=3x$의 그래프 위의 점이다. 점 A와 점 D의 $x$좌표는 절댓값이 서로 같은 정수이고, 직사각형 ABCD의 넓이가 108일 때, 상수 $a$의 값을 구하시오.

(단, 직사각형의 네 변은 $x$축 또는 $y$축에 평행하다.)

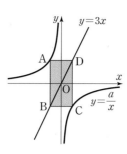

**24**

오른쪽 그림과 같이 $y=ax\,(a>0)$의 그래프와 $y=\dfrac{1}{x}$, $y=\dfrac{b}{x}$의 그래프가 각각 제1사분면 위의 두 점 $\mathrm{P}(x_1,\,y_1)$, $\mathrm{Q}(x_2,\,y_2)$에서 만난다. $x_1:x_2=1:2$일 때, 상수 $b$의 값은?

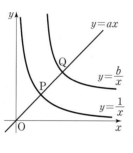

① 2 　　　　② 4 　　　　③ 6

④ 8 　　　　⑤ 10

**25**

$y=ax$의 그래프와 $y=-\dfrac{14}{x}$의 그래프가 제2사분면에서 만나는 점의 $x$좌표를 $k$라 하자. $-6\le k\le-2$일 때, 상수 $a$의 최댓값과 최솟값의 합을 구하시오.

**26**

오른쪽 그림과 같이 $x>0$에서 $y=\dfrac{a}{x}$의 그래프 위의 두 점 A, B의 $y$좌표가 각각 12, 4이다. 점 A를 지나고 $x$축에 평행한 직선과 점 B를 지나고 $y$축에 평행한 직선이 만나는 점을 C라 하자. 삼각형 ABC의 넓이가 16일 때, $y=mx$의 그래프가 선분 AB와 만나도록 하는 상수 $m$의 값의 범위는?

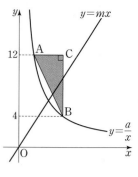

① $\dfrac{1}{12}\le m\le6$ 　　② $\dfrac{1}{6}\le m\le\dfrac{2}{3}$ 　　③ $\dfrac{1}{6}\le m\le\dfrac{3}{2}$

④ $\dfrac{2}{3}\le m\le6$ 　　⑤ $\dfrac{2}{3}\le m\le9$

**27** 　　　　　　　　　　　　　　　　서술형

오른쪽 그림과 같이 $y=3x$, $y=\dfrac{a}{x}\,(x>0)$의 그래프가 $y$좌표가 6인 한 점 P에서 만난다. 점 P에서 $x$축에 그은 수선이 $x$축과 만나는 점을 A라 할 때, 점 B는 점 A를 출발하여 $x$축의 양의 방향으로 1초에 $\dfrac{3}{4}$만큼씩 움직인다. $y=\dfrac{a}{x}$의 그래프 위의 점 Q와 점 B의 $x$좌표가 같을 때, 점 B가 점 A를 출발한 지 8초 후의 사각형 PABQ의 넓이를 구하시오.

(단, $a$는 상수이다.)

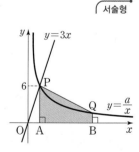

톱니 수의 비가 9 : 5인 두 개의 톱니바퀴 P, Q가 서로 맞물려 돌고 있다. 1분 동안 톱니바퀴 P의 회전 수를 $x$, 톱니바퀴 Q의 회전 수를 $y$라 하자. $x$, $y$ 사이의 관계식과 톱니바퀴 P가 30번 회전할 때의 톱니바퀴 Q의 회전 수를 순서대로 구하시오.

**29**

오른쪽 그림은 일정한 온도에서 어떤 기체에 가해지는 압력 $x$기압과 부피 $y$ mL 사이의 관계를 나타낸 그래프이다. 5기압에서 80 ℃일 때의 기체의 부피와 20 ℃일 때의 기체의 부피의 차를 구하시오. (단, 압력과 부피는 반비례한다.)

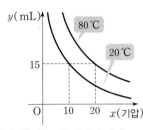

**30**

풍력 발전은 바람의 힘을 이용해서 발전기를 돌려 전기 에너지를 생성하는 발전 방법이다. 오른쪽 그림은 어느 풍력 발전소의 발전기 1대에서 생산되는 시간에 따른 전력량의 그

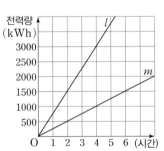

래프 $l$, 여기서 생산된 전력을 이용하여 어느 공장에서 기계를 1개 운영하는 데 필요한 시간에 따른 전력량의 그래프 $m$을 나타낸 것이다. 이 풍력 발전소에서 발전기 2대를 가동하고 공장에서 기계 2대를 운영하고 있을 때, 이 공장에서 추가로 운영할 수 있는 기계는 몇 대인지 구하시오.

**31**

사탕과 초콜릿의 개수의 비가 1 : 2로 들어 있는 상자가 있다. 이 상자에서 사탕과 초콜릿의 개수의 비가 1 : 5가 되도록 사탕과 초콜릿을 꺼냈더니 상자 안에 남아 있는 사탕과 초콜릿의 개수의 비가 2 : 3이 되었다. 처음 상자 안에 들어 있던 사탕의 개수를 $x$, 꺼낸 사탕의 개수를 $y$라 할 때, $x$와 $y$ 사이의 관계식과 꺼낸 사탕이 5개일 때, 처음 상자 안에 들어 있던 초콜릿의 개수를 순서대로 구하면?

① $y = \frac{1}{7}x$, 35  ② $y = \frac{1}{7}x$, 55

③ $y = \frac{1}{7}x$, 70  ④ $y = \frac{7}{x}$, 35

⑤ $y = \frac{7}{x}$, 70

**32** 〔도전〕

다음 그림과 같이 가로의 길이가 20, 세로의 길이가 12인 직사각형 ABCD가 있다. 점 C에서 출발하여 직사각형의 변을 따라 시계 반대 방향으로 움직이는 점 P는 매초 2의 속력으로 움직인다고 한다. 점 P가 변 BC 위에 있으면서 삼각형 ABP의 넓이가 처음으로 60이 되는 것은 점 C를 출발한 지 몇 초 후인가?

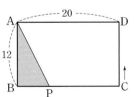

① 5초  ② 10초  ③ 23초
④ 27초  ⑤ 30초

## 01

다음은 좌표평면 위에 $y=\dfrac{a}{x}$, $y=\dfrac{b}{x}$, $y=\dfrac{c}{x}$의 그래프와 $y=px$, $y=qx$, $y=rx$, $y=sx$의 그래프를 각각 나타낸 것이다. 물음에 답하시오.

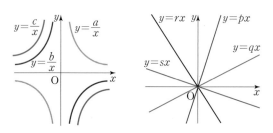

(1) 세 상수 $a$, $b$, $c$의 대소 관계를 구하시오.

(2) 네 상수 $p$, $q$, $r$, $s$의 대소 관계를 구하시오.

## 02

다음 문장의 ㉠, ㉡에 각각 해당하는 말을 넣어 문장이 옳게 되도록 하기 위해 ㉢의 ⑺, ⑷, ⒟, ⒭에 들어갈 말을 써서 표를 완성하시오.

> $y$가 $x$에 ㉠ 비례하고 $z$가 $y$에 ㉡ 비례하면 $z$는 $x$에 ㉢ 비례한다.

| ㉠ | ㉡ | ㉢ |
|---|---|---|
| 정 | 정 | ⑺ |
| 정 | 반 | ⑷ |
| 반 | 정 | ⒟ |
| 반 | 반 | ⒭ |

## 03

다음 그림과 같이 무게가 $a$ kg인 물체를 지렛대의 작용점에 올리고, $x$ kg의 힘을 힘점에 가할 때, 작용점에서 받침점까지의 거리를 $b$ m, 받침점에서 힘점까지의 거리를 $y$ m라 하면 $a : x = y : b$가 성립한다. 받침점을 작용점에서 1 m 떨어진 곳에 두고 작용점에 12 kg의 물체를 올린 다음, 받침점에서 $y$ m만큼 떨어진 곳에 $x$ kg의 힘을 주어 수평을 이루게 하였다. 물음에 답하시오.
(단, 지렛대의 두께는 생각하지 않는다.)

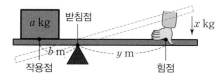

(1) 힘점에 2 kg의 힘을 가하여 지렛대가 수평을 이루게 하려면 힘점을 받침점에서 몇 m 떨어진 곳으로 정해야 하는지 구하시오.

(2) 받침점에서 힘점까지의 거리를 $\dfrac{1}{3}$로 줄이면 필요한 힘은 몇 배가 되어야 하는지 구하시오.

## 04

다음 그림과 같이 $y=ax$, $y=bx$ $(a>b)$의 그래프가 있다. 네 선분 AD, BG, EJ, HI는 모두 $x$축에 평행하고, 네 선분 AB, DE, GH, JI는 모두 $y$축에 평행하다. 또한, 세 점 B, E, H는 $y=ax$의 그래프 위에 있고, 세 점 D, G, J는 $y=bx$의 그래프 위에 있다. 두 사각형 ADCB, CGFE가 정사각형이고, 넓이의 비는 1 : 9이다. 변 AB의 길이가 2, 점 A의 $x$좌표가 1일 때, 사각형 FJIH의 넓이를 구하시오.

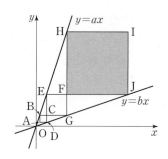

## 05

다음 그림은 $x>0$일 때의 $y=\dfrac{a}{x}$의 그래프이다. 두 점

$P(4,\ b)$, $Q(6,\ 2)$는 $y=\dfrac{a}{x}$의 그래프 위에 있고 두 점

$R(4,\ 0)$, $S(0,\ b)$는 각각 $x$축, $y$축 위에 있다. $y=kx$의
그래프가 직사각형 ORPS의 넓이를 $A:B=1:2$가 되도
록 나눌 때, $k$의 값을 구하시오.

(단, O는 원점이고, $a$, $k$는 상수이다.)

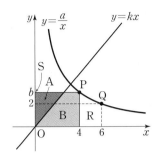

## 06

다음 그림과 같이 좌표평면 위에

$$y=ax,\ y=bx,\ y=\dfrac{8ab}{x}\ (0<b<a)$$

의 그래프가 있다. $y=\dfrac{8ab}{x}$의 그래프가 $y=ax$, $y=bx$의
그래프와 제1사분면에서 만나는 점을 각각 $P(2,\ 4)$, Q라 할
때, 삼각형 POQ의 넓이를 구하시오. (단, O는 원점이다.)

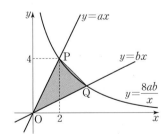

## 07

다음 그림과 같이 $y=ax$와 $y=\dfrac{b}{x}$의 그래프가 모두 점
$(3,\ 6)$을 지난다. $y=ax$의 그래프 위의 한 점 P를 지나고,
점 P에서 $x$축, $y$축에 평행한 직선을 그어 $y=\dfrac{b}{x}$의 그래프
와 만나는 점을 각각 A, B라 할 때, 선분 PA의 길이와 선
분 PB의 길이의 비를 가장 간단한 자연수의 비로 나타내시오.

(단, 점 P의 $x$좌표는 0보다 크고, 3보다 작다.)

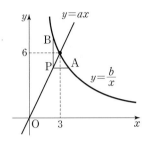

## 08

제품의 판매 금액과 판매량은 서로 반비례 관계이고, 제품
의 판매량은 판매 금액이 일정하면 판매 시간에 정비례한
다. 판매 금액이 800원일 때, 30분 동안의 판매량이 100개
인 아이스크림이 있다. 여름 맞이 행사로 이 아이스크림의
판매 금액을 20 % 할인하여 1시간 동안 판매했다고 할 때,
이때의 판매량은 할인 전 30분 동안의 판매량의 몇 배인지
구하시오.

## 01

$x$축 위에 있는 점 $\left(a+\dfrac{3}{2},\ 5-2a\right)$, $y$축 위에 있는 점 $(a+2b,\ 4b-1)$과 두 점 $(-5,\ 0)$, $(c,\ -6)$에 대하여 네 점을 꼭짓점으로 하는 사각형이 평행사변형일 때, 가능한 $a+b+c$의 값 중 가장 큰 값을 구하시오.

## 02

점 $P(2a-1,\ b)$와 $y$축에 대하여 대칭인 점이 Q이고, 점 Q와 원점에 대하여 대칭인 점이 $R(3a-2,\ 2b+1)$일 때, $a+b$의 값을 구하시오.

## 03

오른쪽 그림과 같이 원기둥 모양의 빈 물통에 쇠구슬 1개가 들어 있다. 이 통에 시간당 일정한 양의 물을 넣을 때, $x$초 후의 수면의 높이를 $y$ cm라 하자. 다음 중 두 변수 $x$, $y$ 사이의 관계를 나타낸 그래프로 알맞은 것은?

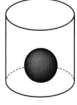

① 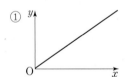    ②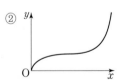

③ 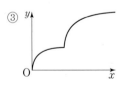    ④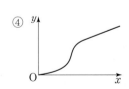

⑤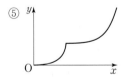

## 04

점 $(a,\ b)$는 제4사분면 위의 점이고 점 $(c,\ d)$는 제3사분면 위의 점일 때, 다음 중 항상 옳은 것은?

① $\dfrac{bc}{d}>0$    ② $ab-cd>0$

③ $a-b+c<0$    ④ $a^2-d>0$

⑤ $ac-bd>0$

## 05

부피가 140 L인 빈 물통이 있다. 이 물통에 어제는 두 호스 A, B로 동시에 물을 가득 채웠고, 오늘은 호스 A로만 물을 가득 채웠다. 다음 그림은 어제와 오늘 각각 물통에 물을 채우는 시간 $x$분과 받은 물의 양 $y$ L 사이의 관계를 나타낸 그래프이다. 내일은 호스 B로만 물을 채우려고 할 때, 내일 이 물통을 가득 채우는 데 몇 분이 걸리는지 구하시오.
(단, A, B 두 호스로 시간당 일정한 양의 물을 채운다.)

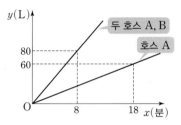

## 06

다음 그림과 같이 좌표평면 위의 네 점 O$(0,\ 0)$, A$(6,\ 0)$, B$(6,\ 2)$, C$(3,\ 2)$에 대하여 $y=ax\ (a\ne0)$의 그래프가 사다리꼴 OABC의 넓이를 이등분할 때, 상수 $a$의 값을 구하시오.

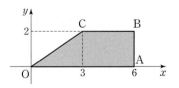

## 07

반비례 관계 $y = \dfrac{a}{x}$ $(a \neq 0)$의 그래프가 다음 조건을 만족시킬 때, 정수 $a$가 될 수 있는 값의 합을 구하시오.

> ㈎ $x < 0$일 때, 그래프는 제3사분면을 지난다.
>
> ㈏ 반비례 관계 $y = -\dfrac{5}{x}$의 그래프보다 원점에 가깝다.
>
> ㈐ $a$의 약수의 개수는 2이다.

## 08

오른쪽 그림과 같이 $y = ax$ $(x > 0)$의 그래프와 $y = \dfrac{b}{x}$ $(x > 0)$의 그래프가 점 B에서 만날 때, 점 B에서 $x$축, $y$축에 그은 수선이 $x$축, $y$축과 만나는 점을 각각 A, C라 하자. 직사각형 ABCO의 둘레의 길이가 13이고 가로의 길이와 세로의 길이의 비가 5 : 8일 때, 두 양수 $a$, $b$에 대하여 $ab$의 값을 구하시오.
(단, O는 원점이다.)

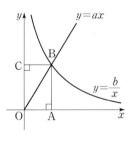

## 09

넓이가 8 m²인 직사각형 모양의 그늘막 설치 비용은 5600원이고, 그늘막 설치 비용은 그늘막의 넓이에 정비례한다. 12600원의 비용으로 설치할 수 있는 직사각형 모양의 그늘막의 넓이는 $A$ m²이고, 이때의 그늘막은 가로의 길이와 세로의 길이가 각각 $x$ m, $y$ m이다. $A$의 값과 $x$, $y$ 사이의 관계식을 순서대로 구하시오.

## 10

좌표평면 위의 네 점 A(0, $-2$), B(0, $-4$), C(3, 0), D(6, 0)에 대하여 점 P($a$, $b$)가 다음 조건을 만족시킨다.

> ㈎ $-100 \leq a \leq 100$, $-100 \leq b \leq 100$ (단, $a \neq 0$, $b \neq 0$)
>
> ㈏ 삼각형 PAB의 넓이와 삼각형 PCD의 넓이의 비는 1 : 2이다.

두 정수 $a$, $b$의 순서쌍 $(a, b)$의 개수를 구하시오.

## 11

$y = \dfrac{1}{5}x$, $y = 5x$의 그래프와 $y = \dfrac{20}{x}$ $(x > 0)$의 그래프로 둘러싸인 도형의 경계 위에 있는 점 중 $x$좌표와 $y$좌표가 모두 정수인 점의 개수를 구하시오.
(단, 직선과 곡선이 만나는 점의 $x$좌표는 정수이다.)

## 12

다음 그림과 같이 $y = \dfrac{12}{x}$의 그래프 위의 두 점 A, B에서 $x$축에 그은 수선이 $x$축과 만나는 점은 각각 C(3, 0), D($-3$, 0)이다. $y = ax$의 그래프와 선분 AC가 만나는 점을 E라 하면 삼각형 OAE와 사각형 OBCE의 넓이의 비가 3 : 5이다. $y = ax$의 그래프와 $y = \dfrac{12}{x}$의 그래프가 제1사분면에서 만나는 점을 F라 할 때, 물음에 답하시오. (단, O는 원점이고, 점 A는 제1사분면, 점 B는 제3사분면 위에 있다.)

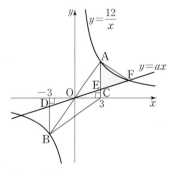

⑴ 상수 $a$의 값을 구하시오.

⑵ 점 F의 $x$좌표가 정수일 때, 삼각형 AEF의 넓이를 구하시오.

We look so long at the closed door that
we do not see the one which has
opened for us.

우리는 그 닫힌 문만 오래 바라보느라
우리에게 열린 다른 문은 못 보곤 한다.

헬렌 켈러

OX로 개념을 적용하는
고등 국어 문제 기본서

# 더 THE 개념
# 블랙라벨

국어

국어 문학          국어 독서          국어 문법

개념은 빠짐없이! 설명은 분명하게!
연습은 충분하게! 내신과 수능까지!

## B L A C K L A B E L

| 짧은 호흡, 다양한<br>도식과 예문으로 | 꼼꼼한 OX 문제,<br>충분한 드릴형 문제로 | 내신형 문제부터<br>수능 고난도까지 |
|---|---|---|
| **직관적인<br>개념 학습** | **국어 개념<br>완벽 훈련** | **내신 만점<br>수능 만점** |

체계적 개념 학습을 위한
플러스 기본서

2022 개정교과

THE 개념
블랙라벨

공통수학1          공통수학2

더 체계적인!  더 확장된!
더 새로워진!  더 친절한!

BLACKLABEL

| 기본개념과 함께 | 실제 시험에서 | 스스로 학습을 |
| 통합-심화까지 | 자신감이 생기도록 | 가능하게 해주는 |
| 확장된 | 최신 | 자세한 |
| 개념 | 기출 문제 | 풀이 |

# blacklabel

블랙라벨은 최고의 제품에만 허락되는 이름입니다

2022 개정교과 중학수학 1-1

입시정보가

# 다양하다

JINHAK

## 풍부한 진학사 대입정보

베테랑 입시전문가들의 입시 정밀 분석

쉽고 재미있는 다양한 입시 컨텐츠

21년 동안 쌓아온 실전 합격 노하우

JINHAK.COM

# 정답과 해설

A등급을 위한 명품 수학    블랙라벨

#  I 소인수분해

## 01. 소인수분해
pp.009~017

| STEP 1 시험에 꼭 나오는 문제 | | | STEP 2 A등급을 위한 문제 | | | | | | | | STEP 3 종합 사고력 도전 문제 | | |
| --- | --- | --- | --- | --- | --- | --- | --- | --- | --- | --- | --- | --- | --- |
| 01 70 | 02 3 | 03 ② | 01 6 | 02 1 | 03 20 | 04 ⑤ | 05 ① | 06 ④ | 07 127 | 08 ② | 01 ⑤ | 02 49 | 03 21 |
| 04 ㄱ, ㄹ | 05 ⑤ | 06 ③ | 09 ⑤ | 10 11 | 11 ④ | 12 ⑤ | 13 ① | 14 ④ | 15 ③ | 16 ③ | 04 257 | 05 675 | 06 26 |
| 07 36 | 08 ④ | 09 ⑤ | 17 3 | 18 ② | 19 ④ | 20 ⑤ | 21 4 | 22 1354 | 23 ② | 24 ④ | 07 8 | 08 15, 60 | |
| 10 ④ | 11 ⑤ | 12 ② | 25 ④ | 26 53 | 27 ② | 28 260 | | | | | | | |

## 02. 최대공약수와 최소공배수
pp.019~029

| STEP 1 시험에 꼭 나오는 문제 | | | STEP 2 A등급을 위한 문제 | | | | | | | | STEP 3 종합 사고력 도전 문제 | | |
| --- | --- | --- | --- | --- | --- | --- | --- | --- | --- | --- | --- | --- | --- |
| 01 ② | 02 27 | 03 ④ | 01 9 | 02 35 | 03 ⑤ | 04 ② | 05 ④ | 06 70 | 07 ③ | 08 21 | 01 180 | 02 (1) 16그루 (2) 16그루 | |
| 04 ① | 05 ② | 06 216 | 09 78 | 10 6개 | 11 5 | 12 ③ | 13 ② | 14 ④ | 15 300 | 16 65 | 03 50회 | 04 430 | 05 756 |
| 07 ⑤ | 08 4 | 09 18 | 17 49 | 18 ② | 19 ① | 20 57 | 21 20 | 22 4 | 23 139 | 24 ② | 06 114분 | 07 32 | 08 32 |
| 10 20 | 11 ② | 12 ③ | 25 ③ | 26 16개 | 27 ⑤ | 28 ④ | 29 48 | 30 301개 | 31 162초 | 32 42회 | | | |
| 13 ④ | 14 ③ | 15 2바퀴 | 33 ② | 34 ④ | 35 ③ | 36 24000원 | | | | | | | |
| 16 ③ | 17 28 | 18 ⑤ | | | | | | | | | | | |

| 대단원 평가 | | |
| --- | --- | --- |
| 01 ⑤  02 190  03 105  04 ⑤  05 ①  06 6  07 ③  08 6400원 09 ⑤  10 220  11 오전 8시 12분  12 (1) 1, 4, 9  (2) 10명 | | |

# II 정수와 유리수

## 03. 정수와 유리수
pp.035~043

| STEP 1 시험에 꼭 나오는 문제 | | | STEP 2 A등급을 위한 문제 | | | | | | STEP 3 종합 사고력 도전 문제 | |
| --- | --- | --- | --- | --- | --- | --- | --- | --- | --- | --- |
| 01 ③ | 02 4 | 03 3 | 01 ㄱ, ㄷ, ㄹ | 02 6 | 03 ③ | 04 ③ | 05 11 | 06 ④ 07 ② | 01 0 | 02 25 |
| 04 ⑤ | 05 ② | 06 ⑤ | 08 (수직선 그림) 0, 1 | | | 09 r | 10 ⑤ | 11 90 | 03 (1) −14 (2) −20 | 04 11 |
| 07 2 | 08 ①, ④ | 09 ① | 12 7 | 13 22 | 14 ② | 15 ① | 16 80 | 17 12  18 $-\dfrac{13}{5}$  19 ⑤ | 05 8  06 −97 | 07 15번째 |
| 10 ③ | 11 ③ | 12 ③ | 20 ④ | 21 ② | 22 b, d, a, c | 23 ⑤ | 24 ④ | 25 ⑤  26 55 | 08 종국 : 1, 현서 : $-\dfrac{11}{5}$ | |
| | | | 27 45 | 28 ⑤ | 29 23 | | | | | |

## 04. 정수와 유리수의 계산
pp.045~055

| STEP 1 시험에 꼭 나오는 문제 | | | STEP 2 A등급을 위한 문제 | | | | | | | STEP 3 종합 사고력 도전 문제 | |
| --- | --- | --- | --- | --- | --- | --- | --- | --- | --- | --- | --- |
| 01 ③ | 02 ③ | 03 $\dfrac{1}{4}$ | 01 5 | 02 ④ | 03 ⑤ | 04 a=−2, b=−1 | 05 ① | 06 15.7 m 07 ② | | 01 $\dfrac{24}{25}$ | 02 C, B, A |
| 04 −2 | 05 ① | 06 ④ | 08 $-\dfrac{3}{2}$ | 09 ⑤ | 10 −3 | 11 42 | 12 3, $\dfrac{21}{80}$ | 13 ③ | 14 2025 15 47 | 03 $\dfrac{23}{4}$ | 04 ④  05 4 |
| 07 ③ | 08 ③ | 09 ② | 16 $-\dfrac{3}{2}$ | 17 ② | 18 −1 | 19 ④ | 20 ④ | 21 ② | 22 ③  23 5 | 06 ④ | 07 ㄷ  08 2 |
| 10 ④ | 11 ① | 12 52 | 24 ① | 25 14 | 26 600 | 27 −2 | 28 ③ | 29 ⑤ | 30 11  31 $-\dfrac{5}{9}$ | | |
| 13 $\dfrac{6}{5}$ | 14 ④ | 15 ④ | 32 $\dfrac{81}{2}$ | 33 ③ | 34 ③ | 35 (−4, −2), (−4, −1), (−3, −1), (−2, −1) | | | | | |
| 16 ⑤ | 17 ⑤ | 18 ① | 36 $b^2, -\dfrac{1}{c}, \dfrac{1}{a}, \dfrac{1}{b}, -a$ | | | | | | | | |

| 대단원 평가 | | |
| --- | --- | --- |
| 01 2  02 6  03 ②  04 ⑤  05 69  06 $\dfrac{9}{10}$  07 ④  08 $-\dfrac{2}{3}$  09 ②  10 −25  11 10  12 (1) −15, −12, 11, 18  (2) 3 | | |

## 05. 문자의 사용과 식
pp.061~070

| STEP 1  시험에 꼭 나오는 문제 |
| --- |

01 ⑤  02 ④  03 ②
04 ③  05 ②  06 ②
07 ③  08 ①  09 ⑤
10 $7x+24$  11 $13x-17$
12 132

| STEP 2  A등급을 위한 문제 |
| --- |

01 ③  02 ④  03 ④  04 ③  05 ⑤  06 ④  07 ③  08 ①
09 ④  10 76.6  11 $\dfrac{10000a}{b^2}$, 정상  12 (1) $3n+1$  (2) 151  13 ④  14 ⑤
15 ③  16 총경비 : $(x+50y+62500)$원, 1인당 낼 금액 : $\left(\dfrac{x}{25}+2y+2500\right)$원
17 15  18 $4x+24$  19 ②  20 ④  21 $\dfrac{1}{2}$  22 $-5x-2$  23 ②
24 ②  25 $6x-6y-8$  26 ④  27 ②  28 $(18x-11)$km
29 $2x+12$  30 ⑤  31 ④  32 $\dfrac{65}{2}x+23$  33 $88x+52$
34 $(91x+9)\,\text{cm}^2$  35 ③  36 $16x+48$

| STEP 3  종합 사고력 도전 문제 |
| --- |

01 $-\dfrac{5}{12}$  02 $-6$  03 $\dfrac{9}{8}x$
04 분속 $5x$ m
05 $\left(\dfrac{7}{10}a+\dfrac{3}{10}b\right)$%  06 $10n+11$
07 $6(n-m)$
08 (1) 180 (2) $298x+251$

## 06. 일차방정식의 풀이
pp.072~080

| STEP 1  시험에 꼭 나오는 문제 |
| --- |

01 ②, ④  02 ④  03 ③
04 ①  05 ⑤  06 ④
07 ②, ④  08 ③  09 $x=1$
10 ①  11 ①  12 ③
13 ②  14 $a=7,\ b\neq4$

| STEP 2  A등급을 위한 문제 |
| --- |

01 8  02 $-11b+c$  03 ①  04 ②, ④  05 0  06 $x=\dfrac{35}{11}$
07 $a=5,\ b\neq-1$  08 6개  09 12  10 ①  11 2  12 $x=-\dfrac{1}{2}$
13 2  14 80  15 $x=20$  16 $x=\dfrac{1}{3}$  17 ④  18 ③  19 ②  20 ②
21 5  22 15  23 ①  24 $\dfrac{5}{3}$  25 $\dfrac{19}{5}$  26 ①  27 ⑤  28 ②
29 ④  30 ②

| STEP 3  종합 사고력 도전 문제 |
| --- |

01 $x=-\dfrac{18}{11}$  02 $x=10$
03 $-2$  04 4
05 (1) $m=-\dfrac{1}{3},\ n=9$
(2) $m\neq-\dfrac{1}{3},\ n=9$
06 $a=-1,\ b=-7,\ n=0$
07 $x=3$ 또는 $x=-\dfrac{1}{3}$
08 $x=a+b+c$

## 07. 일차방정식의 활용
pp.082~089

| STEP 1  시험에 꼭 나오는 문제 |
| --- |

01 ③  02 ⑤  03 ①
04 ⑤  05 ⑤  06 3일
07 14

| STEP 2  A등급을 위한 문제 |
| --- |

01 ①  02 ③  03 44세  04 ②  05 5일  06 ④  07 ②  08 ③
09 ③  10 600개  11 7000장  12 480  13 ⑤  14 ④  15 ④  16 ②
17 ①  18 오전 10시 15분  19 시속 22.8 km  20 ④  21 ②  22 ⑤
23 26  24 $\dfrac{20}{9}$시간  25 630개  26 2시간 30분  27 ④  28 30개
29 28  30 ④

| STEP 3  종합 사고력 도전 문제 |
| --- |

01 19명  02 34점  03 3시간
04 75분  05 412  06 $35°$
07 (1) 60초  (2) 꼭짓점 D
08 초속 25 m

| 대단원 평가 | | | | | | | | | | | |
| --- | --- | --- | --- | --- | --- | --- | --- | --- | --- | --- | --- |
| 01 $4a$ | 02 $-9$ | 03 $\dfrac{7}{3}$ | 04 36 | 05 5 | 06 ② | 07 ⑤ | 08 ⑤ | 09 30 g | 10 250 | 11 24 | 12 (1) $\dfrac{1}{8}$ (2) $(x-2)$일 (3) 5일 |

# Ⅳ 좌표평면과 그래프

## 08. 좌표평면과 그래프

pp.095~102

**STEP 1** 시험에 꼭 나오는 문제

01 ④　02 ⑤　03 18
04 ③　05 10개　06 ④
07 5　08 2　09 $\frac{65}{2}$
10 ④　11 ④

**STEP 2** A등급을 위한 문제

01 ③　02 ①, ②　03 ④　04 제1사분면　05 2　06 -3　07 ④
08 (-6, 6)　09 (1) (3, -2)　(2) (-3, 2)　10 ②　11 ①, ③
12 35　13 10　14 2　15 6　16 ④　17 ⑤　18 500원　19 64
20 ③　21 ③

**STEP 3** 종합 사고력 도전 문제

01 11
02 (1) P(2, 2), Q(2, -2)
　(2) 12초　(3) 36초
03 -1　04 20
05 $\frac{3}{2}a+2b+\frac{7}{2}$　06 12
07 20분
08 (가) : 30 cm², (나) : 50 cm²,
　(다) : 70 cm²

## 09. 정비례와 반비례

pp.104~113

**STEP 1** 시험에 꼭 나오는 문제

01 ⑤　　02 $y=3x$ 또는 $y=-3x$
03 $-\frac{81}{4}$　04 12
05 $a=-\frac{1}{2}$, $b=3$　06 ④
07 ⑤
08 (1, 16), (2, 8), (4, 4),
　(8, 2), (16, 1)
09 80　10 ②
11 $y=400x$, 36000원　12 ④

**STEP 2** A등급을 위한 문제

01 ㄷ, ㄹ　02 $-\frac{9}{2}$　03 $\frac{6}{5}$　04 30　05 8　06 ③　07 ④　08 ④
09 $\frac{5}{9}$　10 4　11 ③　12 E(4, 3) 13 $-\frac{4}{9}$　14 ②, ④　15 ④　16 $-\frac{23}{4}$
17 4　18 C$\left(\frac{21}{5}, \frac{15}{7}\right)$　19 ⑤　20 8　21 78　22 ②　23 -27
24 ②　25 $-\frac{35}{9}$　26 ④　27 $\frac{45}{2}$　28 $y=\frac{9}{5}x$, 54　29 30 mL　30 4대
31 ③　32 ④

**STEP 3** 종합 사고력 도전 문제

01 (1) $c<b<a$ (2) $r<s<q<p$
02 (가) 정, (나) 반, (다) 반, (라) 정
03 (1) 6 m　(2) 3배　04 324
05 $\frac{9}{8}$　06 6　07 1 : 2
08 $\frac{5}{2}$배

**대단원 평가**
01 $\frac{41}{4}$　02 $\frac{2}{3}$　03 ④　04 ④　05 21분　06 $\frac{1}{4}$　07 5　08 16　09 $A=18$, $y=\frac{18}{x}$　10 100　11 7　12 (1) $\frac{1}{3}$　(2) $\frac{9}{2}$

# I 소인수분해

## 01. 소인수분해

STEP 1 시험에 꼭 나오는 문제 pp.009~010

| | | | | |
|---|---|---|---|---|
| 01 70 | 02 3 | 03 ② | 04 ㄱ, ㄹ | 05 ⑤ |
| 06 ③ | 07 36 | 08 ④ | 09 ⑤ | 10 ④ |
| 11 ⑤ | 12 ② | | | |

### 01

몫을 □라 하면

$48=x\times□+8$에서 $40=x\times□$

이때 $x$는 40의 약수 중에서 나머지 8보다 큰 수이므로

$x=10, 20, 40$

따라서 구하는 합은

$10+20+40=70$

답 70

### 02

세 수 $n$, $4\times n+1$, $7\times n+2$에서 2, 3, …을 $n$에 차례대로 넣어 보면 다음과 같다.

$n=2$일 때, 세 수는 각각 2, 9, 16이므로 $n$을 제외한 나머지 두 수는 소수가 아니다.

$n=3$일 때, 세 수는 각각 3, 13, 23이므로 세 수는 모두 소수이다.

따라서 구하는 가장 작은 자연수 $n$의 값은 3이다.

답 3

### 03

ㄱ. 2는 소수이지만 짝수이다.

ㄴ. 한 자리 자연수 중에서 소수는 2, 3, 5, 7의 4개이다.

ㄷ. $4=2^2$은 합성수이지만 약수가 1, 2, 4의 3개이므로 약수의 개수가 홀수이다.

따라서 옳은 것은 ㄴ뿐이다.

답 ②

### 04

ㄱ. $32=2\times2\times2\times2\times2=2^5$

ㄴ. $2+2+2+2=2\times4=2\times2^2=2^3$

ㄷ. $\dfrac{3}{2}\times\dfrac{3}{2}\times\dfrac{3}{2}\times\dfrac{3}{2}=\dfrac{3^4}{2^4}$

ㄹ. $2\times2\times2+3\times3\times5=2^3+3^2\times5$

따라서 옳은 것은 ㄱ, ㄹ이다.

답 ㄱ, ㄹ

### 05

3, $3^2=9$, $3^3=27$, $3^4=81$, $3^5=243$, …이므로 3의 거듭제곱의 일의 자리의 숫자는 3, 9, 7, 1이 이 순서대로 반복된다.

이때 $50=4\times12+2$이므로 $3^{50}$의 일의 자리의 숫자는 $3^2$의 일의 자리의 숫자와 같다.

따라서 구하는 일의 자리의 숫자는 9이다.

답 ⑤

**BLACKLABEL 특강** 참고

자연수 $a$에 대하여 $a$의 거듭제곱 $a$, $a^2$, $a^3$, …의 일의 자리의 숫자를 구할 때는 거듭제곱의 값을 모두 구하지 않고 다음과 같이 일의 자리의 숫자만 계산하여 구해도 된다.

3의 일의 자리의 숫자 ⇨ ③

$3^2$의 일의 자리의 숫자 ⇨ ③×3=⑨에서 ⑨

$3^3$의 일의 자리의 숫자 ⇨ ⑨×3=2⑦에서 ⑦

$3^4$의 일의 자리의 숫자 ⇨ ⑦×3=2①에서 ①

⋮

### 06

20 이상 30 이하인 자연수 중에서 소수는 23, 29의 2개이다.

∴ $a=2$

① $30=2\times3\times5$이므로 30의 소인수는 2, 3, 5의 3개이다.

② $60=2^2\times3\times5$이므로 60의 소인수는 2, 3, 5의 3개이다.

③ $72=2^3\times3^2$이므로 72의 소인수는 2, 3의 2개이다.

④ $84=2^2\times3\times7$이므로 84의 소인수는 2, 3, 7의 3개이다.

⑤ $121=11^2$이므로 121의 소인수는 11의 1개이다.

따라서 소인수가 $a$개, 즉 2개인 것은 ③ 72이다.

답 ③

### 07

조건 ㈎에서 35보다 크고 40보다 작은 자연수이므로 구하는 자연수는 36, 37, 38, 39 중 하나이다.

이 수를 각각 소인수분해하면

$36=2^2\times3^2$, 37, $38=2\times19$, $39=3\times13$

이므로 각 수의 소인수의 합은 순서대로

$2+3=5$, 37, $2+19=21$, $3+13=16$

조건 ㈏에서 합이 5인 2개의 소인수를 가져야 하므로 구하는 자연수는 36이다.

답 36

## 08

$360 \times a = b^2$은 제곱수이므로 $360 \times a$를 소인수분해하였을 때, 소인수의 지수는 모두 짝수이어야 한다.

이때 $360 = 2^3 \times 3^2 \times 5$이므로 $a = 2 \times 5 \times (\text{자연수})^2$ 꼴이어야 한다.

따라서 가장 작은 자연수 $a$의 값은

$a = 2 \times 5 \times 1^2 = 10$

$a$의 값이 가장 작을 때, $b$의 값도 가장 작으므로 가장 작은 자연수 $b$의 값은

$$b^2 = (2^3 \times 3^2 \times 5) \times (2 \times 5)$$
$$= (2^2 \times 3 \times 5) \times (2^2 \times 3 \times 5)$$
$$= (2^2 \times 3 \times 5)^2 = 60^2$$

에서 $b = 60$

$\therefore a + b = 10 + 60 = 70$

답 ④

## 09

주어진 수를 1, 2, 3, $\cdots$, 10의 몇 개의 수의 곱으로 나타내면 다음과 같다.

① $16 = 2 \times 8$

② $35 = 5 \times 7$

③ $42 = 6 \times 7$

④ $140 = 2 \times 7 \times 10$

⑤ $243 = 3^5$

이때 1, 2, 3, $\cdots$, 10 중 3을 소인수로 갖는 수는 3, 6($=2\times3$), 9($=3^2$)뿐이므로 $3^5$은 주어진 수의 약수가 될 수 없다.

따라서 주어진 수의 약수가 아닌 것은 ⑤ 243이다.

답 ⑤

• 다른 풀이 •

$1 \times 2 \times 3 \times 4 \times 5 \times 6 \times 7 \times 8 \times 9 \times 10$

$= 1 \times 2 \times 3 \times 2^2 \times 5 \times (2 \times 3) \times 7 \times 2^3 \times 3^2 \times (2 \times 5)$

$= 2^8 \times 3^4 \times 5^2 \times 7$

① $16 = 2^4$         ② $35 = 5 \times 7$

③ $42 = 2 \times 3 \times 7$   ④ $140 = 2^2 \times 5 \times 7$

⑤ $243 = 3^5$

따라서 주어진 수의 약수가 아닌 것은 ⑤ 243이다.

## 10

$180 = 2^2 \times 3^2 \times 5$

$2^2 \times 3^2 \times 5$의 약수를 가장 작은 것부터 순서대로 나열하면

1, 2, 3, $\cdots$

이므로 약수 중에서 세 번째로 작은 수는 3이다.

또한, $2^2 \times 3^2 \times 5$의 약수를 가장 큰 것부터 순서대로 나열하면

$2^2 \times 3^2 \times 5$, $2 \times 3^2 \times 5$, $2^2 \times 3 \times 5$, $3^2 \times 5$, $\cdots$

이므로 약수 중에서 네 번째로 큰 수는 $3^2 \times 5 = 45$이다.

따라서 구하는 두 수의 합은

$3 + 45 = 48$

답 ④

## 11

$\dfrac{2000}{N}$을 자연수로 만드는 자연수 $N$은 2000의 약수이다.

이때 $2000 = 2^4 \times 5^3$이므로 자연수 $N$의 개수는

$(4+1) \times (3+1) = 20$

답 ⑤

## 12

$10 = 9 + 1$ 또는 $10 = (4+1) \times (1+1)$이므로 $a$의 소인수에 따라 다음과 같이 경우를 나누어 생각할 수 있다.

(i) $a$의 소인수가 2뿐일 때,

$a = 2^k$ ($k$는 자연수) 꼴이므로

$2^4 \times a = 2^4 \times 2^k = 2^{4+k}$

이 수의 약수의 개수가 10이려면

$(4+k)+1 = 10$    $\therefore k = 5$

이때 $a = 2^5 = 32$이므로 10 이하의 자연수가 아니다.

(ii) $a$의 소인수가 2가 아닌 소수 하나뿐일 때,

$a = p^k$ ($p$는 2가 아닌 소수, $k$는 자연수) 꼴이므로

$2^4 \times a = 2^4 \times p^k$

이 수의 약수의 개수가 10이려면

$(4+1) \times (k+1) = 10$    $\therefore k = 1$

이때 $a = p$이므로 $a$는 10 이하의 소수 중 2가 아닌 소수 3, 5, 7이다.

(i), (ii)에서 구하는 자연수 $a$는 3, 5, 7의 3개이다.

답 ②

---

**BLACKLABEL 특강**    풀이 첨삭

$2^4$은 2가 4번 곱해진 수이고, $2^k$은 2가 $k$번 곱해진 수이므로 $2^4 \times 2^k$은 2가 $(4+k)$번 곱해진 수이다. 따라서 $2^4 \times 2^k = 2^{4+k}$이다.

| STEP | **2** | A등급을 위한 문제 | pp.011~015 |

| 01 6 | 02 1 | 03 20 | 04 ⑤ | 05 ① |
|------|------|-------|------|------|
| 06 ④ | 07 127 | 08 ② | 09 ⑤ | 10 11 |
| 11 ④ | 12 ⑤ | 13 ① | 14 ④ | 15 ③ |
| 16 ③ | 17 3 | 18 ② | 19 ④ | 20 ⑤ |
| 21 4 | 22 1354 | 23 ② | 24 ④ | 25 ④ |
| 26 53 | 27 ② | 28 260 | | |

## 01

백의 자리의 숫자가 1, 일의 자리의 숫자가 7인 세 자리 자연수의 십의 자리의 숫자를 □라 하고 이 자연수를 1□7과 같이 나타내자.

1□7과 241의 합을 $A$라 하면 $A$가 12의 배수이므로 $A$는 3의 배수인 동시에 4의 배수이다.

이때 $A$의 일의 자리의 숫자는 8이므로 $A$가 4의 배수이려면 $A$의 끝의 두 자리의 수는 08, 28, 48, 68, 88 중에서 하나가 되어야 한다.

$\therefore$ □=0, 2, 4, 6, 8

(i) □=0일 때, $A=107+241=348$

　$A$의 각 자리의 숫자의 합은 $3+4+8=15$이므로 $A$는 3의 배수이다.

(ii) □=2일 때, $A=127+241=368$

　$A$의 각 자리의 숫자의 합은 $3+6+8=17$이므로 $A$는 3의 배수가 아니다.

(iii) □=4일 때, $A=147+241=388$

　$A$의 각 자리의 숫자의 합은 $3+8+8=19$이므로 $A$는 3의 배수가 아니다.

(iv) □=6일 때, $A=167+241=408$

　$A$의 각 자리의 숫자의 합은 $4+0+8=12$이므로 $A$는 3의 배수이다.

(v) □=8일 때, $A=187+241=428$

　$A$의 각 자리의 숫자의 합은 $4+2+8=14$이므로 $A$는 3의 배수가 아니다.

(i)~(v)에서 $A$가 3의 배수인 동시에 4의 배수인 경우는 □가 0일 때와 6일 때이므로 구하는 합은

$0+6=6$　　　　　　　　　　　　　　　　　　답 6

### BLACKLABEL 특강　　참고

**배수판별법**

(1) 6의 배수 : 2의 배수이면서 3의 배수인 수

(2) 8의 배수 : 끝의 세 자리의 수가 000 또는 8의 배수인 수

(3) 12의 배수 : 3의 배수이면서 4의 배수인 수

(4) 25의 배수 : 끝의 두 자리의 수가 00 또는 25의 배수인 수

## 02

$P$를 $Q$로 나누면 몫이 30이고 나머지가 13이므로

$P=Q\times30+13$

　$=6\times Q\times5+6\times2+1$

이때 $6\times Q\times5$, $6\times2$는 6의 배수이다.

따라서 $P$를 6으로 나눈 나머지는 1이다.　　　　　답 1

## 03

$221=13\times17$이므로 221의 약수는 1, 13, 17, 221이다.

$n-3=1$일 때, $n=4$

$n-3=13$일 때, $n=16$

$n-3=17$일 때, $n=20$

$n-3=221$일 때, $n=224$

이때 두 자리 자연수 $n$은 16, 20이므로

$221=16\times13+13$

　$=20\times11+1$

즉, 221을 16으로 나누면 나머지는 13이고,

221을 20으로 나누면 나머지는 1이다.

따라서 구하는 두 자리 자연수 $n$은 20이다.　　　답 20

## 04

(i) 가장 작은 4의 배수 $a$

　네 자리 자연수가 4의 배수가 되려면 끝의 두 자리의 수가 00 또는 4의 배수이어야 하므로 끝의 두 자리에 올 수 있는 수는 12, 20, 32이다.

　□□12인 경우 : 3012

　□□20인 경우 : 1320 또는 3120

　□□32인 경우 : 1032

　이 중에서 가장 작은 수가 $a$이므로

　$a=1032$

(ii) 가장 큰 3의 배수 $b$

　네 자리 자연수가 3의 배수가 되려면 각 자리의 숫자의 합이 3의 배수이어야 한다.

　이때 네 자리의 숫자의 합 $0+1+2+3=6$은 3의 배수이므로 0, 1, 2, 3을 이용하여 만든 네 자리 자연수는 모두 3의 배수이다.

　이 중에서 가장 큰 수가 $b$이므로

　$b=3210$

(i), (ii)에서 $a=1032$, $b=3210$이므로

$a+b=1032+3210=4242$

① $a=1032$는 2의 배수이지만 각 자리의 숫자의 합이 6으로 9의 배수가 아니므로 1032는 9의 배수는 아니다.

② $b=3210$은 일의 자리의 숫자가 0이므로 2의 배수이면서 5의 배수이다.

③ $a+b=4242$의 끝의 두 자리의 수 42는 4의 배수가 아니므로 4242는 4의 배수가 아니다. 또한, 각 자리의 숫자의 합 $4+2+4+2=12$는 9의 배수가 아니므로 4242는 9의 배수도 아니다.

④ $a+b=4242$는 일의 자리의 숫자가 2이므로 2의 배수이고 각 자리의 숫자의 합이 3의 배수이므로 3의 배수이다. 즉, 6의 배수이다. 그러나 4242는 9의 배수는 아니다.

⑤ $a+b=4242$는 2의 배수인 동시에 3의 배수이지만 일의 자리의 숫자가 0 또는 5가 아니므로 5의 배수는 아니다.

따라서 옳은 것은 ⑤이다.　　　　　　　　　　　　　　답 ⑤

## 05

ㄱ. $1\times3=3$은 소수이므로 두 홀수의 곱이 항상 합성수인 것은 아니다.

ㄴ. 1의 약수의 개수는 1이므로 약수가 2개 미만인 자연수가 존재한다.

ㄷ. $3\times5=15$는 합성수이지만 홀수이다.

ㄹ. 자연수는 1, 소수, 합성수로 이루어져 있으며, 합성수는 1보다 큰 자연수 중에서 소수가 아닌 수이므로 소수이면서 합성수인 자연수는 없다.

ㅁ. 모든 합성수는 소수의 곱으로 나타낼 수 있다.

따라서 옳은 것은 ㅁ의 1개이다.　　　　　　　　　　답 ①

## 06

$a$는 5보다 크고 35보다 작은 소수이므로

7, 11, 13, 17, 19, 23, 29, 31

중에서 하나이다.

$a=b+4$에서 $b$는 $a$보다 4만큼 작은 수이므로 $a$의 각 값에 대하여 $b$의 값은 순서대로

3, 7, 9, 13, 15, 19, 25, 27

이때 $b$도 소수이므로 $b$의 값이 될 수 있는 수는 3, 7, 13, 19이다.

따라서 구하는 합은

$3+7+13+19=42$　　　　　　　　　　　　　　답 ④

## 07

$\dfrac{165}{n-4}$가 자연수가 되려면 $n-4$는 165의 약수이어야 한다.

$165=3\times5\times11$이므로 165의 약수는

1, 3, 5, 11, 15, 33, 55, 165

165의 각 약수에 대하여 $n$의 값은 순서대로

5, 7, 9, 15, 19, 37, 59, 169

이때 $n$은 소수이어야 하므로 $n$의 값으로 가능한 것은

5, 7, 19, 37, 59

따라서 구하는 합은

$5+7+19+37+59=127$　　　　　　　　　　답 127

## 08

ㄱ. 23은 소수이므로 $23=1\times23$

즉, 정사각형 모양의 조각 23개로 직사각형 모양을 만드는 방법은 1가지뿐이다.

ㄴ. $120=1\times120=2\times60=3\times40=4\times30=5\times24$
　　　$=6\times20=8\times15=10\times12$

이므로 정사각형 모양의 조각 120개로 직사각형 모양을 만드는 방법은 8가지이다.

ㄷ. $4=1\times4=2\times2$

즉, 정사각형 모양의 조각 4개로 직사각형 모양을 만드는 방법은 2가지이다.

이때 4는 합성수이지만 직사각형 모양을 만드는 방법의 수는 3보다 작다.

따라서 옳은 것은 ㄱ, ㄴ이다.　　　　　　　　　답 ②

• 다른 풀이 •

ㄴ. 자연수 $a$에 대하여 자연수 $n$이 $n=a\times b$이면 이를 만족시키는 자연수 $b$는 반드시 하나로 정해진다. 즉, 자연수 $n$의 약수가 짝수 개이면 $n=a\times b$ ($a$, $b$는 자연수) 꼴로 나타낼 수 있는 서로 다른 경우는 $\dfrac{1}{2}\times(n$의 약수의 개수)가지이다.

$120=2^3\times3\times5$에서 120의 약수의 개수는

$(3+1)\times(1+1)\times(1+1)=16$

따라서 $120=a\times b$ ($a$, $b$는 자연수) 꼴로 나타낼 수 있는 서로 다른 경우는 $\dfrac{1}{2}\times16=8$(가지)이므로 직사각형 모양을 만드는 방법은 8가지이다.

같은 크기의 정사각형 모양의 조각 $n$개를 모두 사용하여 직사각형 모양을 만들기 위해서는 자연수 $n$을 두 자연수의 곱으로 나타낼 수 있어야 한다.

그런데 만들어진 직사각형 모양은 가로, 세로를 구분하지 않으므로 $n = a \times b$ ($a$, $b$는 자연수)일 때, $a \times b$인 직사각형과 $b \times a$인 직사각형은 동일한 직사각형으로 생각한다.

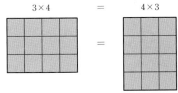

$$3 \times 4 \quad = \quad 4 \times 3$$

따라서 만들 수 있는 직사각형 모양의 개수를 $n$의 약수의 개수로 착각하지 않도록 주의한다.

## 09

$x^2 + y = 127$에서 $y$, $127$이 홀수이므로 $x^2$은 짝수이어야 한다.

이때 $x$는 소수이므로 $x = 2$

즉, $2^2 + y = 127$에서 $y = 123$

$\therefore y - x = 123 - 2 = 121$

답 ⑤

**홀수와 짝수의 덧셈과 곱셈**

(1) 홀수와 짝수의 덧셈
  ① (홀수)+(홀수)=(짝수)
  ② (홀수)+(짝수)=(홀수), (짝수)+(홀수)=(홀수)
  ③ (짝수)+(짝수)=(짝수)
(2) 홀수와 짝수의 곱셈
  ① (홀수)×(홀수)=(홀수)
  ② (홀수)×(짝수)=(짝수), (짝수)×(홀수)=(짝수)
  ③ (짝수)×(짝수)=(짝수)

## 10

$A \times 280 = A \times 2^3 \times 5 \times 7 = 2^a \times b \times 7$

이때 $b$는 2가 아닌 소수이므로 $b = 5$

또한, $A \times 2^3 = 2^a$이므로 $A$는 소인수로 2만 갖는다.

한편, $A \times 144 = A \times 2^4 \times 3^2 = 2^b \times 3^c = 2^5 \times 3^c$

$A$는 소인수로 2만 가지므로

$A = 2$, $c = 2$

즉, $A \times 280 = 2 \times (2^3 \times 5 \times 7) = 2^4 \times 5 \times 7$에서

$a = 4$

$\therefore a + b + c = 4 + 5 + 2 = 11$

답 11

## 11

7의 거듭제곱은

$7, 49, 343, 2401, 16807, \cdots$

이므로 7의 거듭제곱의 일의 자리의 숫자는 $7, 9, 3, 1$이 이 순서대로 반복된다.

이때 $2026 = 4 \times 506 + 2$이므로 $7^{2026}$의 일의 자리의 숫자는 $7^2$의 일의 자리의 숫자와 같은 9이다.

8의 거듭제곱은

$8, 64, 512, 4096, 32768, \cdots$

이므로 8의 거듭제곱의 일의 자리의 숫자는 $8, 4, 2, 6$이 이 순서대로 반복된다.

이때 $1003 = 4 \times 250 + 3$이므로 $8^{1003}$의 일의 자리의 숫자는 $8^3$의 일의 자리의 숫자와 같은 2이다.

따라서 $7^{2026} - 8^{1003}$의 일의 자리의 숫자는

$9 - 2 = 7$

답 ④

## 12

$1 \times 2 = 2$

$1 \times 2 \times 3 = 6$

$1 \times 2 \times 3 \times 4 = 24$

$1 \times 2 \times 3 \times 4 \times 5 = 120$

$1 \times 2 \times 3 \times 4 \times 5 \times 6 = 720$

$\vdots$

이와 같이 계속되므로 1부터 연속하여 $n$까지의 자연수를 모두 곱하여 만든 수 $1 \times 2 \times 3 \times \cdots \times n$의 맨 뒤에 0이 존재하려면 $1 \times 2 \times 3 \times \cdots \times n$에 $2 \times 5$가 포함되어야 한다.

또한, $2 \times 5$가 한 번 포함될 때마다 0이 하나씩 늘어난다.

이때 $1 \times 2 \times 3 \times \cdots \times 25$에서

2의 배수는 12개,

$4 = 2^2$의 배수는 6개,

$8 = 2^3$의 배수는 3개,

$16 = 2^4$의 배수는 1개,

5의 배수는 5개,

$25 = 5^2$의 배수는 1개

이므로 $1 \times 2 \times 3 \times \cdots \times 25$를 소인수분해하면

$2^{12+6+3+1} \times 5^{5+1} \times p$, 즉

$2^{22} \times 5^6 \times p$ ($p$는 2, 5가 아닌 소수의 거듭제곱의 곱) 꼴이다.

따라서 맨 뒤에 연속되는 0은 6개이다.

답 ⑤

## 13

$2^5 = 32$이므로 $\ll n \gg = 5$가 되도록 하는 수는

$n = 32 \times (2$의 배수가 아닌 수)

꼴이다.

이때 $n$이 1000 이하의 자연수이므로

$32 \times 1 = 32$, $32 \times 3 = 96$, $\cdots$, $32 \times 31 = 992$

따라서 구하는 $n$의 개수는 1부터 31까지의 수 중 2의 배수가 아닌 수의 개수와 같으므로 16개이다. 답 ①

## 14

주어진 소인수분해에서 $B$, $D$, $F$, $G$가 모두 소수이므로
$A=B\times D\times F\times G$
이때 10보다 작은 소수는 2, 3, 5, 7이고,
$2+3=5$, $2+5=7$, $3+2=5$, $5+2=7$
이므로 다음과 같이 경우를 나누어 생각할 수 있다.

(i) $B=D=2$, $F=3$일 때,
$G=B+F=2+3=5$이므로
$A=B\times D\times F\times G=2\times2\times3\times5=60$

(ii) $B=D=2$, $F=5$일 때,
$G=B+F=2+5=7$이므로
$A=B\times D\times F\times G=2\times2\times5\times7=140$

(iii) $B=D=3$, $F=2$일 때,
$G=B+F=3+2=5$이므로
$A=B\times D\times F\times G=3\times3\times2\times5=90$

(iv) $B=D=5$, $F=2$일 때,
$G=B+F=5+2=7$이므로
$A=B\times D\times F\times G=5\times5\times2\times7=350$

(i)~(iv)에서 모든 자연수 $A$의 값의 합은
$60+140+90+350=640$ 답 ④

## 15

648을 자연수 $a$로 나눈 몫이 어떤 자연수의 제곱이 되려면 $\dfrac{648}{a}$ 을 소인수분해하였을 때, 소인수의 지수가 모두 짝수이어야 한다.
따라서 $\dfrac{648}{a}=\dfrac{2^3\times3^4}{a}$이 어떤 자연수의 제곱이 되게 하는 자연수 $a$는
$2$, $2^3$, $2\times3^2$, $2\times3^4$, $2^3\times3^2$, $2^3\times3^4$
의 6개이다. 답 ③

## 16

$2^7\times3^2$의 약수 중 어떤 자연수의 제곱이 되는 수 중 가장 큰 수는
$2^6\times3^2=(2^3\times3)^2$
즉, 주어진 수의 약수 중 자연수의 제곱이 되는 수의 개수는 $2^3\times3$의 약수의 개수와 같다.
따라서 구하는 개수는
$(3+1)\times(1+1)=8$(개) 답 ③

## 17

조건 (가)에서 $56\times a=b^2$이므로
$(2^3\times7)\times a=b^2$ ……㉠
즉, 자연수 $c$에 대하여 $a=2\times7\times c^2$ 꼴이다.
이를 ㉠에 넣으면
$b^2=(2^3\times7)\times(2\times7\times c^2)=2^4\times7^2\times c^2$
$\quad=(2^2\times7\times c)^2$
$\therefore b=2^2\times7\times c$ ─────────── (가)
조건 (나)에서 $\dfrac{b}{a}$의 값이 자연수이므로
$\dfrac{b}{a}=\dfrac{2^2\times7\times c}{2\times7\times c^2}=\dfrac{2}{c}$
가 자연수이어야 한다.
즉, $c$는 2의 약수이어야 하므로 $c$의 값으로 가능한 것은 1, 2이고
각 경우에 $\dfrac{b}{a}$의 값은
$\dfrac{b}{a}=\dfrac{2}{1}=2$, $\dfrac{b}{a}=\dfrac{2}{2}=1$ ───────── (나)
따라서 구하는 합은 $2+1=3$ ─────────── (다)
답 3

| 단계 | 채점 기준 | 배점 |
|---|---|---|
| (가) | $a$, $b$를 하나의 문자로 각각 표현한 경우 | 40% |
| (나) | $\dfrac{b}{a}$의 값을 모두 구한 경우 | 50% |
| (다) | 모든 $\dfrac{b}{a}$의 값의 합을 구한 경우 | 10% |

## 18

288에 곱하는 자연수를 $a$라 하면 $288=2^5\times3^2$이므로 $288\times a$가 어떤 자연수의 세제곱이 되려면
$a=2\times3\times b^3$ (단, $b$는 자연수)
꼴이어야 한다.
이때 $a$가 100보다 작은 수이어야 하므로 $a$로 가능한 수는
$2\times3\times1^3=6$, $2\times3\times2^3=48$의 2개이다. 답 ②

## 19

$48=2^4\times3$이므로 48의 모든 약수의 합은
$<48>=(1+2+2^2+2^3+2^4)\times(1+3)$
$\qquad=31\times4=124$
$\therefore x=124$
즉, $x=124=2^2\times31$이므로 $x$의 약수의 개수는

$\{x\}=\{124\}=(2+1)\times(1+1)=3\times2=6$

$\therefore y=6$

$\therefore x+y=124+6=130$ 답 ④

## 20

$A=2^2\times3^3\times5^2$의 약수 중에서 짝수인 약수는

$2\times(3^3\times5^2$의 약수$)$ 또는 $2^2\times(3^3\times5^2$의 약수$)$

꼴이다.

이때 $3^3\times5^2$의 약수는 $(3+1)\times(2+1)=12$(개)이므로

$A$의 약수 중 짝수의 개수는

$12+12=24$ 답 ⑤

## 21

네 자리 자연수 $abab$에 대하여

$abab=ab\times100+ab$

$\qquad=ab\times101$

이때 $ab$는 두 자리의 소수이고 101도 소수이므로 $abab$의 약수의 개수는

$(1+1)\times(1+1)=4$ 답 4

**BLACKLABEL 특강** 풀이 첨삭

101은 $101<11^2=121$이고 11보다 작은 소수 2, 3, 5, 7 중 어느 것으로도 나누어떨어지지 않으므로 소수이다.

## 22

7은 소수이므로 약수의 개수 7을 두 자연수의 곱셈으로 표현하면 $7=1\times7$ 외에는 존재하지 않는다.

또한, $7=6+1$이므로 약수가 7개인 수는 $($소수$)^6$ 꼴이어야 한다. 이때 $2^6=64$, $3^6=729$, $5^6=15625$, $\cdots$이므로 세 자리 자연수 중 약수가 7개인 수는 729뿐이다.

5도 소수이므로 약수의 개수 5를 두 자연수의 곱셈으로 표현하면 $5=1\times5$ 외에는 존재하지 않는다.

또한, $5=4+1$이므로 약수가 5개인 수는 $($소수$)^4$ 꼴이어야 한다. 이때 $2^4=16$, $3^4=81$, $5^4=625$, $7^4=2401$, $\cdots$이므로 세 자리 자연수 중 약수가 5개인 수는 625뿐이다.

따라서 구하는 합은

$729+625=1354$ 답 1354

## 23

ㄱ. 소수 $a$, 자연수 $m$에 대하여 $a^m$의 약수는 1, $a$, $a^2$, $a^3$, $\cdots$, $a^m$이므로 $a^m$의 약수는 $(m+1)$개이다.

ㄴ. 두 자연수 12, 15를 소인수분해하면 각각 $2^2\times3$, $3\times5$이므로 약수의 개수는 각각

$(2+1)\times(1+1)=6$, $(1+1)\times(1+1)=4$

즉, $12<15$이지만

$(12$의 약수의 개수$)>(15$의 약수의 개수$)$

ㄷ. 약수가 3개인 수의 약수를 1, $a$, $b$ $(a<b)$라 하면

$1\times b=a\times a=a^2$이고 $a$는 소수이어야 한다.

따라서 옳은 것은 ㄷ뿐이다. 답 ②

## 24

약수의 개수 6을 두 자연수의 곱셈으로 표현하면

$1\times6$ 또는 $2\times3$

(i) $6=1\times6$으로 생각할 때,

$6=5+1$이므로 이 경우의 약수가 6개인 수는 $($소수$)^5$ 꼴이어야 한다.

이때 $2^5=32$, $3^5=243\geq50$이므로 50보다 작은 자연수 중 이를 만족시키는 것은 $a=32$뿐이다.

(ii) $6=2\times3$으로 생각할 때,

$2=1+1$, $3=2+1$이므로 이 경우의 약수가 6개인 수는 $p\times q^2$ $(p, q$는 서로 다른 소수$)$ 꼴이어야 한다.

$p=2$일 때,

$2\times3^2=18$, $2\times5^2=50\geq50$이므로 $a=18$

$p=3$일 때,

$3\times2^2=12$, $3\times5^2=75\geq50$이므로 $a=12$

$p=5$일 때,

$5\times2^2=20$, $5\times3^2=45$, $5\times7^2=245\geq50$이므로

$a=20$, $a=45$

$p=7$일 때,

$7\times2^2=28$, $7\times3^2=63\geq50$이므로 $a=28$

$p=11$일 때,

$11\times2^2=44$, $11\times3^2=99\geq50$이므로 $a=44$

$p\geq13$일 때,

가장 작은 수가 $13\times2^2=52\geq50$이므로 50보다 작은 자연수 중 이를 만족시키는 것은 없다.

(i), (ii)에서 조건을 만족시키는 자연수는

12, 18, 20, 28, 32, 44, 45

의 7개이다. 답 ④

## 25

$F(n)$은 $n$의 약수의 개수이고 $6=2\times3$이므로
$$F(6)=(1+1)\times(1+1)=4$$
또한, $72=2^3\times3^2$이므로
$$F(72)=(3+1)\times(2+1)=12$$
조건 (나)에서 $F(6)\times F(a)=F(72)$이므로
$$4\times F(a)=12$$
$$\therefore F(a)=3$$
즉, $a$는 약수가 3개인 자연수이므로 $a=p^2$ ($p$는 소수) 꼴이다.
$$\therefore a=2^2,\ 3^2,\ 5^2,\ 7^2,\ 11^2,\ \cdots$$
이때 조건 (가)에서 $a$는 9 이상이고 100 미만인 자연수이므로
$$a=9,\ 25,\ 49$$
따라서 조건을 만족시키는 모든 자연수 $a$의 값의 합은
$$9+25+49=83$$

답 ④

## 26

$N=18\times5+r$이고, 나머지 $r$은 18보다 작은 자연수이다.
$r$의 약수의 개수 4를 두 자연수의 곱셈으로 표현하면
$1\times4$ 또는 $2\times2$
(ⅰ) $4=1\times4$로 생각할 때,
$4=3+1$이므로 이 경우의 약수가 4개인 수는 (소수)$^3$ 꼴이어야 한다.
이때 $2^3=8$, $3^3=27\geq18$이므로 $r=8$뿐이다.
(ⅱ) $4=2\times2$로 생각할 때,
$2=1+1$이므로 이 경우의 약수가 4개인 수는
$p\times q$ ($p$, $q$는 서로 다른 소수) 꼴이어야 한다.
$p=2$일 때, $2\times3=6$, $2\times5=10$, $2\times7=14$,
$2\times11=22\geq18$이므로 $r=6$, 10, 14
$p=3$일 때, $3\times2=6$, $3\times5=15$, $3\times7=21\geq18$이므로
$r=6$, 15
$p=5$일 때, $5\times2=10$, $5\times3=15$, $5\times7=35\geq18$이므로
$r=10$, 15
$p=7$일 때, $7\times2=14$, $7\times3=21\geq18$이므로 $r=14$
$p\geq11$일 때,
가장 작은 수가 $11\times2=22\geq18$이므로 이를 만족시키는 자연수 $r$은 없다.
(ⅰ), (ⅱ)에서 조건을 만족시키는 자연수 $r$은
6, 8, 10, 14, 15
이므로 구하는 합은
$$6+8+10+14+15=53$$

답 53

## 27

홀수와 홀수의 곱은 홀수 이고 짝수와 짝수의 곱, 짝수와 홀수의 곱은 짝수이다.
이것을 이용하면 10부터 99까지의 자연수 중에서 약수가 홀수 개인 수를 구할 수 있다.
(ⅰ) 자연수 $n$에 대하여
$$n=p^k \ (\text{단, }p\text{는 소수, }k\text{는 자연수})$$
이라 하면 $n$의 약수는 $(k+1)$개이고, 이것이 홀수이려면 $k$는 짝수이어야 한다.
(ⅱ) 자연수 $n$에 대하여
$$n=p^k\times q^t \ (\text{단, }p,\ q\text{는 서로 다른 소수, }k,\ t\text{는 자연수})$$
이라 하면 $n$의 약수는 $(k+1)\times(t+1)$ 개이고, 이것이 홀수이려면 $k$와 $t$가 모두 짝수이어야 한다.
(ⅲ) 소인수가 3개 이상일 때도 같은 방법으로 생각하면 $n$을 소인수분해할 때, 소인수의 지수가 모두 짝수 이어야 한다.
(ⅰ), (ⅱ), (ⅲ)에서 $n$은 어떤 자연수를 두 번 곱한 수가 되므로 10부터 99까지의 자연수 중에서 조건을 만족시키는 수는 $4^2$, $5^2$, $6^2$, $7^2$, $8^2$, $9^2$의 6 개이다.
$$\therefore \text{(가): 홀수, (나): }(k+1)\times(t+1),\ \text{(다): 짝수, (라): 6}$$

답 ②

---

**BLACKLABEL 특강** 　필수 원리

**제곱수의 약수의 개수**

⑴ 소수의 제곱수 ⇨ 약수가 3개
⑵ 자연수의 제곱수 ⇨ 약수가 홀수개

---

## 28 해결단계

| ❶단계 | 합이 20인 서로 다른 세 소수를 구한다. |
| --- | --- |
| ❷단계 | 소인수의 지수를 이용하여 약수의 개수를 나타낸다. |
| ❸단계 | 조건을 만족시키는 가장 작은 자연수를 구한다. |

조건 (가)에서 합이 20인 서로 다른 세 소수는
2, 5, 13 또는 2, 7, 11
구하는 수를
$a^x\times b^y\times c^z$ (단, $a$, $b$, $c$는 $a<b<c$인 소수, $x$, $y$, $z$는 자연수)
이라 하면 조건 (나)에서 약수가 12개이므로
$$(x+1)\times(y+1)\times(z+1)=12$$
$$\therefore x=1,\ y=1,\ z=2 \text{ 또는 } x=1,\ y=2,\ z=1$$
$$\text{또는 } x=2,\ y=1,\ z=1$$
이때 $a<b<c$이므로 $a^x\times b^y\times c^z$이 가장 작은 값을 갖기 위해서는 $x=2$, $y=1$, $z=1$이어야 한다.
(ⅰ) $a=2$, $b=5$, $c=13$일 때,
$$2^2\times5\times13=260$$

(ii) $a=2$, $b=7$, $c=11$일 때,

$2^2 \times 7 \times 11 = 308$

(i), (ii)에서 조건을 만족시키는 가장 작은 자연수는 260이다.

답 260

## STEP 3 종합 사고력 도전 문제 pp.016~017

| 01 ⑤ | 02 49 | 03 21 | 04 257 | 05 675 |
| 06 26 | 07 8 | 08 15, 60 | | |

## 01 해결단계

| ❶단계 | 2의 거듭제곱과 그 배수를 이용하여 $1\times2\times3\times\cdots\times100$에 곱해진 2의 개수를 구한다. |
| ❷단계 | 3의 거듭제곱과 그 배수를 이용하여 $1\times2\times3\times\cdots\times100$에 곱해진 3의 개수를 구한다. |

1부터 100까지의 자연수 중에서

2의 배수는 50개,

$4=2^2$의 배수는 25개,

$8=2^3$의 배수는 12개,

$16=2^4$의 배수는 6개,

$32=2^5$의 배수는 3개,

$64=2^6$의 배수는 1개이므로

$m=50+25+12+6+3+1=97$

또한, 1부터 100까지의 자연수 중에서

3의 배수는 33개,

$9=3^2$의 배수는 11개,

$27=3^3$의 배수는 3개,

$81=3^4$의 배수는 1개이므로

$n=33+11+3+1=48$

$\therefore m+n=97+48=145$

답 ⑤

**BLACKLABEL 특강** 풀이 첨삭

**배수의 개수 찾기**

$A=1\times2\times3\times4\times5\times6\times7\times8\times9\times10$을 소인수분해할 때 2의 지수를 구해 보자.

2의 배수는 2, 4, 6, 8, 10의 5개

$\therefore 1\times2\times3\times4\times5\times6\times7\times8\times9\times10$

$=2^5\times(1\times1\times3\times2\times5\times3\times7\times4\times9\times5)$

$4=2^2$의 배수는 4, 8의 2개

$\therefore 1\times2\times3\times4\times5\times6\times7\times8\times9\times10$

$=2^5\times(1\times1\times3\times2\times5\times3\times7\times4\times9\times5)$

$=2^5\times2^2\times(1\times1\times3\times1\times5\times3\times7\times2\times9\times5)$

$8=2^3$의 배수는 8의 1개

$\therefore 1\times2\times3\times4\times5\times6\times7\times8\times9\times10$

$=2^5\times(1\times1\times3\times2\times5\times3\times7\times4\times9\times5)$

$=2^5\times2^2\times(1\times1\times3\times1\times5\times3\times7\times2\times9\times5)$

$=2^5\times2^2\times2\times(1\times1\times3\times1\times5\times3\times7\times1\times9\times5)$

즉, $A=2^m\times(2$의 배수가 아닌 수)일 때,

$m=(2$의 배수의 개수)+(4의 배수의 개수)+(8의 배수의 개수)

$=5+2+1=8$

## 02 해결단계

| ❶단계 | 각 묶음의 세 수의 합은 묶음의 가운데 수의 3배와 같음을 파악한다. |
| ❷단계 | 세 수의 합이 12의 배수가 되려면 묶음의 가운데 수가 4의 배수이어야 함을 파악한다. |
| ❸단계 | 한 묶음 안의 세 수의 합이 12의 배수가 되는 묶음의 개수를 구한다. |

$(1, 2, 3)$인 경우, 세 수의 합은

$1+2+3=6=3\times2$

$(2, 3, 4)$인 경우, 세 수의 합은

$2+3+4=9=3\times3$

$(3, 4, 5)$인 경우, 세 수의 합은

$3+4+5=12=3\times4$

$\vdots$

즉, 각 묶음의 세 수의 합은 묶음의 가운데 수의 3배와 같으므로 이들 세 수의 합은 3의 배수이다.

따라서 세 수의 합이 12의 배수가 되려면 묶음의 가운데 수가 4의 배수이어야 한다.

이때 $199=4\times49+3$이므로 세 수의 합이 12의 배수가 되는 묶음은 49개이다.

답 49

• 다른 풀이 •

연속하는 세 수의 묶음을 $(n, n+1, n+2)$로 나타내면 세 수의 합은

$n+(n+1)+(n+2)=3\times n+3=3\times(n+1)$

따라서 세 수의 합은 묶음의 가운데 수의 3배와 같으므로 세 수의 합은 3의 배수이다.

이때 $1\le n\le198$이고 $n+1$이 4의 배수이어야 하므로

$n=3, 7, 11, \cdots, 195$

따라서 $n$은 49개이므로 세 수의 합이 12의 배수가 되는 묶음도 49개이다.

**BLACKLABEL 특강** 참고

연속하는 세 자연수는

$(n, n+1, n+2)$ 또는 $(m-1, m, m+1)$

로 나타낼 수 있다. (단, $n$은 자연수, $m$은 $m\ge2$인 자연수)

## 03 해결단계

| ❶단계 | 10을 소수의 합으로 나타낸다. |
| ❷단계 | $[a]=10$을 만족시키는 $a$의 값을 구한다. |
| ❸단계 | 가장 작은 자연수 $a$의 값을 구한다. |

10을 소수의 합으로 나타내면

$2+2+2+2+2$, $2+2+3+3$, $2+3+5$, $3+7$, $5+5$

이므로 $[a]=10$을 만족시키는 $a$의 값은

$2^5=32$, $2^2 \times 3^2=36$, $2 \times 3 \times 5=30$, $3 \times 7=21$, $5^2=25$

따라서 조건을 만족시키는 가장 작은 자연수 $a$의 값은 21이다.

답 21

## 04 해결단계

| ❶단계 | $abcabc$를 소인수분해한다. |
|---|---|
| ❷단계 | $abc$의 값으로 가능한 것을 모두 찾고 각 값에 대하여 약수의 개수를 확인한다. |
| ❸단계 | $abc$의 값을 구한다. |

여섯 자리 자연수 $abcabc$에 대하여

$abcabc=abc \times 1000+abc$

$\qquad = abc \times 1001 = abc \times 7 \times 11 \times 13$

이때 $a$, $b$, $c$는 서로 다른 한 자리 소수이고 $a<b<c$이므로

$abc=235$, $237$, $257$, $357$

(i) $abc=235$일 때,

$\quad abcabc=235 \times 7 \times 11 \times 13$

$\qquad\qquad = 5 \times 7 \times 11 \times 13 \times 47$

이므로 약수의 개수는

$(1+1) \times (1+1) \times (1+1) \times (1+1) \times (1+1)=32$

(ii) $abc=237$일 때,

$\quad abcabc=237 \times 7 \times 11 \times 13$

$\qquad\qquad = 3 \times 7 \times 11 \times 13 \times 79$

이므로 약수의 개수는

$(1+1) \times (1+1) \times (1+1) \times (1+1) \times (1+1)=32$

(iii) $abc=257$일 때,

$\quad abcabc=257 \times 7 \times 11 \times 13$

이므로 약수의 개수는

$(1+1) \times (1+1) \times (1+1) \times (1+1)=16$

(iv) $abc=357$일 때,

$\quad abcabc=357 \times 7 \times 11 \times 13$

$\qquad\qquad = 3 \times 7^2 \times 11 \times 13 \times 17$

이므로 약수의 개수는

$(1+1) \times (2+1) \times (1+1) \times (1+1) \times (1+1)=48$

(i)~(iv)에서 약수가 16개인 경우는 $abc=257$

답 257

---

**BLACKLABEL 특강**　오답 피하기

$a$, $b$, $c$가 서로 다른 한 자리의 소수이고 $a<b<c$라는 조건이 있으므로

$abcabc=abc \times 1001=abc \times 7 \times 11 \times 13$

에서 $abc$가 소수인 경우에만 약수가 16개인 조건을 만족시킬 수 있다.

그러나 세 자리 자연수 $abc$에 대한 조건이 다르게 주어진다면 소수를 찾는 것만으로는 $abc$의 값을 바르게 찾을 수 없다.

예를 들어 $abc=169$인 경우,

$abcabc=abc \times 1001=169 \times 7 \times 11 \times 13$

$\qquad\qquad = 7 \times 11 \times 13^3$

이므로 약수가 $(1+1) \times (1+1) \times (3+1)=16$(개)이다.

따라서 무조건 $abc$가 소수라는 조건만으로 접근하면 안 되고 나머지 조건들도 잘 살펴보는 것이 중요하다.

## 05 해결단계

| ❶단계 | 조건 (개), (내)를 이용하여 $N$의 소인수 3, 5의 지수의 값의 범위를 구한다. |
|---|---|
| ❷단계 | 약수의 개수를 이용하여 $N$의 소인수 3, 5의 지수 사이의 관계식을 구한다. |
| ❸단계 | $N$의 소인수 3, 5의 지수를 각각 구한다. |
| ❹단계 | 가장 작은 자연수 $N$의 값을 구한다. |

조건 (내)에서 $N=3^a \times 5^b$ (단, $a$, $b$는 자연수)이고

조건 (개)에서 $N$은 $75=3 \times 5^2$의 배수이므로

$a$의 값은 1 이상의 자연수, $b$의 값은 2 이상의 자연수이다.

조건 (대)에서 $N$의 약수가 12개이므로

$(a+1) \times (b+1)=12$

$\therefore a=1$, $b=5$ 또는 $a=2$, $b=3$ 또는 $a=3$, $b=2$

이때 $N$이 가장 작은 값을 가지려면 $b$의 값이 최소이어야 하므로

$a=3$, $b=2$

$\therefore N=3^3 \times 5^2=675$

답 675

## 06 해결단계

| ❶단계 | 조건을 이용하여 $b \times c$의 값의 범위를 구한다. |
|---|---|
| ❷단계 | 조건을 만족시키는 $b$, $c$의 값의 경우에 따른 $a$의 값을 구한다. |
| ❸단계 | $a$의 값 중에서 가장 큰 값을 구한다. |

$a=b \times c$이므로

$a \times b \times c=(b \times c) \times b \times c=(b \times c)^2$

이 값이 100 이상이고 900 이하이므로 $b \times c$의 값은 10 이상이고 30 이하가 되어야 한다.

또한, $b$, $c$는 모두 소수이고 $b<c$이므로 이를 만족시키는 경우는 다음과 같다.

(i) $b=2$, $c=5$일 때,

$\quad a=2 \times 5=10$

(ii) $b=2$, $c=7$일 때,

$\quad a=2 \times 7=14$

(iii) $b=2$, $c=11$일 때,

$\quad a=2 \times 11=22$

(iv) $b=2$, $c=13$일 때,

$\quad a=2 \times 13=26$

(v) $b=3$, $c=5$일 때,

$\quad a=3 \times 5=15$

(vi) $b=3$, $c=7$일 때,

$\quad a=3 \times 7=21$

(i)~(vi)에서 $a$의 값 중에서 가장 큰 값은 26이다.

답 26

## 07 해결단계

| ❶단계 | $a \times b$를 소인수분해한다. |
|---|---|
| ❷단계 | 조건 (나)에서 $a$, $b$의 조건을 파악한다. |
| ❸단계 | $a$의 소인수의 개수에 따라 경우를 나누고, 각 경우에 가능한 $\dfrac{a}{b}$의 개수를 구한다. |
| ❹단계 | 기약분수 $\dfrac{a}{b}$의 개수를 구한다. |

조건 (가)에서

$a \times b = 1 \times 2 \times 3 \times 4 \times 5 \times 6 \times 7 \times 8 \times 9$

$\qquad = 2 \times 3 \times 2^2 \times 5 \times (2 \times 3) \times 7 \times 2^3 \times 3^2$

$\qquad = 2^7 \times 3^4 \times 5 \times 7$

조건 (나)에서 $\dfrac{a}{b}$의 값이 1보다 작으므로 $a < b$

또한, $\dfrac{a}{b}$가 분모가 $b$인 기약분수이므로 두 수 $a$, $b$에 공통인 인수가 존재하지 않아야 한다.

이때 $a$의 값에 따라 다음과 같이 경우를 나누어 $\dfrac{a}{b}$의 값을 구할 수 있다.

(i) $a = 1$일 때,

$\dfrac{a}{b} = \dfrac{1}{2^7 \times 3^4 \times 5 \times 7}$의 1개이다.

(ii) $a$의 소인수가 1개일 때,

$a = 2^7$, $3^4$, $5$, $7$이므로

$\dfrac{a}{b} = \dfrac{2^7}{3^4 \times 5 \times 7}$, $\dfrac{3^4}{2^7 \times 5 \times 7}$, $\dfrac{5}{2^7 \times 3^4 \times 7}$, $\dfrac{7}{2^7 \times 3^4 \times 5}$

의 4개이다.

(iii) $a$의 소인수가 2개일 때,

$a = 2^7 \times 3^4$, $2^7 \times 5$, $2^7 \times 7$, $3^4 \times 5$, $3^4 \times 7$, $5 \times 7$

그런데 $a = 2^7 \times 3^4$, $2^7 \times 5$, $2^7 \times 7$인 경우에는 $a > b$이므로 조건을 만족시키지 않는다.

즉, $\dfrac{a}{b} = \dfrac{3^4 \times 5}{2^7 \times 7}$, $\dfrac{3^4 \times 7}{2^7 \times 5}$, $\dfrac{5 \times 7}{2^7 \times 3^4}$의 3개이다.

(iv) $a$의 소인수가 3개 이상이면 $a > b$이므로 조건을 만족시키지 않는다.

(i)~(iv)에서 분모가 $b$인 기약분수 $\dfrac{a}{b}$의 개수는

$1 + 4 + 3 = 8$ 답 8

## 08 해결단계

| ❶단계 | $\dfrac{60 \times a \times b}{c}$의 모든 소인수의 지수가 짝수임을 파악한다. |
|---|---|
| ❷단계 | 각 경우에 따른 $a \times b \times c$의 값을 구한다. |
| ❸단계 | $a \times b \times c$의 값으로 가능한 값을 모두 구한다. |

$\dfrac{60 \times a \times b}{c}$가 어떤 자연수의 제곱이 되려면 소인수분해하였을 때, 소인수의 지수가 모두 짝수이어야 한다.

$\dfrac{60 \times a \times b}{c} = \dfrac{2^2 \times 3 \times 5 \times a \times b}{c}$에서

(i) $c = 1$일 때,

$\dfrac{2^2 \times 3 \times 5 \times a \times b}{1} = 2^2 \times 3 \times 5 \times a \times b$이므로

$a \times b = 3 \times 5$

$\therefore a \times b \times c = 3 \times 5 \times 1 = 15$

(ii) $c = 2$일 때,

$\dfrac{2^2 \times 3 \times 5 \times a \times b}{2} = 2 \times 3 \times 5 \times a \times b$이므로

$a \times b = 2 \times 3 \times 5$

$\therefore a \times b \times c = 2 \times 3 \times 5 \times 2 = 60$

(iii) $c = 3$일 때,

$\dfrac{2^2 \times 3 \times 5 \times a \times b}{3} = 2^2 \times 5 \times a \times b$이므로

$a \times b = 5$ 또는 $a \times b = 2^2 \times 5$

$\therefore a \times b \times c = 5 \times 3 = 15$ 또는 $a \times b \times c = 2^2 \times 5 \times 3 = 60$

(iv) $c = 4$일 때,

$\dfrac{2^2 \times 3 \times 5 \times a \times b}{4} = 3 \times 5 \times a \times b$이므로

$a \times b = 3 \times 5$

$\therefore a \times b \times c = 3 \times 5 \times 4 = 60$

(v) $c = 5$일 때,

$\dfrac{2^2 \times 3 \times 5 \times a \times b}{5} = 2^2 \times 3 \times a \times b$이므로

$a \times b = 3$ 또는 $a \times b = 2^2 \times 3$

$\therefore a \times b \times c = 3 \times 5 = 15$ 또는 $a \times b \times c = 2^2 \times 3 \times 5 = 60$

(vi) $c = 6$일 때,

$\dfrac{2^2 \times 3 \times 5 \times a \times b}{6} = 2 \times 5 \times a \times b$이므로

$a \times b = 2 \times 5$

$\therefore a \times b \times c = 2 \times 5 \times 6 = 60$

(i)~(vi)에서 $a \times b \times c$의 값으로 가능한 값은

15, 60

답 15, 60

### BLACKLABEL 특강 | 풀이 첨삭

구하는 것은 $a \times b \times c$의 값이므로 세 수 $a$, $b$, $c$가 갖는 각 값을 따질 필요는 없다.
예를 들어 $a = 2$, $b = 3$, $c = 5$인 경우, $a = 3$, $b = 2$, $c = 5$인 경우, $a = 1$, $b = 6$, $c = 5$인 경우는 모두 $a \times b \times c = 30$으로 같다.
다만 세 수 $a$, $b$, $c$는 모두 주사위의 눈의 수이므로 각 값은 1, 2, 3, 4, 5, 6 중에서 하나이다. 즉, $a \times b$의 값은 1 이상이고 36 이하임에 유의해야 한다.
예를 들어 풀이의 (i)에서 $c = 1$일 때 $a \times b$의 값은 $2^2 \times 3 \times 5 = 60$도 가능하지만 $a$, $b$가 주사위의 눈의 수라는 조건 때문에 $a \times b$의 값은 $3 \times 5$만 가능하다.

# 02. 최대공약수와 최소공배수

| STEP | **1** | 시험에 꼭 나오는 문제 | pp.019~021 |

| | | | | |
|---|---|---|---|---|
| 01 ② | 02 27 | 03 ④ | 04 ① | 05 ② |
| 06 216 | 07 ⑤ | 08 4 | 09 18 | 10 20 |
| 11 ② | 12 ③ | 13 ④ | 14 ③ | 15 2바퀴 |
| 16 ③ | 17 28 | 18 ⑤ | | |

## 01

① 7과 12는 서로소이지만 12는 소수가 아니다.

③ 3과 9는 모두 홀수이지만 최대공약수가 3이므로 서로소가 아니다.

④ 1은 모든 자연수와 서로소이다.

⑤ 10 이하의 자연수 중에서 6과 서로소인 수는 1, 5, 7의 3개이다.

따라서 옳은 것은 ②이다.　　　　　　　　　　　　　　　답 ②

## 02

$24=2^3 \times 3$, $2^2 \times a \times 7$의 최대공약수가 $12=2^2 \times 3$이므로 $a$의 값이 될 수 있는 수는 3의 배수이면서 2의 배수는 아니어야 한다.

$$24=2^3 \times 3$$
$$\underline{\quad 2^2 \times a \times 7 \quad}$$
$$(최대공약수)=2^2 \times 3$$

이때 $a$의 값을 작은 수부터 차례대로 나열하면

$3, 3 \times 3 = 9, 3 \times 5 = 15, 3 \times 7 = 21, \cdots$

따라서 구하는 합은 $3+9+15=27$　　　　　　　　　답 27

## 03

120과 $a$의 공약수가 20의 약수와 같으려면

120과 $a$의 최대공약수가 20이어야 한다.

$120=2^3 \times 3 \times 5$, $20=2^2 \times 5$이므로

① $a=2^2 \times 5$이면 최대공약수는 $2^2 \times 5$

② $a=2^2 \times 5^2$이면 최대공약수는 $2^2 \times 5$

③ $a=2^2 \times 5^3$이면 최대공약수는 $2^2 \times 5$

④ $a=2^3 \times 5$이면 최대공약수는 $2^3 \times 5$

⑤ $a=2^2 \times 5 \times 7$이면 최대공약수는 $2^2 \times 5$

따라서 ④ $2^3 \times 5$는 $a$의 값이 될 수 없다.　　　　　답 ④

## 04

45를 소인수분해하면 $45=3^2 \times 5$

즉, 두 수 $3^2 \times 5$, $3^2 \times 5 \times 7$의 최대공약수는

$3^2 \times 5$

두 수의 공약수는 두 수의 최대공약수의 약수이므로 구하는 공약수의 개수는 $3^2 \times 5$의 약수의 개수와 같다.

따라서 구하는 개수는

$(2+1) \times (1+1) = 6$　　　　　　　　　　　　　　답 ①

## 05

$343=7^3$이므로 343과 $x$가 서로소이려면 $x$는 인수로 7을 갖지 않아야 한다.

이때 두 수의 최소공배수가 $2^2 \times 3 \times 7^3$이므로

$x=2^2 \times 3 = 12$　　　　　　　　　　　　　　　답 ②

## 06

12, 18, 24의 공배수를 작은 수부터 차례대로 나열할 때, 앞에서 세 번째의 수는 세 수 12, 18, 24의 최소공배수의 배수 중에서 세 번째로 작은 수이다.

이때 $12=2^2 \times 3$, $18=2 \times 3^2$, $24=2^3 \times 3$이므로 이들 세 수의 최소공배수는 $2^3 \times 3^2$이다.

세 수의 공배수를 작은 수부터 차례대로 나열하면

$2^3 \times 3^2 = 72$, $(2^3 \times 3^2) \times 2 = 144$, $(2^3 \times 3^2) \times 3 = 216$, $\cdots$

따라서 구하는 수는 216이다.　　　　　　　　　　답 216

## 07

세 수 $5 \times x$, $6 \times x$, $10 \times x$의 최소공배수를 구하면 다음과 같다.

$$5 \times x = x \qquad\qquad \times 5$$
$$6 \times x = x \times 2 \times 3$$
$$\underline{10 \times x = x \times 2 \qquad \times 5}$$
$$(최소공배수) = x \times 2 \times 3 \times 5 = x \times 30$$

이때 세 수의 최소공배수가 300이므로

$x \times 30 = 300$

$\therefore x = 10$　　　　　　　　　　　　　　　　　답 ⑤

## 08

소인수분해를 이용하여 최대공약수를 구할 때는 소인수의 지수가 같거나 작은 쪽을 택하여 곱하고 최소공배수를 구할 때는 소인수의 지수가 같거나 큰 쪽을 택하여 곱한다.

즉, $2^2 \times 3^a \times 5$, $2^b \times 3^2 \times 7$의 최소공배수가 $2^4 \times 3^3 \times 5 \times 7$이

$$2^2 \times 3^a \times 5$$
$$2^b \times 3^2 \times 7$$
$$\overline{(최소공배수)=2^4 \times 3^3 \times 5 \times 7}$$

므로

$3^a = 3^3$, $2^b = 2^4$

$\therefore a=3$, $b=4$

이때 두 수 $2^2 \times 3^3 \times 5$, $2^4 \times 3^2 \times 7$의 최대공약수는 $2^2 \times 3^2$이므로

$m=2$, $n=2$

$\therefore m+n=2+2=4$

답 4

## 09

어떤 자연수로 38, 56, 74를 나누면 항상 2가 남으므로

이 자연수는

$38-2=36$, $56-2=54$, $74-2=72$

의 공약수이다.

따라서 이러한 자연수 중에서 가장 큰 수는 36, 54, 72의 최대공약수이므로 구하는 수는

$$36=2^2 \times 3^2$$
$$54=2 \times 3^3$$
$$72=2^3 \times 3^2$$
$$\overline{(최대공약수)=2 \times 3^2}$$

$2 \times 3^2 = 18$

답 18

## 10

되도록 많은 봉투에 똑같이 나누어 담아야 하므로 나누어 담는 봉투 수는 두 수 60, 36의 최대공약수이다.

이때 $60=2^2 \times 3 \times 5$, $36=2^2 \times 3^2$이므로

$a=2^2 \times 3=12$

즉, 사용하는 봉투가 12개이므로 한 봉투에 담는

과자의 개수는 $b=60 \div 12=5$,

빵의 개수는 $c=36 \div 12=3$

$\therefore a+b+c=12+5+3=20$

답 20

## 11

네 모퉁이에 나무를 반드시 심고 나무 사이의 간격이 최대가 되려면 그 간격은 이웃한 두 변의 길이 120, 90의 최대공약수이어야 한다.

$$120=2^3 \times 3 \times 5$$
$$90=2 \times 3^2 \times 5$$
$$\overline{(최대공약수)=2 \times 3 \times 5}$$

즉, 나무 사이의 간격이

$2 \times 3 \times 5 = 30 \,(\text{m})$

가 되도록 심어야 한다.

이때 $120 \div 30 = 4$, $90 \div 30 = 3$이므로 오른쪽 그림과 같다.

따라서 필요한 나무의 수는

$(4+3) \times 2 = 14 \,(\text{그루})$

답 ②

## 12

제품 상자의 크기를 가능한 한 크게 할 때, 제품 상자의 한 모서리의 길이는 560, 240, 320의 최대공약수이어야 한다.

$$560=2^4 \times 5 \times 7$$
$$240=2^4 \times 3 \times 5$$
$$320=2^6 \times 5$$
$$\overline{(최대공약수)=2^4 \times 5}$$

따라서 정육면체 모양의 제품 상자의 한 모서리의 길이는

$2^4 \times 5 = 80 \,(\text{cm})$

답 ③

## 13

5, 6, 8로 나누면 모두 4가 남으므로 구하는 자연수를 $x$라 하면

$x-4$는 5, 6, 8의 공배수이다.

이때 5, 6, 8의 최소공배수는

$2^3 \times 3 \times 5 = 120$

이므로

$$5= \qquad 5$$
$$6=2 \times 3$$
$$8=2^3$$
$$\overline{(최소공배수)=2^3 \times 3 \times 5}$$

$x-4=120$, 240, 360, $\cdots$, 960, 1080, $\cdots$

$\therefore x=124$, 244, 364, $\cdots$, 964, 1084, $\cdots$

따라서 가장 큰 세 자리 자연수는 964이다.

답 ④

## 14

지하철과 버스가 동시에 출발한 후, 처음으로 다시 동시에 출발할 때까지 걸리는 시간은 16, 20의 최소공배수이므로

$$16=2^4$$
$$20=2^2 \times 5$$
$$\overline{(최소공배수)=2^4 \times 5}$$

$2^4 \times 5 = 80 \,(\text{분})$

따라서 구하는 시각은 오전 8시로부터 80분, 즉 1시간 20분 후인 오전 9시 20분이다.

답 ③

## 15

두 톱니바퀴 A, B가 회전하기 시작한 후, 처음으로 다시 같은 톱니에서 동시에 맞물릴 때까지 돌아간 톱니의 개수는 36, 24의 최소공배수이므로

$$36=2^2\times3^2$$
$$24=2^3\times3$$
$$\overline{(\text{최소공배수})=2^3\times3^2}$$

$2^3\times3^2=72$

따라서 두 톱니바퀴가 같은 톱니에서 동시에 맞물리는 것은 톱니바퀴 A가 $72\div36=2$(바퀴) 회전한 후이다.

답 2바퀴

## 16

티슈 상자를 쌓아 만든 정육면체 모양의 구조물의 크기가 가장 작으려면 이 구조물의 한 모서리의 길이가 24, 12, 15의 최소공배수이어야 하므로

$$24=2^3\times3$$
$$12=2^2\times3$$
$$15=\qquad3\times5$$
$$\overline{(\text{최소공배수})=2^3\times3\times5}$$

$2^3\times3\times5=120(\text{cm})$

이때 필요한 티슈 상자의 개수는

가로 방향으로 $120\div24=5$

세로 방향으로 $120\div12=10$

높이로 $120\div15=8$

따라서 필요한 티슈 상자의 개수는

$5\times10\times8=400$

답 ③

## 17

42를 소인수분해하면 $42=2\times3\times7$이고

두 자연수 42, $A$의 최대공약수가 14이므로

$A=14\times a=2\times7\times a$ (단, $a$는 3과 서로소인 자연수)

꼴이어야 한다.

이때 두 자연수 42, $A$의 최소공배수 84를 소인수분해하면

$84=2^2\times3\times7$이므로 다음과 같이 최소공배수를 구할 수 있다.

$$42=2\quad\times3\times7$$
$$A=2\quad\quad\times7\times a$$
$$\overline{84=2^2\times3\times7}$$

따라서 $a=2$가 되어야 하므로

$A=2\times7\times2=28$

답 28

• 다른 풀이 •

두 자연수 $A$, $B$의 최대공약수가 $G$, 최소공배수가 $L$이면

$A\times B=L\times G$가 성립하므로

$42\times A=14\times84$

따라서 $A=28$이다.

## 18

두 분수 $\dfrac{12}{a}$, $\dfrac{18}{a}$이 모두 자연수가 되려면 자연수 $a$는 12, 18의 공약수이어야 하므로 $a$의 값 중 가장 큰 수 $A$는 12, 18의 최대공약수이다.

$$12=2^2\times3$$
$$18=2\times3^2$$
$$\overline{(\text{최대공약수})=2\times3}$$
$$\overline{(\text{최소공배수})=2^2\times3^2}$$

$\therefore A=2\times3=6$

두 분수 $\dfrac{b}{12}$, $\dfrac{b}{18}$가 모두 자연수가 되려면 자연수 $b$는 12, 18의 공배수이어야 하므로 $b$의 값 중 가장 작은 수 $B$는 12, 18의 최소공배수이다.

$\therefore B=2^2\times3^2=36$

$\therefore A+B=6+36=42$

답 ⑤

| STEP | **2** | A등급을 위한 문제 | | pp.022~027 |
|---|---|---|---|---|
| **01** 9 | **02** 35 | **03** ⑤ | **04** ② | **05** ④ |
| **06** 70 | **07** ③ | **08** 21 | **09** 78 | **10** 6개 |
| **11** 5 | **12** ③ | **13** ② | **14** ④ | **15** 300 |
| **16** 65 | **17** 49 | **18** ② | **19** ① | **20** 57 |
| **21** 20 | **22** 4 | **23** 139 | **24** ② | **25** ③ |
| **26** 16개 | **27** ⑤ | **28** ④ | **29** 48 | **30** 301개 |
| **31** 162초 | **32** 42회 | **33** ② | **34** ④ | **35** ③ |
| **36** 24000원 | | | | |

## 01

88을 소인수분해하면

$88=2^3\times11$

즉, 구하는 수는 2 또는 11을 소인수로 갖지 않는 수이다.

이때 20 이하의 자연수 중에서 2의 배수는 10개이고,

11의 배수는 1개이므로 88과 서로소인 수의 개수는

$20-(10+1)=9$

답 9

## 02

두 수 $A$, $B$가 서로소가 아니므로 1이 아닌 최대공약수가 존재한다.

이때 두 수의 곱 294를 소인수분해하면

$294 = 2 \times 3 \times 7^2$

이므로 최대공약수는 7이어야 한다.

또한, $A < B$이므로 다음과 같이 경우를 나누어 생각할 수 있다.

(i) $A = 7$, $B = 2 \times 3 \times 7$일 때,

$B - A = 42 - 7 = 35$

(ii) $A = 2 \times 7$, $B = 3 \times 7$일 때,

$B - A = 21 - 14 = 7$

(i), (ii)에서 $B - A$의 가장 큰 값은 35이다. 　　　　답 35

## 03

조건 ㈎에서 $x$와 $60 = 2^2 \times 3 \times 5$의 최대공약수는 $12 = 2^2 \times 3$이므로 $x$는 $2^2 \times 3$을 인수로 갖고 5는 소인수로 갖지 않는다.

또한, 조건 ㈏에서 $x$와 $40 = 2^3 \times 5$의 최대공약수는 $8 = 2^3$이므로 $x$는 $2^3$을 인수로 갖고 5를 소인수로 갖지 않는다.

즉, $x$는 $2^3 \times 3$을 인수로 갖고 5는 소인수로 갖지 않는다.

이를 만족시키는 $x$의 값 중에서 조건 ㈐를 만족시키는 것은

$2^3 \times 3 = 24$ 또는 $2^4 \times 3 = 48$ 또는 $2^3 \times 3^2 = 72$

따라서 $x$의 값 중 가장 큰 수는 72이다. 　　　　답 ⑤

## 04

두 수의 최대공약수가 $432 = 2^4 \times 3^3$이므로

두 수의 공약수는 $2^4 \times 3^3$의 약수이다.

이러한 약수 중에서 자연수의 제곱이 되는 수는

소인수의 지수가 짝수인 수이므로

$1, 2^2, 2^4, 3^2, 2^2 \times 3^2, 2^4 \times 3^2$

의 6개이다. 　　　　답 ②

**BLACKLABEL 특강**　　참고

**자연수의 제곱인 수**

자연수 $N$이 어떤 자연수의 제곱인 수이고 $N$을 소인수분해하면 다음과 같을 때,

$N = p^m \times q^n \times \cdots \times r^k$

($p, q, \cdots, r$은 모두 서로 다른 소수, $m, n, \cdots, k$는 자연수)

⑴ $N$의 소인수의 지수는 모두 짝수이다.

　⇨ $m, n, \cdots, k$는 모두 짝수이다.

⑵ $N$의 약수의 개수는 홀수이다.

　⇨ $N$의 약수의 개수는

　　$(m+1) \times (n+1) \times \cdots \times (k+1)$ 　⋯⋯ ㉠

　　이때 $m, n, \cdots, k$가 모두 짝수이므로

　　$m+1, n+1, \cdots, k+1$은 모두 홀수이다.

　　따라서 ㉠의 값은 홀수이다.

## 05

조건 ㈏, ㈐에서 세 수 $A$, $B$, $C$의 최대공약수는 12이고, 조건 ㈐에서 $A < B < C$이므로

$A = 12 \times a$, $B = 12 \times b$, $C = 12 \times c$

(단, $a, b, c$는 $a < b < c$인 자연수이고 $a, b, c$의 최대공약수는 1이다.)

라 할 수 있다.

조건 ㈎에서 $A + B + C = 120$이므로

$12 \times a + 12 \times b + 12 \times c = 120$

$\therefore a + b + c = 10$ 　　⋯⋯ ㉠

이때 $[A, B, C]$의 개수는 세 자연수 $a, b, c$에 대하여 ㉠을 만족시키는 $[a, b, c]$의 개수와 같다.

따라서 $[a, b, c]$는 $[1, 2, 7]$, $[1, 3, 6]$, $[1, 4, 5]$, $[2, 3, 5]$의 4개이므로 구하는 $[A, B, C]$도 4개이다. 　　　　답 ④

**BLACKLABEL 특강**　　오답 피하기

$a + b + c = 10$에서 세 수 $a, b, c$가 모두 서로소이어야 한다고 착각하여 $[a, b, c]$가 $[1, 3, 6]$인 경우를 제외하고 $[a, b, c]$의 개수를 3으로 답하지 않도록 주의한다.

세 수 $a, b, c$ 중 어느 두 수만 서로소이면 세 수의 최대공약수는 1이기 때문이다.

실제로 $[a, b, c]$가 $[1, 3, 6]$인 경우, 즉 $A = 12$, $B = 36$, $C = 72$일 때, 세 수 $A, B, C$의 최대공약수를 구하면 다음과 같이 $2^2 \times 3 = 12$이므로 주어진 조건을 만족시킨다.

$$12 = 2^2 \times 3$$
$$36 = 2^2 \times 3^2$$
$$\underline{72 = 2^3 \times 3^2}$$
$$(최대공약수) = 2^2 \times 3$$

## 06

조건 ㈎에서 자연수 $A$의 소인수가 3개이므로

$A = a^l \times b^m \times c^n$ ($a, b, c$는 서로소인 자연수)

꼴이라 할 수 있다.

조건 ㈏에서 두 수 $A$, 280의 공약수가 8개이므로 이 두 수의 최대공약수의 약수가 8개이다.

이때 280을 소인수분해하면

$280 = 2^3 \times 5 \times 7$

이므로 $A$의 소인수의 종류에 따라 다음과 같이 경우를 나누어 생각할 수 있다.

(i) $A$의 소인수가 2, 5, 7인 경우

두 수 $A$, 280의 소인수가 일치하므로 최대공약수의 소인수도 2, 5, 7의 3개이다. 이때 소인수가 3개인 자연수의 약수가 8개이려면

$8 = (1+1) \times (1+1) \times (1+1)$

인 경우만 가능하다.

즉, 두 수 $A$, 280의 최대공약수는

$2 \times 5 \times 7 = 70$

이고 이를 만족시키는 자연수 $A$ 중 가장 작은 값은

$2 \times 5 \times 7 = 70$

(ii) $A$의 소인수가 2, 5, $p$ (단, $p \neq 7$)인 경우

280의 소인수는 2, 5, 7이므로 두 수 $A$, 280의 최대공약수의 소인수는 2, 5의 2개이다. 이때 소인수가 2개인 자연수의 약수가 8개이려면

$8 = (1+1) \times (3+1)$

인 경우만 가능하다.

즉, 두 수 $A$, 280의 최대공약수는

$2^3 \times 5 = 40$

이고 이를 만족시키는 자연수 $A$ 중 가장 작은 값은

$2^3 \times 5 \times 3 = 120$

(i), (ii)에서 자연수 $A$ 중 가장 작은 값은 70이다. **답 70**

**BLACKLABEL 특강** 풀이 첨삭

$280 = 2^3 \times 5 \times 7$이므로 (i)에서

$2 \times 5^2 \times 7$, $2 \times 5 \times 7^2$, $2 \times 5^2 \times 7^2$, $\cdots$ 등도 모두 $A$의 값으로 가능하다.

마찬가지로 (ii)에서

$2^3 \times 5 \times 11$, $2^3 \times 5 \times 13$, $2^3 \times 5^2 \times 3$, $\cdots$ 등도 모두 $A$의 값으로 가능하다.

구하는 것이 $A$의 값으로 가능한 값 중 가장 작은 값이므로 각 경우에 가장 작은 $A$의 값을 구하여 비교한 것이다.

또한, $A$의 소인수가 2, 7, $p$ (단, $p \neq 5$)인 경우도 가능하지만 이때의 $A$의 값은 (ii)인 경우의 $A$의 값보다 크므로 생각하지 않는다.

## 07

두 수의 공약수의 개수는 두 수의 최대공약수의 약수의 개수이다.

즉, $\langle a, b \rangle = 1$이면 두 수는 서로소이다.

$\langle 20, 30 \rangle$은 두 수 20, 30의 최대공약수의 약수의 개수이고

$20 = 2^2 \times 5$, $30 = 2 \times 3 \times 5$에서 이 두 수의 최대공약수는 $2 \times 5$이므로

$\langle 20, 30 \rangle = (1+1) \times (1+1) = 4$

즉, $\langle \langle 20, 30 \rangle, \langle a, 12 \rangle \rangle = 1$에서

$\langle 4, \langle a, 12 \rangle \rangle = 1$

이므로 $\langle a, 12 \rangle$와 4는 서로소이다. 이때 $4 = 2^2$이므로 $\langle a, 12 \rangle$는 2를 소인수로 갖지 않는다.

$\therefore \langle a, 12 \rangle = 1, 3, 5, \cdots$

① $a = 4$이면 4, 12의 최대공약수는 $4 = 2^2$이므로

$\langle 4, 12 \rangle = 2 + 1 = 3$

② $a = 5$이면 5, 12는 서로소이므로

$\langle 5, 12 \rangle = 1$

③ $a = 6$이면 6, 12의 최대공약수는 $6 = 2 \times 3$이므로

$\langle 6, 12 \rangle = (1+1) \times (1+1) = 4$

④ $a = 7$이면 7, 12는 서로소이므로

$\langle 7, 12 \rangle = 1$

⑤ $a = 8$이면 8, 12의 최대공약수는 $4 = 2^2$이므로

$\langle 8, 12 \rangle = 2 + 1 = 3$

따라서 $a$의 값이 될 수 없는 것은 ③ 6이다. **답 ③**

• 다른 풀이 •

$\langle 4, \langle a, 12 \rangle \rangle = 1$에서 $\langle a, 12 \rangle = 1, 3, 5, \cdots$

(i) $\langle a, 12 \rangle = 1$인 경우

$a$는 12와 서로소이고 $12 = 2^2 \times 3$이므로 2, 3을 소인수로 갖지 않는 자연수는 모두 $a$의 값이 될 수 있다.

즉, ② 5, ④ 7은 $a$가 될 수 있다.

(ii) $\langle a, 12 \rangle = 3$인 경우

$a$와 12의 최대공약수의 약수의 개수가 3이므로 이 두 수의 최대공약수는 (소수)$^2$ 꼴이어야 한다.

이때 $12 = 2^2 \times 3$이므로 $a$와 12의 최대공약수는 $2^2$만 가능하고 $a = 2^2 \times p$ (단, $p$는 3을 소인수로 갖지 않는 자연수) 꼴이어야 한다.

즉, ① $4 = 2^2 \times 1$, ⑤ $8 = 2^2 \times 2$는 $a$가 될 수 있다.

(iii) $\langle a, 12 \rangle = 5, 7, 9, \cdots$인 경우

$a$와 12의 최대공약수의 약수의 개수가 5, 7, 9, $\cdots$이어야 하는데 $12 = 2^2 \times 3$이므로 이를 만족시키는 $a$는 존재하지 않는다.

(i), (ii), (iii)에서 $a$의 값이 될 수 없는 것은 ③ 6이다.

## 08

두 수 18, 42의 최소공배수는

$2 \times 3^2 \times 7 = 126$

$$\begin{aligned} 18 &= 2 \times 3^2 \\ 42 &= 2 \times 3 \times 7 \\ \hline \text{(최소공배수)} &= 2 \times 3^2 \times 7 \end{aligned}$$

두 수의 공배수는 두 수의 최소공배수의 배수이므로

$A \times 12 = 126 \times n$ (단, $n$은 자연수)

이라 하면

$A = \dfrac{21 \times n}{2}$

이를 만족시키는 가장 작은 자연수 $A$는 $n = 2$일 때이므로

$A = 21$ **답 21**

## 09

세 자연수 $x$, $y$, $z$를

$x = 2 \times a$, $y = 3 \times a$, $z = 8 \times a = 2^3 \times a$ ($a$는 자연수)

라 하고 최소공배수를 구하면

$2^3 \times 3 \times a$ ㈎

이때 세 수의 최소공배수가 144이므로

$2^3 \times 3 \times a = 144$ $\therefore a = 6$ ㈏

따라서 $x=2\times6=12$, $y=3\times6=18$, $z=8\times6=48$이므로
$x+y+z=12+18+48=78$

(다)<br>답 78

| 단계 | 채점 기준 | 배점 |
|---|---|---|
| (가) | 한 문자를 이용하여 $x$, $y$, $z$를 나타내고 이 문자로 최소공배수를 나타낸 경우 | 40% |
| (나) | 한 문자의 값을 구한 경우 | 30% |
| (다) | $x+y+z$의 값을 구한 경우 | 30% |

## 10

서로 다른 세 자연수 $n$, $12=2^2\times3$, $42=2\times3\times7$의 최소공배수가 $252=2^2\times3^2\times7$이므로 다음과 같다.

$$n$$
$$12=2^2\times3$$
$$42=2\ \times3\times7$$
$$\overline{(\text{최소공배수})=2^2\times3^2\times7}$$

즉, $n$은 $3^2$을 반드시 인수로 갖고 2 또는 $2^2$ 또는 7을 인수로 가질 수 있다.
따라서 $n$의 값이 될 수 있는 자연수는
$3^2$, $2\times3^2$, $2^2\times3^2$, $3^2\times7$, $2\times3^2\times7$, $2^2\times3^2\times7$
의 6개이다.

답 6개

## 11

$10=2\times5$이고 $a$는 2보다 큰 자연수이므로
두 수 $2\times5$, $3\times a$의 최소공배수는
$2\times3\times5\times n=30\times n$ (단, $n$은 자연수)
꼴이다. 이때 두 수의 공배수는 최소공배수의 배수이므로 공배수가 두 자리 자연수가 되려면 최소공배수도 두 자리 자연수이어야 한다.
즉, $30\times n$의 값이 두 자리 자연수이려면 $n$의 값으로 가능한 것은 1, 2, 3
(i) $n=1$인 경우
　최소공배수가 $30\times1=30$이므로 두 수 $2\times5$, $3\times a$의 공배수는 30, 60, 90의 3개이다.
(ii) $n=2$인 경우
　최소공배수가 $30\times2=60$이므로 두 수 $2\times5$, $3\times a$의 공배수는 60의 1개이다.
(iii) $n=3$인 경우
　최소공배수가 $30\times3=90$이므로 두 수 $2\times5$, $3\times a$의 공배수는 90의 1개이다.
(i), (ii), (iii)에서 두 수 $2\times5$, $3\times a$의 공배수 중에서 두 자리 자연수가 2개 이상 존재하는 경우는 $n=1$일 때이다.
따라서 두 수 $2\times5$, $3\times a$의 최소공배수가 $2\times3\times5$인 경우이므로 2보다 큰 자연수 $a$의 값으로 가능한 것은 5뿐이다.

답 5

BLACKLABEL 특강　참고

2보다 큰 자연수 $a$의 값에 따라 두 수 $2\times5$, $3\times a$의 최소공배수를 구하면 다음과 같다.
(i) $a=3$일 때, $2\times5$와 $3\times a=3\times3=3^2$의 최소공배수는 $2\times3^2\times5=90$이므로 두 자리 자연수인 공배수는 90의 1개
(ii) $a=4$일 때, $2\times5$와 $3\times a=3\times4=2^2\times3$의 최소공배수는 $2^2\times3\times5=60$이므로 두 자리 자연수인 공배수는 60의 1개
(iii) $a=5$일 때, $2\times5$와 $3\times a=3\times5$의 최소공배수는 $2\times3\times5=30$이므로 두 자리 자연수인 공배수는 30, 60, 90의 3개
(iv) $a=6$일 때, $2\times5$와 $3\times a=3\times6=2\times3^2$의 최소공배수는 $2\times3^2\times5=90$이므로 두 자리 자연수인 공배수는 90의 1개
(v) $a=7$일 때, $2\times5$와 $3\times a=3\times7$의 최소공배수는 $2\times3\times5\times7=210$이므로 두 자리 자연수인 공배수는 없다.
(vi) $a\geq8$일 때, 같은 방법으로 두 자리 자연수인 공배수는 없다.

## 12

ㄱ. 4, 6의 최소공배수는 $2^2\times3=12$이므로
　$L(4, 6)=12$

$$4=2^2$$
$$6=2\times3$$
$$\overline{(\text{최소공배수})=2^2\times3}$$

ㄴ. $A$는 $n\times A$의 약수이므로
　$L(A, n\times A)=n\times A$
　서로 같은 두 수의 최소공배수는 그 자신이므로
　$L(A, A)=A$
　$\therefore L(A, n\times A)=n\times L(A, A)$

ㄷ. $A=4$, $B=6$, $m=3$, $n=2$일 때,
　$m\times A=3\times4=12$, $n\times B=2\times6=12$이므로
　$L(m\times A, n\times B)=L(12, 12)=12$
　한편, $L(A, B)=L(4, 6)=12$이므로
　$m\times n\times L(A, B)=3\times2\times12=72$
　$\therefore L(m\times A, n\times B)\neq m\times n\times L(A, B)$

따라서 옳은 것은 ㄱ, ㄴ이다.

답 ③

BLACKLABEL 특강　풀이 첨삭

ㄷ에서 주어진 등식이 성립하려면 세 자연수 $m$, $n$, $L(A, B)$가 모두 서로소이어야 한다.

## 13

$B$가 자연수이므로 $A$는 3, 4의 공배수이어야 한다. 이때 3, 4의 최소공배수는 12이므로 $A$는 12의 배수이다.
또한, $C$도 자연수이므로 $A$는 2, 3, 5의 공배수이어야 한다. 이때 2, 3, 5의 최소공배수는 30이므로 $A$는 30의 배수이다.
즉, $A$는 12, 30의 공배수이므로 가장 작은 자연수 $A$는 12, 30의 최소공배수인 $2^2\times3\times5=60$이다.

$$12=2^2\times3$$
$$30=2\times3\times5$$
$$\overline{(\text{최소공배수})=2^2\times3\times5}$$

$A$가 60일 때,

$B=60\times\dfrac{1}{3}+60\times\dfrac{1}{4}=20+15=35$

$C=60\times\dfrac{1}{2}+60\times\dfrac{1}{3}+60\times\dfrac{1}{5}=30+20+12=62$

$\therefore A+B+C=60+35+62=157$

답 ②

## 14

주어진 세 수의 최대공약수, 최소공배수는 다음과 같다.

$$
\begin{array}{r}
N \\
2^2\times 3^3\times 5 \\
2\ \times 3^2\times 5\ \times 7 \\
\hline
(\text{최대공약수})=2\times 3^2\times 5 \\
(\text{최소공배수})=2^2\times 3^3\times 5\times 7
\end{array}
$$

이때 $N$은 $2\times 3^2\times 5$를 인수로 갖고 $2^2\times 3^3\times 5\times 7$의 약수가 되어야 한다.

즉, $N$은 $2$, $3^2$, $5$를 반드시 인수로 갖고 $2^2$ 또는 $3^3$ 또는 $7$을 인수로 가질 수 있다.

따라서 $N$의 값이 될 수 있는 자연수는

$2\times 3^2\times 5,\ 2^2\times 3^2\times 5,\ 2\times 3^3\times 5,\ 2\times 3^2\times 5\times 7,\ 2^2\times 3^3\times 5,$
$2^2\times 3^2\times 5\times 7,\ 2\times 3^3\times 5\times 7,\ 2^2\times 3^3\times 5\times 7$

의 8개이다.

답 ④

**BLACKLABEL 특강**　풀이 첨삭

자연수 $N$은 $2\times 3^2\times 5$를 인수로 가지면서 $2^2\times 3^3\times 5\times 7$의 약수이어야 하므로
　　소인수 $2$에 대하여 $2$ 또는 $2^2$
　　소인수 $3$에 대하여 $3^2$ 또는 $3^3$
　　소인수 $5$에 대하여 $5$
　　소인수 $7$에 대하여 $1$ 또는 $7$
을 각각 인수로 가져야 한다.
따라서 자연수 $N$으로 가능한 수의 개수는
$2\times 2\times 1\times 2=8$

## 15

조건 ㈎에서 세 자연수 $a$, $b$, $c$의 최대공약수가 5이므로 이 세 수는 모두 5의 배수이다.

즉, 자연수 $c$에 대하여 $\dfrac{c}{5}$의 값도 자연수이고

$c=5\times n$ ($n$은 자연수)이라 하면

조건 ㈏에서 $\dfrac{a}{4}=\dfrac{b}{6}=\dfrac{5\times n}{5}=n$이므로

$a=4\times n,\ b=6\times n$

이때 조건 ㈎에서 세 수 $4\times n$, $6\times n$, $5\times n$의 최대공약수가 5이므로 $n=5$이어야 한다.

$\therefore a=4\times 5=2^2\times 5,\ b=6\times 5=2\times 3\times 5,\ c=5\times 5=5^2$

따라서 세 자연수 $a$, $b$, $c$의 최소공배수는

$2^2\times 3\times 5^2=300$

답 300

## 16

조건 ㈎에서 두 수 $a$와 $15=3\times 5$의 최대공약수가 5이므로 $a$는 5의 배수이고 3을 소인수로 갖지 않는 수이다.

한편, 4로 나누면 2가 남고 5로 나누면 3이 남고 6으로 나누면 4가 남는 자연수를 $x$라 하면 $x+2$는 4, 5, 6의 공배수이다.

이때 $4=2^2$, $5$, $6=2\times 3$의 최소공배수는

$2^2\times 3\times 5=60$이므로

$x+2=60,\ 120,\ 180,\ \cdots$

$\therefore x=58,\ 118,\ 178,\ \cdots$

조건 ㈏에서 이와 같은 $x$ 중 가장 작은 수를 $b$라 하므로

$b=58$

또한, 조건 ㈐에서 $a$가 $b$보다 크므로 구하는 자연수 $a$는 58보다 큰 수이다.

이때 58보다 큰 자연수 중 5의 배수는

$60,\ 65,\ 70,\ 75,\ 80,\ 85,\ 90,\ 95,\ \cdots$

이들 중 3을 소인수로 갖지 않는 수는

$65,\ 70,\ 80,\ 85,\ 95,\ \cdots$

따라서 구하는 조건을 만족시키는 가장 작은 자연수 $a$의 값은 65이다.

답 65

## 17

60보다 작은 서로 다른 두 자연수 $A$, $B$의 최대공약수가 7이므로 두 자연수 $A$, $B$는 모두 60 미만의 7의 배수이다.

즉, $A$, $B$의 값으로 가능한 것은

$7,\ 14,\ 21,\ 28,\ 35,\ 42,\ 49,\ 56$　　　……㉠

한편, 이 두 자연수에 각각 7을 더하여 만든 두 자연수 $A+7$, $B+7$의 최대공약수가 21이므로 두 자연수 $A+7$, $B+7$은 21의 배수이다.

이때 ㉠의 각 수에 7을 더한 수는 순서대로

$14,\ 21,\ 28,\ 35,\ 42,\ 49,\ 56,\ 63$

이므로 이 중 21의 배수가 되는 경우는

$14+7=21,\ 35+7=42,\ 56+7=63$일 때이다.

즉, 두 자연수 $A$, $B$의 값으로 가능한 것은

$14=2\times 7$ 또는 $35=5\times 7$ 또는 $56=2^3\times 7$

(i) 두 자연수 $A$, $B$의 값이 14, 35일 때,

　$A$, $B$의 최소공배수는 $2 \times 5 \times 7 = 70$

　$A+7$, $B+7$의 값은 $21 = 3 \times 7$, $42 = 2 \times 3 \times 7$이므로

　$A+7$, $B+7$의 최대공약수는 $3 \times 7 = 21$, 최소공배수는

　$2 \times 3 \times 7 = 42$이다.

　이때 $42 = 70 - 28$이므로 조건을 만족시킨다.

(ii) 두 자연수 $A$, $B$의 값이 14, 56일 때,

　$A$, $B$의 최소공배수는 $2^3 \times 7 = 56$

　$A+7$, $B+7$의 값은 $21 = 3 \times 7$, $63 = 3^2 \times 7$이므로

　$A+7$, $B+7$의 최대공약수는 $3 \times 7 = 21$, 최소공배수는

　$3^2 \times 7 = 63$이다.

　이때 $63 \neq 56 - 28$이므로 조건을 만족시키지 않는다.

(iii) 두 자연수 $A$, $B$의 값이 35, 56일 때,

　$A$, $B$의 최소공배수는 $2^3 \times 5 \times 7 = 280$

　$A+7$, $B+7$의 값은 $42 = 2 \times 3 \times 7$, $63 = 3^2 \times 7$이므로

　$A+7$, $B+7$의 최대공약수는 $3 \times 7 = 21$, 최소공배수는

　$2 \times 3^2 \times 7 = 126$이다.

　이때 $126 \neq 280 - 28$이므로 조건을 만족시키지 않는다.

(i), (ii), (iii)에서 두 자연수 $A$, $B$의 값은 14, 35이므로

$A+B = 14 + 35 = 49$　　　　　　　　　　　　　　**답 49**

## 18 해결단계

| **❶단계** | $A \blacktriangle B = A \triangle B$이면 최소공배수와 최대공약수가 같음을 이용하여 ㄱ이 옳은지 알아본다. |
|---|---|
| **❷단계** | $A \triangle B = 1$이면 $A$와 $B$는 서로소임을 이용하여 ㄴ이 옳은지 알아본다. |
| **❸단계** | $6 \triangle n$은 10의 약수임을 이용하여 ㄷ이 옳은지 알아본다. |

ㄱ. $A \blacktriangle B = A \triangle B = k$ ($k$는 자연수)라 하면 $k$는 $A$, $B$의 배수

　이면서 약수이므로 $k = A = B$

ㄴ. $A \triangle B = 1$이면 $A$와 $B$는 서로소이므로

　$A \blacktriangle B = A \times B$

ㄷ. $(6 \triangle n) \blacktriangle 10 = 10$에서 $6 \triangle n$은 10의 약수이므로

　$6 \triangle n = 1, 2, 5, 10$

　(i) $6 \triangle n = 1$일 때,

　　6과 $n$은 서로소이므로 $n = 5, 7$

　(ii) $6 \triangle n = 2$일 때,

　　6과 $n$의 최대공약수가 2이므로 $n$은 2의 배수이면서 3의

　　배수는 아니다.

　　$\therefore n = 2, 4, 8$

　(iii) $6 \triangle n = 5$일 때,

　　6은 5의 배수가 아니므로 이를 만족시키는 $n$의 값은 존재

　　하지 않는다.

　(iv) $6 \triangle n = 10$일 때,

　　6은 10의 배수가 아니므로 이를 만족시키는 $n$의 값은 존

　　재하지 않는다.

(i)~(iv)에서 조건을 만족시키는 $n$의 값은 2, 4, 5, 7, 8의

5개이다.

따라서 옳은 것은 ㄱ, ㄴ이다.　　　　　　　　　　　　**답 ②**

## 19

두 자연수 $A$, $B$의 최대공약수를 $G$라 하면

$A = a \times G$, $B = b \times G$ (단, $a$, $b$는 서로소, $a < b$)

라 할 수 있다. 두 수의 최소공배수가 240이므로

$a \times b \times G = 240$　　······㉠

이때 $A \times B = 2880$이므로

$A \times B = (a \times G) \times (b \times G)$

$\qquad\quad = (a \times b \times G) \times G$

$\qquad\quad = 240 \times G$ ($\because$ ㉠)

$\qquad\quad = 2880$

따라서 $G = 12$이므로 ㉠에서 $a \times b = 20$

이를 만족시키면서 $a$, $b$는 서로소이고 $a < b$인 경우는 다음과 같이 나누어 생각할 수 있다.

(i) $a = 1$, $b = 20$일 때,

　$A = 12$, $B = 240$이므로 $A$, $B$가 두 자리 자연수라는 조건을 만족시키지 않는다.

(ii) $a = 4$, $b = 5$일 때,

　$A = 48$, $B = 60$이므로 $A$, $B$는　　$48 = 2^4 \times 3$

　두 자리 자연수이고, $A$, $B$의 최　　$\underline{60 = 2^2 \times 3 \times 5}$

　소공배수는 $2^4 \times 3 \times 5 = 240$이다.　(최소공배수)$= 2^4 \times 3 \times 5$

(i), (ii)에서 $A = 48$, $B = 60$이므로

$B - A = 60 - 48 = 12$　　　　　　　　　　　　　　**답 ①**

## 20

조건 (나)에서 $b$, $c$의 최대공약수가 15이므로

$b = 15 \times x$, $c = 15 \times y$ (단, $x$, $y$는 서로소인 자연수)

라 할 수 있다.

이때 $b$, $c$의 최소공배수가 30이므로

$15 \times x \times y = 30$　　$\therefore x \times y = 2$

조건 (다)에서 $b > c$이므로 $x = 2$, $y = 1$

$\therefore b = 15 \times 2 = 30$, $c = 15 \times 1 = 15$

조건 (가)에서 $a$, $b = 30$의 최대공약수가 6이므로

$a = 6 \times p$, $b = 6 \times 5$ (단, $p$, 5는 서로소인 자연수)

라 할 수 있다.

이때 $a$, $b$의 최소공배수가 60이므로

$6 \times p \times 5 = 60$　　$\therefore p = 2$

따라서 $a = 12$, $b = 30$, $c = 15$이므로

$a + b + c = 12 + 30 + 15 = 57$　　　　　　　　　　**답 57**

## 21

두 수 $A$, $B$의 최대공약수를 $G$라 하면

$A=G\times a$, $B=G\times b$ (단, $a$, $b$는 서로소인 자연수, $a<b$)

라 할 수 있다.

두 수의 합이 80이므로

$A+B=G\times a+G\times b=80$ ······ ㉠

두 수의 최대공약수와 최소공배수의 곱은 두 수의 곱과 같으므로

$A\times B=G\times a\times G\times b=1500$ ······ ㉡

즉, $G$는 80, 1500의 공약수이다.

이때 80, 1500의 최대공약수는
$2^2\times 5=20$

$$\begin{array}{r} 80=2^4\qquad\times 5 \\ 1500=2^2\times 3\times 5^3 \\ \hline (\text{최대공약수})=2^2\qquad\times 5 \end{array}$$

따라서 $G$는 20의 약수 중에서 두 자리의 자연수이므로

$G=10$ 또는 $G=20$

(i) $G=10$일 때,

㉠에서 $10\times a+10\times b=80$ ∴ $a+b=8$

㉡에서 $10\times a\times 10\times b=1500$ ∴ $a\times b=15$

∴ $a=3$, $b=5$

(ii) $G=20$일 때,

㉠에서 $20\times a+20\times b=80$ ∴ $a+b=4$

㉡에서 $20\times a\times 20\times b=1500$ ∴ $a\times b=\dfrac{15}{4}$

곱이 $\dfrac{15}{4}$인 두 자연수 $a$, $b$의 값은 존재하지 않는다.

(i), (ii)에서 $G=10$, $a=3$, $b=5$이므로

$A=G\times a=10\times 3=30$, $B=G\times b=10\times 5=50$

∴ $B-A=50-30=20$

답 20

$G$가 20의 약수 중에서 한 자리 자연수라면

(i) $G=1$일 때,

㉠에서 $1\times a+1\times b=80$ ∴ $a+b=80$

㉡에서 $1\times a\times 1\times b=1500$ ∴ $a\times b=1500$

∴ $a=30$, $b=50$

그런데 30과 50은 서로소가 아니므로 조건을 만족시키지 않는다.

(ii) $G=2$일 때,

㉠에서 $2\times a+2\times b=80$ ∴ $a+b=40$

㉡에서 $2\times a\times 2\times b=1500$ ∴ $a\times b=375$

∴ $a=15$, $b=25$

그런데 15와 25는 서로소가 아니므로 조건을 만족시키지 않는다.

(iii) $G=4$일 때,

㉠에서 $4\times a+4\times b=80$ ∴ $a+b=20$

㉡에서 $4\times a\times 4\times b=1500$ ∴ $a\times b=\dfrac{375}{4}$

곱이 $\dfrac{375}{4}$인 두 자연수 $a$, $b$의 값은 존재하지 않는다.

(iv) $G=5$일 때,

㉠에서 $5\times a+5\times b=80$ ∴ $a+b=16$

㉡에서 $5\times a\times 5\times b=1500$ ∴ $a\times b=60$

∴ $a=6$, $b=10$

그런데 6과 10은 서로소가 아니므로 조건을 만족시키지 않는다.

(i)~(iv)에서 조건을 만족시키는 $G$의 값은 없다.

## 22

두 분수 $\dfrac{90}{n}$, $\dfrac{108}{n}$이 자연수가 되려면 $n$은 90, 108의 공약수이어야 한다. 이때 $90=2\times 3^2\times 5$, $108=2^2\times 3^3$이므로 $n$은 이 두 수의 최대공약수인 $2\times 3^2$의 약수이어야 한다.

또한, 분수 $\dfrac{n}{3}$이 자연수가 되려면 $n$은 3의 배수이어야 한다.

따라서 자연수 $n$은 3, $2\times 3$, $3^2$, $2\times 3^2$의 4개이다.    답 4

## 23

세 수 $\dfrac{21}{44}$, $\dfrac{28}{33}$, $1\dfrac{13}{22}=\dfrac{35}{22}$에 곱할 분수 $\dfrac{b}{a}$가 가장 작으려면 $a$는 분자 21, 28, 35의 최대공약수, $b$는 분모 44, 33, 22의 최소공배수이어야 한다. ────(가)

세 수 $21=3\times 7$, $28=2^2\times 7$, $35=5\times 7$의 최대공약수는 7이므로 $a=7$ ────(나)

세 수 $44=2^2\times 11$, $33=3\times 11$, $22=2\times 11$의 최소공배수는 $2^2\times 3\times 11=132$이므로 $b=132$ ────(다)

∴ $a+b=7+132=139$ ────(라)

답 139

| 단계 | 채점 기준 | 배점 |
|---|---|---|
| (가) | $a$, $b$가 각각 어떤 수인지 알아낸 경우 | 50% |
| (나) | $a$의 값을 구한 경우 | 20% |
| (다) | $b$의 값을 구한 경우 | 20% |
| (라) | $a+b$의 값을 구한 경우 | 10% |

BLACKLABEL 특강    해결 실마리

**두 분수 $\dfrac{A}{B}$, $\dfrac{C}{D}$에 분수를 곱하여 자연수로 만들기**

$\dfrac{A}{B}$, $\dfrac{C}{D}$ 중에서 어느 것을 택하여 곱해도 자연수가 되도록 하는 분수는

$\dfrac{(B,\ D\text{의 공배수})}{(A,\ C\text{의 공약수})}$ 이다.

이때 이를 만족시키는 가장 작은 분수는 $\dfrac{(B,\ D\text{의 최소공배수})}{(A,\ C\text{의 최대공약수})}$ 이다.

## 24

두 분수 $\dfrac{84}{n}$, $\dfrac{114}{n}$가 모두 자연수이므로 $n$은 84, 114의 공약수이다. 또한, 분수 $\dfrac{m}{n}$을 약분하여 가장 작은 자연수가 되려면 $n$의 값은 가장 커야 하므로 84, 114의 최대공약수이어야 한다.

∴ $n=2\times 3=6$

$$\begin{array}{r} 84=2^2\times 3\times 7 \\ 114=2\times 3\qquad\times 19 \\ \hline (\text{최대공약수})=2\times 3 \end{array}$$

한편, $\dfrac{114}{n}=\dfrac{114}{6}=19$이므로 $\dfrac{114}{n}<\dfrac{m}{n}$에서 $19<\dfrac{m}{6}$

즉, $\dfrac{m}{6}$이 $19<\dfrac{m}{6}$을 만족시키는 가장 작은 자연수이므로

$$\dfrac{m}{6}=20$$

$$\therefore m=120$$

답 ②

$n=1, 2, 3, 6$일 때, 두 분수 $\dfrac{84}{n}$, $\dfrac{114}{n}$가 모두 자연수가 된다.

각각의 경우에 조건을 만족시키는 가장 작은 자연수 $m$을 구하면 다음과 같다.

(i) $n=1$인 경우

$\dfrac{114}{1}<\dfrac{m}{1}$에서 $114<m$

위의 조건을 만족시키는 가장 작은 자연수 $\dfrac{m}{1}$은 115이다.

(ii) $n=2$인 경우

$\dfrac{114}{2}<\dfrac{m}{2}$에서 $57<\dfrac{m}{2}$

위의 조건을 만족시키는 가장 작은 자연수 $\dfrac{m}{2}$은 58이다.

(iii) $n=3$인 경우

$\dfrac{114}{3}<\dfrac{m}{3}$에서 $38<\dfrac{m}{3}$

위의 조건을 만족시키는 가장 작은 자연수 $\dfrac{m}{3}$은 39이다.

(iv) $n=6$인 경우

$\dfrac{114}{6}<\dfrac{m}{6}$에서 $19<\dfrac{m}{6}$

위의 조건을 만족시키는 가장 작은 자연수 $\dfrac{m}{6}$은 20이다.

(i)~(iv)에서 $\dfrac{114}{n}<\dfrac{m}{n}$을 만족시키는 가장 작은 자연수 $\dfrac{m}{n}$은 20이다.

따라서 그때의 $m$의 값은

$$m=20\times6=120$$

## 25

초콜릿은 4개, 과자는 1개가 각각 부족하고, 사탕은 6개가 남았으므로 초콜릿, 과자, 사탕이 각각

$40+4=44$(개), $32+1=33$(개), $72-6=66$(개)

가 있으면 학생들에게 똑같이 나누어 줄 수 있다.

따라서 나누어 주려고 했던 학생 수는 44, 33, 66의 최대공약수이므로 11이다.

$$44=2^2\qquad\times11$$
$$33=\qquad3\times11$$
$$66=2\times3\times11$$
$$\text{(최대공약수)}=\qquad\times11$$

답 ③

## 26

기둥 사이의 간격이 일정하려면 기둥 사이의 간격은 24, 30, 42의 공약수이어야 한다. 또한, 기둥의 개수가 최소가 되려면 기둥 사이의 간격은 24, 30, 42의 최대공약수이어야 하므로

$2\times3=6(\text{m})$

$$24=2^3\times3$$
$$30=2\times3\times5$$
$$42=2\times3\qquad\times7$$
$$\text{(최대공약수)}=2\times3$$

이때 $24\div6=4$, $30\div6=5$,

$42\div6=7$이므로 오른쪽 그림과 같다.

따라서 필요한 기둥의 개수는

$4+5+7=16$(개)

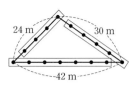

답 16개

## 27

정육면체 모양의 떡의 크기를 가능한 한 크게 하려면 떡의 한 모서리의 길이는 48, 36, 24의 최대공약수이어야 하므로

$2^2\times3=12(\text{cm})$

$$48=2^4\times3$$
$$36=2^2\times3^2$$
$$24=2^3\times3$$
$$\text{(최대공약수)}=2^2\times3$$

이때 자른 정육면체 모양의 떡의 개수는

$(48\div12)\times(36\div12)\times(24\div12)=4\times3\times2=24$

따라서 총 판매 금액은

$24\times3000=72000$(원)

답 ⑤

## 28

마지막 팀에서 남학생이 1명 많고 여학생이 1명 적으므로 남학생이 $33-1=32$(명), 여학생이 $23+1=24$(명)이면 모든 팀의 남학생 수와 여학생 수가 각각 같게 된다.

즉, 남학생을 32명, 여학생을 24명으로 보고 배정한 것과 같다.

① 두 수 $32=2^5$, $24=2^3\times3$의 최대공약수가 $2^3=8$이므로 최대 8개 팀까지 만들 수 있다.

② 팀의 수를 4개로 하면 마지막 팀을 제외한 각 팀에 배정되는 남학생은 $32\div4=8$(명), 여학생은 $24\div4=6$(명)이다.

이때 $8+6=14$이므로 팀의 수를 4개로 하면 각 팀에 14명씩 배정된다.

③, ④, ⑤ ①에 의하여 8개의 팀으로 나눌 때, 팀의 수가 최대이다. 즉, 팀의 수를 최대로 하면 마지막 팀을 제외한 각 팀에 배정되는 남학생은 $32\div8=4$(명), 여학생은 $24\div8=3$(명)이다.

이때 $4+3=7$이므로 팀의 수를 최대로 하면 각 팀에 7명씩 배정된다.

한편, 마지막 팀에 배정되는 여학생은 다른 팀에 비하여 1명 적으므로 팀의 수를 최대로 할 때, 마지막 팀에 배정되는 여학생은 2명이다.

따라서 옳지 않은 것은 ④이다.

답 ④

## 29

각 선물 상자마다 같은 개수의 초코 쿠키, 같은 개수의 버터 쿠키를 담아 포장해야 하므로 선물 상자의 개수는 288, 192의 공약수이다.

이때 $288=2^5\times3^2$, $192=2^6\times3$이므로 이 두 수의 최대공약수는 $2^5\times3$

즉, 선물 상자의 개수는 $2^5\times3$의 약수이다.

한편, 한 상자에 쿠키를 8개 이상 담으려 하므로 선물 상자의 최대 개수는 다음과 같이 $2^5\times3$의 약수 중 가장 큰 것부터 순서대로 생각할 수 있다.

(ⅰ) 선물 상자를 $(2^5\times3)$개 만들 때,

한 상자에 담는 초코 쿠키는 3개, 버터 쿠키는 2개이므로 조건을 만족시키지 않는다.

(ⅱ) 선물 상자를 $(2^4\times3)$개 만들 때,

한 상자에 담는 초코 쿠키는 $2\times3=6$(개), 버터 쿠키는 $2^2=4$(개)이므로 한 상자에 쿠키를 8개 이상 담을 수 있다.

(ⅲ) 선물 상자를 $2^5$개 만들 때,

한 상자에 담는 초코 쿠키는 $3^2=9$(개), 버터 쿠키는 $2\times3=6$(개)이므로 한 상자에 쿠키를 8개 이상 담을 수 있다.

(ⅳ) 선물 상자를 $(2^3\times3)$개 이하로 만들 때,

한 상자에 쿠키를 8개 이상 담을 수 있다.

(ⅰ)~(ⅳ)에서 조건을 만족시키면서 선물 상자의 개수가 최대가 되는 경우는 (ⅱ)이고, 구하는 최대 개수는

$2^4\times3=48$

**답 48**

## 30

사탕 바구니에 들어 있는 사탕의 최소 개수를 $x$라 하면 사탕 바구니에 들어 있는 사탕을 3개씩 여러 번 또는 4개씩 여러 번 또는 5개씩 여러 번 꺼내면 마지막에 항상 1개가 남으므로 $x-1$은 3, 4, 5의 공배수이다.

3, 4, 5의 최소공배수는 $3\times4\times5=60$이므로

$x-1=60$, 120, 180, 240, 300, $\cdots$

$\therefore x=61$, 121, 181, 241, 301, $\cdots$ ······㉠

이때 7개씩 사탕을 꺼내면 남는 사탕이 없으므로 $x$는 7의 배수이어야 한다.

따라서 ㉠에서 가장 작은 7의 배수는 301이므로 처음 사탕 바구니에는 최소 301개의 사탕이 들어 있었다.

**답 301개**

## 31

교차로 A에서 직진 신호가 켜진 후 처음으로 직진 신호가 다시 켜질 때까지 걸리는 시간은

$16+1+20+1+15+1=54$(초)

교차로 B에서 직진 신호가 켜진 후 처음으로 직진 신호가 다시 켜질 때까지 걸리는 시간은

$15+1+41+1+22+1=81$(초)

교차로 A, B에서 직진 신호가 동시에 켜진 후 처음으로 다시 동시에 직진 신호가 켜질 때까지 걸리는 시간은 54, 81의 최소공배수이다.

이때 $54=2\times3^3$, $81=3^4$이므로 두 교차로 A, B에서 직진 신호가 동시에 켜진 후 처음으로 다시 직진 신호가 동시에 켜지게 되는 것은 54, 81의 최소공배수인 $2\times3^4=162$(초) 후이다.

**답 162초**

## 32

A가 2회전하는 동안 B는 7회전하고, C가 3회전하는 동안 B는 5회전한다.

이때 B의 회전 횟수 7과 5의 최소공배수는

$7\times5=35$

즉, B가 35회전하는 동안 A는 10회전, C는 21회전한다.

따라서 A가 10회전하는 동안, C는 21회전하므로 A가 20회전하는 동안 C의 회전 수는

$21\times2=42$(회)

**답 42회**

## 33

묘목 간격 $6=2\times3$, $14=2\times7$의 최소공배수는

$2\times3\times7=42$

즉, 공원의 둘레의 길이는 42의 배수이다.

(ⅰ) 공원의 둘레의 길이가 42 m인 경우

묘목을 6 m 간격으로 심을 때, 필요한 묘목의 수는

$42\div6=7$(그루)

묘목을 14 m 간격으로 심을 때, 필요한 묘목의 수는

$42\div14=3$(그루)

따라서 두 경우에 심는 묘목의 수의 차는

$7-3=4$(그루)

(ⅱ) 공원의 둘레의 길이가 $42\times2=84$(m)인 경우

묘목을 6 m 간격으로 심을 때, 필요한 묘목의 수는

$84\div6=14$(그루)

묘목을 14 m 간격으로 심을 때, 필요한 묘목의 수는

$84\div14=6$(그루)

따라서 두 경우에 심는 묘목의 수의 차는

$14-6=8$(그루)

(ⅲ) 공원의 둘레의 길이가 $42\times3=126$(m)인 경우

묘목을 6 m 간격으로 심을 때, 필요한 묘목의 수는

$126\div6=21$(그루)

묘목을 14 m 간격으로 심을 때, 필요한 묘목의 수는

$126\div14=9$(그루)

따라서 두 경우에 심는 묘목의 수의 차는

$21-9=12$(그루)

$\vdots$

(ⅰ), (ⅱ), (ⅲ), $\cdots$에서 공원의 둘레의 길이가 42 m씩 늘어날 때마다 심는 묘목의 수의 차가 4그루씩 커진다.

따라서 두 묘목의 수의 차가 20그루이려면 공원의 둘레의 길이는

$42\times5=210$(m)

**답 ②**

## 34

윤영이는 $2+1=3$(일) 간격으로 반복하고, 희정이는
$3+2=5$(일) 간격으로 반복하므로 윤영이와 희정이는 3과 5의
최소공배수 간격으로 만남이 반복된다. 즉, 15일 간격으로 만남
이 반복되므로 15일 동안 학원에 간 날을 ○표로 나타내면 다음
표와 같다.

|  | 1 | 2 | 3 | 4 | 5 | 6 | 7 | 8 | 9 | 10 | 11 | 12 | 13 | 14 | 15 |
|---|---|---|---|---|---|---|---|---|---|---|---|---|---|---|---|
| 윤영 | ○ | ○ |  | ○ | ○ |  | ○ | ○ |  | ○ | ○ |  | ○ | ○ |  |
| 희정 | ○ | ○ | ○ |  |  | ○ | ○ | ○ |  |  | ○ | ○ | ○ |  |  |

따라서 15일 동안 두 사람이 같이 학원에 가는 날은 6일이다.
이때 $100=15\times6+10$이므로 100일 동안 15일이 6번 반복되고
10일이 남는다.
또한, 남은 10일 동안 같이 학원에 가는 날이 4일이므로 5월 1일
부터 100일 동안 두 사람이 같이 학원에 가는 날은
$6\times6+4=40$(일)　　　　　　　　　　　　　　　　답 ④

## 35

출발선에서 동시에 출발한 세 장난감 자동차 A, B, C가 다시 처
음으로 동시에 출발선을 통과하는 데까지 걸리는 시간은 각 자동
차가 트랙을 한 바퀴 도는 시간의 최소공배수이다.
세 장난감 자동차가 출발선에서 동시에 출발한 후, 20분, 즉
1200초 동안 동시에 통과한 횟수는 25회이므로 출발선에서 동시
에 출발한 세 장난감 자동차가 다시 처음으로 동시에 출발선을 통
과하는 데까지 걸리는 시간은 $1200\div25=48$(초)
B가 트랙을 한 바퀴 도는 데 걸리는 시간을 $x$초라 하면 A, B, C
가 각각 트랙을 한 바퀴 도는 데 걸리는 시간 $8=2^3$, $x$, $16=2^4$의
최소공배수가 $48=2^4\times3$이므로 $x$로 가능한 값은
3, $2\times3=6$, $2^2\times3=12$, $2^3\times3=24$, $2^4\times3=48$
중 하나이다.
그런데 B는 A보다 느리고 C보다 빠르므로 $x$의 값은 8보다 크고
16보다 작아야 한다.
$\therefore x=12$
따라서 B가 트랙을 한 바퀴 도는 데 걸리는 시간이 12초이므로
10바퀴 도는 데 걸리는 시간은
$12\times10=120$(초)　　　　　　　　　　　　　　　　답 ③

## 36

저금통 A에 들어 있는 100원짜리 동전과 500원짜리 동전의 개수
가 같으므로 저금통 A에 들어 있는 동전의 금액의 합은
$100+500=600$(원)의 배수이다.

저금통 B에 들어 있는 100원짜리 동전과 500원짜리 동전의 금액
이 같으므로 저금통 B에 들어 있는 100원짜리 동전의 개수는
500원짜리 동전의 개수의 5배이다. 즉, 저금통 B에 들어 있는 동
전의 금액의 합은
$100\times5+500=1000$(원)의 배수이다.
따라서 각 저금통에 들어 있는 동전의 금액의 합은 600원, 1000
원의 공배수이다.
이때 $600=2^3\times3\times5^2$, $1000=2^3\times5^3$의 최소공배수는
$2^3\times3\times5^3=3000$
이므로 구하는 금액의 합은 3000원의 배수이다.
그런데 그 합이 22000원보다 많고 26000원보다 적으므로 구하는
합은 24000원이다.　　　　　　　　　　　　　　답 24000원

---

| STEP | **3** | 종합 사고력 도전 문제 | pp.028~029 |
|---|---|---|---|

| **01** 180 | **02** (1) 16그루　(2) 16그루 | **03** 50회 | **04** 430 |
|---|---|---|---|
| **05** 756 | **06** 114분 | **07** 32 | **08** 32 |

## 01 해결단계

| ❶단계 | 두 자연수 $A$와 $B$가 어떤 수의 배수인지 확인한다. |
|---|---|
| ❷단계 | 미지수를 사용하여 $A$, $B$를 나타내고 최대공약수와 최소공배수의 관계를 이용하여 식을 세운다. |
| ❸단계 | $A$와 $B$의 값을 구하고 그 합을 구한다. |

조건 ㈎에서 $14\times A=16\times B$이므로
$2\times7\times A=2\times8\times B$
이때 7과 8은 서로소이므로 $A$는 8의 배수, $B$는 7의 배수이다.
$A=8\times k$, $B=7\times k$ ($k$는 자연수)라 하면
조건 ㈏에서 $A$, $B$의 최소공배수가 672, 최대공약수가 $k$이므로
$(8\times k)\times(7\times k)=672\times k$
$56\times k=672$
$\therefore k=12$
따라서 $A=8\times12=96$, $B=7\times12=84$이므로
$A+B=96+84=180$　　　　　　　　　　　　　　　답 180

## 02 해결단계

| (1) | ❶단계 | 조건을 만족시키는 나무 사이의 간격을 구한다. |
|---|---|---|
|  | ❷단계 | 작년에 심은 나무의 수를 구한다. |
|  | ❸단계 | 조건을 만족시키는 나무 사이의 간격을 구한다. |
| (2) | ❹단계 | 올해 심어야 할 나무의 수를 구하여 새로 더 구입해야 할 나무의 수를 구한다. |

(1) 작년에 심은 나무 사이의 간격은 40, 24의 공약수이어야 하고, 나무의 수가 가능한 한 적으려면 나무 사이의 간격은 최대가 되어야 한다. 따라서 나무 사이의 간격은 $40=2^3\times5$, $24=2^3\times3$의 최대공약수이므로

$2^3=8(m)$

이때 $40\div8=5$, $24\div8=3$이므로 작년에 심은 나무의 수는

$(5+3)\times2=16(그루)$

(2) 올해 텃밭은 오른쪽 그림과 같다.

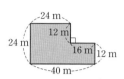

텃밭의 둘레에 일정한 간격으로 가능한 한 나무의 수를 적게 하여 나무를 심으려면 나무 사이의 간격은

$12=2^2\times3$, $16=2^4$, $24=2^3\times3$, $40=2^3\times5$의 최대공약수이어야 한다.

즉, 나무 사이의 간격은

$2^2=4(m)$

이때 $12\div4=3$, $16\div4=4$, $24\div4=6$, $40\div4=10$이므로 필요한 나무의 수는

$6+6+10+3+4+3=32(그루)$

(1)에서 수진이네 가족이 작년에 심은 나무의 수가 16그루이었으므로 올해 새로 더 구입해야 하는 나무의 수는

$32-16=16(그루)$

답 (1) 16그루  (2) 16그루

## 03 해결단계

| **❶단계** | 두 톱니바퀴의 1과 1이 처음으로 다시 맞물릴 때까지 같은 번호끼리 맞물리는 톱니의 개수를 구한다. |
| --- | --- |
| **❷단계** | 두 톱니바퀴의 1과 1이 처음으로 다시 맞물릴 때까지 걸리는 시간을 구한다. |
| **❸단계** | 3분 50초 동안 두 톱니바퀴의 같은 번호끼리 맞물리는 톱니의 개수를 구한다. |

두 톱니바퀴가 돌아가기 시작하여 1과 1이 맞물릴 때까지 1초, 2와 2가 맞물릴 때까지 2초, 3과 3이 맞물릴 때까지 3초, …가 걸리므로 두 톱니바퀴의 1과 1이 맞물린 후 다시 처음으로 두 톱니바퀴의 1과 1이 맞물리기 직전까지 걸리는 시간은 돌아간 톱니의 수와 같다.

이때 돌아간 톱니의 수는 $15=3\times5$, $25=5^2$의 최소공배수이므로

$3\times5^2=75(개)$

또한, 톱니바퀴 A의 톱니 수는 15개, 톱니바퀴 B의 톱니 수는 25개이므로 이 시간 동안 두 톱니바퀴의 같은 번호끼리 맞물리는 톱니의 개수는 15개이다.

즉, 두 톱니바퀴의 톱니가 75개 돌아가는 동안, 즉 75초 동안 같은 번호의 톱니는 총 15개 맞물린다.

한편, 3분 50초는 230초이고

$230=75\times3+5$

이므로 3분 50초 동안 두 톱니바퀴의 같은 번호의 톱니가 15개씩 3번 맞물린 다음, 1과 1, 2와 2, 3과 3, 4와 4, 5와 5까지 맞물린다.

따라서 두 톱니바퀴의 같은 번호끼리 맞물리는 횟수는

$15\times3+5=50(회)$

답 50회

## 04 해결단계

| **❶단계** | $A$의 최댓값을 구한다. |
| --- | --- |
| **❷단계** | $B$의 최댓값을 구한다. |
| **❸단계** | $A$의 최댓값과 $B$의 최댓값의 합을 구한다. |

연속하는 두 자연수는 항상 서로소이므로 21 이하의 두 자연수의 최소공배수는 두 수가 20, 21일 때, 가장 크다.

즉, $A$의 최댓값은 $20\times21=420$

또한, 21 이하의 두 자연수 중에서 최대공약수가 가장 큰 경우는 두 수가 10, 20일 때, $B$의 최댓값은 10이다.

따라서 $A$의 최댓값과 $B$의 최댓값의 합은

$420+10=430$

답 430

**BLACKLABEL 특강**　참고

**연속하는 두 자연수의 최대공약수와 최소공배수**

연속하는 두 자연수의 공통인 약수는 1뿐이다.

즉, 연속하는 두 자연수의 최대공약수는 1이므로 연속하는 두 자연수의 최소공배수는 두 수의 곱이다.

## 05 해결단계

| **❶단계** | $n$이 될 수 있는 형태를 찾는다. |
| --- | --- |
| **❷단계** | $\dfrac{n}{21}$이 될 수 있는 형태를 찾는다. |
| **❸단계** | 조건을 만족시키는 $n$의 값을 구한다. |

$90=2\times3^2\times5=18\times5$이므로 조건 ㈎에서 $n$은 18의 배수인 동시에 7의 배수이고, 5의 배수는 아니다.

즉, $n=18\times7\times\square=2\times3^2\times7\times\square$ 꼴이다.

조건 ㈏에서 $\dfrac{n}{21}=\dfrac{2\times3^2\times7\times\square}{21}=2\times3\times\square$이 자연수의 제곱수이어야 하므로 $\square=2\times3\times(제곱수)$ 꼴이어야 한다.

$\therefore n=2\times3^2\times7\times2\times3\times(제곱수)$

$=756\times(제곱수)$

이때 $n$은 세 자리 정수이므로 $(제곱수)=1^2$이 되어야 한다.

$\therefore n=756\times1^2=756$

답 756

## 06 해결단계

| ❶단계 | 동시에 출발한 두 케이블카가 다시 처음으로 동시에 출발할 때까지 걸리는 시간을 구한다. |
|---|---|
| ❷단계 | 동시에 출발한 두 케이블카가 다시 동시에 출발할 때까지 왕복한 횟수를 구한다. |
| ❸단계 | 두 케이블카가 동시에 출발하여 250명의 학생들이 탑승장에서 전망대까지 올라가는 데 걸리는 최소 시간을 구한다. |

$250=15\times16+10$이므로 케이블카 한 대에 15명씩 16번, 나머지 10명을 1번 태워야 한다.

두 케이블카 A, B가 왕복하는 데 걸리는 시간은 각각 12분, 16분이고, 두 케이블카는 12, 16의 공배수만큼의 시간이 지날 때마다 동시에 탑승장에 도착한다.

이때 $12=2^2\times3$, $16=2^4$의 최소공배수는

$2^4\times3=48$

이고, $48\div12=4$, $48\div16=3$이므로 48분 동안 두 케이블카는 합해서 7번을 왕복하고 동시에 탑승장에 도착한다.

따라서 $48\times2=96$(분) 동안 두 케이블카는 합해서

$7\times2=14$(번)을 왕복하고 동시에 탑승장에 도착하면서 총

$14\times15=210$(명)을 전망대까지 옮긴다.

남은 40명은 다음 표와 같이 태워야 한다.

| 케이블카 | | 탑승장 | 전망대 | 탑승장 | 전망대 |
|---|---|---|---|---|---|
| A | 시간 | 0분 | 6분 | 12분 | 18분 |
| | 학생 수 | 15명 | | 10명 | |
| B | 시간 | 0분 | 8분 | 16분 | 24분 |
| | 학생 수 | 15명 | | | |

그러므로 구하는 최소 시간은

$96+18=114$(분) **답 114분**

## 07 해결단계

| ❶단계 | 두 수끼리의 차가 $A$의 배수가 됨을 확인한다. |
|---|---|
| ❷단계 | 두 수끼리의 차를 각각 구한다. |
| ❸단계 | 두 수끼리의 차의 최대공약수를 구하여 $A$의 값 중에서 가장 큰 수를 구한다. |

세 수 37, 101, 197을 $A$로 나눈 나머지를 $r$이라 하면

$\begin{cases} 37=A\times a+r \\ 101=A\times b+r \quad (단, a, b, c, r은 자연수, 0\leq r<A) \\ 197=A\times c+r \end{cases}$

과 같이 나타낼 수 있다. 이때

$101-37=A\times b-A\times a=64$,

$197-37=A\times c-A\times a=160$,

$197-101=A\times c-A\times b=96$

이므로 64, 160, 96은 $A$의 배수이어야 한다.

즉, $A$는 64, 160, 96의 공약수이고 $A$의 값 중 가장 큰 수는 64, 96, 160의 최대공약수인 $2^5=32$이다.

$\begin{aligned} 64&=2^6 \\ 96&=2^5\times3 \\ 160&=2^5 \quad\times5 \\ \hline (최대공약수)&=2^5 \end{aligned}$

**답 32**

**BLACKLABEL 특강** 해결 실마리

**배수의 사칙연산**

자연수 $A$에 대하여 서로 다른 $A$의 배수의 합, 차, 곱 역시 $A$의 배수이다.

(단, 나눗셈에서는 성립하지 않는다.)

## 08 해결단계

| ❶단계 | 직사각형 모양의 벽 ABCD의 가로, 세로에 들어가는 타일의 개수를 각각 구한다. |
|---|---|
| ❷단계 | 직사각형 모양의 벽 ABCD와 가로, 세로의 길이의 비율이 같고 가장 적은 타일로 겹치지 않게 빈틈없이 붙일 수 있는 직사각형을 구한다. |
| ❸단계 | 직사각형 모양의 벽 ABCD에서 대각선 BD가 지나는 타일의 개수를 구한다. |

직사각형 모양의 벽 ABCD의 가로에 들어가는 타일의 개수는

$120\div5=24$

세로에 들어가는 타일의 개수는

$80\div5=16$

이때 $24=2^3\times3$, $16=2^4$의 최대공약수는 $2^3=8$이므로 직사각형 모양의 벽 ABCD와 가로, 세로의 길이의 비율이 같은 직사각형 중 가장 적은 타일로 겹치지 않게 빈틈없이 붙일 수 있는 직사각형은 가로에 타일이 $24\div8=3$(개),

세로에 타일이 $16\div8=2$(개) 있는 직사각형이다.

가로에 타일이 3개, 세로에 타일이 2개가 들어간 직사각형에서 대각선이 지나는 타일은 오른쪽 그림과 같이 4개이다.

이와 같은 직사각형 8개가 처음 직사각형 모양의 벽 ABCD의 대각선 BD와 만난다.

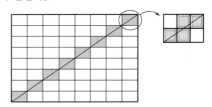

따라서 구하는 타일의 개수는

$4\times8=32$ **답 32**

## 01

3의 거듭제곱은 순서대로 3, 9, 27, 81, 243, …이므로 3의 거듭제곱의 일의 자리의 숫자는 3, 9, 7, 1이 이 순서대로 반복된다.

이때 $30=4\times7+2$이므로 $3^{30}$의 일의 자리의 숫자는 $3^2$의 일의 자리의 숫자와 같은 9이다.

7의 거듭제곱은 순서대로 7, 49, 343, 2401, …이므로 7의 거듭제곱의 일의 자리의 숫자는 7, 9, 3, 1이 이 순서대로 반복된다.

이때 $20=4\times5$이므로 $7^{20}$의 일의 자리의 숫자는 $7^4$의 일의 자리의 숫자와 같은 1이다.

따라서 $3^{30}\times7^{20}$의 일의 자리의 숫자는

$9\times1=9$ **답 ⑤**

## 02

$45\times a=3^2\times5\times a$가 제곱수가 되려면 소인수의 지수가 모두 짝수이어야 하므로 $a=5\times m^2$ ($m$은 자연수) 꼴이다.

$\therefore 45\times a=3^2\times5\times(5\times m^2)$
$\qquad\qquad=3^2\times5^2\times m^2$

$72\times b=2^3\times3^2\times b$가 제곱수가 되려면 소인수의 지수가 모두 짝수이어야 하므로 $b=2\times n^2$ ($n$은 자연수) 꼴이다.

$\therefore 72\times b=2^3\times3^2\times(2\times n^2)$
$\qquad\qquad=2^4\times3^2\times n^2$

이때 $45\times a=72\times b$이므로

$3^2\times5^2\times m^2=2^4\times3^2\times n^2$

$\therefore 5^2\times m^2=2^4\times n^2$

이를 만족시키는 가장 작은 자연수 $m$, $n$의 값은

$m=2^2=4$, $n=5$

$\therefore a=5\times4^2=80$, $b=2\times5^2=50$

이때 $c^2=45\times a=3^2\times4^2\times5^2=60^2$이므로

$c=60$

$\therefore a+b+c=80+50+60=190$ **답 190**

## 03

합이 15가 되는 서로 다른 세 소수는 3, 5, 7의 한 가지뿐이므로 $<a>=15$를 만족시키는 자연수 $a$의 소인수는 3, 5, 7이다.

따라서 이를 만족시키는 가장 작은 자연수 $a$의 값은

$3\times5\times7=105$ **답 105**

## 04

조건 ㈏에서 자연수 $n$의 모든 약수의 합이 $n+1$이므로 $n$의 모든 약수는 1과 $n$뿐이다. 즉, 구하는 자연수 $n$은 소수이다.

이때 조건 ㈎에서 $n$은 $20<n<40$이므로 이를 만족시키는 소수 $n$은 23, 29, 31, 37이다.

따라서 구하는 합은

$23+29+31+37=120$ **답 ⑤**

## 05

조건 ㈎에 의하여 1부터 $a$까지의 자연수 중

(2의 배수의 개수)+(3의 배수의 개수)-(6의 배수의 개수)

$=30$

이 성립해야 한다.

(i) $a=50$일 때,

2의 배수는 25개, 3의 배수는 16개, 6의 배수는 8개이므로 2 또는 3의 배수의 개수는

$25+16-8=33$

(ii) $a=49$, 48일 때,

2의 배수는 24개, 3의 배수는 16개, 6의 배수는 8개이므로 2 또는 3의 배수의 개수는

$24+16-8=32$

(iii) $a=47$, 46일 때,

2의 배수는 23개, 3의 배수는 15개, 6의 배수는 7개이므로 2 또는 3의 배수의 개수는

$23+15-7=31$

(iv) $a=45$일 때,

2의 배수는 22개, 3의 배수는 15개, 6의 배수는 7개이므로 2 또는 3의 배수의 개수는

$22+15-7=30$

(v) $a=44$일 때,

2의 배수는 22개, 3의 배수는 14개, 6의 배수는 7개이므로 2 또는 3의 배수의 개수는

$22+14-7=29$

(vi) $a\leq43$일 때,

$a$의 값이 작아질수록 2의 배수의 개수가 3 또는 6의 배수의 개수보다 빠르게 작아지므로 2 또는 3의 배수는 28개 이하이다.

(i)~(vi)에서 조건 ㈎를 만족시키는 자연수 $a$의 값은 45이다.

한편, 조건 (나)에 의하여 1부터 $b$까지의 자연수 중

(3의 배수의 개수)$+$(5의 배수의 개수)$-$(15의 배수의 개수)

$=20$

이 성립해야 한다.

(vii) $b=50$일 때,

3의 배수는 16개, 5의 배수는 10개, 15의 배수는 3개이므로 3 또는 5의 배수의 개수는

$16+10-3=23$

(viii) $b=49$, 48일 때,

3의 배수는 16개, 5의 배수는 9개, 15의 배수는 3개이므로 3 또는 5의 배수의 개수는

$16+9-3=22$

(ix) $b=47$, 46, 45일 때,

3의 배수는 15개, 5의 배수는 9개, 15의 배수는 3개이므로 3 또는 5의 배수의 개수는

$15+9-3=21$

(x) $b=44$, 43, 42일 때,

3의 배수는 14개, 5의 배수는 8개, 15의 배수는 2개이므로 3 또는 5의 배수의 개수는

$14+8-2=20$

(xi) $b=41$, 40일 때,

3의 배수는 13개, 5의 배수는 8개, 15의 배수는 2개이므로 3 또는 5의 배수의 개수는

$13+8-2=19$

(xii) $b \leq 39$일 때,

$b$의 값이 작아질수록 3의 배수의 개수가 5 또는 15의 배수의 개수보다 빠르게 작아지므로 3 또는 5의 배수는 18개 이하이다.

(vii)~(xii)에서 조건 (나)를 만족시키는 자연수 $b$의 값은 44, 43, 42이다.

따라서 $a+b$의 값이 가장 작은 경우는 $a=45$, $b=42$일 때이므로 구하는 가장 작은 값은

$45+42=87$                                          답 ①

## 06

$120=2^3 \times 3 \times 5$이므로

$A(120)=(3+1) \times (1+1) \times (1+1)$

$\qquad = 4 \times 2 \times 2 = 16$

$A(120) \times A(x)=64$이므로 $16 \times A(x)=64$

$\therefore A(x)=4$

이때 자연수 $x$의 약수가 4개인 경우는 다음과 같다.

(i) $x=a^3$ ($a$는 소수) 꼴일 때,

$\quad x=2^3, 3^3, 5^3, \cdots$

(ii) $x=a \times b$ ($a$, $b$는 서로 다른 소수) 꼴일 때,

$\quad x=2 \times 3, 2 \times 5, 2 \times 7, \cdots$

(i), (ii)에서 가장 작은 자연수 $x$의 값은

$x=2 \times 3=6$                                      답 6

---

**BLACKLABEL 특강**　　풀이 첨삭

자연수 $x$가

(i) $x=a^3$ ($a$는 소수) 꼴이면 약수의 개수는

$\quad 3+1=4$

(ii) $x=a \times b$ ($a$, $b$는 서로 다른 소수) 꼴이면 약수의 개수는

$\quad (1+1) \times (1+1)=4$

---

## 07

두 수 $A$, $B$의 최대공약수가 $28=2^2 \times 7$이므로 서로소인 두 자연수 $x$, $y$에 대하여

$A=2^2 \times 7 \times x$, $B=2^2 \times 7 \times y$

로 나타낼 수 있다.

또한, 두 수 $B$, $C$의 최대공약수가 $12=2^2 \times 3$이므로 서로소인 두 자연수 $z$, $w$에 대하여

$B=2^2 \times 3 \times z$, $C=2^2 \times 3 \times w$

로 나타낼 수 있다.

이때 $B=2^2 \times 7 \times y=2^2 \times 3 \times z$에서 $y$는 3을, $z$는 7을 소인수로 가지므로 자연수 $s$에 대하여

$B=2^2 \times 3 \times 7 \times s$

로 나타낼 수 있다. 이때 $x$가 3을 소인수로 가지면 $A$, $B$의 최대공약수가 28이 될 수 없으므로 $x$는 3을 소인수로 갖지 않고, $w$가 7을 소인수로 가지면 $B$, $C$의 최대공약수가 12가 될 수 없으므로 $w$는 7을 소인수로 갖지 않는다.

따라서 세 수 $A$, $B$, $C$의 최대공약수는 다음과 같이 구할 수 있다.

$$
\begin{aligned}
A &= 2^2 \phantom{\times 3} \times 7 \times x \\
B &= 2^2 \times 3 \times 7 \times s \\
C &= 2^2 \times 3 \phantom{\times 7} \times w \\
\hline
\therefore (\text{최대공약수}) &= 2^2 = 4
\end{aligned}
$$

답 ③

## 08

각 문구 세트에 들어가는 연필, 볼펜, 수정테이프의 개수를 각각 같게 하여 되도록 많은 문구 세트를 만들려면 문구 세트의 개수는 96, 72, 48의 최대공약수이어야 한다.

즉, 오른쪽과 같이 문구 세트의 개수는

$$96 = 2^5 \times 3$$
$$72 = 2^3 \times 3^2$$
$$48 = 2^4 \times 3$$
$$\overline{\text{(최대공약수)} = 2^3 \times 3}$$

$2^3 \times 3 = 24$

이때 한 문구 세트에 들어 있는 연필, 볼펜, 수정테이프의 개수는 각각

$96 \div 24 = 4$, $72 \div 24 = 3$, $48 \div 24 = 2$

따라서 문구 세트 한 개의 가격은

$500 \times 4 + 800 \times 3 + 1000 \times 2 = 6400$(원)  **답 6400원**

## 09

조건 (개), (내)에서 $A = \dfrac{36}{a}$이 자연수이므로 $a$는 36의 약수이다.

조건 (개), (내), (대)에서 $B = \dfrac{90}{b} = \dfrac{90}{6 \times a} = \dfrac{15}{a}$가 자연수이므로 $a$는 15의 약수이다.

즉, $a$는 36, 15의 공약수이므로 두 수의 최대공약수의 약수이다. 이때 $36 = 2^2 \times 3^2$, $15 = 3 \times 5$의 최대공약수는 3이므로 $a$의 값으로 가능한 것은 1, 3이다.

(i) $a = 1$일 때, $A = \dfrac{36}{1} = 36$

(ii) $a = 3$일 때, $A = \dfrac{36}{3} = 12$

따라서 모든 $A$의 값의 합은

$36 + 12 = 48$  **답 ⑤**

## 10

두 수 $A$, $B$의 최대공약수가 $2 \times 5$이므로

$A = 2 \times 5 \times a$, $B = 2 \times 5 \times b$ (단, $a$, $b$는 서로소)

라 하면 두 수의 최소공배수는

$2 \times 5 \times a \times b = 2 \times 3 \times 5^2 \times 7$

$\therefore a \times b = 3 \times 5 \times 7$　　　　　　　　(개)

(i) $a$, $b$의 값이 1과 $3 \times 5 \times 7$일 때,

$2 \times 5 \times 1 = 10$, $2 \times 5 \times 105 = 1050$이므로

$A = 10$, $B = 1050$ 또는 $A = 1050$, $B = 10$

$\therefore A + B = 1060$

(ii) $a$, $b$의 값이 3과 $5 \times 7$일 때,

$2 \times 5 \times 3 = 30$, $2 \times 5 \times 35 = 350$이므로

$A = 30$, $B = 350$ 또는 $A = 350$, $B = 30$

$\therefore A + B = 380$

(iii) $a$, $b$의 값이 5와 $3 \times 7$일 때,

$2 \times 5 \times 5 = 50$, $2 \times 5 \times 21 = 210$이므로

$A = 50$, $B = 210$ 또는 $A = 210$, $B = 50$

$\therefore A + B = 260$

(iv) $a$, $b$의 값이 7과 $3 \times 5$일 때,

$2 \times 5 \times 7 = 70$, $2 \times 5 \times 15 = 150$이므로

$A = 70$, $B = 150$ 또는 $A = 150$, $B = 70$

$\therefore A + B = 220$　　　　　　　　(내)

(i)~(iv)에서 두 자연수 $A$, $B$의 합으로 가능한 값 중에서 가장 작은 값은 220이다.

　　　　　　　　(대)

**답 220**

| 단계 | 채점 기준 | 배점 |
|------|-----------|------|
| (개) | 최대공약수 $G$, 서로소인 두 수 $a$, $b$를 이용하여 $A = G \times a$, $B = G \times b$ 꼴로 나타내고 $a \times b$의 값을 구한 경우 | 30% |
| (내) | $a$, $b$의 값으로 가능한 경우를 찾고, 각 경우에서 $A + B$의 값을 구한 경우 | 60% |
| (대) | $A + B$의 가장 작은 값을 구한 경우 | 10% |

## 11

A행 버스의 출발 시각은

6시, 6시 12분, 6시 24분, 6시 36분, …

B행 버스의 출발 시각은

6시 20분, 6시 36분, 6시 52분, 7시 8분, …

즉, A행 버스와 B행 버스는 오전 6시 36분에 처음으로 동시에 출발한다.

　　　　　　　　(개)

오전 6시 36분 이후에 A행 버스와 B행 버스는 12, 16의 공배수만큼의 시간이 지날 때마다 동시에 출발하게 된다.

이때 $12 = 2^2 \times 3$, $16 = 2^4$의 최소공배수는

$2^4 \times 3 = 48$　　　　　　　　(내)

따라서 오전 6시 40분 이후에 두 버스가 두 번째로 다시 동시에 출발하는 시각은 처음 두 버스가 동시에 출발한 오전 6시 36분으로부터 $48 + 48 = 96$(분) 후인 오전 8시 12분이다.

　　　　　　　　(대)

**답 오전 8시 12분**

| 단계 | 채점 기준 | 배점 |
|------|-----------|------|
| (개) | A행 버스와 B행 버스가 처음으로 동시에 출발하는 시각을 구한 경우 | 30% |
| (내) | 12, 16의 최소공배수를 구한 경우 | 30% |
| (대) | 6시 40분 이후에 두 버스가 두 번째로 다시 동시에 출발하는 시각을 구한 경우 | 40% |

## 12

(1) 1번 학생: 계속 서 있는다.

2번 학생: 서 있다가 [2단계]에서 앉은 이후 계속 앉아 있는다.

3번 학생: [2단계]까지 서 있다가 [3단계]에서 앉은 이후 계속 앉아 있는다.

4번 학생: 서 있다가 [2단계]에서 앉고, [3단계]까지 앉아 있다가 [4단계]에서 선 이후 계속 서 있는다.

5번 학생: [4단계]까지 서 있다가 [5단계]에서 앉은 이후 계속 앉아 있는다.

6번 학생: 서 있다가 [2단계]에서 앉고, [3단계]에서 서고 [4단계], [5단계]까지 서 있다가 [6단계]에서 앉은 이후 계속 앉아 있는다.

7번 학생: [6단계]까지 서 있다가 [7단계]에서 앉은 이후 계속 앉아 있는다.

8번 학생: 서 있다가 [2단계]에서 앉고, [3단계]까지 앉아 있다가 [4단계]에서 선다. 이후 [5단계], [6단계], [7단계]까지 서 있다가 [8단계]에서 앉은 이후 계속 앉아 있는다.

9번 학생: [2단계]까지 서 있다가 [3단계]에서 앉는다. [4단계]부터 [8단계]까지 앉아 있다가 [9단계]에서 선 이후 계속 서 있는다.

10번 학생: 서 있다가 [2단계]에서 앉고, [4단계]까지 앉아 있다가 [5단계]에서 선다. [6단계]부터 [9단계]까지 서 있다가 [10단계]에서 앉은 이후 계속 앉아 있는다.

따라서 이들 10명의 학생 중 [100단계]까지의 활동을 마친 후 서 있는 학생들의 번호는 1, 4, 9이다.

(2) [1단계]에서 서 있던 $n$번 학생이 이후 [$m$단계]에서 앉고 서는 것을 바꾸었다면 $n$은 $m$의 배수이고 $m$은 $n$의 약수이다. 즉, $n$번 학생은 $n$의 약수의 단계에서 앉고 서는 것을 바꾸므로 이 학생이 [100단계]에서 서 있으려면 $n$의 약수의 개수가 홀수이어야 한다.

약수의 개수가 홀수인 자연수는 소인수분해하였을 때 각 소인수의 지수가 모두 짝수인 수, 즉 어떤 자연수의 제곱인 수이다.

1부터 100까지의 자연수 중 이를 만족시키는 경우는

$1, 2^2, 3^2, \cdots, 10^2$

따라서 [100단계]까지의 활동을 마친 후 서 있는 학생은 1번 학생, 4번 학생, 9번 학생, $\cdots$, 100번 학생의 10명이다.

답 (1) 1, 4, 9 (2) 10명

| 단계 | | 채점 기준 | 배점 |
|---|---|---|---|
| (1) | (가) | 1부터 10까지의 번호표를 가진 학생 중 [100단계]에 서 있는 학생들의 번호를 모두 구한 경우 | 30% |
| (2) | (나) | [100단계]에 서 있는 학생들의 번호의 규칙을 찾은 경우 | 50% |
| | (다) | [100단계]에 서 있는 학생 수를 구한 경우 | 20% |

**BLACKLABEL 특강** 풀이 첨삭

앉아 있다가 서는 것을 ○, 서 있다가 앉는 것을 ×라 하고 앉고 서는 변화를 살펴보면 다음과 같다.

4번 학생은

[1단계] ○ → [2단계] × → [4단계] ○

6번 학생은

[1단계] ○ → [2단계] × → [3단계] ○ → [6단계] ×

8번 학생은

[1단계] ○ → [2단계] × → [4단계] ○ → [8단계] ×

9번 학생은

[1단계] ○ → [3단계] × → [9단계] ○

즉, 처음 서 있던 학생이 앉고 서는 상태를 바꾸는 때는 단계의 숫자가 학생의 번호표의 숫자의 약수일 때이다.

# Ⅱ 정수와 유리수

## 03. 정수와 유리수

| STEP | 1 | 시험에 꼭 나오는 문제 | pp.035~036 |
|---|---|---|---|

| 01 ③ | 02 4 | 03 3 | 04 ⑤ | 05 ② |
|---|---|---|---|---|
| 06 ⑤ | 07 2 | 08 ①, ④ | 09 ① | 10 ③ |
| 11 ③ | 12 ③ | | | |

### 01

① 영상 24 ℃ ⇨ +24 ℃

② 해발 1947 m ⇨ +1947 m

③ 10분 늦게 ⇨ +10분

④ 10000원 할인 ⇨ −10000원

⑤ 1000원을 모았다. ⇨ +1000원

따라서 옳은 것은 ③이다.  답 ③

### 02

양의 정수는 $+5$, $\dfrac{24}{4}=6$의 2개이므로 $a=2$

음의 정수는 $-3$, $-\dfrac{4}{2}=-2$의 2개이므로 $b=2$

$\therefore a \times b = 2 \times 2 = 4$  답 4

### 03

□에 해당하는 수는 '정수가 아닌 유리수'이다.

이때 $-\dfrac{63}{21}=-3$, $-17$, $12$는 정수이므로 정수가 아닌 유리수는 $-\dfrac{46}{7}$, $\dfrac{5}{12}$, $5.123$의 3개이다.  답 3

### 04

① 자연수가 아닌 정수는 음의 정수 또는 0이다.

② 가장 큰 음의 정수는 −1이다.

③ 유리수는 양의 유리수, 0, 음의 유리수로 되어 있다.

④ 서로 다른 두 정수 0과 1 사이에는 정수가 없다.

따라서 옳은 것은 ⑤이다.  답 ⑤

## 05

② B : $-\dfrac{5}{3}$

답 ②

## 06

두 점 A와 B 사이의 거리는 12이므로 점 P가 나타내는 수는 $-8$ 이고, 두 점 B와 C 사이의 거리는 8이므로 점 Q가 나타내는 수는 2이다.

따라서 두 점 P와 Q 사이의 거리는 10이다.

답 ⑤

## 07

$|x|=2$이므로 $x=-2$ 또는 $x=2$

$|y|=6$이므로 $y=-6$ 또는 $y=6$

네 수 $-2$, $2$, $-6$, $6$을 나타내는 점을 수직선 위에 나타내면 다음 그림과 같다.

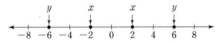

(ⅰ) $x$, $y$를 나타내는 두 점 사이의 거리가 가장 멀 때,

  $x=-2$, $y=6$ 또는 $x=2$, $y=-6$일 때이므로 $a=8$

(ⅱ) $x$, $y$를 나타내는 두 점 사이의 거리가 가장 가까울 때,

  $x=-2$, $y=-6$ 또는 $x=2$, $y=6$일 때이므로 $b=4$

(ⅰ), (ⅱ)에서 $\dfrac{a}{b}=\dfrac{8}{4}=2$

답 2

## 08

① 절댓값이 4인 수는 4와 $-4$이다.

④ 절댓값이 3 이하인 정수는 $-3$, $-2$, $-1$, $0$, $1$, $2$, $3$의 7개이다.

따라서 옳지 않은 것은 ①, ④이다.

답 ①, ④

## 09

주어진 수의 절댓값은 다음과 같다.

$|-2.4|=2.4$, $\left|-\dfrac{8}{3}\right|=\dfrac{8}{3}$, $|2|=2$, $\left|\dfrac{5}{2}\right|=\dfrac{5}{2}$, $\left|\dfrac{9}{4}\right|=\dfrac{9}{4}$

따라서 절댓값이 큰 수부터 차례대로 나열하면

$-\dfrac{8}{3}$, $\dfrac{5}{2}$, $-2.4$, $\dfrac{9}{4}$, $2$

따라서 세 번째에 오는 수는 $-2.4$이다.

답 ①

## 10

① $-11 \boxed{<} -8$

② $-0.1 \boxed{<} \dfrac{1}{10}$

③ $-\dfrac{2}{3}=-\dfrac{8}{12}$, $-\dfrac{3}{4}=-\dfrac{9}{12}$이므로 $-\dfrac{2}{3} \boxed{>} -\dfrac{3}{4}$

④ $\dfrac{4}{5}=\dfrac{24}{30}$, $\left|-\dfrac{5}{6}\right|=\dfrac{5}{6}=\dfrac{25}{30}$이므로 $\dfrac{4}{5} \boxed{<} \left|-\dfrac{5}{6}\right|$

⑤ $\left|+\dfrac{3}{4}\right|=\dfrac{3}{4}=\dfrac{21}{28}$, $\left|-\dfrac{6}{7}\right|=\dfrac{6}{7}=\dfrac{24}{28}$이므로

  $\left|+\dfrac{3}{4}\right| \boxed{<} \left|-\dfrac{6}{7}\right|$

따라서 부등호가 나머지 넷과 다른 하나는 ③이다.

답 ③

## 11

③ $-3<-\dfrac{11}{4}\le 2$이므로 $-\dfrac{11}{4}$은 $a$의 값이 될 수 있다.

답 ③

## 12

$a\le x<7$을 만족시키는 정수 $x$가 5개이려면

정수 $x$는 $2$, $3$, $4$, $5$, $6$이어야 하므로

$a=2$

$-2<y<b$를 만족시키는 정수 $y$가 6개이려면

정수 $y$는 $-1$, $0$, $1$, $2$, $3$, $4$이어야 하므로

$b=5$

$\therefore b-a=5-2=3$

답 ③

| STEP | **2** | A등급을 위한 문제 | | pp.037~041 |
|---|---|---|---|---|

| 01 ㄱ, ㄷ, ㄹ | 02 6 | 03 ③ | 04 ③ | 05 11 |
|---|---|---|---|---|
| 06 ④ | 07 ② | | | |
| 08 | | | | 09 $r$ |
| 10 ⑤ | 11 90 | 12 7 | 13 22 | 14 ② |
| 15 ① | 16 80 | 17 12 | 18 $-\dfrac{13}{5}$ | 19 ⑤ |
| 20 ④ | 21 ② | 22 $b$, $d$, $a$, $c$ | 23 ⑤ | 24 ④ |
| 25 ⑤ | 26 55 | 27 45 | 28 ⑤ | 29 23 |

08 (수직선 그림) $-3$ ~ $-2$ ~ $-1$ ~ $0$ ~ $1$ ~ $2$ , $0$, $1$

## 01

ㄱ. 자연수는 5, $\dfrac{12^2}{2^3}(=18)$의 2개이다.

ㄴ. 양의 유리수는 5, $+\dfrac{3}{4}$, $\dfrac{12^2}{2^3}(=18)$의 3개이다.

ㄷ. 주어진 수는 모두 유리수이므로 유리수는 6개이다.

ㄹ. 음수는 $-2.3$, $-2$의 2개이다.

ㅁ. 정수가 아닌 유리수는 $-2.3$, $+\dfrac{3}{4}$의 2개이다.

따라서 옳은 것은 ㄱ, ㄷ, ㄹ이다.　　　　　　　　답 ㄱ, ㄷ, ㄹ

## 02

양의 유리수는 3.2, 502의 2개이므로 $x=2$

음의 유리수는 $-4$, $-\dfrac{7}{5}$, $-\dfrac{78}{26}(=-3)$의 3개이므로 $y=3$

정수가 아닌 유리수는 3.2, $-\dfrac{7}{5}$의 2개이므로 $z=2$

∴ $x \times y \times z = 2 \times 3 \times 2 = 2^2 \times 3$

따라서 $x \times y \times z$의 약수의 개수는

$(2+1) \times (1+1) = 6$　　　　　　　　　　　　　　답 6

**BLACKLABEL 특강**　　필수 개념

$a^m \times b^n$($a$, $b$은 서로 다른 소수, $m$, $n$은 자연수)의 약수의 개수
⇨ $(m+1) \times (n+1)$

## 03

ㄱ. $-2$는 정수이지만 자연수가 아니다.

ㄴ. 어떤 정수라도 바로 앞의 정수와 바로 뒤의 정수를 알 수 있다.

ㄷ. 1과 2 사이에는 정수가 없다.

ㄹ. 가장 작은 양의 정수는 1이다.

따라서 옳은 것은 ㄴ, ㄹ의 2개이다.　　　　　　　　답 ③

## 04

ㄱ. 0과 1 사이에는 무수히 많은 유리수가 있다.

ㄴ. 가장 큰 음의 유리수는 존재하지 않는다.

ㄷ. 모든 정수는 유리수이다.

ㄹ. (유리수)$=\dfrac{(정수)}{(0이\ 아닌\ 정수)}$이므로 모든 유리수는

$\dfrac{(정수)}{(자연수)}$꼴로 나타낼 수 있다.

따라서 옳은 것은 ㄱ, ㄹ이다.　　　　　　　　　　답 ③

## 05

$-1$을 나타내는 점과 $a$를 나타내는 점 사이의 거리가 4이므로

$a=-5$ 또는 $a=3$

(ⅰ) $a=-5$일 때,

　$a$와 3을 나타내는 점 사이의 거리가 8이므로

　$b=11$

(ⅱ) $a=3$일 때,

　$a$와 3을 나타내는 점 사이의 거리가 0이므로

　$b=3$

　이때 $a$, $b$가 서로 다른 수라는 조건을 만족시키지 않는다.

(ⅰ), (ⅱ)에서 $b=11$　　　　　　　　　　　　　　답 11

## 06

점 B와 점 E 사이를 3등분한 간격은 6이므로 세 점 A, C, D가 나타내는 수는 각각 $-18$, $-6$, 0이다.

ㄱ. 양수를 나타내는 점은 E의 1개이다.

ㄴ. 점 A가 나타내는 수는 $-18$이고, 점 D가 나타내는 수는 0이므로 두 점 A와 D 사이의 거리는 18이다.

ㄷ. 두 점 C와 D 사이를 4등분한 간격은 $\dfrac{6}{4}=1.5$

　즉, 점 C에 가장 가까운 점이 나타내는 수는 $-4.5$이므로 이 점은 $-3$을 나타내는 점보다 왼쪽에 있다.

따라서 옳은 것은 ㄴ, ㄷ이다.　　　　　　　　　답 ④

## 07

5명의 학생 A, B, C, D, E의 위치를 수직선 위에 점으로 나타내면 다음 그림과 같다.

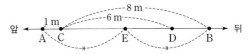

따라서 앞에 있는 학생부터 차례대로 나열하면

A, C, E, D, B　　　　　　　　　　　　　　　　답 ②

## 08

두 수 $-\dfrac{9}{4}$, $\dfrac{5}{3}$를 나타내는 점 A, B를 수직선 위에 나타내면 다음 그림과 같다.

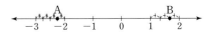

따라서 $-\dfrac{9}{4}$와 $\dfrac{5}{3}$ 사이에 있는 정수는 $-2$, $-1$, $0$, $1$이고, 이 중 음수가 아닌 수는 $0$, $1$이다.

답 , 0, 1

## 09

주어진 표를 이용하여 인형의 가격과 왕복 교통비 및 그 합을 표로 나타내면 다음과 같다.

| 가게 | 인형의 가격 | 왕복 교통비 | 합 |
|---|---|---|---|
| A | $p$원 | 1000원 | $(p+1000)$원 $(=q$원$)$ |
| B | $(p-1500)$원 | 1700원 | $(p+200)$원 $(=r$원$)$ |
| C | $(p-1200)$원 | 1300원 | $(p+100)$원 $(=s$원$)$ |
| D | $(p-1000)$원 | 900원 | $(p-100)$원 $(=t$원$)$ |

따라서 $p$, $q$, $r$, $s$, $t$를 나타내는 점을 각각 수직선 위에 나타내면 다음 그림과 같으므로 왼쪽에서 네 번째에 있는 점이 나타내는 수는 $r$이다.

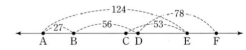

답 $r$

## 10

ㄱ. $-4$와 $-3$을 나타내는 점 사이를 4등분한 간격은 $\dfrac{1}{4}=0.25$이므로 점 A는 $-3$을 나타내는 점에서 $0.75$만큼 왼쪽에 위치해 있다. 즉, 점 A가 나타내는 수는 $-3.75$이다.

ㄴ. 점 A와 점 B 사이의 거리는 $1+\dfrac{3}{4}=\dfrac{7}{4}$이고, 점 B와 점 C 사이의 거리는 $2+\dfrac{1}{3}=\dfrac{7}{3}$이므로 점 B와 가장 가까운 점은 점 A이다.

ㄷ. 점 A와 점 D 사이의 거리는 $3.75+4.5=8.25$이므로 두 점 A와 D로부터 같은 거리에 있는 점이 나타내는 수는
$$4.5-\dfrac{8.25}{2}=4.5-4.125=0.375$$
이때 점 C가 나타내는 수는 $\dfrac{1}{3}=0.333\cdots$이므로 $0.375$를 나타내는 점은 점 C보다 오른쪽에 있다.

따라서 ㄱ, ㄴ, ㄷ 모두 옳다.

답 ⑤

## 11

수직선 위의 6개의 점 A, B, C, D, E, F에 대하여
(선분 AB의 길이)$=27$, (선분 AE의 길이)$=124$,
(선분 BD의 길이)$=56$이므로

(선분 DE의 길이)$=124-(27+56)=41$
또한, (선분 CE의 길이)$=53$이므로
(선분 CD의 길이)$=53-41=12$
(선분 DF의 길이)$=78$이므로
(선분 CF의 길이)$=12+78=90$

답 90

• 다른 풀이 •

점 A가 나타내는 수를 $0$이라 하면
(선분 AB의 길이)$=27$이므로 점 B가 나타내는 수는
$0+27=27$
(선분 AE의 길이)$=124$이므로 점 E가 나타내는 수는
$0+124=124$
(선분 BD의 길이)$=56$이므로 점 D가 나타내는 수는
$27+56=83$
(선분 CE의 길이)$=53$이므로 점 C가 나타내는 수는
$124-53=71$
(선분 DF의 길이)$=78$이므로 점 F가 나타내는 수는
$83+78=161$
따라서 두 점 C, F 사이의 거리는
$161-71=90$

### BLACKLABEL 특강  풀이 첨삭

주어진 표의 조건을 수직선 위에 나타내면 다음과 같다.

## 12

두 정수 사이에 13개의 정수가 있으므로 두 정수를 수직선 위에 점으로 나타내면 두 점 사이의 거리는 $14$이다.
이때 두 정수는 절댓값이 같고 서로 다른 수이므로 부호가 반대이다.
따라서 두 점이 나타내는 수는 $7$과 $-7$이므로 두 정수 중 양수는 $7$이다.

답 7

## 13

$-11.1$에 가장 가까운 정수는 $-11$이므로 $a=-11$ ──(가)

$\dfrac{32}{3}=10.666\cdots$에 가장 가까운 정수는 $11$이므로 $b=11$ ──(나)

따라서 $|a|+|b|=|-11|+|11|=11+11=22$ ──(다)

답 22

| 단계 | 채점 기준 | 배점 |
|------|----------|------|
| ㈎ | $a$의 값을 구한 경우 | 30% |
| ㈏ | $b$의 값을 구한 경우 | 30% |
| ㈐ | $|a|+|b|$의 값을 구한 경우 | 40% |

• 다른 풀이 •

두 수 $-11.1$, $\dfrac{32}{3}=10\dfrac{2}{3}$를 나타내는 점을 수직선 위에 나타내면 다음 그림과 같다.

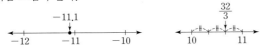 

$\therefore a=-11$, $b=11$

$\therefore |a|+|b|=|-11|+|11|=11+11=22$

## 14

조건 ㈎에서 $|a|=3$

조건 ㈏에서 $|b|=|-5|=5$

조건 ㈐에서 $|a|+|b|+|c|=10$이므로

$3+5+|c|=10$ $\quad \therefore |c|=2$

$\therefore c=-2$ 또는 $c=2$

그런데 $c$는 양의 정수이므로 $c=2$ 　　　　　　　　　　답 ②

## 15

(i) $|a|=0$, $|b|=3$일 때,
　　$(a, b)$는 $(0, 3)$, $(0, -3)$의 2개이다.

(ii) $|a|=1$, $|b|=2$일 때,
　　$(a, b)$는 $(1, 2)$, $(1, -2)$, $(-1, 2)$, $(-1, -2)$의 4개이다.

(iii) $|a|=2$, $|b|=1$일 때,
　　$(a, b)$는 $(2, 1)$, $(2, -1)$, $(-2, 1)$, $(-2, -1)$의 4개이다.

(iv) $|a|=3$, $|b|=0$일 때,
　　$(a, b)$는 $(3, 0)$, $(-3, 0)$의 2개이다.

(i) ~ (iv)에서 조건을 만족시키는 $(a, b)$의 개수는

$2+4+4+2=12$ 　　　　　　　　　　　　　　　　답 ①

## 16

조건 ㈐에서 $|c|>1$이므로 다음과 같이 경우를 나누어 구할 수 있다. (단, $|a|<10$, $|b|<10$, $|c|<10$)

(i) $|c|=2$일 때,
　　조건 ㈏에서 $|b|=3$
　　조건 ㈎에서 $|a|=3, 6, 9$
　　$(a, b, c)$의 개수는 $6\times2\times2=24$

(ii) $|c|=3$일 때,
　　조건 ㈏에서 $|b|=4$
　　조건 ㈎에서 $|a|=4, 8$
　　$(a, b, c)$의 개수는 $4\times2\times2=16$

(iii) $|c|=4$일 때,
　　조건 ㈏에서 $|b|=5$
　　조건 ㈎에서 $|a|=5$
　　$(a, b, c)$의 개수는 $2\times2\times2=8$

(iv) $|c|=5$일 때,
　　조건 ㈏에서 $|b|=6$
　　조건 ㈎에서 $|a|=6$
　　$(a, b, c)$의 개수는 $2\times2\times2=8$

(v) $|c|=6$일 때,
　　조건 ㈏에서 $|b|=7$
　　조건 ㈎에서 $|a|=7$
　　$(a, b, c)$의 개수는 $2\times2\times2=8$

(vi) $|c|=7$일 때,
　　조건 ㈏에서 $|b|=8$
　　조건 ㈎에서 $|a|=8$
　　$(a, b, c)$의 개수는 $2\times2\times2=8$

(vii) $|c|=8$일 때,
　　조건 ㈏에서 $|b|=9$
　　조건 ㈎에서 $|a|=9$
　　$(a, b, c)$의 개수는 $2\times2\times2=8$

(i)~(vii)에서 조건을 만족시키는 $(a, b, c)$의 개수는

$24+16+8\times5=80$ 　　　　　　　　　　　　　답 80

## 17 해결단계

| ❶단계 | $|a|=3\times|b|$인 두 수 $a, b$를 나타내는 점을 수직선 위에 경우를 나누어 나타낸다. |
|------|------|
| ❷단계 | ❶단계에서 구한 각 경우에 따라 $|a|+|b|$의 값을 구한다. |
| ❸단계 | $|a|+|b|$의 값이 될 수 있는 수 중에서 가장 작은 수를 구한다. |

$|a|=3\times|b|$이므로 두 수 $a, b$가 나타내는 점을 수직선 위에 나타내면 다음 그림과 같이 네 가지 경우가 있다.

(i) ![수직선](a 0 b)　　　(ii) ![수직선](b 0 a)

(iii) ![수직선](0 b a)　　(iv) ![수직선](a b 0)

(i), (ii)에서 $a$와 $b$가 나타내는 두 점 사이의 거리가 12이므로

$|a|+|b|=12$

(iii), (iv)에서 $a$와 $b$가 나타내는 두 점 사이의 거리가 12이므로

$|b|=\dfrac{12}{2}=6$ $\quad\therefore |a|=3\times|b|=3\times6=18$

$\therefore |a|+|b|=18+6=24$

따라서 $|a|+|b|$의 값이 될 수 있는 수 중에서 가장 작은 수는 12이다.

답 12

## 18

$-3<2.4$이므로

$(-3)\blacktriangle2.4=2.4$

$\left|-\dfrac{13}{5}\right|=\dfrac{13}{5}=2.6,\ \left|\dfrac{5}{2}\right|=\dfrac{5}{2}=2.5$이므로

$\left|-\dfrac{13}{5}\right|>\left|\dfrac{5}{2}\right|$

$\therefore \left(-\dfrac{13}{5}\right)\star\dfrac{5}{2}=-\dfrac{13}{5}$

$\therefore \left\{(-3)\blacktriangle2.4\right\}\star\left\{\left(-\dfrac{13}{5}\right)\star\dfrac{5}{2}\right\}=2.4\star\left(-\dfrac{13}{5}\right)$

$|2.4|=2.4,\ \left|-\dfrac{13}{5}\right|=2.6$이므로

$|2.4|<\left|-\dfrac{13}{5}\right|$

$\therefore \left\{(-3)\blacktriangle2.4\right\}\star\left\{\left(-\dfrac{13}{5}\right)\star\dfrac{5}{2}\right\}=2.4\star\left(-\dfrac{13}{5}\right)=-\dfrac{13}{5}$

답 $-\dfrac{13}{5}$

## 19

네 점 A, B, C, D가 나타내는 수는 각각 $-5$, $-1$, 3, 5이다.

ㄱ. 두 점 A, B 사이의 거리는 4이므로 점 A는 점 B보다 4만큼 왼쪽에 있다.

ㄴ. 네 점 A, B, C, D가 나타내는 수의 절댓값은 각각 5, 1, 3, 5이므로 절댓값이 두 번째로 작은 점은 C이다.

ㄷ. 0을 나타내는 점으로부터 점 A까지의 거리와 점 D까지의 거리는 각각 5로 서로 같다.

따라서 ㄱ, ㄴ, ㄷ 모두 옳다.

답 ⑤

## 20

① $[0]=0$

② $\dfrac{5}{2}=2.5$이고, 2.5보다 크지 않은 최대의 정수는 2이므로

$\left[\dfrac{5}{2}\right]=2$

③ $[-4]=-4$

④ $-0.5$보다 크지 않은 최대의 정수는 $-1$이므로

$[-0.5]=-1$

⑤ $-\dfrac{9}{2}=-4.5$이고, $-4.5$보다 크지 않은 최대의 정수는 $-5$

이므로 $\left[-\dfrac{9}{2}\right]=-5$

따라서 옳지 않은 것은 ④이다.

답 ④

**BLACKLABEL 특강**　오답 피하기

**수직선 위에서 $[a]$와 $a$가 나타내는 점의 위치**

⑴ $a$가 정수이면 $[a]=a$

⑵ $a$가 정수가 아닌 유리수이면 $[a]$는 $a$가 나타내는 점의 왼쪽에서 가장 가까운 점이 나타내는 정수이다.

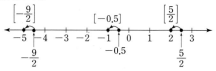

※ $[a]$의 의미를 이용하여 $[a]$의 값을 구할 수 있지만 수직선을 이용하여 구하는 것이 더 쉽다.

## 21

조건 (나), (다)에서

$b<c<0$

조건 (라)에서 $|a|=|b|$이고 $a\neq b$이므로

$b<c<0<a$

조건 (가)에서 $b<c<d<a$

답 ②

## 22

조건 (나)에서

$b<0<c$ 또는 $c<0<b$

(i) $a>0$이면 조건 (가)에서

$b<0<a<c$ 또는 $c<0<a<b$

조건 (다)에서

$b<d<0<a<c$ 또는 $c<0<a<d<b$

그런데 모두 조건 (라)를 만족시키지 않는다.

(ii) $a<0$이면 조건 (가)에서

$b<a<0<c$ 또는 $c<a<0<b$

조건 (다)에서

$b<d<a<0<c$ 또는 $c<a<0<d<b$

조건 (라)에서 $b<d<a<0<c$

(i), (ii)에서 $b<d<a<c$

답 $b$, $d$, $a$, $c$

## 23

ㄱ. $a$, $b$의 대소 관계는 알 수 없다.

ㄴ. $a=2$, $b=2.5$이면 $|a|=2$, $|b-1|=1.5$이므로

$|a|>|b-1|$이지만 $a$가 $b$보다 원점에서 가깝다.

ㄷ. $a=-1$일 때, $|b-1|<1$이므로 정수 $b$는 $1$의 $1$개이다.

ㄹ. 절댓값의 성질에 의하여 절댓값은 항상 $0$ 또는 양수이므로

$|a|>|b-1|\geq 0$

$\therefore |a|+|b-1|>0$

따라서 옳은 것은 ㄷ, ㄹ이다.

답 ⑤

## 24

절댓값이 $3$보다 크고 $8$보다 작거나 같은 정수는

$-8$, $-7$, $-6$, $-5$, $-4$, $4$, $5$, $6$, $7$, $8$의 $10$개이므로

$a=10$

절댓값이 $3$보다 작거나 같은 정수는

$-3$, $-2$, $-1$, $0$, $1$, $2$, $3$의 $7$개이므로

$b=7$

$\therefore a+b=10+7=17$

답 ④

## 25

$\left|\dfrac{n}{4}\right|\leq 1$이므로 $-1\leq\dfrac{n}{4}\leq 1$

즉, $-\dfrac{4}{4}\leq\dfrac{n}{4}\leq\dfrac{4}{4}$이므로 이를 만족시키는 정수 $n$은

$-4$, $-3$, $-2$, $-1$, $0$, $1$, $2$, $3$, $4$

그런데 $-\dfrac{10}{3}\leq n<7$이므로 구하는 정수 $n$은

$-3$, $-2$, $-1$, $0$, $1$, $2$, $3$, $4$의 $8$개이다.

답 ⑤

## 26

주어진 전개도로 정육면체를 만들면 $a$가 적혀 있는 면과 마주 보는 면에 적혀 있는 수는 $-7$이므로

$a=7$

한편, $b=4\times a$이므로

$b=4\times 7=28$

$b$가 적혀 있는 면과 마주 보는 면에 적혀 있는 수는 $c$이므로

$c=-28$

따라서 두 수 $b$, $c$ 사이에 존재하는 정수는 $-27$, $-26$, $\cdots$, $-1$, $0$, $1$, $\cdots$, $26$, $27$의 $55$개이다.

답 55

## 27

조건 (가)에서 $a$는 $0$, $1$, $2$, $3$, $4$, $5$, $6$, $7$, $8$, $9$이다.

조건 (나)에서 $a$는 $5$ 이상이어야 하므로 $5$, $6$, $7$, $8$, $9$이다.

조건 (다)에서 $a$의 값은 $5$, $7$, $9$이므로

$m=5$, $M=9$

$\therefore M\times m=5\times 9=45$

답 45

## 28

$-\dfrac{1}{4}=-\dfrac{2}{8}$, $\dfrac{3}{2}=\dfrac{12}{8}$이므로 $-\dfrac{1}{4}$보다 크고 $\dfrac{3}{2}$보다 작은 정수가 아닌 유리수를 기약분수로 나타낼 때, 분모가 $8$인 기약분수는

$-\dfrac{1}{8}$, $\dfrac{1}{8}$, $\dfrac{3}{8}$, $\dfrac{5}{8}$, $\dfrac{7}{8}$, $\dfrac{9}{8}$, $\dfrac{11}{8}$의 $7$개이다.

답 ⑤

## 29

(i) $-1<\dfrac{a}{b}<0$일 때

① $b=\pm 1$이면 $a$는 존재하지 않는다.

② $b=\pm 2$이면 $a=\mp 1$이므로

$\dfrac{a}{b}=-\dfrac{1}{2}$

③ $b=\pm 3$이면 $a=\mp 2$, $\mp 1$이므로

$\dfrac{a}{b}=-\dfrac{2}{3}$, $-\dfrac{1}{3}$

④ $b=\pm 4$이면 $a=\mp 3$, $\mp 2$, $\mp 1$이므로

$\dfrac{a}{b}=-\dfrac{3}{4}$, $-\dfrac{1}{4}\left(-\dfrac{2}{4}=-\dfrac{1}{2}$이므로 제외$\right)$

⑤ $b=\pm 5$이면 $a=\mp 4$, $\mp 3$, $\mp 2$, $\mp 1$이므로

$\dfrac{a}{b}=-\dfrac{4}{5}$, $-\dfrac{3}{5}$, $-\dfrac{2}{5}$, $-\dfrac{1}{5}$

따라서 서로 다른 유리수의 개수는

$0+1+2+2+4=9$

(ii) $\dfrac{a}{b}=0$일 때 서로 다른 유리수의 개수는 1이다.

(iii) $0<\dfrac{a}{b}<2$일 때

① $b=\pm1$이면 $a$는 존재하지 않는다.

② $b=\pm2$이면 $a=\pm1$, $\pm3$이므로

$$\dfrac{a}{b}=\dfrac{1}{2},\ \dfrac{3}{2}$$

③ $b=\pm3$이면 $a=\pm1$, $\pm2$, $\pm4$, $\pm5$이므로

$$\dfrac{a}{b}=\dfrac{1}{3},\ \dfrac{2}{3},\ \dfrac{4}{3},\ \dfrac{5}{3}$$

④ $b=\pm4$이면 $a=\pm1$, $\pm3$, $\pm5$이므로

$$\dfrac{a}{b}=\dfrac{1}{4},\ \dfrac{3}{4},\ \dfrac{5}{4}\ \left(\dfrac{2}{4}=\dfrac{1}{2}\text{이므로 제외}\right)$$

⑤ $b=\pm5$이면 $a=\pm1$, $\pm2$, $\pm3$, $\pm4$이므로

$$\dfrac{a}{b}=\dfrac{1}{5},\ \dfrac{2}{5},\ \dfrac{3}{5},\ \dfrac{4}{5}$$

따라서 서로 다른 유리수의 개수는

$$0+2+4+3+4=13$$

(i), (ii), (iii)에서 구하는 유리수의 개수는

$$9+1+13=23$$

답 23

## 02 해결단계

| ❶단계 | 이웃하는 두 점 사이의 거리를 구한다. |
|---|---|
| ❷단계 | 두 수 $a$, $b$의 값을 각각 구한다. |
| ❸단계 | 자연수 $x$의 개수를 구한다. |

두 점 A와 D 사이의 거리가 6이고, 두 점 A와 D 사이에 두 점 B, C가 같은 간격으로 놓여 있으므로 이웃하는 두 점 사이의 거리는 $\dfrac{6}{3}=2$

즉, 세 점 B, C, E가 나타내는 수는 각각 4, 6, 10이므로

$$a=6,\ b=10$$

이때 $\dfrac{6}{7}<\dfrac{30}{x}<\dfrac{10}{3}$이므로 세 분수의 분자를 30이 되도록 하면

$$\dfrac{30}{35}<\dfrac{30}{x}<\dfrac{30}{9}\qquad\therefore\ 9<x<35$$

따라서 이를 만족시키는 자연수 $x$는 10, 11, 12, $\cdots$, 34의 25개이다.

답 25

**BLACKLABEL 특강**    참고

두 자연수 $a$, $b$ $(a<b)$에 대하여

(1) $a$와 $b$ 사이의 자연수, 즉 $a+1$, $a+2$, $\cdots$, $b-1$의 개수
    $\Rightarrow (b-1)-(a+1)+1=b-a-1$

(2) $a$부터 $b$까지 자연수, 즉 $a$, $a+1$, $a+2$, $\cdots$, $b$의 개수
    $\Rightarrow b-a+1$

---

| STEP | **3** | 종합 사고력 도전 문제 | pp.042~043 |
|---|---|---|---|

| | | | | |
|---|---|---|---|---|
| 01 0 | 02 25 | 03 (1) $-14$ (2) $-20$ | 04 11 | |
| 05 8 | 06 $-97$ | 07 15번째 | 08 종국 : 1, 현서 : $-\dfrac{11}{5}$ | |

## 01 해결단계

| ❶단계 | $[[0]]$, $\left[\left[\dfrac{24}{6}\right]\right]$, $\left[\left[-\dfrac{9}{3}\right]\right]$의 값을 각각 구하여 $[[a]]$의 값을 구한다. |
|---|---|
| ❷단계 | $a$는 자연수가 아닌 정수임을 이용하여 $a$의 값을 구한다. |

$0$, $-\dfrac{9}{3}(=-3)$은 자연수가 아닌 정수이므로

$$[[0]]=1,\ \left[\left[-\dfrac{9}{3}\right]\right]=1$$

$\dfrac{24}{6}=4$는 자연수이므로 $\left[\left[\dfrac{24}{6}\right]\right]=0$

$$\therefore\ [[a]]+[[0]]+\left[\left[\dfrac{24}{6}\right]\right]+\left[\left[-\dfrac{9}{3}\right]\right]=[[a]]+1+0+1$$
$$=[[a]]+2$$

즉, $[[a]]+2=3$이므로 $[[a]]=1$

따라서 $[[a]]=1$을 만족시키는 $a$는 자연수가 아닌 정수이므로 $a$의 값 중에서 가장 큰 수는 0이다.

답 0

## 03 해결단계

| (1) | ❶단계 | 두 지점 A, B 사이의 거리를 이용하여 지점 C의 위치를 수로 나타낸다. |
|---|---|---|
| (2) | ❷단계 | 두 지점 A, C 사이의 거리와 두 지점 C, D 사이의 거리의 비를 이용하여 두 지점 C, D 사이의 거리를 구한다. |
| | ❸단계 | 지점 D의 위치를 수로 나타낸다. |

(1) 두 지점 A, B의 위치를 각각 수로 나타내면 10, $-2$이므로 두 지점 A, B를 수직선 위에 나타내면 다음 그림과 같다.

두 지점 A, B 사이의 거리는 12이고, 지점 B가 두 지점 A, C로부터 같은 거리에 있으므로 세 지점 A, B, C를 수직선 위에 나타내면 다음 그림과 같다.

따라서 지점 C의 위치를 수로 나타내면 $-14$이다.

(2) (1)에서 두 지점 A, C 사이의 거리는 $12+12=24$이므로

$24 : ($두 지점 C, D 사이의 거리$)=4 : 1$

$($두 지점 C, D 사이의 거리$)\times4=24$

$\therefore ($두 지점 C, D 사이의 거리$)=6$

지점 D를 수직선 위에 나타내면 다음 그림과 같다.

따라서 지점 D의 위치를 수로 나타내면 $-20$이다.

답 (1) $-14$  (2) $-20$

## 04 해결단계

| ❶단계 | $M(-7, 5)$의 값을 구한다. |
| --- | --- |
| ❷단계 | $M(a, 6)$의 값을 구한다. |
| ❸단계 | 정수 $a$의 개수를 구한다. |

$|-7|>|5|$이므로 $M(-7, 5)=-7$

$m(M(-7, 5), M(a, 6))=6$에서

$m(-7, M(a, 6))=6$

$\therefore M(a, 6)=6$

따라서 $|a|<6$이므로 이를 만족시키는 정수 $a$는

$-5, -4, -3, -2, -1, 0, 1, 2, 3, 4, 5$

의 11개이다.

답 11

## 05 해결단계

| ❶단계 | $2<|m|\leq4$를 만족시키는 정수 $m$의 값을 구한다. |
| --- | --- |
| ❷단계 | $1\leq|n|<3$을 만족시키는 정수 $n$의 값을 구한다. |
| ❸단계 | $(m, n)$의 개수를 구한다. |

조건 ㈎에서 $2<|m|\leq4$이므로

$|m|=3, 4$

이를 만족시키는 $m$의 값은

$-4, -3, 3, 4$

$1\leq|n|<3$이므로 $|n|=1, 2$

이를 만족시키는 $n$의 값은

$-2, -1, 1, 2$

조건 ㈏에서 $m<n$이므로

(i) $m=-4$일 때,

　가능한 $n$의 값은 $-2, -1, 1, 2$의 4개이다.

(ii) $m=-3$일 때,

　가능한 $n$의 값은 $-2, -1, 1, 2$의 4개이다.

(iii) $m=3$ 또는 $m=4$일 때,

　가능한 $n$의 값은 없다.

(i), (ii), (iii)에서 구하는 $(m, n)$의 개수는

$4+4=8$

답 8

## 06 해결단계

| ❶단계 | 조건 ㈎에서 $a$의 부호를 정한다. |
| --- | --- |
| ❷단계 | 조건 ㈏에서 $a$의 절댓값이 될 수 있는 수를 구한다. |
| ❸단계 | 조건 ㈐에서 $|a|$의 값이 소수임을 이용하여 정수 $a$의 값을 구한다. |

조건 ㈎에서 $b<a<0$

조건 ㈏에서 $89<|a|\leq99$이므로 $a$가 될 수 있는 수는

$-99, -98, -97, \cdots, -91, -90$

조건 ㈐에서 $|a|$는 소수이므로

$a=-97$

답 $-97$

## 07 해결단계

| ❶단계 | 사용된 전체 카드의 수를 구한다. |
| --- | --- |
| ❷단계 | 분모가 같은 수끼리 모아 배수를 이용하여 정수가 적힌 카드의 수를 구한다. |
| ❸단계 | 정수가 아닌 유리수가 적힌 카드의 수를 구한다. |
| ❹단계 | $\frac{5}{3}$는 몇 번째로 작은 수인지 구한다. |

첫 번째 줄에는 1장, 두 번째 줄에는 2장, $\cdots$, 마지막 줄인 7번째 줄에는 7장의 카드가 있으므로 사용된 전체 카드의 수는

$1+2+3+4+5+6+7=28($장$)$

탑의 각 층에서 가장 오른쪽에 있는 수는 $\frac{1}{1}, \frac{2}{1}, \frac{3}{1}, \cdots, \frac{7}{1}$로 모두 정수이다.

탑의 각 층의 오른쪽에서 두 번째에 있는 수는 $\frac{1}{2}, \frac{2}{2}, \frac{3}{2}, \frac{4}{2}, \frac{5}{2}, \frac{6}{2}$이고 1부터 6까지의 자연수 중 2의 배수는 2, 4, 6의 3개이므로 정수가 적힌 카드는 3장이다.

같은 방법으로 1부터 5까지의 자연수 중 3의 배수는 3의 1개이므로 정수가 적힌 카드는 1장, 1부터 4까지의 자연수 중 4의 배수는 4의 1개이므로 정수가 적힌 카드는 1장, 나머지 카드에 대하여 정수가 적힌 카드는 없다.

따라서 정수가 적힌 카드의 수는

$7+3+1+1=12($장$)$

28장의 카드 중에서 정수가 적힌 카드는 12장이므로 정수가 아닌 유리수가 적힌 카드의 수는

$28-12=16($장$)$

이때 정수가 아닌 유리수 중에서 $\frac{5}{3}$보다 큰 수는 여섯 번째 줄의 $\frac{5}{2}$밖에 없으므로 정수가 아닌 유리수를 작은 수부터 차례대로 나열하면 $\frac{5}{3}$는 $16-1=15($번째$)$ 수이다.

답 15번째

| ❶단계 | 민혁이가 뽑은 나무판의 순서를 구한다. |
|---|---|
| ❷단계 | 종국이와 현서가 뽑은 나무판의 경우에 따라 결과를 구한다. |
| ❸단계 | 종국이와 현서가 가지고 있는 카드에 적힌 수를 각각 구한다. |

세 사람이 각각 나무판 뽑기를 2번 진행한 후, 민혁이가 가지고 있는 카드에 적힌 수의 부호가 +에서 −로 바뀌었으므로 민혁이는 B를 반드시 한 번만 뽑아야 하고, 두 번째에서 C를 뽑으면 안 된다.

민혁이가 A → B의 순서로 뽑으면

$$\frac{5}{3} \to 1 \to -1$$

민혁이가 C → B의 순서로 뽑으면

$$\frac{5}{3} \to \frac{5}{3} \to -\frac{5}{3}$$

민혁이가 B → A의 순서로 뽑으면

$$\frac{5}{3} \to -\frac{5}{3} \to -2$$

따라서 민혁이는 첫 번째에 B를 뽑고, 두 번째에 A를 뽑아야 한다.

(ⅰ) 종국이가 A → B, 현서가 C → C의 순서로 뽑을 때,

종국이의 카드에 적힌 수 : $\frac{5}{4} \to 1 \to -1$

현서의 카드에 적힌 수 : $-\frac{11}{5} \to \frac{11}{5} \to \frac{11}{5}$

따라서 민혁이의 카드에 적힌 수가 가장 작으므로 조건에 맞지 않다.

(ⅱ) 종국이가 A → C, 현서가 C → B의 순서로 뽑을 때,

종국이의 카드에 적힌 수 : $\frac{5}{4} \to 1 \to 1$

현서의 카드에 적힌 수 : $-\frac{11}{5} \to \frac{11}{5} \to -\frac{11}{5}$

따라서 민혁이의 카드에 적힌 수는 2번째로 큰 수이다.

(ⅲ) 종국이가 C → B, 현서가 A → C의 순서로 뽑을 때,

종국이의 카드에 적힌 수 : $\frac{5}{4} \to \frac{5}{4} \to -\frac{5}{4}$

현서의 카드에 적힌 수 : $-\frac{11}{5} \to -3 \to 3$

따라서 민혁이의 카드에 적힌 수가 가장 작으므로 조건에 맞지 않다.

(ⅳ) 종국이가 C → C, 현서가 A → B의 순서로 뽑을 때,

종국이의 카드에 적힌 수 : $\frac{5}{4} \to \frac{5}{4} \to \frac{5}{4}$

현서의 카드에 적힌 수 : $-\frac{11}{5} \to -3 \to 3$

따라서 민혁이의 카드에 적힌 수가 가장 작으므로 조건에 맞지 않다.

(ⅰ)~(ⅳ)에서 종국이와 현서가 가지고 있는 카드에 적힌 수는 각각 1, $-\frac{11}{5}$이다.　　　답 종국 : 1, 현서 : $-\frac{11}{5}$

---

# 04. 정수와 유리수의 계산

| STEP | **1** | 시험에 꼭 나오는 문제 | pp.045~047 |
|---|---|---|---|

| | | | | |
|---|---|---|---|---|
| 01 ③ | 02 ③ | 03 $\frac{1}{4}$ | 04 −2 | 05 ① |
| 06 ④ | 07 ③ | 08 ③ | 09 ② | 10 ④ |
| 11 ① | 12 52 | 13 $\frac{6}{5}$ | 14 ③ | 15 ④ |
| 16 ⑤ | 17 ⑤ | 18 ① | | |

## 01

① $(-8)+(+4)-(-3)=(-8)+(+4)+(+3)=-1$

② $(+6)-(-2)+(-7)=(+6)+(+2)+(-7)=1$

③ $\left(+\frac{9}{5}\right)-(+6)-\left(-\frac{11}{5}\right)=\left(+\frac{9}{5}\right)+(-6)+\left(+\frac{11}{5}\right)$

$$=\left(+\frac{9}{5}\right)+\left(+\frac{11}{5}\right)+(-6)$$

$$=(+4)+(-6)=-2$$

④ $\left(-\frac{2}{3}\right)-\left(-\frac{1}{6}\right)+\left(-\frac{1}{4}\right)=\left(-\frac{2}{3}\right)+\left(+\frac{1}{6}\right)+\left(-\frac{1}{4}\right)$

$$=\left(-\frac{8}{12}\right)+\left(+\frac{2}{12}\right)+\left(-\frac{3}{12}\right)$$

$$=-\frac{9}{12}=-\frac{3}{4}$$

⑤ $(-3.2)-(-4.1)-(+2.8)=(-3.2)+(+4.1)+(-2.8)$

$$=-1.9$$

따라서 계산 결과가 가장 작은 것은 ③이다.　　　답 ③

## 02

$\frac{13}{3}=4\frac{1}{3}>+4.1$이므로 $a=\frac{13}{3}$

절댓값이 가장 작은 수는 $-\frac{1}{3}$이므로 $b=-\frac{1}{3}$

$\therefore a-b=\frac{13}{3}-\left(-\frac{1}{3}\right)=\frac{13}{3}+\left(+\frac{1}{3}\right)=\frac{14}{3}$　　답 ③

## 03

어떤 유리수를 □라 하면

$$□+\left(-\frac{1}{2}\right)=-\frac{3}{4}$$

$$\therefore □=\left(-\frac{3}{4}\right)-\left(-\frac{1}{2}\right)$$

$$=\left(-\frac{3}{4}\right)+\left(+\frac{1}{2}\right)$$

$$=\left(-\frac{3}{4}\right)+\left(+\frac{2}{4}\right)=-\frac{1}{4}$$

따라서 바르게 계산하면

$$\left(-\frac{1}{4}\right)-\left(-\frac{1}{2}\right)=\left(-\frac{1}{4}\right)+\left(+\frac{1}{2}\right)$$
$$=\left(-\frac{1}{4}\right)+\left(+\frac{2}{4}\right)=\frac{1}{4}$$

답 $\frac{1}{4}$

## 04

$$\frac{1}{2}*\left(-\frac{2}{3}\right)=\left(\frac{1}{2}+1\right)-\left\{1-\left(-\frac{2}{3}\right)\right\}$$
$$=\left(\frac{1}{2}+\frac{2}{2}\right)-\left\{\frac{3}{3}+\left(+\frac{2}{3}\right)\right\}$$
$$=\frac{3}{2}-\frac{5}{3}=\frac{9}{6}-\frac{10}{6}=-\frac{1}{6}$$
$$\left(-\frac{3}{2}\right)◎\frac{1}{3}=\left(-\frac{3}{2}+1\right)-\left(\frac{1}{3}+1\right)$$
$$=\left(-\frac{3}{2}+\frac{2}{2}\right)-\left(\frac{1}{3}+\frac{3}{3}\right)$$
$$=-\frac{1}{2}-\frac{4}{3}=-\frac{3}{6}-\frac{8}{6}=-\frac{11}{6}$$
$$\therefore \left\{\frac{1}{2}*\left(-\frac{2}{3}\right)\right\}+\left\{\left(-\frac{3}{2}\right)◎\frac{1}{3}\right\}=\left(-\frac{1}{6}\right)+\left(-\frac{11}{6}\right)$$
$$=-\frac{12}{6}=-2$$

답 $-2$

• 다른 풀이 •

$$a*b=(a+1)-(1-b)=a+b$$
$$a◎b=(a+1)-(b+1)=a-b$$
$$\therefore \left\{\frac{1}{2}*\left(-\frac{2}{3}\right)\right\}+\left\{\left(-\frac{3}{2}\right)◎\frac{1}{3}\right\}$$
$$=\left\{\frac{1}{2}+\left(-\frac{2}{3}\right)\right\}+\left(-\frac{3}{2}-\frac{1}{3}\right)$$
$$=\left(-\frac{1}{6}\right)+\left(-\frac{11}{6}\right)$$
$$=-\frac{12}{6}=-2$$

## 05

| ㉠ | $a$ | $b$ | 1 | $c$ | $-2$ | $\frac{3}{2}$ |
|---|---|---|---|---|---|---|

위와 같이 빈칸의 수를 왼쪽에서부터 차례대로 $a$, $b$, $c$라 하면 이웃하는 네 수의 합이 항상 $-\frac{1}{6}$이므로

$1+c+(-2)+\frac{3}{2}=-\frac{1}{6}$에서

$c+(-1)+\frac{3}{2}=-\frac{1}{6}$, $c+\frac{1}{2}=-\frac{1}{6}$

$\therefore c=-\frac{1}{6}-\frac{1}{2}=-\frac{1}{6}-\frac{3}{6}=-\frac{4}{6}=-\frac{2}{3}$

또한, $㉠+a+b+1=a+b+1+c$

$\therefore ㉠=c=-\frac{2}{3}$

답 ①

• 다른 풀이 •

$1+c+(-2)+\frac{3}{2}=-\frac{1}{6}$에서 $c=-\frac{2}{3}$

$b+1+c+(-2)=-\frac{1}{6}$에서

$b+1+\left(-\frac{2}{3}\right)+(-2)=-\frac{1}{6}$ $\therefore b=\frac{3}{2}$

$a+b+1+c=-\frac{1}{6}$에서

$a+\frac{2}{3}+1+\left(-\frac{2}{3}\right)=-\frac{1}{6}$ $\therefore a=-2$

$㉠+a+b+1=-\frac{1}{6}$에서

$㉠+(-2)+\frac{3}{2}+1=-\frac{1}{6}$ $\therefore ㉠=-\frac{2}{3}$

## 06

날짜별로 기온을 구하면 다음과 같다.

| 날짜 | 기온 |
|---|---|
| 12월 1일 | $7.4-2.1=5.3$ (℃) |
| 12월 2일 | $5.3-0.9=4.4$ (℃) |
| 12월 3일 | $4.4+4.3=8.7$ (℃) |
| 12월 4일 | $8.7-3.8=4.9$ (℃) |
| 12월 5일 | $4.9+0.2=5.1$ (℃) |

따라서 기온이 두 번째로 낮은 날은 12월 4일이다. 답 ④

## 07

㉠ $a×b=b×a$이므로 곱셈의 교환법칙
㉡ $(a×b)×c=a×(b×c)$이므로 곱셈의 결합법칙
㉢ $a×(b+c)=a×b+a×c$이므로 분배법칙 답 ③

## 08

① $-3^2=-(3×3)=-9$
② $(-3)^3=(-3)×(-3)×(-3)=-(3×3×3)=-27$
③ $-(-3^3)=-\{-(3×3×3)\}=-(-27)=27$
④ $-3×(-3)^2=(-3)×\{(-3)×(-3)\}$
   $=(-3)×9=-27$
⑤ $(-3)^2×(-3^2)=\{(-3)×(-3)\}×\{-(3×3)\}$
   $=9×(-9)=-81$

따라서 계산 결과가 가장 큰 수는 ③이다. 답 ③

**BLACKLABEL 특강** 오답 피하기

$(-a)^2$과 $-a^2$의 비교
$(-a)^2=(-a)×(-a)=a^2$, $-a^2=-(a×a)$
$\therefore (-a)^2≠-a^2$
예 $(-2)^2=(-2)×(-2)=4$, $-2^2=-(2×2)=-4$

## 09

$(-1)+(-1)^2+(-1)^3+(-1)^4+\cdots+(-1)^{2025}$
$=(-1)+1+(-1)+1+\cdots+(-1)$
$=\{(-1)+1\}+\{(-1)+1\}+\cdots+\{(-1)+1\}+(-1)$
$=-1$

답 ②

## 10

$a=(-8)-(-5)=(-8)+(+5)=-3$

$1\dfrac{1}{3}=\dfrac{4}{3}$이고 $\dfrac{4}{3}$의 역수는 $\dfrac{3}{4}$이므로

$-b=\dfrac{3}{4}$    $\therefore b=-\dfrac{3}{4}$

$\therefore a\times b=(-3)\times\left(-\dfrac{3}{4}\right)=\dfrac{9}{4}$

답 ④

## 11

$a=(-5)^2\times(+0.8)\times\left(-\dfrac{1}{2}\right)^3$

$=(+25)\times\left(+\dfrac{4}{5}\right)\times\left(-\dfrac{1}{8}\right)$

$=-\left(25\times\dfrac{4}{5}\times\dfrac{1}{8}\right)=-\dfrac{5}{2}$

$b=\left(-\dfrac{1}{10}\right)\div\left(+\dfrac{4}{5}\right)\div\left(-\dfrac{5}{8}\right)$

$=\left(-\dfrac{1}{10}\right)\times\left(+\dfrac{5}{4}\right)\times\left(-\dfrac{8}{5}\right)$

$=+\left(\dfrac{1}{10}\times\dfrac{5}{4}\times\dfrac{8}{5}\right)=\dfrac{1}{5}$

$c=\left(+\dfrac{4}{11}\right)\times\left(-\dfrac{22}{9}\right)\times\left(-\dfrac{3}{8}\right)$

$=+\left(\dfrac{4}{11}\times\dfrac{22}{9}\times\dfrac{3}{8}\right)=\dfrac{1}{3}$

따라서 $a<b<c$이다.

답 ①

## 12

$A=\dfrac{2}{13}\times\left\{\left(-\dfrac{5}{3}\right)\div\dfrac{5}{18}\right\}$

$=\dfrac{2}{13}\times\left\{\left(-\dfrac{5}{3}\right)\times\dfrac{18}{5}\right\}$

$=\dfrac{2}{13}\times(-6)=-\dfrac{12}{13}$

$B=0.16\times16\div\left(-\dfrac{4}{3}\right)\div\dfrac{1}{(-5)^2}$

$=\dfrac{16}{100}\times16\times\left(-\dfrac{3}{4}\right)\times25$

$=-\left(\dfrac{4}{25}\times16\times\dfrac{3}{4}\times25\right)=-48$

$\therefore B\div A=(-48)\div\left(-\dfrac{12}{13}\right)$

$=(-48)\times\left(-\dfrac{13}{12}\right)=52$

답 52

## 13

$a\times\left(-\dfrac{7}{5}\right)=\dfrac{21}{20}$에서

$a=\dfrac{21}{20}\div\left(-\dfrac{7}{5}\right)=\dfrac{21}{20}\times\left(-\dfrac{5}{7}\right)=-\dfrac{3}{4}$

$\dfrac{2}{9}\div b=-\dfrac{16}{45}$에서

$b=\dfrac{2}{9}\div\left(-\dfrac{16}{45}\right)=\dfrac{2}{9}\times\left(-\dfrac{45}{16}\right)=-\dfrac{5}{8}$

$\therefore a\div b=-\dfrac{3}{4}\div\left(-\dfrac{5}{8}\right)$

$=-\dfrac{3}{4}\times\left(-\dfrac{8}{5}\right)=\dfrac{6}{5}$

답 $\dfrac{6}{5}$

## 14

$a\times b<0$이므로

$a>0$, $b<0$ 또는 $a<0$, $b>0$

이때 $a<b$이므로

$a<0$, $b>0$

또한, $b>0$이고 $b\div c>0$이므로

$c>0$

따라서 $a<0$, $b>0$, $c>0$이다.

답 ③

## 15

$a=-\dfrac{1}{2}$이라 하면

① $-a=-\left(-\dfrac{1}{2}\right)=\dfrac{1}{2}$

② $-a-1=-\left(-\dfrac{1}{2}\right)-1$

$=\dfrac{1}{2}-1=-\dfrac{1}{2}$

③ $-a^2=-\left(-\dfrac{1}{2}\right)^2=-\dfrac{1}{4}$

④ $\dfrac{1}{a}$은 $a$의 역수이므로 $\dfrac{1}{a}=-2$

$\therefore -\dfrac{1}{a}=-(-2)=2$

⑤ $a^2=\left(-\dfrac{1}{2}\right)^2=\dfrac{1}{4}$

$\dfrac{1}{a^2}$은 $a^2$의 역수이므로 $\dfrac{1}{a^2}=4$

$\therefore -\dfrac{1}{a^2}+2=-4+2=-2$

따라서 가장 큰 수는 ④이다.

답 ④

## 16

거듭제곱을 가장 먼저 계산하고 (소괄호) → {중괄호} → [대괄호]
순으로 계산한다.

또한, 곱셈이나 나눗셈을 덧셈이나 뺄셈보다 먼저 계산하므로 주어진 식의 계산 순서는 ㄹ—ㄷ—ㄴ—ㅁ—ㄱ이다.

$$\therefore \frac{7}{9}+\left\{-3-\frac{5}{4}\div\left(-\frac{3}{2}\right)^2\right\}\times5$$

$$=\frac{7}{9}+\left(-3-\frac{5}{4}\div\frac{9}{4}\right)\times5$$

$$=\frac{7}{9}+\left(-3-\frac{5}{4}\times\frac{4}{9}\right)\times5$$

$$=\frac{7}{9}+\left(-3-\frac{5}{9}\right)\times5$$

$$=\frac{7}{9}+\left(-\frac{32}{9}\right)\times5$$

$$=\frac{7}{9}+\left(-\frac{160}{9}\right)$$

$$=-\frac{153}{9}=-17$$

따라서 네 번째로 계산해야 하는 것은 ㅁ이고, 계산 결과는 $-17$이다.

답 ⑤

## 17

주어진 수직선에서 작은 눈금 사이의 간격은 $\frac{1}{3}$이므로

$a=-4+\frac{2}{3}=-\frac{10}{3}$, $b=-1$, $c=1+\frac{2}{3}=\frac{5}{3}$, $d=3+\frac{1}{3}=\frac{10}{3}$

$$\therefore a\times\left[\left\{(-b)\div c-(b+c)\right\}-d\right]$$

$$=\left(-\frac{10}{3}\right)\times\left[\left\{-(-1)\div\frac{5}{3}-\left(-1+\frac{5}{3}\right)\right\}-\frac{10}{3}\right]$$

$$=\left(-\frac{10}{3}\right)\times\left\{\left(1\times\frac{3}{5}-\frac{2}{3}\right)-\frac{10}{3}\right\}$$

$$=\left(-\frac{10}{3}\right)\times\left\{\left(\frac{3}{5}-\frac{2}{3}\right)-\frac{10}{3}\right\}$$

$$=\left(-\frac{10}{3}\right)\times\left\{\left(\frac{9}{15}-\frac{10}{15}\right)-\frac{10}{3}\right\}$$

$$=\left(-\frac{10}{3}\right)\times\left(-\frac{1}{15}-\frac{10}{3}\right)$$

$$=\left(-\frac{10}{3}\right)\times\left(-\frac{1}{15}-\frac{50}{15}\right)$$

$$=\left(-\frac{10}{3}\right)\times\left(-\frac{51}{15}\right)=\frac{34}{3}$$

답 ⑤

## 18

두 점 A와 B 사이의 거리는

$$\frac{1}{3}-(-4)=\frac{1}{3}+(+4)=\frac{1}{3}+\frac{12}{3}=\frac{13}{3}$$

따라서 점 C가 나타내는 수는

$$(-4)+\left(\frac{13}{3}\div7\right)\times3=(-4)+\left(\frac{13}{3}\times\frac{1}{7}\right)\times3$$

$$=(-4)+\frac{13}{21}\times3$$

$$=(-4)+\frac{13}{7}=\left(-\frac{28}{7}\right)+\frac{13}{7}$$

$$=-\frac{15}{7}$$

답 ①

| | | | |
|---|---|---|---|
| **01** 5 | **02** ④ | **03** ⑤ | **04** $a=-2$, $b=-1$ |
| **05** ① | **06** 15.7 m | **07** ② | **08** $-\frac{3}{2}$ · **09** ⑤ |
| **10** $-3$ | **11** 42 | **12** 3, $\frac{21}{80}$ | **13** ③ · **14** 2025 |
| **15** 47 | **16** $-\frac{3}{2}$ | **17** ② | **18** $-1$ · **19** ③ |
| **20** ④ | **21** ② | **22** ③ | **23** 5 · **24** ① |
| **25** 14 | **26** 600 | **27** $-2$ | **28** ③ · **29** ⑤ |
| **30** 11 | **31** $-\frac{5}{9}$ | **32** $\frac{81}{2}$ | **33** ③ · **34** ③ |

**35** $(-4, -2)$, $(-4, -1)$, $(-3, -1)$, $(-2, -1)$

**36** $b^2$, $-\frac{1}{c}$, $\frac{1}{a}$, $\frac{1}{b}$, $-a$

## 01

$$x=-\frac{7}{4}+\frac{1}{3}=-\frac{21}{12}+\frac{4}{12}=-\frac{17}{12}$$

$$y=3-\left(-\frac{1}{2}\right)=3+\left(+\frac{1}{2}\right)=\frac{6}{2}+\frac{1}{2}=\frac{7}{2}$$

$x<n<y$에서 $-\frac{17}{12}<n<\frac{7}{2}$이므로 이것을 만족시키는 정수 $n$은 $-1$, 0, 1, 2, 3의 5개이다.

답 5

## 02

$$A=-\frac{7}{3}-\left\{\left(-\frac{3}{4}\right)+7\right\}-\left(-\frac{1}{2}\right)$$

$$=-\frac{7}{3}-\left\{\left(-\frac{3}{4}\right)+\frac{28}{4}\right\}-\left(-\frac{1}{2}\right)$$

$$=-\frac{7}{3}-\frac{25}{4}-\left(-\frac{1}{2}\right)$$

$$=-\frac{28}{12}-\frac{75}{12}-\left(-\frac{6}{12}\right)$$

$$=\left(-\frac{103}{12}\right)+\left(+\frac{6}{12}\right)$$

$$=-\frac{97}{12}=-8\frac{1}{12}$$

따라서 $A$보다 작지 않은 음의 정수는 $-8$, $-7$, $-6$, $\cdots$, $-1$의 8개이다.

답 ④

## 03

$$\left(\frac{1}{2}+\frac{1}{3}+\frac{1}{4}+\frac{1}{5}+\frac{1}{6}\right)-\left(\frac{2}{3}+\frac{2}{4}+\frac{2}{5}+\frac{2}{6}\right)$$

$$+\left(\frac{3}{4}+\frac{3}{5}+\frac{3}{6}\right)-\left(\frac{4}{5}+\frac{4}{6}\right)+\frac{5}{6}$$

$$=\frac{1}{2}+\left(\frac{1}{3}-\frac{2}{3}\right)+\left(\frac{1}{4}-\frac{2}{4}+\frac{3}{4}\right)+\left(\frac{1}{5}-\frac{2}{5}+\frac{3}{5}-\frac{4}{5}\right)$$

$$+\left(\frac{1}{6}-\frac{2}{6}+\frac{3}{6}-\frac{4}{6}+\frac{5}{6}\right)$$

$$=\frac{1}{2}+\left(-\frac{1}{3}\right)+\left(+\frac{1}{2}\right)+\left(-\frac{2}{5}\right)+\left(+\frac{1}{2}\right)$$
$$=\frac{3}{2}+\left(-\frac{1}{3}\right)+\left(-\frac{2}{5}\right)$$
$$=\frac{45}{30}+\left(-\frac{10}{30}\right)+\left(-\frac{12}{30}\right)=\frac{23}{30}$$

답 ⑤

## 04

조건 ㈎에서 $a$는 정수이고 $a+1$의 절댓값이 2보다 작으므로 $a+1$이 될 수 있는 값은

$-1, 0, 1$

즉, $a$가 될 수 있는 값은

$-2, -1, 0$

조건 ㈏에서 $b$는 정수이고 $b+1$의 절댓값이 1보다 작으므로

$b+1=0$

$\therefore b=-1$

조건 ㈐에서 $b$의 값은 $a$의 값보다 크므로

$a=-2,\ b=-1$

답 $a=-2,\ b=-1$

## 05

조건 ㈎에서 $57=1\times57=3\times19$이므로 주어진 조건을 만족시키는 경우는 다음과 같다.

(i) $b\times|a+b|=1\times57$인 경우

조건 ㈏에서 $b$와 9는 서로소이므로 $b=1$, $|a+b|=57$

즉, $|a+1|=57$이므로

$a+1=57$ 또는 $a+1=-57$

$\therefore a=56$ 또는 $a=-58$

(ii) $b\times|a+b|=3\times19$인 경우

조건 ㈏에서 $b$와 9는 서로소이므로 $b=19$, $|a+b|=3$

즉, $|a+19|=3$이므로

$a+19=3$ 또는 $a+19=-3$

$\therefore a=-16$ 또는 $a=-22$

(i), (ii)에서 모든 $a$의 값의 합은

$56+(-58)+(-16)+(-22)=-40$

답 ①

## 06

A의 높이를 0 m라 하면

C는 A보다 9.5 m만큼 높으므로 C의 높이는

$0+9.5=9.5(\text{m})$

D는 C보다 2.3 m만큼 낮으므로 D의 높이는

$9.5-2.3=7.2(\text{m})$

B는 A보다 6.2 m만큼 낮으므로 B의 높이는

$0-6.2=-6.2(\text{m})$

E는 B보다 4.8 m만큼 높으므로 E의 높이는

$(-6.2)+(+4.8)=-1.4(\text{m})$

따라서 가장 높은 지점은 C, 가장 낮은 지점은 B이므로 두 지점의 높이의 차는

$9.5-(-6.2)=9.5+(+6.2)=15.7(\text{m})$

답 15.7 m

## 07

① $a=\frac{1}{4}+\frac{11}{12}=\frac{3}{12}+\frac{11}{12}=\frac{14}{12}=\frac{7}{6}$

② $a+b=\frac{1}{4}$, 즉 $\frac{7}{6}+b=\frac{1}{4}$에서

$b=\frac{1}{4}-\frac{7}{6}=\frac{3}{12}-\frac{14}{12}=-\frac{11}{12}$

③ $\frac{11}{12}+c=b$, 즉 $\frac{11}{12}+c=-\frac{11}{12}$에서

$c=-\frac{11}{12}-\frac{11}{12}=-\frac{22}{12}=-\frac{11}{6}$

④ $-\frac{1}{2}+d=\frac{1}{4}$에서

$d=\frac{1}{4}-\left(-\frac{1}{2}\right)=\frac{1}{4}+\frac{1}{2}=\frac{1}{4}+\frac{2}{4}=\frac{3}{4}$

⑤ $d+e=\frac{11}{12}$, 즉 $\frac{3}{4}+e=\frac{11}{12}$에서

$e=\frac{11}{12}-\frac{3}{4}=\frac{11}{12}-\frac{9}{12}=\frac{2}{12}=\frac{1}{6}$

따라서 옳은 것은 ②이다.

답 ②

## 08

조건 ㈎, ㈏, ㈐에 의하여

$b<a<0<c$, $|b|=|c|$

조건 ㈐에서 $c-b=8$이고, $b<0<c$, $|b|=|c|$이므로

$b=-4,\ c=4$

또한, $c-a=\frac{11}{2}$이므로

$4-a=\frac{11}{2}$

$\therefore a=4-\frac{11}{2}=\frac{8}{2}-\frac{11}{2}=-\frac{3}{2}$

$\therefore a-b-c=\left(-\frac{3}{2}\right)-(-4)-(+4)$

$=\left(-\frac{3}{2}\right)+(+4)+(-4)$

$=-\frac{3}{2}$

답 $-\frac{3}{2}$

## 09

3, 1, $-2$의 세 수를 이용하면

$7=3+3+1,\ -3=(-2)+(-2)+1$

과 같이 나타낼 수 있으므로 광수는 1위를 2회, 2위를 1회 하였고, 영자는 2위를 1회, 3위를 2회 하였다.

따라서 영철이는 1위를 1회, 2위를 1회, 3위를 1회 하였으므로
얻은 점수는

$3+1+(-2)=2$(점)      답 ⑤

• 다른 풀이 •

광수, 영자, 영철이가 한 번 게임을 할 때 세 사람의 점수의 합은

$3+1+(-2)=2$(점)

총 3회의 게임을 하였으므로 세 사람의 점수의 총합은

$2×3=6$(점)

이때 광수는 7점, 영자는 $-3$점을 얻었으므로 영철이 얻은 점수는

$6-\{7+(-3)\}=6-4=2$(점)

## 10 해결단계

| ❶단계 | 주어진 규칙대로 수를 나열하여 반복되는 수를 찾는다. |
|---|---|
| ❷단계 | 100번째에 오는 수를 구한다. |

규칙대로 수를 나열하면

$+3,\ -2,\ -5,\ -3,\ +2,\ +5,\ +3,\ -2,\ -5,\ \cdots$

즉, 6개의 수 $+3,\ -2,\ -5,\ -3,\ +2,\ +5$가 반복된다.

이때 $100=6×16+4$이므로 100번째에 오는 수는 4번째에 오는 수와 같다.

따라서 구하는 수는 $-3$이다.      답 $-3$

## 11

$[-5,\ 7]=7-(-5)=7+(+5)=12$

$[12,\ [a,\ 3]]=9$가 되려면

$[a,\ 3]=3$ 또는 $[a,\ 3]=21$

(i) $[a,\ 3]=3$일 때

$\quad|a-3|=3$이므로

$\quad a-3=3$ 또는 $a-3=-3$

$\quad\therefore\ a=6$ 또는 $a=0$

(ii) $[a,\ 3]=21$일 때

$\quad|a-3|=21$이므로

$\quad a-3=21$ 또는 $a-3=-21$

$\quad\therefore\ a=24$ 또는 $a=-18$

(i), (ii)에서 $M=24,\ m=-18$이므로

$[M,\ m]=[24,\ -18]$

$\qquad\quad=24-(-18)=24+(+18)=42$      답 42

## 12

$-\dfrac{37}{14}=-3+\dfrac{5}{14},\ -\dfrac{21}{5}=-5+\dfrac{4}{5},\ \dfrac{59}{7}=8+\dfrac{3}{7},\ \dfrac{79}{16}=4+\dfrac{15}{16}$

이므로

$a_1=-3,\ a_2=-5,\ a_3=8,\ a_4=4$

$b_1=\dfrac{5}{14},\ b_2=\dfrac{4}{5},\ b_3=\dfrac{3}{7},\ b_4=\dfrac{15}{16}$

$\therefore\ a_1-b_2+a_3-b_4=-3-\dfrac{4}{5}+8-\dfrac{15}{16}$

$\qquad\qquad\qquad\qquad=5-\dfrac{4}{5}-\dfrac{15}{16}$

$\qquad\qquad\qquad\qquad=3+\left(1-\dfrac{4}{5}\right)+\left(1-\dfrac{15}{16}\right)$

$\qquad\qquad\qquad\qquad=3+\dfrac{1}{5}+\dfrac{1}{16}=3+\dfrac{21}{80}$

따라서 $a_1-b_2+a_3-b_4$의 정수 부분은 3이고,

0과 1 사이의 유리수 부분은 $\dfrac{21}{80}$이다.      답 3, $\dfrac{21}{80}$

## 13

$\left(-\dfrac{3}{5}\right)÷a×\left(-\dfrac{5}{2}\right)^2=-\dfrac{5}{4}$에서

$\left(-\dfrac{3}{5}\right)÷a×\left(+\dfrac{25}{4}\right)=-\dfrac{5}{4}$이므로

$\left(-\dfrac{3}{5}\right)÷a=\left(-\dfrac{5}{4}\right)÷\dfrac{25}{4}$

$\therefore\ a=\left(-\dfrac{3}{5}\right)÷\left\{\left(-\dfrac{5}{4}\right)÷\dfrac{25}{4}\right\}$

$\quad=\left(-\dfrac{3}{5}\right)÷\left\{\left(-\dfrac{5}{4}\right)×\dfrac{4}{25}\right\}$

$\quad=\left(-\dfrac{3}{5}\right)÷\left(-\dfrac{1}{5}\right)=\left(-\dfrac{3}{5}\right)×(-5)=3$      답 ③

## 14

$2025^2-2025=2025×(2025-1)=2025×2024$

이므로

$\dfrac{2025^2-2025}{2024}=\dfrac{2025×2024}{2024}=2025$      답 2025

## 15

$A÷\left(-\dfrac{1}{3}\right)×4÷\left(-\dfrac{10}{7}\right)=A×(-3)×4×\left(-\dfrac{7}{10}\right)$

$\qquad\qquad\qquad\qquad\qquad\quad=A×\dfrac{42}{5}$

이때 $B=A×\dfrac{42}{5}$가 양의 정수, 즉 자연수가 되려면 $A$는 5의 배수이어야 한다.

따라서

$A=5$일 때 $B=5\times\dfrac{42}{5}=42$

$A=10$일 때 $B=10\times\dfrac{42}{5}=84$

$A=15$일 때 $B=15\times\dfrac{42}{5}=126$

$\vdots$

이므로 $A+B$의 값 중에서 가장 작은 수는

$5+42=47$ 답 47

## 16

두 수의 곱이 가장 크려면

(양수)$\times$(양수) 꼴 또는 (음수)$\times$(음수) 꼴이어야 하므로 $a$가

될 수 있는 수는

$6\times2=12$ 또는 $\left(-\dfrac{3}{4}\right)\times\left(-\dfrac{4}{3}\right)=1$

이 중에서 가장 큰 수는 12이므로

$a=12$ (가)

두 수의 곱이 가장 작으려면 (양수)$\times$(음수) 꼴이어야 하므로 $b$

가 될 수 있는 수는

$6\times\left(-\dfrac{3}{4}\right)=-\dfrac{9}{2}$ 또는 $6\times\left(-\dfrac{4}{3}\right)=-8$ 또는

$2\times\left(-\dfrac{3}{4}\right)=-\dfrac{3}{2}$ 또는 $2\times\left(-\dfrac{4}{3}\right)=-\dfrac{8}{3}$

이 중에서 가장 작은 수는 $-8$이므로

$b=-8$ (나)

$\therefore a\div b=12\div(-8)=12\times\left(-\dfrac{1}{8}\right)=-\dfrac{3}{2}$ (다)

$-\dfrac{3}{2}$

| 단계 | 채점 기준 | 배점 |
|---|---|---|
| (가) | $a$의 값을 구한 경우 | 40% |
| (나) | $b$의 값을 구한 경우 | 40% |
| (다) | $a\div b$의 값을 구한 경우 | 20% |

## 17

$|x|-|y|=5$이고 $|y|=\dfrac{3}{2}$이므로

$|x|-\dfrac{3}{2}=5$ $\therefore |x|=5+\dfrac{3}{2}=\dfrac{13}{2}$

즉, $|x|=\dfrac{13}{2}$, $|y|=\dfrac{3}{2}$이므로

$x=\dfrac{13}{2}$ 또는 $x=-\dfrac{13}{2}$이고 $y=\dfrac{3}{2}$ 또는 $y=-\dfrac{3}{2}$

이때 $x\div y$의 값은

$\dfrac{13}{2}\div\dfrac{3}{2}=\dfrac{13}{2}\times\dfrac{2}{3}=\dfrac{13}{3}$

또는 $\left(-\dfrac{13}{2}\right)\div\left(-\dfrac{3}{2}\right)=\left(-\dfrac{13}{2}\right)\times\left(-\dfrac{2}{3}\right)=\dfrac{13}{3}$

또는 $\dfrac{13}{2}\div\left(-\dfrac{3}{2}\right)=\dfrac{13}{2}\times\left(-\dfrac{2}{3}\right)=-\dfrac{13}{3}$

또는 $\left(-\dfrac{13}{2}\right)\div\dfrac{3}{2}=-\dfrac{13}{2}\times\dfrac{2}{3}=-\dfrac{13}{3}$

따라서 가장 큰 값은 $\dfrac{13}{3}$, 가장 작은 값은 $-\dfrac{13}{3}$이므로 그 차는

$\dfrac{13}{3}-\left(-\dfrac{13}{3}\right)=\dfrac{13}{3}+\left(+\dfrac{13}{3}\right)=\dfrac{26}{3}$ 답 ②

## 18

(i) $n$이 짝수일 때

$2n+3$, $2n+1$, $n+1$은 홀수이므로

(주어진 식)$=(+1)\times(-1)\div(-1)\times(-1)=-1$

(ii) $n$이 홀수일 때

$2n+3$, $2n+1$은 홀수, $n+1$은 짝수이므로

(주어진 식)$=(-1)\times(-1)\div(-1)\times(+1)=-1$

(i), (ii)에서 주어진 식의 값은 $-1$이다. 답 $-1$

---

**BLACKLABEL 특강** 오답 피하기

거듭제곱의 계산에서

(양수)$^{(짝수)}$ $\Rightarrow$ (양수), (양수)$^{(홀수)}$ $\Rightarrow$ (양수)

(음수)$^{(짝수)}$ $\Rightarrow$ (양수), (음수)$^{(홀수)}$ $\Rightarrow$ (음수)

이므로 $(-1)^n$ 꼴이 나오면 $n$이 짝수일 때와 홀수일 때로 나누어서 식의 값을 구해야 한다.

---

## 19

$a=\left\{1-\left(-\dfrac{6}{5}\right)^2\div\left(-\dfrac{3}{10}\right)\right\}\div\dfrac{3}{5}$

$=\left\{1-\left(+\dfrac{36}{25}\right)\times\left(-\dfrac{10}{3}\right)\right\}\times\dfrac{5}{3}$

$=\left\{1-\left(-\dfrac{24}{5}\right)\right\}\times\dfrac{5}{3}$

$=\left\{1+\left(+\dfrac{24}{5}\right)\right\}\times\dfrac{5}{3}$

$=\dfrac{29}{5}\times\dfrac{5}{3}=\dfrac{29}{3}$

$b=-\dfrac{5}{6}-\left\{-2+\dfrac{15}{4}\times\left(\dfrac{2}{3}\right)^2\div\left(-\dfrac{1}{2}\right)^3\right\}$

$=-\dfrac{5}{6}-\left\{-2+\dfrac{15}{4}\times\dfrac{4}{9}\div\left(-\dfrac{1}{8}\right)\right\}$

$=-\dfrac{5}{6}-\left\{-2+\dfrac{5}{3}\times(-8)\right\}$

$=-\dfrac{5}{6}-\left(-2-\dfrac{40}{3}\right)$

$=-\dfrac{5}{6}-\left(-\dfrac{46}{3}\right)$

$$=-\frac{5}{6}+\left(+\frac{92}{6}\right)$$
$$=\frac{87}{6}=\frac{29}{2}$$

따라서 $\frac{29}{3}<x<\frac{29}{2}$를 만족시키는 정수 $x$는 10, 11, 12, 13, 14

의 5개이다. 답 ③

## 20

$$a=\left(-\frac{5}{2}\right)+(-3)=\left(-\frac{5}{2}\right)+\left(-\frac{6}{2}\right)=-\frac{11}{2}$$
$$b=\left\{-2-\left(-\frac{1}{2}\right)\right\}^2=\left\{-\frac{4}{2}+\left(+\frac{1}{2}\right)\right\}^2=\left(-\frac{3}{2}\right)^2=\frac{9}{4}$$
$$c=\frac{2}{3}\div\frac{1}{6}=\frac{2}{3}\times 6=4$$
$$\therefore a\div(b-c)=\left(-\frac{11}{2}\right)\div\left(\frac{9}{4}-4\right)$$
$$=\left(-\frac{11}{2}\right)\div\left(\frac{9}{4}-\frac{16}{4}\right)$$
$$=\left(-\frac{11}{2}\right)\div\left(-\frac{7}{4}\right)$$
$$=\left(-\frac{11}{2}\right)\times\left(-\frac{4}{7}\right)=\frac{22}{7}$$

답 ④

## 21

$$A=-\frac{6}{7}\times\left\{\frac{1}{2}+\frac{15}{4}\div\left(-\frac{5}{2}\right)^2\times 5\right\}+1$$
$$=-\frac{6}{7}\times\left(\frac{1}{2}+\frac{15}{4}\div\frac{25}{4}\times 5\right)+1$$
$$=-\frac{6}{7}\times\left(\frac{1}{2}+\frac{15}{4}\times\frac{4}{25}\times 5\right)+1$$
$$=-\frac{6}{7}\times\left(\frac{1}{2}+3\right)+1$$
$$=-\frac{6}{7}\times\frac{7}{2}+1$$
$$=-3+1=-2$$

$A\times B=1$에서 $B$는 $A$의 역수이므로

$$B=-\frac{1}{2}$$ 답 ②

## 22

$$\left(\frac{1}{2}-1\right)\times\left(\frac{1}{3}-1\right)\times\left(\frac{1}{4}-1\right)\times\cdots\times\left(\frac{1}{30}-1\right)$$
$$=\left(-\frac{1}{2}\right)\times\left(-\frac{2}{3}\right)\times\left(-\frac{3}{4}\right)\times\cdots\times\left(-\frac{29}{30}\right)$$
$$=-\left(\frac{1}{2}\times\frac{2}{3}\times\frac{3}{4}\times\cdots\times\frac{29}{30}\right)$$
$$=-\frac{1}{30}$$

답 ③

## 23

$8\triangle 12=(8+12)\div 8=\frac{20}{8}=\frac{5}{2}$이므로

(가)

$x\bigstar(8\triangle 12)=\frac{7}{2}$에서 $x\bigstar\frac{5}{2}=\frac{7}{2}$

$$\therefore \left|x-\frac{5}{2}\right|=\frac{7}{2}$$

(i) $x-\frac{5}{2}=\frac{7}{2}$일 때

$$x=\frac{7}{2}+\frac{5}{2}=6$$

(ii) $x-\frac{5}{2}=-\frac{7}{2}$일 때

$$x=-\frac{7}{2}+\frac{5}{2}=-1$$

(나)

(i), (ii)에서 조건을 만족시키는 모든 $x$의 값의 합은

$6+(-1)=5$

(다)
답 5

| 단계 | 채점 기준 | 배점 |
|---|---|---|
| (가) | $8\triangle 12$의 값을 구한 경우 | 20% |
| (나) | 조건을 만족시키는 $x$의 값을 모두 구한 경우 | 70% |
| (다) | 모든 $x$의 값의 합을 구한 경우 | 10% |

**BLACKLABEL 특강** 필수 개념

**절댓값**

$a>0$에 대하여 $|x|=a$이면
$x=a$ 또는 $x=-a$

## 24

어떤 수를 □라 하면

$\square\times\left(-\frac{2}{3}\right)^2+\left(-\frac{3}{2}\right)=\frac{5}{6}$이므로

$$\square\times\frac{4}{9}=\frac{5}{6}-\left(-\frac{3}{2}\right)$$
$$\therefore \square=\left\{\frac{5}{6}-\left(-\frac{3}{2}\right)\right\}\div\frac{4}{9}$$
$$=\left\{\frac{5}{6}+\left(+\frac{3}{2}\right)\right\}\times\frac{9}{4}$$
$$=\frac{7}{3}\times\frac{9}{4}=\frac{21}{4}$$

따라서 바르게 계산하면

$$\frac{21}{4}\times\left(-\frac{2}{3}\right)-\left(-\frac{3}{2}\right)=-\frac{7}{2}+\frac{3}{2}=-2$$ 답 ①

## 25

갑은 6번 이기고 4번 졌으므로 갑의 위치의 값은
$6\times(+4)+4\times(-3)=24-12=12$

을은 4번 이기고 6번 졌으므로 을의 위치의 값은

$4 \times (+4) + 6 \times (-3) = 16 - 18 = -2$

따라서 갑과 을의 위치의 값의 차는

$12 - (-2) = 14$

답 14

## 26

$\dfrac{5}{3}$를 [1단계]에 적용하면

$\left\{ \dfrac{5}{3} - \left( -\dfrac{5}{6} \right) \right\} \times (-9) \div \dfrac{3}{4}$

$= \left\{ \left( +\dfrac{10}{6} \right) + \left( +\dfrac{5}{6} \right) \right\} \times (-9) \div \dfrac{3}{4}$

$= \left( +\dfrac{5}{2} \right) \times (-9) \times \dfrac{4}{3} = -30$

$-30$을 [2단계]에 적용하면

$(-30)^2 \div (-2) = 900 \div (-2) = -450$

$-450$을 [3단계]에 적용하면

$(-450) \times \left( -\dfrac{2}{3} \right) - (-300) = 300 + (+300) = 600$

답 600

## 27

$[3.7] = 3$, $\left[ \dfrac{49}{11} \right] = 4$, $\left[ -\dfrac{17}{4} \right] = -5$, $[-2.3] = -3$,

$\left[ -\dfrac{20}{3} \right] = -7$이므로

$[3.7] + \left[ \dfrac{49}{11} \right] \div \left[ -\dfrac{17}{4} \right] - \dfrac{1}{5} \times \left( [-2.3] \times \left[ -\dfrac{20}{3} \right] \right)$

$= 3 + 4 \div (-5) - \dfrac{1}{5} \times \{ (-3) \times (-7) \}$

$= 3 - \dfrac{4}{5} - \dfrac{21}{5} = -2$

답 $-2$

## 28

$\dfrac{1}{3} = \dfrac{5}{15}$, $\dfrac{1}{5} = \dfrac{3}{15}$이므로 $\dfrac{1}{3} \triangledown \dfrac{1}{5} = \dfrac{4}{15}$

$-\dfrac{1}{2} = -\dfrac{15}{30}$, $\dfrac{4}{15} = \dfrac{8}{30}$이므로 두 수를 나타내는 두 점 사이의 거리는

$\dfrac{8}{30} - \left( -\dfrac{15}{30} \right) = \dfrac{23}{30}$

따라서 같은 거리만큼 떨어져 있으려면 $\dfrac{23}{30} \times \dfrac{1}{2} = \dfrac{23}{60}$만큼 떨어진 경우이므로

$\left( -\dfrac{1}{2} \right) \triangledown \left( \dfrac{1}{3} \triangledown \dfrac{1}{5} \right) = \left( -\dfrac{1}{2} \right) \triangledown \dfrac{4}{15} = -\dfrac{1}{2} + \dfrac{23}{60}$

$= -\dfrac{30}{60} + \dfrac{23}{60} = -\dfrac{7}{60}$

답 ③

## 29

점 C가 나타내는 수가 $-\dfrac{1}{2}$일 때 점 C와 점 A 사이의 거리는 점 C와 점 D 사이의 거리의 2배이어야 한다.

① 점 D가 나타내는 수가 $\dfrac{1}{3}$이면 두 점 C와 D 사이의 거리는

$\dfrac{1}{3} - \left( -\dfrac{1}{2} \right) = \dfrac{1}{3} + \dfrac{1}{2} = \dfrac{2}{6} + \dfrac{3}{6} = \dfrac{5}{6}$

따라서 점 A가 나타내는 수는

$\left( -\dfrac{1}{2} \right) - 2 \times \dfrac{5}{6} = -\dfrac{1}{2} - \dfrac{5}{3} = -\dfrac{3}{6} - \dfrac{10}{6} = -\dfrac{13}{6}$

② 점 D가 나타내는 수가 1이면 두 점 C와 D 사이의 거리는

$1 - \left( -\dfrac{1}{2} \right) = 1 + \dfrac{1}{2} = \dfrac{3}{2}$

따라서 점 A가 나타내는 수는

$\left( -\dfrac{1}{2} \right) - 2 \times \dfrac{3}{2} = -\dfrac{1}{2} - 3 = -\dfrac{1}{2} - \dfrac{6}{2} = -\dfrac{7}{2}$

③ 점 D가 나타내는 수가 $\dfrac{7}{2}$이면 두 점 C와 D 사이의 거리는

$\dfrac{7}{2} - \left( -\dfrac{1}{2} \right) = \dfrac{7}{2} + \dfrac{1}{2} = \dfrac{8}{2} = 4$

따라서 점 A가 나타내는 수는

$\left( -\dfrac{1}{2} \right) - 2 \times 4 = -\dfrac{1}{2} - 8 = -\dfrac{1}{2} - \dfrac{16}{2} = -\dfrac{17}{2}$

④ 점 D가 나타내는 수가 $\dfrac{7}{4}$이면 두 점 C와 D 사이의 거리는

$\dfrac{7}{4} - \left( -\dfrac{1}{2} \right) = \dfrac{7}{4} + \dfrac{1}{2} = \dfrac{7}{4} + \dfrac{2}{4} = \dfrac{9}{4}$

따라서 점 A가 나타내는 수는

$\left( -\dfrac{1}{2} \right) - 2 \times \dfrac{9}{4} = -\dfrac{1}{2} - \dfrac{9}{2} = -\dfrac{10}{2} = -5$

⑤ 점 D가 나타내는 수가 $\dfrac{5}{2}$이면 두 점 C와 D 사이의 거리는

$\dfrac{5}{2} - \left( -\dfrac{1}{2} \right) = \dfrac{5}{2} + \dfrac{1}{2} = \dfrac{6}{2} = 3$

따라서 점 A가 나타내는 수는

$\left( -\dfrac{1}{2} \right) - 2 \times 3 = -\dfrac{1}{2} - 6 = -\dfrac{1}{2} - \dfrac{12}{2} = -\dfrac{13}{2}$

그러므로 두 점 A, D가 나타내는 수로 가능한 것은 ⑤이다. 답 ⑤

## 30

주어진 조건을 만족시키는 두 정수 $a$, $b$를 수직선 위에 나타내면 다음 그림과 같다.

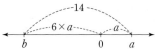

즉, $a = 14 \div 7 = 2$이므로

$b = -(6 \times a) = -(6 \times 2) = -12$

$\therefore (-5) \times a + b \div 4 - a \times b$

$= (-5) \times 2 + (-12) \div 4 - 2 \times (-12)$

$$= (-10)+(-3)-(-24)$$
$$= (-13)+(+24)=11$$

답 11

## 31

$A = 12.43 \times (-14.24) - 3 \times 7.43 + 12.43 \times 17.24$

$= 12.43 \times (-14.24) + 12.43 \times 17.24 - 3 \times 7.43$

$= 12.43 \times \{(-14.24) + 17.24\} - 3 \times 7.43$

$= 12.43 \times (+3) - 3 \times 7.43$

$= 3 \times 12.43 - 3 \times 7.43$

$= 3 \times (12.43 - 7.43)$

$= 3 \times 5 = 15$

$B = 2 - 2 \times \left\{ \dfrac{3}{4} + \left(-\dfrac{1}{2}\right)^3 \div \left(-2+\dfrac{1}{2}\right) \times \dfrac{3}{2} \right\}$

$= 2 - 2 \times \left\{ \dfrac{3}{4} + \left(-\dfrac{1}{8}\right) \div \left(-\dfrac{3}{2}\right) \times \dfrac{3}{2} \right\}$

$= 2 - 2 \times \left\{ \dfrac{3}{4} + \left(-\dfrac{1}{8}\right) \times \left(-\dfrac{2}{3}\right) \times \dfrac{3}{2} \right\}$

$= 2 - 2 \times \left( \dfrac{3}{4} + \dfrac{1}{8} \right)$

$= 2 - 2 \times \dfrac{7}{8}$

$= 2 - \dfrac{7}{4} = \dfrac{1}{4}$

$c$는 $A=15$와 마주 보고 있으므로 $c = \dfrac{1}{15}$

$b$는 $B = \dfrac{1}{4}$과 마주 보고 있으므로 $b = 4$

$a$는 $-0.16 = -\dfrac{16}{100} = -\dfrac{4}{25}$와 마주 보고 있으므로

$a = -\dfrac{25}{4}$

$\therefore a \div \dfrac{3}{b} \times c = a \times \dfrac{b}{3} \times c = \left(-\dfrac{25}{4}\right) \times \dfrac{4}{3} \times \dfrac{1}{15} = -\dfrac{5}{9}$

답 $-\dfrac{5}{9}$

## 32

4개의 주사위의 각 면에 적힌 수의 합은

$$\left\{ -1 + \left(-\dfrac{1}{2}\right) + 0 + 3 + \dfrac{7}{2} + 4 \right\} \times 4 = 36$$

가려지는 면에 적힌 수의 합이 최소일 때, 가려지는 면을 제외한 면에 적힌 수의 합이 최대가 된다. 즉, 한 면이 가려지는 주사위의 경우 가려진 면에 $-1$이 있으면 되고, 세 면이 가려지는 주사위의 경우 가려진 면에 $-1$, $-\dfrac{1}{2}$, $0$이 있으면 된다.

따라서 가려지는 면을 제외한 모든 면에 적힌 수의 합의 최댓값은

$$36 - \left\{ (-1) \times 4 + \left(-\dfrac{1}{2}\right) + 0 \right\} = 36 - \left(-\dfrac{9}{2}\right)$$
$$= \dfrac{72}{2} + \dfrac{9}{2} = \dfrac{81}{2}$$

답 $\dfrac{81}{2}$

## 33

조건 ㈎와 ㈏에 의하여

$a$와 $b$의 부호는 다르고 $b$와 $c$의 부호는 다르다.

즉, $a$와 $c$의 부호는 같다.

조건 ㈐에 의하여

$c$와 $d$의 부호는 같다.

이상을 정리하여 표로 나타내면 다음과 같이 두 가지로 구분된다.

|  | $a$ | $b$ | $c$ | $d$ |
|---|---|---|---|---|
| (ⅰ) | $+$ | $-$ | $+$ | $+$ |
| (ⅱ) | $-$ | $+$ | $-$ | $-$ |

① $\dfrac{a}{c} > 0$

② $a \times d > 0$

③ $b$의 부호가 $a+d$의 부호와 다르므로 $b \times (a+d) < 0$

④ 조건 ㈐에서 $c>0$이면 $d>c$, 즉 $d-c>0$이므로

$c \times (d-c) > 0$

$c<0$이면 $d<c$, 즉 $d-c<0$이므로

$c \times (d-c) > 0$

$\therefore c \times (d-c) > 0$

⑤ $d>0$이면 $c-b>0$이므로 $d \times (c-b) > 0$

$d<0$이면 $c-b<0$이므로 $d \times (c-b) > 0$

$\therefore d \times (c-b) > 0$

따라서 나머지 넷과 부호가 다른 하나는 ③이다.

답 ③

## 34

$a>b>c$, $a \times b < 0$에서 $c<b<0<a$

이때 $a+b>0$이므로 $|b|<|a|$

또한, $a+c<0$이므로 $|a|<|c|$

$\therefore |b|<|a|<|c|$

① $|b|<|a|$이므로 $|a|-|b|>0$

② $|a|<|c|$이므로 $|a|-|c|<0$

③ $|b|<|c|$이므로 $|b|-|c|<0$

④ $c<b<0$이므로 $b \times c > 0$

⑤ $c<a$이므로 $a-c>0$

따라서 옳지 않은 것은 ③이다.

답 ③

• 다른 풀이 •

조건을 만족시키는 세 유리수 $a$, $b$, $c$를 $a=2$, $b=-1$, $c=-3$으로 놓으면

① $|a|=2$, $|b|=1$이므로 $|a|-|b|=2-1=1>0$

② $|a|=2$, $|c|=3$이므로 $|a|-|c|=2-3=-1<0$

③ $|b|=1$, $|c|=3$이므로 $|b|-|c|=1-3=-2<0$

④ $b \times c = (-1) \times (-3) = 3 > 0$

⑤ $a-c = 2-(-3) = 2+(+3) = 5 > 0$

따라서 옳지 않은 것은 ③이다.

# 35

조건 ⑺에서 $a$와 $b$의 부호는 같으므로

조건 ⑷에 의하여 $a<0$, $b<0$이다.

이때 $a$가 될 수 있는 값은 $-4$, $-3$, $-2$, $-1$이고 $b$가 될 수 있는 값은 $-3$, $-2$, $-1$이다.

따라서 조건 ⑷를 만족시키는 $a$, $b$를 $(a, b)$ 꼴로 나타내면

$(-4, -2)$, $(-4, -1)$, $(-3, -1)$, $(-2, -1)$

답 $(-4, -2)$, $(-4, -1)$, $(-3, -1)$, $(-2, -1)$

# 36

$a>0$이고 $b\times c\div a>0$이므로 $b\times c>0$

이때 $a$, $b$, $c$중에는 부호가 다른 것이 반드시 있으므로

$b<0$, $c<0$

또한, $1<|c|<|b|<|a|$이므로

$a=4$, $b=-3$, $c=-2$라 하면

$\dfrac{1}{b}=-\dfrac{1}{3}$, $-\dfrac{1}{c}=\dfrac{1}{2}$, $-a=-4$, $\dfrac{1}{a}=\dfrac{1}{4}$, $b^2=9$

따라서 큰 것부터 차례대로 나열하면

$b^2$, $-\dfrac{1}{c}$, $\dfrac{1}{a}$, $\dfrac{1}{b}$, $-a$

답 $b^2$, $-\dfrac{1}{c}$, $\dfrac{1}{a}$, $\dfrac{1}{b}$, $-a$

| STEP | **3** | 종합 사고력 도전 문제 | pp.054~055 |

01 $\dfrac{24}{25}$  　　02 C, B, A　 03 $\dfrac{23}{4}$　　 04 ④　　 05 4

06 ④　　 07 ㄷ　　 08 2

## 01 해결단계

| ❶단계 | $-\dfrac{1}{200}$과 $\dfrac{3}{25}$을 나타내는 두 점 사이를 5등분한 점 사이의 간격을 구한다. |
| --- | --- |
| ❷단계 | $x_1$, $x_2$, $x_3$, $x_4$의 값을 각각 구한 후, $x_1+x_2+x_3+x_4$의 값을 구한다. |
| ❸단계 | $y_1$, $y_2$, $y_3$, $y_4$의 값을 각각 구한 후, $y_1+y_2+y_3+y_4$의 값을 구한다. |
| ❹단계 | $x_1+x_2+x_3+x_4+y_1+y_2+y_3+y_4$의 값을 구한다. |

$-\dfrac{1}{200}$과 $\dfrac{3}{25}$을 나타내는 두 점 사이를 5등분한 점 사이의 간격은

$\left\{\dfrac{3}{25}-\left(-\dfrac{1}{200}\right)\right\}\times\dfrac{1}{5}=\dfrac{1}{8}\times\dfrac{1}{5}=\dfrac{1}{40}$이다.

이때 $x_1=-\dfrac{1}{200}+\dfrac{1}{40}$, $x_2=-\dfrac{1}{200}+2\times\dfrac{1}{40}$,

$x_3=-\dfrac{1}{200}+3\times\dfrac{1}{40}$, $x_4=-\dfrac{1}{200}+4\times\dfrac{1}{40}$이므로

$x_1+x_2+x_3+x_4=4\times\left(-\dfrac{1}{200}\right)+\dfrac{1}{40}\times(1+2+3+4)$

$=-\dfrac{1}{50}+\dfrac{1}{4}=\dfrac{23}{100}$

또한, $y_1=\dfrac{3}{25}+\dfrac{1}{40}$, $y_2=\dfrac{3}{25}+2\times\dfrac{1}{40}$, $y_3=\dfrac{3}{25}+3\times\dfrac{1}{40}$,

$y_4=\dfrac{3}{25}+4\times\dfrac{1}{40}$이므로

$y_1+y_2+y_3+y_4=4\times\dfrac{3}{25}+\dfrac{1}{40}\times(1+2+3+4)$

$=\dfrac{12}{25}+\dfrac{1}{4}=\dfrac{73}{100}$

$\therefore x_1+x_2+x_3+x_4+y_1+y_2+y_3+y_4=\dfrac{23}{100}+\dfrac{73}{100}$

$=\dfrac{96}{100}=\dfrac{24}{25}$

답 $\dfrac{24}{25}$

## 02 해결단계

| ❶단계 | (시간)＝(거리)÷(속력)임을 이용하여 세 차량이 걸린 시간을 각각 구한다. |
| --- | --- |
| ❷단계 | 가장 빨리 도착한 차량부터 순서대로 나타낸다. |

세 차량의 처음 속력을 1이라 하면

(시간)＝(거리)÷(속력)

이므로 1000 m를 달리는 데 걸리는 시간은 각각

(A 차량이 걸린 시간)$=200\div1+300\div\dfrac{1}{2}+500\div\dfrac{1}{4}$

$=200+300\times2+500\times4$

$=200+600+2000$

$=2800$

(B 차량이 걸린 시간)$=100\div1+500\div\dfrac{1}{2}+400\div\dfrac{1}{4}$

$=100+500\times2+400\times4$

$=100+1000+1600$

$=2700$

(C 차량이 걸린 시간)$=100\div1+600\div\dfrac{1}{2}+300\div\dfrac{1}{4}$

$=100+600\times2+300\times4$

$=100+1200+1200$

$=2500$

따라서 가장 빨리 도착한 차량부터 순서대로 나타내면

C, B, A

답 C, B, A

## 03 해결단계

| ❶단계 | 가장 왼쪽의 수는 양수, 가운데 수와 가장 오른쪽의 수의 곱은 절댓값이 가장 큰 음수가 되어야 함을 파악한다. |
|---|---|
| ❷단계 | 가운데 수와 가장 오른쪽의 수의 곱은 (양수)×(음수) 꼴임을 파악한다. |
| ❸단계 | 조건을 만족시키는 값 중에서 가장 큰 수를 구한다. |

□ 안에 넣을 수를 왼쪽부터 차례대로 $A$, $B$, $C$라 하면 주어진 식은 $A-B \times C$라 할 수 있다.

주어진 식의 값이 가장 크려면 $A$는 양수이고, $B \times C$는 절댓값이 가장 큰 음수이어야 한다.

즉, $B \times C$는 (양수)×(음수) 꼴이어야 하므로

(i) $A=\dfrac{3}{4}$일 때, $B \times C$의 값은

$$\frac{5}{2} \times (-2) = -5 \ \text{또는} \ \frac{5}{2} \times \left(-\frac{1}{3}\right) = -\frac{5}{6}$$

$\left| -5 \right| > \left| -\dfrac{5}{6} \right|$ 이므로 $B \times C = -5$

따라서 주어진 식의 값은

$$\frac{3}{4} - (-5) = \frac{3}{4} + \left(+\frac{20}{4}\right) = \frac{23}{4}$$

(ii) $A=\dfrac{5}{2}$일 때, $B \times C$의 값은

$$\frac{3}{4} \times (-2) = -\frac{3}{2} \ \text{또는} \ \frac{3}{4} \times \left(-\frac{1}{3}\right) = -\frac{1}{4}$$

$\left| -\dfrac{3}{2} \right| > \left| -\dfrac{1}{4} \right|$ 이므로 $B \times C = -\dfrac{3}{2}$

따라서 주어진 식의 값은

$$\frac{5}{2} - \left(-\frac{3}{2}\right) = \frac{5}{2} + \left(+\frac{3}{2}\right) = 4$$

(i), (ii)에서 나올 수 있는 값 중에서 가장 큰 수는 $\dfrac{23}{4}$이다.

답 $\dfrac{23}{4}$

## 04 해결단계

| ❶단계 | 조건 ㈎를 이용하여 $A$, $B$, $C$의 부호를 파악한 후 $A+B-C=|A|+|B|+|C|$임을 확인한다. |
|---|---|
| ❷단계 | 조건 ㈏, ㈐를 이용하여 $|A| \times |B| \times |C|$의 값에 따라 경우를 나누어 $A+B-C$의 값을 구한다. |
| ❸단계 | $A+B-C$의 값 중에서 가장 큰 값을 구한다. |

조건 ㈎에서 한 수는 음수이고, 두 수는 양수이므로
$A+B-C$의 값이 가장 크려면 $C$가 음수가 되어야 한다.

∴ $A>0$, $B>0$, $C<0$

∴ $A+B-C=|A|+|B|+|C|$

이때 $60=2^2 \times 3 \times 5$이므로 조건 ㈏, ㈐에 의하여 주어진 조건을 만족시키는 경우는 다음과 같다.

(i) $|A| \times |B| \times |C| = 2 \times 2 \times 15$일 때
$A+B-C = |A|+|B|+|C| = 19$

(ii) $|A| \times |B| \times |C| = 2 \times 3 \times 10$일 때
$A+B-C = |A|+|B|+|C| = 15$

(iii) $|A| \times |B| \times |C| = 2 \times 5 \times 6$일 때
$A+B-C = |A|+|B|+|C| = 13$

(iv) $|A| \times |B| \times |C| = 3 \times 4 \times 5$일 때
$A+B-C = |A|+|B|+|C| = 12$

(i)~(iv)에서 $A+B-C$의 값 중에서 가장 큰 값은 19이다. 답 ④

## 05 해결단계

| ❶단계 | 보이지 않는 면에 적힌 수를 파악한다. |
|---|---|
| ❷단계 | 수지의 게임 결과 값을 구한다. |
| ❸단계 | 가인이가 이기기 위해서는 $b<0$이어야 한다는 조건을 파악한다. |
| ❹단계 | $b<0$일 때 $a-b>\dfrac{31}{15}$을 만족시키는 $a$의 값을 구한다. |
| ❺단계 | $(a, b)$의 개수를 구한다. |

마주 보는 면에 적힌 두 수의 곱이 1이므로 두 수는 역수이고, $-\dfrac{2}{3}$, $\dfrac{9}{4}$, $\dfrac{7}{5}$의 역수는 각각 $-\dfrac{3}{2}$, $\dfrac{4}{9}$, $\dfrac{5}{7}$이므로 보이지 않는 면에 적힌 수는 $-\dfrac{3}{2}$, $\dfrac{4}{9}$, $\dfrac{5}{7}$이다.

수지의 경우 첫 번째에 나온 눈의 수가 $\dfrac{7}{5}$, 두 번째에 나온 눈의 수가 $-\dfrac{2}{3}$이므로

$$\frac{7}{5} - \left(-\frac{2}{3}\right) = \frac{7}{5} + \frac{2}{3} = \frac{31}{15}$$

이때 가인이가 이기려면 $a-b$의 값이 $\dfrac{31}{15}$보다 커야 하므로 반드시 $b<0$이어야 한다.

∴ $b=-\dfrac{2}{3}$ 또는 $b=-\dfrac{3}{2}$

(i) $a=\dfrac{9}{4}$일 때, $(a, b)$는 $\left(\dfrac{9}{4}, -\dfrac{2}{3}\right)$, $\left(\dfrac{9}{4}, -\dfrac{3}{2}\right)$이므로

$$a-b=\frac{9}{4}+\frac{2}{3}=\frac{35}{12}>\frac{31}{15}, \quad a-b=\frac{9}{4}+\frac{3}{2}=\frac{15}{4}>\frac{31}{15}$$

(ii) $a=\dfrac{7}{5}$일 때, $(a, b)$는 $\left(\dfrac{7}{5}, -\dfrac{2}{3}\right)$, $\left(\dfrac{7}{5}, -\dfrac{3}{2}\right)$이므로

$$a-b=\frac{7}{5}+\frac{2}{3}=\frac{31}{15}, \quad a-b=\frac{7}{5}+\frac{3}{2}=\frac{29}{10}>\frac{31}{15}$$

(iii) $a=\dfrac{5}{7}$일 때, $(a, b)$는 $\left(\dfrac{5}{7}, -\dfrac{2}{3}\right)$, $\left(\dfrac{5}{7}, -\dfrac{3}{2}\right)$이므로

$$a-b=\frac{5}{7}+\frac{2}{3}=\frac{29}{21}<\frac{31}{15}, \quad a-b=\frac{5}{7}+\frac{3}{2}=\frac{31}{14}>\frac{31}{15}$$

(iv) $a=\dfrac{4}{9}$일 때, $(a, b)$는 $\left(\dfrac{4}{9}, -\dfrac{2}{3}\right)$, $\left(\dfrac{4}{9}, -\dfrac{3}{2}\right)$이므로

$$a-b=\frac{4}{9}+\frac{2}{3}=\frac{10}{9}<\frac{31}{15}, \quad a-b=\frac{4}{9}+\frac{3}{2}=\frac{35}{18}<\frac{31}{15}$$

(i)~(iv)에서 가인이가 이기는 경우의 $(a, b)$는

$$\left(\frac{9}{4}, -\frac{2}{3}\right), \left(\frac{9}{4}, -\frac{3}{2}\right), \left(\frac{7}{5}, -\frac{3}{2}\right), \left(\frac{5}{7}, -\frac{3}{2}\right)$$

의 4개이다. 답 4

## 06 해결단계

| ❶단계 | 9를 소인수분해하여 네 개의 서로 다른 정수의 곱으로 표현한다. |
| ❷단계 | 네 개의 서로 다른 정수의 합이 0임을 이용하여 $a+b+c+d$의 값을 구한다. |

네 개의 서로 다른 정수의 곱이 9가 되는 경우는
$(-3)\times(-1)\times1\times3=9$
이때 $(-3)+(-1)+1+3=0$이므로
$(13-a)+(12-b)+(11-c)+(10-d)=0$
덧셈의 교환법칙과 결합법칙에 의하여
$(13+12+11+10)-a-b-c-d=0$
$\therefore a+b+c+d=46$ 답 ④

## 07 해결단계

| ❶단계 | 각 변의 네 개의 수의 합을 구한다. |
| ❷단계 | 각 변의 네 개의 수의 합이 20이 아닌 예를 찾는다. |
| ❸단계 | $A$, $B$, $C$ 모두 5가 아닌 예를 찾는다. |
| ❹단계 | $A+B+C$의 값이 3의 배수임을 설명한다. |

각 변의 네 수의 합은
$$\frac{(1+2+3+\cdots+8+9)+A+B+C}{3}$$
$$=\frac{45}{3}+\frac{A+B+C}{3}$$
$$=15+\frac{A+B+C}{3}$$
ㄱ. $A=1$, $B=2$, $C=3$이면 각 변의 네 개의 수의 합은
$15+\dfrac{A+B+C}{3}=15+\dfrac{1+2+3}{3}=17$
따라서 각 변의 수의 합이 반드시 20이 되는 것은 아니다.
ㄴ. ㄱ에서 $A$, $B$, $C$ 중에서 적어도 하나가 반드시 5가 되는 것은 아니다.
ㄷ. $\dfrac{A+B+C}{3}$가 자연수이어야 하므로 $A+B+C$의 값은 3의 배수가 되어야 한다.
따라서 옳은 것은 ㄷ뿐이다. 답 ㄷ

## 08 해결단계

| ❶단계 | 조건 (개), (내), (대)를 이용하여 $a$, $b$, $c$의 값의 범위를 파악한다. |
| ❷단계 | 조건을 만족시키는 $a$, $b$, $c$의 값을 구한다. |
| ❸단계 | $b-a+c$의 값 중에서 가장 큰 값을 구한다. |

조건 (개), (내), (대)에 의하여
$b<0<a<c<6$, $|a|<|b|<|c|<6$이므로 $a+b<0$
(i) $c=5$일 때, $a+b+c=4$에서 $a+b=-1$이므로
$a=1$, $b=-2$ 또는 $a=2$, $b=-3$ 또는 $a=3$, $b=-4$
(ii) $1\le c\le4$일 때, $a+b+c=4$에서 $a+b<0$을 만족시키지 않는다.
(i), (ii)에서 가능한 $b-a+c$의 값은
$-2-1+5=2$ 또는 $-3-2+5=0$ 또는 $-4-3+5=-2$
이므로 이 중에서 가장 큰 값은 2이다. 답 2

---

## ⑧ 대단원평가 pp.056~057

| 01 2 | 02 6 | 03 ② | 04 ⑤ |
| 05 69 | 06 $\dfrac{9}{10}$ | 07 ④ | 08 $-\dfrac{2}{3}$ |
| 09 ② | 10 $-25$ | 11 10 | |

12 (1) $-15$, $-12$, $11$, $18$ (2) 3

## 01

$-\dfrac{13}{5}=-2.6$, $\dfrac{5}{2}=2.5$, $\dfrac{38}{19}=2$
이므로 주어진 여섯 개의 수를 수직선 위에 점으로 나타내면 다음 그림과 같다.

$-\dfrac{13}{5}<-2<\dfrac{38}{19}<\dfrac{5}{2}<3<+3.6$이므로 오른쪽에서 세 번째에 있는 점이 나타내는 수는 $\dfrac{5}{2}$이다.
따라서 $\dfrac{5}{2}$보다 작거나 같은 정수 중에서 가장 큰 수는 2이다. 답 2

## 02

$-7\le a<\dfrac{7}{2}$이고 $\dfrac{7}{2}=3.5$이므로 정수 $a$가 될 수 있는 수는
$-7$, $-6$, $-5$, $\cdots$, $2$, $3$
또한, $|a|>2$이므로 구하는 정수 $a$는
$-7$, $-6$, $-5$, $-4$, $-3$, $3$
의 6개이다. 답 6

## 03

ㄱ. $|a|$와 $|b|$는 항상 0보다 크거나 같으므로 $|a|+|b|=0$이면 $|a|=0$, $|b|=0$이다.
즉, $a=0$, $b=0$이다.
ㄴ. 음수는 작을수록 그 절댓값이 크다.
ㄷ. $a=-1$, $b=2$이면 $a<0<b$이지만 $|a|<|b|$이다.
따라서 옳은 것은 ㄱ, ㄴ이다. 답 ②

## 04

조건 (개)에서 $b<0$, $|b|=3$이므로 $b=-3$
조건 (내)에서 $c<-4$

**054** 블랙라벨 중학수학 1-1

조건 ㈐에서 $|a|<|b|$이고 $b=-3$이므로

$|a|<|-3|=3$   ∴ $-3<a<3$

따라서 $c<-4<-3=b<a<3$이므로

$c<b<a$

답 ⑤

## 05 해결단계

| | |
|---|---|
| ❶단계 | 두 유리수 $-\dfrac{4}{3}$와 $\dfrac{17}{9}$, $-\dfrac{27}{5}$과 $\dfrac{11}{4}$ 사이에 있는 분모가 7인 유리수를 구한다. |
| ❷단계 | ❶단계에서 구한 유리 수 중 정수를 제외하여 $a$, $b$의 값을 구한다. |
| ❸단계 | $a+b$의 값을 구한다. |

(ⅰ) $-\dfrac{10}{7}<-\dfrac{4}{3}<-\dfrac{9}{7}$이고 $\dfrac{13}{7}<\dfrac{17}{9}<\dfrac{14}{7}$이다.

따라서 구하는 유리수는

$-\dfrac{9}{7}$, $-\dfrac{8}{7}$, $\cdots$, $-\dfrac{1}{7}$, $\dfrac{1}{7}$, $\cdots$, $\dfrac{13}{7}$

중에서 정수 $-1$, $1$을 제외해야 하므로

$a=9+13-2=20$

(ⅱ) $-\dfrac{38}{7}<-\dfrac{27}{5}<-\dfrac{37}{7}$이고 $\dfrac{19}{7}<\dfrac{11}{4}<\dfrac{20}{7}$이다.

따라서 구하는 유리수는

$-\dfrac{37}{7}$, $-\dfrac{36}{7}$, $\cdots$, $-\dfrac{1}{7}$, $\dfrac{1}{7}$, $\cdots$, $\dfrac{19}{7}$

중에서 정수 $-5$, $-4$, $-3$, $-2$, $-1$, $1$, $2$를 제외해야 하므로

$b=37+19-7=49$

(ⅰ), (ⅱ)에서 $a+b=20+49=69$

답 69

## 06

$\dfrac{1}{1\times2}+\dfrac{1}{2\times3}+\dfrac{1}{3\times4}+\cdots+\dfrac{1}{9\times10}$

$=\left(1-\dfrac{1}{2}\right)+\left(\dfrac{1}{2}-\dfrac{1}{3}\right)+\left(\dfrac{1}{3}-\dfrac{1}{4}\right)+\cdots+\left(\dfrac{1}{9}-\dfrac{1}{10}\right)$

$=1+\left\{\left(-\dfrac{1}{2}\right)+\dfrac{1}{2}\right\}+\left\{\left(-\dfrac{1}{3}\right)+\dfrac{1}{3}\right\}+\cdots+\left\{\left(-\dfrac{1}{9}\right)+\dfrac{1}{9}\right\}-\dfrac{1}{10}$

$=1-\dfrac{1}{10}=\dfrac{9}{10}$

답 $\dfrac{9}{10}$

**BLACKLABEL 특강**　필수 원리

**부분분수**

(1) 자연수 $n$에 대하여

$\dfrac{1}{n}-\dfrac{1}{n+1}=\dfrac{n+1}{n\times(n+1)}-\dfrac{n}{n\times(n+1)}=\dfrac{1}{n\times(n+1)}$

∴ $\dfrac{1}{n\times(n+1)}=\dfrac{1}{n}-\dfrac{1}{n+1}$

(2) 세 자연수 $A$, $B$, $C(A\neq B)$에 대하여

$\dfrac{C}{B-A}\times\left(\dfrac{1}{A}-\dfrac{1}{B}\right)=\dfrac{C}{B-A}\times\dfrac{B-A}{A\times B}=\dfrac{C}{A\times B}$

∴ $\dfrac{C}{A\times B}=\dfrac{C}{B-A}\times\left(\dfrac{1}{A}-\dfrac{1}{B}\right)$

## 07

첫째 날의 가격은

$10000\times\left(1-\dfrac{10}{100}\right)=10000\times\dfrac{9}{10}=9000$(원)

둘째 날의 가격은

$9000\times\left(1-\dfrac{20}{100}\right)=9000\times\dfrac{4}{5}=7200$(원)

셋째 날의 가격은

$7200\times\left(1+\dfrac{20}{100}\right)=7200\times\dfrac{6}{5}=8640$(원)

따라서 첫째 날과 셋째 날의 이 물건의 가격의 차는

$9000-8640=360$(원)

답 ④

## 08

$\left(-\dfrac{1}{3}\right)+\left(-\dfrac{5}{6}\right)+\left(-\dfrac{4}{3}\right)=\left(-\dfrac{5}{3}\right)+\left(-\dfrac{5}{6}\right)=-\dfrac{15}{6}=-\dfrac{5}{2}$

이므로

$a+\left(-\dfrac{1}{2}\right)+\left(-\dfrac{4}{3}\right)=-\dfrac{5}{2}$에서

$a=\left(-\dfrac{5}{2}\right)-\left(-\dfrac{1}{2}\right)-\left(-\dfrac{4}{3}\right)$

　$=\left(-\dfrac{5}{2}\right)+\left(+\dfrac{1}{2}\right)+\left(+\dfrac{4}{3}\right)=-\dfrac{2}{3}$

$\left(-\dfrac{3}{2}\right)+\left(-\dfrac{5}{6}\right)+b=-\dfrac{5}{2}$에서

$b=\left(-\dfrac{5}{2}\right)-\left(-\dfrac{3}{2}\right)-\left(-\dfrac{5}{6}\right)$

　$=\left(-\dfrac{5}{2}\right)+\left(+\dfrac{3}{2}\right)+\left(+\dfrac{5}{6}\right)=-\dfrac{1}{6}$

$\left(-\dfrac{1}{3}\right)+c+(-1)=-\dfrac{5}{2}$에서

$c=\left(-\dfrac{5}{2}\right)-\left(-\dfrac{1}{3}\right)-(-1)$

　$=\left(-\dfrac{5}{2}\right)+\left(+\dfrac{1}{3}\right)+(+1)=-\dfrac{7}{6}$

∴ $a\div(b-c)=\left(-\dfrac{2}{3}\right)\div\left\{\left(-\dfrac{1}{6}\right)-\left(-\dfrac{7}{6}\right)\right\}$

$\qquad=\left(-\dfrac{2}{3}\right)\div1=-\dfrac{2}{3}$

답 $-\dfrac{2}{3}$

## 09

$a>0$, $b<0$, $|a|=|b|$이므로 $a=3$, $b=-3$이라 하면

ㄱ. $a+b=3+(-3)=0$

ㄴ. $a^2-b^2=3^2-(-3)^2=9-9=0$

ㄷ. $\dfrac{a}{b}-1=a\div b-1=3\div(-3)-1$

$\qquad=-1-1=-2$

ㄹ. $\dfrac{1}{a}+\dfrac{1}{b}=\dfrac{1}{3}+\left(-\dfrac{1}{3}\right)=0$

따라서 옳은 것은 ㄱ, ㄴ, ㄹ이다.

답 ②

## 10

$a \times b \div c$가 가장 작은 수가 되려면 절댓값이 큰 음수가 되어야 하므로 $a$, $b$, $c$ 중 두 수는 양수 $+\dfrac{5}{3}$, $+0.4$이고 한 수는 음수 $-\dfrac{11}{2}$, $-6$ 중 하나이다.

이때 $a \times b \div c$의 절댓값이 가장 크려면 나누는 수의 절댓값은 작아야 하므로 ㉮

$\left|+0.4\right| < \left|+\dfrac{5}{3}\right| < \left|-\dfrac{11}{2}\right| < \left|-6\right|$에서 $c=+0.4$

또한, 음수는 $-\dfrac{11}{2}$, $-6$ 중 $-6$을 택해야 한다. 즉,

$a=-6$, $b=+\dfrac{5}{3}$, $c=+0.4$ 또는 $a=+\dfrac{5}{3}$, $b=-6$, $c=+0.4$

따라서 $a \times b \div c$를 계산한 결과 중 가장 작은 값은 ㉯

$(-6) \times \dfrac{5}{3} \div (+0.4) = (-6) \times \dfrac{5}{3} \times \left(+\dfrac{5}{2}\right) = -25$

㉰

답 $-25$

| 단계 | 채점 기준 | 배점 |
|---|---|---|
| ㉮ | $a$, $b$, $c$의 부호를 파악한 경우 | 20% |
| ㉯ | $a$, $b$, $c$의 값을 구한 경우 | 40% |
| ㉰ | $a \times b \div c$를 계산한 결과 중 가장 작은 값을 구한 경우 | 40% |

## 11

$\dfrac{11}{48} = \dfrac{1}{\dfrac{48}{11}}$이고 $\dfrac{48}{11} = 4 + \dfrac{4}{11} = 4 + \dfrac{1}{\dfrac{11}{4}}$이므로

$\dfrac{11}{48} = \dfrac{1}{4 + \dfrac{1}{\dfrac{11}{4}}}$에서

$a=4$, $b + \dfrac{1}{c + \dfrac{1}{d}} = \dfrac{11}{4}$

㉮

또한, $\dfrac{11}{4} = 2 + \dfrac{3}{4} = 2 + \dfrac{1}{\dfrac{4}{3}} = 2 + \dfrac{1}{1 + \dfrac{1}{3}}$이므로

$b=2$, $c=1$, $d=3$

㉯

따라서 $a=4$, $b=2$, $c=1$, $d=3$이므로

$a+b+c+d = 4+2+1+3 = 10$

㉰

답 10

| 단계 | 채점 기준 | 배점 |
|---|---|---|
| ㉮ | $\dfrac{11}{48}$의 역수인 가분수를 정수와 진분수의 합으로 나타내어 $a$의 값을 구한 경우 | 40% |
| ㉯ | ㉮와 같은 방법으로 $b$, $c$, $d$의 값을 구한 경우 | 40% |
| ㉰ | $a+b+c+d$의 값을 구한 경우 | 20% |

BLACKLABEL 특강　풀이 첨삭

$\dfrac{48}{11} = a + \dfrac{1}{q}$에서 $a=4$인 이유

만약 $\dfrac{48}{11} = 3 + \dfrac{15}{11}$로 고치면

$3 + \dfrac{15}{11} = 3 + \dfrac{1}{\dfrac{11}{15}} = 3 + \dfrac{1}{0 + \dfrac{11}{15}}$

즉, $b=0$이므로 $b$는 자연수가 아니다.

## 12

(1) $35640 = 2^3 \times 3^4 \times 5 \times 11$

㉮

이때 11에 2 이상의 수를 곱하면 절댓값이 10 이상 20 이하인 수가 될 수 없으므로 서로 다른 몇 개의 정수 중 하나는 11이다.

$2^3 \times 3^4 \times 5$를 절댓값이 10 이상 20 이하의 수의 곱으로 나타내면

(i) $5 \times 2 = 10$을 포함하는 경우

$2^3 \times 3^4 \times 5 = (5 \times 2) \times (2^2 \times 3^4)$에서

$2^2 \times 3^4$을 절댓값이 10 이상 20 이하인 수의 곱으로 나타내면

$2^2 \times 3^4 = (2 \times 3^2) \times (2 \times 3^2)$

∴ $35640 = 10 \times 11 \times 18 \times 18$

그러나 서로 다른 정수라는 조건을 만족시키지 않는다.

(ii) $5 \times 3 = 15$를 포함하는 경우

$2^3 \times 3^4 \times 5 = (5 \times 3) \times (2^3 \times 3^3)$에서

$2^3 \times 3^3$을 절댓값이 10 이상 20 이하인 수의 곱으로 나타내면

$2^3 \times 3^3 = (2 \times 3^2) \times (2^2 \times 3)$

∴ $35640 = 11 \times 12 \times 15 \times 18$

(iii) $5 \times 2^2 = 20$을 포함하는 경우

$2^3 \times 3^4 \times 5 = (5 \times 2^2) \times (2 \times 3^4)$에서

$2 \times 3^4$은 절댓값이 10 이상 20 이하인 수의 곱으로 나타낼 수 없다.

(i), (ii), (iii)에서 $35640 = 11 \times 12 \times 15 \times 18$

㉯

이때 두 수끼리의 합의 차가 2가 되도록 네 수를 두 쌍으로 묶으면

$35640 = (11 \times 18) \times (12 \times 15)$로 나타낼 수 있고,

네 수의 곱이 35640이면서 합이 2가 되어야 하므로 구하는 네 수는 11, 18, $-12$, $-15$이다.

㉰

(2) 네 수 중 가장 큰 정수와 가장 작은 정수의 합은

$18 + (-15) = 3$

㉱

답 (1) $-15$, $-12$, 11, 18　(2) 3

| 단계 | | 채점 기준 | 배점 |
|---|---|---|---|
| (1) | ㉮ | 35640을 소인수분해한 경우 | 20% |
| | ㉯ | 35640을 10 이상 20 이하의 정수의 곱으로 나타낸 경우 | 50% |
| | ㉰ | ㉯에서 합이 2인 네 수를 구한 경우 | 20% |
| (2) | ㉱ | 가장 큰 정수와 가장 작은 정수의 합을 구한 경우 | 10% |

# Ⅲ 문자와 식

## 05. 문자의 사용과 식

**01** ⑤　　**02** ④　　**03** ②　　**04** ③　　**05** ②
**06** ②　　**07** ③　　**08** ①　　**09** ⑤　　**10** $7x+24$
**11** $13x-17$　**12** $132$

### 01

$$a \div b \div \{c \div (1 \div d)\} \times e = a \div b \div \left(c \div \dfrac{1}{d}\right) \times e$$
$$= a \div b \div (c \times d) \times e$$
$$= \dfrac{a}{b} \div cd \times e$$
$$= \dfrac{a}{b} \times \dfrac{1}{cd} \times e = \dfrac{ae}{bcd}$$

답 ⑤

### 02

① $10a+b$
② $\dfrac{x}{12}$원
③ $(4x-y)$원
⑤ $7x+5$
따라서 바르게 나타낸 것은 ④이다.

답 ④

### 03

① $(-x)^4 = \{-(-2)\}^4 = 2^4 = 16$
② $-x^4 = -(-2)^4 = -16$
③ $(-2x)^2 = \{-2 \times (-2)\}^2 = 4^2 = 16$
④ $-2x^3 = -2 \times (-2)^3 = (-2) \times (-8) = 16$
⑤ $-\dfrac{x^5}{2} = -\dfrac{(-2)^5}{2} = -\dfrac{-32}{2} = 16$
따라서 식의 값이 나머지 넷과 다른 하나는 ②이다.

답 ②

### 04

$$\dfrac{6}{a} - \dfrac{12}{b} + \dfrac{4}{c} = 6 \div a - 12 \div b + 4 \div c$$
$$= 6 \div \dfrac{3}{2} - 12 \div \dfrac{4}{3} + 4 \div \dfrac{4}{5}$$
$$= 6 \times \dfrac{2}{3} - 12 \times \dfrac{3}{4} + 4 \times \dfrac{5}{4}$$
$$= 4 - 9 + 5 = 0$$

답 ③

### 05

기온이 15 ℃인 날의 소리의 속력은
초속 $391 + 0.6 \times 15 = 391 + 9 = 400 (m)$이므로
번개가 친 곳에서 블랙이가 있는 곳까지의 거리는
$400 \times 3 = 1200 (m) = 1.2 (km)$

답 ②

### 06

① $xy+1$은 이차식이다.
③ $3x+5$는 다항식이다.
④ $x+y-y^2-8$의 상수항은 $-8$이다.
⑤ $5x^2-3x+1$의 차수는 2이다.
따라서 옳은 것은 ②이다.

답 ②

### 07

주어진 식 중 일차식은
$x+1$, $3y$, $3a-2$, $\dfrac{b+1}{3}$, $b$의 5개이다.

답 ③

### 08

$\dfrac{2}{3}(6x-12) = 4x-8$,
$(-4x+8) \div \left(-\dfrac{4}{3}\right) = (-4x+8) \times \left(-\dfrac{3}{4}\right) = 3x-6$이므로
$a = 4+3 = 7$
$b = (-8) + (-6) = -14$
$\therefore a-b = 7 - (-14) = 21$

답 ①

### 09

① $(x-1) + (3x+5) = 4x+4$
② $(5x-1) - (3x-6) = 2x+5$
③ $(8-x) + 4(3x-1) = 8-x+12x-4 = 11x+4$
④ $2(3x+1) - 3(5x-1) = 6x+2-15x+3 = -9x+5$
⑤ $8\left(-\dfrac{1}{2}x + \dfrac{1}{4}\right) - 6\left(\dfrac{2}{3}x - \dfrac{3}{2}\right) = -4x+2-4x+9$
$$= -8x+11$$
따라서 상수항이 가장 큰 것은 ⑤이다.

답 ⑤

## 10

$$\frac{1}{2}(3B-2A)+3\{C-(A-B)\}$$
$$=\frac{3}{2}B-A+3(C-A+B)$$
$$=\frac{3}{2}B-A+3C-3A+3B$$
$$=-4A+\frac{9}{2}B+3C$$
$$=-4(2x-3)+\frac{9}{2}(4x+2)+3(-x+1)$$
$$=-8x+12+18x+9-3x+3$$
$$=7x+24$$

답 $7x+24$

## 11

잘못 계산한 식이 $A-(3x-5)=2x-1$이므로
$$A=2x-1+(3x-5)=5x-6$$
따라서 바르게 계산한 식 $B$는
$$B=5x-6+(3x-5)=8x-11$$
$$\therefore A+B=(5x-6)+(8x-11)$$
$$=13x-17$$

답 $13x-17$

## 12

색종이 사이의 간격을 다 붙여 직사각형을 만들었을 때의 가로의
길이는 $(2x-9)$ cm, 세로의 길이는 $12$ cm이므로 색종이 8장의
넓이의 합을 $x$를 사용한 식으로 나타내면
$$12(2x-9)=24x-108 \; (\text{cm}^2)$$
따라서 $a=24$, $b=-108$이므로
$$a-b=24-(-108)$$
$$=24+108=132$$

답 132

---

**STEP 2** A등급을 위한 문제  pp.063~068

| | | | | |
|---|---|---|---|---|
| 01 ③ | 02 ④ | 03 ④ | 04 ③ | 05 ⑤ |
| 06 ④ | 07 ③ | 08 ① | 09 ④ | 10 76,6 |

11 $\frac{10000a}{b^2}$, 정상     12 (1) $3n+1$  (2) 151

13 ④     14 ⑤     15 ③

16 총경비 : $(x+50y+62500)$원, 1인당 낼 금액 : $\left(\frac{x}{25}+2y+2500\right)$원

| | | | | |
|---|---|---|---|---|
| 17 15 | 18 $4x+24$ | 19 ② | 20 ④ | 21 $\frac{1}{2}$ |
| 22 $-5x-2$ | 23 ② | 24 ② | 25 $6x-6y-8$ | |
| 26 ④ | 27 ② | 28 $(18x-11)$km | 29 $2x+12$ | |
| 30 ⑤ | 31 ④ | 32 $\frac{65}{2}x+23$ | 33 $88x+52$ | |
| 34 $(91x+9)$ cm² | 35 ③ | 36 $16x+48$ | | |

---

## 01

ㄱ. $2\times x=2x$

ㄴ. $(a+b)\div\frac{1}{2}=(a+b)\times2=2(a+b)$

ㄷ. $2\div5x=\frac{2}{5x}$

ㄹ. $x\div3+y\times(-3)=x\times\frac{1}{3}-3\times y=\frac{x}{3}-3y$

ㅁ. $x-y\times z\div3=x-\frac{yz}{3}$

따라서 옳은 것은 ㄴ, ㄹ이다.

답 ③

## 02

① $-y\times z\div x=-yz\div x=-\frac{yz}{x}$

② $y\times z\div(-x)=yz\div(-x)=-\frac{yz}{x}$

③ $-z\div(x\div y)=-z\div\frac{x}{y}=-z\times\frac{y}{x}=-\frac{yz}{x}$

④ $z\div x\times(-1)\div y=\frac{z}{x}\times(-1)\times\frac{1}{y}=-\frac{z}{xy}$

⑤ $y\times z\div x\times(-1)=yz\times\frac{1}{x}\times(-1)=-\frac{yz}{x}$

따라서 기호를 생략한 결과가 나머지 넷과 다른 것은 ④이다.

답 ④

## 03

이 중학교의 작년 전체 학생이 $x$명이므로

작년 남학생 수는 $x\times\frac{a}{100}=\frac{ax}{100}$

즉, 작년 여학생은 $\left(x-\frac{ax}{100}\right)$명이다.

올해는 작년에 비해 여학생 수가 5 % 감소하였으므로 올해 여학
생 수는
$$\left(x-\frac{ax}{100}\right)\times\left(1-\frac{5}{100}\right)=\left(x-\frac{ax}{100}\right)\times\frac{95}{100}$$
$$=\frac{19}{20}\left(x-\frac{ax}{100}\right)$$

답 ④

## 04

이 공장에서 한 명이 하루 동안 만들 수 있는 제품의 개수는
$$c\div b\div a=\frac{c}{ab}$$
따라서 두 명이 하루 동안 만들 수 있는 제품의 개수는
$$2\times\frac{c}{ab}=\frac{2c}{ab}$$

답 ③

## 05

남학생 $x$명의 100 m 달리기 기록의 총합은

$16 \times x = 16x$(초)

여학생 $y$명의 100 m 달리기 기록의 총합은

$19 \times y = 19y$(초)

이 반 전체 학생은 $(x+y)$명이므로 구하는 평균은

$\dfrac{16x+19y}{x+y}$초

답 ⑤

---

**BLACKLABEL 특강**    필수 개념

**평균**

$(평균) = \dfrac{(자료\ 전체의\ 합)}{(자료의\ 개수)}$

---

## 06

수진이가 집에서 출발하여 분속 125 m로 $x$분 동안 걸어서 문구점에 도착했으므로 수진이네 집과 문구점 사이의 거리는

$125 \times x = 125x$(m)

이때 수진이네 집과 학교 사이의 거리가 2 km, 즉 2000 m이므로 문구점에서 학교까지의 거리는

$(2000-125x)$ m

따라서 수진이가 문구점에서 출발하여 분속 154 m로 걸어서 학교에 도착했으므로 수진이가 문구점에서 학교까지 가는 데 걸린 시간은

$(2000-125x) \div 154 = \dfrac{2000-125x}{154}$(분)

답 ④

## 07

직사각형의 가로의 길이는 $(20x-19)$ cm, 세로의 길이는 $x$ cm 이므로 완성된 직사각형의 넓이는

$(20x-19) \times x = x(20x-19)(\text{cm}^2)$

답 ③

## 08

$a = -\dfrac{1}{2}$을 주어진 식에 각각 대입하면

$\dfrac{1}{a} = 1 \div \left(-\dfrac{1}{2}\right) = 1 \times (-2) = -2$

$a^2 = \left(-\dfrac{1}{2}\right)^2 = \dfrac{1}{4}$

$\dfrac{1}{a^2} = 1 \div \left(-\dfrac{1}{2}\right)^2 = 1 \times 4 = 4$

$a^3 = \left(-\dfrac{1}{2}\right)^3 = -\dfrac{1}{8}$

$\therefore \dfrac{1}{a} < a < a^2 < \dfrac{1}{a^2}$

답 ①

## 09

$|a| = |b| = 3$이고 $a > b$이므로 $a = 3$, $b = -3$

$\therefore \dfrac{3a^2 - b^3 + 18}{a^2 + b^2} = \dfrac{3 \times 3^2 - (-3)^3 + 18}{3^2 + (-3)^2}$

$= \dfrac{27 - (-27) + 18}{9 + 9}$

$= \dfrac{72}{18} = 4$

답 ④

## 10

섭씨 26 ℃를 화씨온도로 나타내면

$\dfrac{9}{5} \times 26 + 32 = 46.8 + 32 = 78.8(℉)$

섭씨 24 ℃를 화씨온도로 나타내면

$\dfrac{9}{5} \times 24 + 32 = 43.2 + 32 = 75.2(℉)$

따라서 기온이 화씨 78.8 ℉이고, 습구 온도가 화씨 75.2 ℉일 때의 불쾌지수는

$0.4 \times (78.8 + 75.2) + 15 = 0.4 \times 154 + 15$

$= 61.6 + 15$

$= 76.6$

답 76.6

## 11

$a$ kg은 $1000a$ g이므로 체중이 $a$ kg이고 키가 $b$ cm인 사람의 카우프지수는

$1000a \div b^2 \times 10 = 1000a \times \dfrac{1}{b^2} \times 10$

$= \dfrac{1000a}{b^2} \times 10$

$= \dfrac{10000a}{b^2}$

━━━━━━━━━━━━━━━━━━ (가)

체중이 45 kg, 키가 1.5 m, 즉 150 cm인 사람의 카우프지수는

$\dfrac{10000 \times 45}{150^2} = 20$

따라서 이 사람의 비만도는 정상이다.

━━━━━━━━━━━━━━━━━━ (나)

답 $\dfrac{10000a}{b^2}$, 정상

| 단계 | 채점 기준 | 배점 |
|---|---|---|
| (가) | 카우프지수를 $a$, $b$를 사용한 식으로 나타낸 경우 | 50% |
| (나) | 체중이 45 kg이고 키가 1.5 m인 사람의 비만도를 구한 경우 | 50% |

## 12 해결단계

| | | |
|---|---|---|
| (1) | ❶단계 | 첫 번째 정사각형을 만들 때 필요한 성냥개비의 개수와 정사각형을 1개씩 추가할 때마다 필요한 성냥개비의 개수를 구한다. |
| | ❷단계 | $n$개의 정사각형을 만들 때 필요한 성냥개비의 개수를 $n$에 대한 일차식으로 나타낸다. |
| (2) | ❸단계 | (1)에서 구한 식에 $n=50$을 대입하여 정사각형 50개를 만들 때 필요한 성냥개비의 개수를 구한다. |

(1) 첫 번째 정사각형을 만들 때 필요한 성냥개비의 개수는
$$4=1+3$$
정사각형을 1개씩 추가할 때마다 성냥개비가 3개씩 더 필요하므로 $n$개의 정사각형을 만들 때 필요한 성냥개비의 개수는
$$1+3\times n=3n+1$$
(2) $n$개의 정사각형을 만들 때 필요한 성냥개비의 개수는 $3n+1$이므로 정사각형 50개를 만들 때 필요한 성냥개비의 개수는
$$3\times50+1=151$$
답 (1) $3n+1$  (2) 151

## 13

$$-3(2x+4)=(-3)\times2x+(-3)\times4$$
$$=-6x-12$$
① $3\times(2x+4)=3\times2x+3\times4$
$$=6x+12$$
② $(3x-4)\times2=3x\times2-4\times2$
$$=6x-8$$
③ $(2x-4)\div\dfrac{1}{3}=(2x-4)\times3$
$$=2x\times3-4\times3$$
$$=6x-12$$
④ $(x+2)\div\left(-\dfrac{1}{6}\right)=(x+2)\times(-6)$
$$=x\times(-6)+2\times(-6)$$
$$=-6x-12$$
⑤ $(-3x+6)\div\left(-\dfrac{1}{2}\right)=(-3x+6)\times(-2)$
$$=-3x\times(-2)+6\times(-2)$$
$$=6x-12$$
따라서 계산 결과가 $-3(2x+4)$와 같은 것은 ④이다.  답 ④

## 14

$A=4x$, $B=x^2$이므로
$$(-2)^3+(-2)^2A-2B=-8+4\times4x-2\times x^2$$
$$=-2x^2+16x-8$$
① 다항식의 차수는 2이다.
② $x^2$의 계수는 $-2$이다.
③ $x$의 계수는 16이다.
④ 상수항은 $-8$이다.
⑤ $-2\times2^2+16\times2-8=-8+32-8=16$
따라서 옳은 것은 ⑤이다.  답 ⑤

## 15

$(ax+b)\times(-4)=-12x+4$이므로
$$ax+b=(-12x+4)\div(-4)=3x-1$$

$$cx+d=(-12x+4)\div\left(-\dfrac{2}{3}\right)$$
$$=(-12x+4)\times\left(-\dfrac{3}{2}\right)$$
$$=18x-6$$
따라서 $a=3$, $b=-1$, $c=18$, $d=-6$이므로
$$a+b+c+d=3+(-1)+18+(-6)=14$$  답 ③

## 16

볼링 경기를 하는 데 필요한 총경비는
$$x+25\times2000+25\times(2\times y+500)$$
$$=x+50000+25(2y+500)$$
$$=x+50000+50y+12500$$
$$=x+50y+62500(원)$$
따라서 1인당 내야 할 금액은
$$(x+50y+62500)\div25=(x+50y+62500)\times\dfrac{1}{25}$$
$$=\dfrac{x}{25}+2y+2500(원)$$
답 총경비 : $(x+50y+62500)$원,
1인당 낼 금액 : $\left(\dfrac{x}{25}+2y+2500\right)$원

• 다른 풀이 •

1인당 볼링화 대여료와 간식비는
$$2000+2\times y+500=2y+2500(원)$$
볼링장 임대료 $x$원을 회원 25명이 나누어 낼 때, 1인당 임대료는
$$x\div25=\dfrac{x}{25}(원)$$
따라서 1인당 내야 할 금액은 $\left(\dfrac{x}{25}+2y+2500\right)$원이다.

## 17

첫째 날 초콜릿을 먹고 남은 초콜릿의 개수는
$$\dfrac{5}{9}(27x+36)=15x+20$$
둘째 날 초콜릿을 먹고 남은 초콜릿의 개수는
$$15x+20-10=15x+10$$
셋째 날 초콜릿을 먹고 남은 초콜릿의 개수는
$$\dfrac{3}{5}(15x+10)=9x+6$$
따라서 $a=9$, $b=6$이므로
$$a+b=9+6=15$$  답 15

**BLACKLABEL 특강**  오답 피하기

첫째 날에 전체 초콜릿 개수의 $\dfrac{4}{9}$를 먹었으므로 남은 초콜릿의 개수는 전체 초콜릿 개수의 $1-\dfrac{4}{9}=\dfrac{5}{9}$이다.

## 18

접은 부분을 다시 펼치면 사각형 EIGF 는 사각형 EADF와 완전히 겹쳐지므로 두 사각형의 넓이는 서로 같다. 이때 사각형 EADF는 사다리꼴이고 완전히 겹쳐지는 두 선분 GF, DF의 길이는 $x$로 서로 같으므로 구하는 넓이는

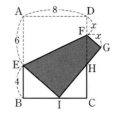

$$\frac{1}{2} \times (x+6) \times 8 = 4(x+6)$$
$$= 4x+24$$

답 $4x+24$

---

**BLACKLABEL 특강**  필수 개념

**사다리꼴의 넓이**

(사다리꼴의 넓이)
$= \frac{1}{2} \times \{(윗변의 길이) + (아랫변의 길이)\} \times (높이)$

윗변
높이
아랫변

---

## 19

$$\frac{x-1}{6} - \frac{2x+1}{3} + \frac{3x-1}{2} = \frac{(x-1)-2(2x+1)+3(3x-1)}{6}$$
$$= \frac{x-1-4x-2+9x-3}{6}$$
$$= \frac{6x-6}{6} = x-1$$

따라서 $a=1$, $b=-1$이므로
$a^2+b^2 = 1^2 + (-1)^2 = 2$

답 ②

## 20

$$a(x^2+3x) - \frac{1}{3}\{4x^2 + 3\{x-(4x-2)\}\}$$
$$= ax^2 + 3ax - \frac{1}{3}\{4x^2 + 3(x-4x+2)\}$$
$$= ax^2 + 3ax - \frac{1}{3}\{4x^2 + 3(-3x+2)\}$$
$$= ax^2 + 3ax - \frac{1}{3}(4x^2 - 9x + 6)$$
$$= ax^2 + 3ax - \frac{4}{3}x^2 + 3x - 2$$
$$= \left(a - \frac{4}{3}\right)x^2 + (3a+3)x - 2 \quad \cdots\cdots \text{㉠}$$

이때 ㉠이 $x$에 대한 일차식이므로
$a - \frac{4}{3} = 0$, $3a+3 \neq 0$이어야 한다.

따라서 $a - \frac{4}{3} = 0$에서 $a = \frac{4}{3}$이므로 $x$의 계수는

$3a+3 = 3 \times \frac{4}{3} + 3 = 7$

답 ④

## 21

주어진 식을 각각 계산하면

$$x - \frac{1}{3} - \frac{1}{2}\left(x + \frac{1}{3}\right) = x - \frac{1}{3} - \frac{1}{2}x - \frac{1}{6} = \frac{1}{2}x - \frac{1}{2},$$
$$\frac{2}{3}(2x-1) - \left(x - \frac{1}{3}\right) = \frac{4}{3}x - \frac{2}{3} - x + \frac{1}{3} = \frac{1}{3}x - \frac{1}{3},$$
$$x + 1 - \frac{4x+6}{5} = \frac{5x+5-4x-6}{5} = \frac{1}{5}x - \frac{1}{5}$$

이므로

$$ax + b = \frac{1}{4}x - \frac{1}{4}$$

따라서 $a = \frac{1}{4}$, $b = -\frac{1}{4}$이므로

$$a - b = \frac{1}{4} - \left(-\frac{1}{4}\right) = \frac{1}{2}$$

답 $\frac{1}{2}$

## 22

삼각형의 한 변에 놓인 네 식의 합은
$-3 + (x-6) + (-3x+4) + (2x+2) = -3$
삼각형의 밑변의 왼쪽 꼭짓점에 들어갈 식을 $B$라 하면
$B + (-3x-3) + (-x-1) + (2x+2) = -3$에서
$B = -3 - (-3x-3) - (-x-1) - (2x+2) = 2x-1$
$-3 + A + (3x+3) + B = -3$에서
$B = 2x-1$을 대입하여 풀면
$A = -3 - (-3) - (3x+3) - (2x-1) = -5x-2$

답 $-5x-2$

## 23

$x : y = 2 : 3$이므로 $x = 2k$, $y = 3k$ ($k$는 0이 아닌 유리수)라 하면
$$\frac{2x-y}{3x-y} - \frac{4x-3y}{x+2y} = \frac{2 \times 2k - 3k}{3 \times 2k - 3k} - \frac{4 \times 2k - 3 \times 3k}{2k + 2 \times 3k}$$
$$= \frac{k}{3k} - \frac{-k}{8k}$$
$$= \frac{1}{3} + \frac{1}{8} = \frac{11}{24}$$

답 ②

• 다른 풀이 •

$x : y = 2 : 3$에서 $2y = 3x$ $\quad \therefore y = \frac{3}{2}x$

이것을 주어진 식에 대입하면

$$\frac{2x-y}{3x-y} - \frac{4x-3y}{x+2y} = \frac{2x - \frac{3}{2}x}{3x - \frac{3}{2}x} - \frac{4x - \frac{9}{2}x}{x + 3x}$$
$$= \frac{\frac{1}{2}x}{\frac{3}{2}x} - \frac{-\frac{1}{2}x}{4x}$$
$$= \frac{1}{3} + \frac{1}{8} = \frac{11}{24}$$

## 24

$m+n$은 홀수, $mn$은 짝수, $m+1$은 홀수이므로
$$(-1)^{m+n}(5a+b-3)-(-1)^{mn}(-2a+b+1)$$
$$+(-1)^{m+1}(a-b+2)$$
$$=-(5a+b-3)-(-2a+b+1)-(a-b+2)$$
$$=-5a-b+3+2a-b-1-a+b-2$$
$$=-4a-b \qquad\qquad\qquad\qquad\qquad\text{답 ②}$$

## 25

$$A=(-y+1)-(-2x+y+3)$$
$$=-y+1+2x-y-3$$
$$=2x-2y-2$$
$$B=\frac{1}{2}A+(x-y-2)$$
$$=\frac{1}{2}(2x-2y-2)+(x-y-2)$$
$$=x-y-1+x-y-2$$
$$=2x-2y-3$$
$$\therefore A-2B+6C=A-2B+2\times3C$$
$$=A-2B+2\times2B=A+2B$$
$$=(2x-2y-2)+2(2x-2y-3)$$
$$=2x-2y-2+4x-4y-6$$
$$=6x-6y-8 \qquad\qquad\text{답 } 6x-6y-8$$

## 26

상자 B에 들어 있는 사탕의 개수를 $x$라 하면
상자 A에 들어 있는 사탕의 개수는 $x+8$
상자 C에 들어 있는 사탕의 개수는 $x-10$
상자 D에 들어 있는 사탕의 개수는 $(x-10)-12=x-22$
따라서 사탕이 가장 많이 들어 있는 상자는 A, 사탕이 가장 적게 들어 있는 상자는 D이므로 두 상자에 들어 있는 사탕의 개수의 차는
$$(x+8)-(x-22)=x+8-x+22=30 \qquad\text{답 ④}$$

## 27

지난주 B과자의 생산량 : $x-20000$(봉지)
이번 주 A과자의 생산량 : $x\times(1-0.1)=0.9x$(봉지)
이번 주 B과자의 생산량 :
$(x-20000)\times(1+0.2)=1.2x-24000$(봉지)
따라서 이 과자 공장의 이번주 A, B과자의 생산량의 합은
$$0.9x+(1.2x-24000)=2.1x-24000(봉지) \qquad\text{답 ②}$$

## 28

비룡폭포에서 토왕성폭포 전망대까지의 거리는
$$(25x+19)-(21x+3)=4x+16\text{(km)}$$
따라서 육담폭포에서 비룡폭포까지의 거리는
$$(22x+5)-(4x+16)=18x-11\text{(km)} \qquad\text{답 } (18x-11)\text{ km}$$

## 29

$$(\text{선분 AB의 길이})=(7x+27)-(-x+3)=8x+24$$
선분 AP와 선분 PB의 길이의 비가 3 : 5이므로
$$(\text{선분 AP의 길이})=(8x+24)\times\frac{3}{8}=3x+9$$
$$\therefore (\text{점 P가 나타내는 수})=(-x+3)+(3x+9)$$
$$=2x+12 \qquad\qquad\text{답 } 2x+12$$

## 30

시작 지점을 0이라 하고 2칸 올라가는 것을 $+2$, 1칸 내려가는 것을 $-1$이라 하자.
진수가 $a$번 이기면 $(20-a)$번은 졌으므로 시작 지점을 기준으로 진수의 위치는
$$2a-(20-a)=2a-20+a=3a-20$$
미정이는 $(20-a)$번 이기고 $a$번 졌으므로 시작 지점을 기준으로 미정이의 위치는
$$2(20-a)-a=40-2a-a=40-3a$$
이때 $a>10$이므로 진수가 미정이보다 높은 곳에 위치한다.
따라서 진수와 미정이의 위치의 차는
$$(\text{진수의 위치})-(\text{미정이의 위치})$$
$$=(3a-20)-(40-3a)$$
$$=3a-20-40+3a$$
$$=6a-60(\text{칸}) \qquad\qquad\text{답 ⑤}$$

## 31

색칠한 부분의 둘레의 길이는 정사각형의 둘레의 길이와 원 4개의 둘레의 길이의 합과 같다.
정사각형의 한 변의 길이는 반지름의 길이 $x$의 4배인 $4x$이므로 정사각형의 둘레의 길이는
$$4x\times4=16x$$
반지름의 길이가 $x$인 원의 둘레의 길이는 $2\times3\times x=6x$이므로 원 4개의 둘레의 길이의 합은
$$6x\times4=24x$$
따라서 색칠한 부분의 둘레의 길이는
$$16x+24x=40x \qquad\qquad\text{답 ④}$$

## 32

오른쪽 그림과 같이 직사각형의 가로
의 길이는 9, 세로의 길이는 $7x+4$
이고 색칠한 부분의 넓이는 직사각형
의 넓이에서 직각삼각형 4개의 넓이
를 뺀 것이므로

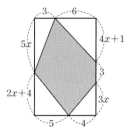

(색칠한 부분의 넓이)

$$=9(7x+4)-\left\{\frac{15}{2}x+5(x+2)+6x+3(4x+1)\right\}$$

$$=63x+36-\left(\frac{61}{2}x+13\right)$$

$$=\frac{65}{2}x+23 \qquad\qquad \text{답 } \frac{65}{2}x+23$$

## 33

처음 직육면체의 모든 모서리의 길이의 합은

$$\{(7x+8)+(x+2)+(2x-1)\}\times4=(10x+9)\times4$$
$$=40x+36$$

새로 생긴 직육면체 5개의 모든 모서리의 길이의 합은 처음 직육
면체의 모든 모서리의 길이의 합에 8개의 단면의 모서리의 길이
의 합을 더한 값과 같으므로

$$(40x+36)+\{(x+2)+(2x-1)\}\times2\times8$$
$$=(40x+36)+(3x+1)\times16$$
$$=40x+36+48x+16$$
$$=88x+52 \qquad\qquad \text{답 } 88x+52$$

**BLACKLABEL 특강**    오답 피하기

처음 직육면체를 그림과 같은 방법으로 4번 잘랐을 때, 새로 생긴 단면은 4개가 아닌 8개임에 주의한다.

## 34

겹쳐지는 한 부분의 넓이는

$3\times3=9(\text{cm}^2)$

따라서 정사각형의 모양의 종이 $x$장을 겹쳐 놓을 때 겹쳐지는 부
분은 $(x-1)$개이므로 이 도형의 넓이는

$$10\times10\times x-9(x-1)=100x-9x+9$$
$$=91x+9(\text{cm}^2) \qquad \text{답 } (91x+9)\,\text{cm}^2$$

## 35

새로 만든 사다리꼴의

$$(\text{윗변의 길이})=(k+2)\left(1-\frac{10}{100}\right)=\frac{9}{10}(k+2)$$

$$(\text{아랫변의 길이})=(2k-3)\left(1+\frac{10}{100}\right)=\frac{11}{10}(2k-3)$$

$$(\text{높이})=25\times\left(1-\frac{20}{100}\right)=25\times\frac{4}{5}=20$$

따라서 새로 만든 사다리꼴의 넓이는

$$\frac{1}{2}\times\left\{\frac{9}{10}(k+2)+\frac{11}{10}(2k-3)\right\}\times20$$
$$=9(k+2)+11(2k-3)$$
$$=9k+18+22k-33$$
$$=31k-15 \qquad\qquad \text{답 } ③$$

## 36

다음 그림과 같이 나머지 변의 길이를 $a$, $b$, $c$, $d$, $e$, $f$ 라 하면

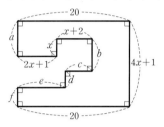

$$c+e=(2x+1)+(x+2)=3x+3$$
$$a+b+d+f=(4x+1)+x=5x+1$$

따라서 도형의 둘레의 길이는

$$20+(4x+1)+20+(x+2)+x+(2x+1)$$
$$\qquad\qquad\qquad +a+b+c+d+e+f$$
$$=8x+44+(c+e)+(a+b+d+f)$$
$$=8x+44+(3x+3)+(5x+1)$$
$$=16x+48 \qquad\qquad \text{답 } 16x+48$$

| STEP | **3** | 종합 사고력 도전 문제 | pp.069~070 |
|---|---|---|---|

**01** $-\dfrac{5}{12}$    **02** $-6$    **03** $\dfrac{9}{8}x$    **04** 분속 $5x\,\text{m}$

**05** $\left(\dfrac{7}{10}a+\dfrac{3}{10}b\right)\%$    **06** $10n+11$    **07** $6(n-m)$

**08** (1) 180    (2) $298x+251$

## 01 해결단계

| **❶단계** | 기호 △의 뜻에 따라 $A$, $B$의 값을 구한다. |
|---|---|
| **❷단계** | 주어진 식의 값을 구한다. |

$2<6$이므로

$$2△6=\frac{3}{6}=\frac{1}{2} \qquad \therefore A=\frac{1}{2}$$

$-\dfrac{1}{3}>-5$이므로

$$\left(-\frac{1}{3}\right)\triangle(-5)=\left|-\frac{1}{3}\right|=\frac{1}{3} \qquad \therefore B=\frac{1}{3}$$

$$\therefore A^2-\frac{B}{A}=A^2-B\div A$$

$$=\left(\frac{1}{2}\right)^2-\frac{1}{3}\div\frac{1}{2}$$

$$=\left(\frac{1}{2}\right)^2-\frac{1}{3}\times2$$

$$=\frac{1}{4}-\frac{2}{3}$$

$$=-\frac{5}{12}$$

답 $-\dfrac{5}{12}$

## 02 해결단계

| ❶단계 | 일차식 $A$를 문자를 사용하여 나타낸다. |
|---|---|
| ❷단계 | 식의 값 $A_1$, $A_2$, $A_3$, $A_4$를 각각 구한다. |
| ❸단계 | $A_1-A_2+A_3-A_4$의 값을 구한다. |

$A=3x+b$ ($b$는 상수, $b\neq0$)라 하면

$A_1=3\times1+b=b+3$

$A_2=3\times2+b=b+6$

$A_3=3\times3+b=b+9$

$A_4=3\times4+b=b+12$

$\therefore A_1-A_2+A_3-A_4$

$=(b+3)-(b+6)+(b+9)-(b+12)$

$=3-6+9-12=-6$

답 $-6$

## 03 해결단계

| ❶단계 | 정사각형 A의 한 변의 길이를 이용하여 다른 정사각형의 한 변의 길이를 나타낸다. |
|---|---|
| ❷단계 | 정사각형 B의 한 변의 길이를 $x$를 사용한 식으로 나타낸다. |

정사각형 A의 한 변의 길이를 기준으로 하여 각 정사각형의 한 변의 길이를 구하면 다음 그림과 같다.

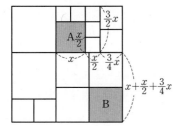

4개의 정사각형 B로 만들어지는 정사각형의 한 변의 길이가

$x+\dfrac{x}{2}+\dfrac{3}{4}x$이므로 정사각형 B의 한 변의 길이는

$\dfrac{1}{2}\left(x+\dfrac{x}{2}+\dfrac{3}{4}x\right)=\dfrac{1}{2}\times\dfrac{9}{4}x=\dfrac{9}{8}x$

답 $\dfrac{9}{8}x$

## 04 해결단계

| ❶단계 | 지수가 학교에서 출발하여 10분 동안 걸어 온 거리를 구한다. |
|---|---|
| ❷단계 | 자동차의 속력을 $x$를 사용한 식으로 나타낸다. |

지수가 학교에서 출발하여 10분 동안 걸어 온 거리는

$10\times x=10x\,(\mathrm{m})$

즉, 자동차는 평소 다니는 거리에 비해 학교와 두 사람이 만난 지점 사이를 왕복하는 거리만큼 적게 달린다.

이때 4분 빨리 집에 도착하였으므로 자동차로 학교와 두 사람이 만난 지점 사이를 왕복하는 데 걸리는 시간은 4분이다.

따라서 자동차의 속력은 분속 $\dfrac{2\times10x}{4}=5x\,(\mathrm{m})$이다.

답 분속 $5x$ m

## 05 해결단계

| ❶단계 | 컵 A의 소금물 100 g을 컵 B에 넣고 잘 섞은 후의 소금물의 양과 소금의 양을 각각 구한다. |
|---|---|
| ❷단계 | 그 후, 컵 B의 소금물 200 g을 컵 A에 다시 넣어 잘 섞은 후의 소금물의 양과 소금의 양을 각각 구한다. |
| ❸단계 | 마지막 컵 A의 소금물의 농도를 $a$, $b$를 사용한 식으로 나타낸다. |

처음에 두 컵 A, B에 들어 있던 소금의 양은 각각

$\mathrm{A}:\dfrac{a}{100}\times400=4a\,(\mathrm{g})$, $\mathrm{B}:\dfrac{b}{100}\times300=3b\,(\mathrm{g})$

(i) 컵 A의 $a\,\%$의 소금물 100 g을 컵 B의 $b\,\%$의 소금물 300 g과 섞을 때,

컵 A에서 컵 B로 이동되는 소금의 양은

$\dfrac{a}{100}\times100=a\,(\mathrm{g})$

이므로 컵 B에 들어 있는

소금물의 양은 $100+300=400\,(\mathrm{g})$,

소금의 양은 $(a+3b)\,\mathrm{g}$

(ii) 다시 컵 B의 소금물 200 g을 컵 A에 남아 있는 $a\,\%$의 소금물 300 g과 섞을 때,

컵 B에서 컵 A로 이동되는 소금의 양은

$\dfrac{a+3b}{400}\times200=\dfrac{a+3b}{2}\,(\mathrm{g})$

컵 A에 남아 있는

소금물의 양은 $400-100=300\,(\mathrm{g})$,

소금의 양은 $4a-a=3a\,(\mathrm{g})$

따라서 컵 A에 들어 있는

소금물의 양은 $300+200=500\,(\mathrm{g})$,

소금의 양은 $3a+\dfrac{a+3b}{2}=\dfrac{7}{2}a+\dfrac{3}{2}b\,(\mathrm{g})$

(i), (ii)에서 마지막 컵 A의 소금물의 농도는

$\dfrac{(소금의 \ 양)}{500}\times100=\dfrac{1}{5}\left(\dfrac{7}{2}a+\dfrac{3}{2}b\right)$

$=\dfrac{7}{10}a+\dfrac{3}{10}b\,(\%)$

답 $\left(\dfrac{7}{10}a+\dfrac{3}{10}b\right)\%$

BLACKLABEL 특강    풀이 첨삭

컵 B의 소금물 $200\,\mathrm{g}$을 컵 A에 다시 넣을 때,

컵 B의 소금물의 농도를 $p\,\%$라 하면

$$p=\frac{a+3b}{400}\times100=\frac{a+3b}{4}$$

따라서 컵 B에서 컵 A로 이동되는 소금의 양은

$$\frac{p}{100}\times200=\frac{a+3b}{4}\times\frac{1}{100}\times200$$
$$=\frac{a+3b}{400}\times200\,(\mathrm{g})$$

## 06 해결단계

| ❶단계 | 2번 접어 세 겹으로 만든 리본을 가위로 자르는 경우를 통하여 리본 조각의 개수의 규칙을 찾는다. |
|---|---|
| ❷단계 | $n$번 접어 $(n+1)$겹으로 만든 리본을 가위로 자를 때의 리본 조각의 개수의 규칙을 찾는다. |
| ❸단계 | $n$번 접어 $(n+1)$겹으로 만든 리본을 가위로 10번 자를 때 나누어진 리본 조각의 개수를 구한다. |

2번 접어 세 겹으로 만든 리본을 가위로 1번 자르면 겹쳐진 횟수

보다 1개 더 많은 조각이 생기므로 나누어진 리본 조각의 개수는

$$3+1=4$$

가위로 2번 자르면 1번 자를 때에 비해 가운데 조각 3개가 늘어

난 것과 같으므로 나누어진 리본 조각의 개수는

$$4+3=7$$

가위로 3번 자르면 1번 자를 때에 비해 $(2\times3)$개 늘어나므로 나

누어진 리본 조각의 개수는

$$4+2\times3=10$$
$$\vdots$$

즉, $n$번 접어 $(n+1)$겹으로 만든 리본을

가위로 1번 자를 때 나누어진 리본 조각의 개수는

$$(n+1)+1=n+2$$

가위로 2번 자를 때 나누어진 리본 조각의 개수는

$$(n+2)+(n+1)=2n+3$$

가위로 3번 자를 때 나누어진 리본 조각의 개수는

$$(n+2)+2(n+1)=n+2+2n+2$$
$$=3n+4$$
$$\vdots$$

따라서 가위로 10번 자를 때 나누어진 리본 조각의 개수는

$$(n+2)+9(n+1)=n+2+9n+9$$
$$=10n+11 \qquad\qquad \text{답 } 10n+11$$

## 07 해결단계

| ❶단계 | $m$과 $n$ 사이의 분모가 9인 기약분수의 규칙을 찾는다. |
|---|---|
| ❷단계 | 기약분수의 개수를 구한다. |

두 자연수 $m=\dfrac{9m}{9}$과 $n=\dfrac{9n}{9}$ 사이의 분모가 9인 기약분수는

$$\frac{9m+1}{9},\ \frac{9m+2}{9},\ \frac{9m+4}{9},\ \frac{9m+5}{9},\ \frac{9m+7}{9},\ \frac{9m+8}{9},$$

$$\frac{9(m+1)+1}{9},\ \frac{9(m+1)+2}{9},\ \frac{9(m+1)+4}{9},\ \frac{9(m+1)+5}{9},$$

$$\frac{9(m+1)+7}{9},\ \frac{9(m+1)+8}{9},$$

$$\cdots,$$

$$\frac{9n-8}{9},\ \frac{9n-7}{9},\ \frac{9n-5}{9},\ \frac{9n-4}{9},\ \frac{9n-2}{9},\ \frac{9n-1}{9}$$

즉, 두 자연수 $m$과 $m+1$, $m+1$과 $m+2$, $\cdots$, $n-1$과 $n$ 사이

에 분모가 9인 기약분수가 각각 6개씩 있으므로 구하는 기약분수

의 개수는

$$6(n-m) \qquad\qquad \text{답 } 6(n-m)$$

BLACKLABEL 특강    풀이 첨삭

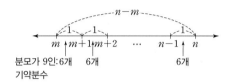

## 08 해결단계

| (1) | ❶단계 | 한 열, 한 행에 나열된 수의 규칙을 각각 찾는다. |
|---|---|---|
| | ❷단계 | 전체 규칙을 찾는다. |
| | ❸단계 | 6행 3열의 수를 구한다. |
| (2) | ❹단계 | 7행 $x$열의 수와 10행 $(x+2)$열의 수를 각각 구한다. |
| | ❺단계 | 7행 $x$열의 수와 10행 $(x+2)$열의 수의 합을 구한다. |

⑴ 1행 1열, 2행 1열, 3행 1열, 4행 1열, $\cdots$의 수를 차례대로 나

열하면 1, 4, 9, 16, $\cdots$이므로 $n$행 1열의 수는 $n^2$이다.

1행 1열, 1행 2열, 1행 3열, 1행 4열, $\cdots$의 수를 차례대로 나

열하면 1, 3, 5, 7, $\cdots$이므로 1행 $m$열의 수는 $2m-1$이다.

2행 1열, 2행 2열, 2행 3열, 2행 4열, $\cdots$의 수를 차례대로 나

열하면 4, 12, 20, 28, $\cdots$, 즉 $4\times1$, $4\times3$, $4\times5$, $\cdots$이므로

2행 $m$열의 수는 1행 $m$열의 수의 $2^2$배, 즉 $2^2(2m-1)$이다.

같은 방법으로 생각하면 $n$행 1열, $n$행 2열, $n$행 3열, $\cdots$의 수

는 $n^2$에 각각 1행 1열, 1행 2열, 1행 3열, $\cdots$의 수를 곱한 것

이므로 $n$행 $m$열의 수는 $n^2(2m-1)$이다.

따라서 6행 3열의 수는

$$6^2\times(2\times3-1)=36\times5=180$$

⑵ 7행 $x$열의 수는 $7^2(2x-1)$이고, 10행 $(x+2)$열의 수는

$10^2\{2(x+2)-1\}$이므로 두 수의 합은

$$7^2(2x-1)+10^2\{2(x+2)-1\}$$
$$=98x-49+100(2x+3)$$
$$=98x-49+200x+300$$
$$=298x+251 \qquad\qquad \text{답 ⑴ } 180 \quad \text{⑵ } 298x+251$$

# 06. 일차방정식의 풀이

| STEP | 1 | 시험에 꼭 나오는 문제 | pp.072~073 |
|------|---|------------------|-----------|

**01** ②, ④    **02** ④    **03** ③    **04** ①    **05** ⑤
**06** ④    **07** ②, ④    **08** ③    **09** $x=1$    **10** ①
**11** ①    **12** ③    **13** ②    **14** $a=7,\ b\neq4$

## 01

① $x=3\times7+y$

③ $\dfrac{12}{100}\times x=30$

⑤ $\dfrac{2000}{5}\times x+\dfrac{6000}{3}\times y=12000$

따라서 옳은 것은 ②, ④이다.      답 ②, ④

## 02

[  ] 안의 수를 각 방정식의 $x$의 값에 대입하면

① $2\times2-1\neq3-2$

② $\dfrac{1}{4}\times6-1\neq-\dfrac{3}{2}\times6+8$

③ $5-2\times(-2)\neq-3\times(-2+1)$

④ $0.6\times25+3=0.8\times25-2=18$

⑤ $-11\neq4\times\left(-\dfrac{5}{2}\right)-2$

따라서 [  ] 안의 수가 주어진 방정식의 해인 것은 ④이다.

답 ④

## 03

ㄱ, ㄷ. 방정식

ㄴ. (좌변)$=3(-x+3)=-3x+9=$(우변)
    이므로 항등식이다.

ㄹ. (우변)$=3(x-1)+x+4=3x-3+x+4=4x+1=$(좌변)
    이므로 항등식이다.

ㅁ. (좌변)$=-x+5$, (우변)$=6-(x+2)=-x+4$
    등식 $-x+5=-x+4$는 어떤 수를 $x$의 값에 대입하여도 항
    상 거짓이므로 방정식도 항등식도 아니다.

따라서 항등식은 ㄴ, ㄹ이다.      답 ③

## 04

$$\begin{aligned}
\text{(우변)}&=5x-[2-\{-3+x+(ax+b)\}]\\
&=5x-\{2-(-3+x+ax+b)\}\\
&=5x-(2+3-x-ax-b)\\
&=5x-(5-x-ax-b)\\
&=5x-5+x+ax+b\\
&=(a+6)x+(b-5)
\end{aligned}$$

등식 $2x-3=(a+6)x+(b-5)$는 $x$에 대한 항등식이므로

$2=a+6,\ -3=b-5$

따라서 $a=-4,\ b=2$이므로

$a+b=-4+2=-2$      답 ①

## 05

㈎ 양변에 12를 곱한다.

㈏ 양변에서 16을 뺀다.

㈐ 양변을 8로 나눈다.

∴ ㈎ㅡㄷ, ㈏ㅡㄴ, ㈐ㅡㄹ      답 ⑤

## 06

$2x-6+3x=4x+2$에서 $-6$과 $4x$를 이항하면

$2x+3x-4x=2+6$

∴ $x=8$

따라서 $a=1,\ b=8$이므로

$a+b=1+8=9$      답 ④

## 07

① $x^2-5x+6=0$ (일차방정식이 아니다.)

② $x^2+2x=x^2-2x+3$에서 $4x-3=0$ (일차방정식)

③ $3x-6=3x-6$ (항등식)

④ $x-5=0$ (일차방정식)

⑤ $x^2-x+2=2x+1$에서
    $x^2-3x+1=0$ (일차방정식이 아니다.)

따라서 일차방정식은 ②, ④이다.      답 ②, ④

## 08

$2(x-4)=8-2\{5-(3-x)\}$에서

$2x-8=8-2(5-3+x)$

$2x-8=8-2(2+x)$

$2x-8=8-4-2x$

$4x=12$

$\therefore x=3$ 답 ③

## 09

$-0.75x+\dfrac{7}{12}=-\dfrac{7}{6}x+1$에서

$-\dfrac{3}{4}x+\dfrac{7}{12}=-\dfrac{7}{6}x+1$

양변에 12를 곱하면

$-9x+7=-14x+12,\ 5x=5$

$\therefore x=1$ 답 $x=1$

## 10

$\dfrac{8}{3}:\dfrac{1-3x}{6}=4:(x+2)$에서

$\dfrac{8}{3}(x+2)=\dfrac{2}{3}(1-3x)$

양변에 3을 곱하면

$8(x+2)=2(1-3x)$

$8x+16=2-6x$

$14x=-14$

$\therefore x=-1$ 답 ①

## 11

$x=-2$를 주어진 방정식에 대입하면

$-4-3a=2\left(a-\dfrac{-2}{3}\right)-2,\ -4-3a=2a+\dfrac{4}{3}-2$

$-5a=\dfrac{10}{3}$ $\therefore a=-\dfrac{2}{3}$ 답 ①

## 12

$0.6(-x+0.5)=\dfrac{1}{4}x+2$에서

$-0.6x+0.3=\dfrac{1}{4}x+2$

양변에 20을 곱하면

$-12x+6=5x+40,\ -17x=34$

$\therefore x=-2$

$x=-2$가 방정식 $\dfrac{2m-x}{3}-mx=\dfrac{7}{3}$의 해이므로

$x=-2$를 이 방정식에 대입하면

$\dfrac{2m+2}{3}+2m=\dfrac{7}{3}$

양변에 3을 곱하면

$2m+2+6m=7,\ 8m=5$

$\therefore m=\dfrac{5}{8}$ 답 ③

## 13

$2(x-2)=a-3(x-3)$에서

$2x-4=a-3x+9,\ 5x=a+13$

$\therefore x=\dfrac{a+13}{5}$

이때 $\dfrac{a+13}{5}$이 자연수가 되려면 $a+13$은 5의 배수이어야 한다.

즉, $a+13=5,\ 10,\ 15,\ 20,\ \cdots$이므로

$a=-8,\ -3,\ 2,\ 7,\ \cdots$

따라서 모든 음의 정수 $a$의 값의 합은

$(-8)+(-3)=-11$ 답 ②

## 14

$(3-a)x=3b-4(x+3)$에서

$(3-a)x=3b-4x-12$

$\therefore (7-a)x=3b-12$

이때 방정식 $(7-a)x=3b-12$의 해가 없으려면

$7-a=0,\ 3b-12\neq 0$

$7-a=0$에서 $a=7$

$3b-12\neq 0$에서 $3b\neq 12$ $\therefore b\neq 4$

$\therefore a=7,\ b\neq 4$ 답 $a=7,\ b\neq 4$

**STEP 2 A등급을 위한 문제** pp.074~078

| | | | |
|---|---|---|---|
| **01** 8 | **02** $-11b+c$ **03** ① | **04** ②, ④ | **05** 0 |
| **06** $x=\dfrac{35}{11}$ | **07** $a=5,\ b\neq -1$ | **08** 6개 | **09** 12 |
| **10** ① | **11** 2 | **12** $x=-\dfrac{1}{2}$ **13** 2 | **14** 80 |
| **15** $x=20$ | **16** $x=\dfrac{1}{3}$ | **17** ④ | **18** ③ | **19** ② |
| **20** ② | **21** 5 | **22** 15 | **23** ① | **24** $\dfrac{5}{3}$ |
| **25** $\dfrac{19}{5}$ | **26** ① | **27** ⑤ | **28** ② | **29** ④ |
| **30** ② | | | |

## 01

$6x-2=-10+2x$

$6x-2+\boxed{2}=-10+2x+\boxed{2}$ ⟩ 양변에 2를 더한다.

$6x=-8+2x$

$6x-\boxed{2}x=-8+2x-\boxed{2}x$ ⟩ 양변에서 $2x$를 뺀다.

$4x=-8$

$\dfrac{4x}{\boxed{4}}=\dfrac{-8}{\boxed{4}}$ ⟩ 양변을 4로 나눈다.

$\therefore x=-2$

따라서 $a=2$, $b=2$, $c=4$이므로

$a+b+c=2+2+4=8$

답 8

## 02

$a=b$의 양변에 $c$를 더하면 $a+c=\boxed{b+c}$

$a=3b+c$의 양변에 $-2$를 곱하면

$-2a=-2(3b+c)$

$\therefore -2a=\boxed{-6b-2c}$

$a=-2b-c$의 양변에 3을 곱하면

$3a=3(-2b-c)$

$\therefore 3a=-6b-3c$

이 등식의 양변에 $5c$를 더하면

$3a+5c=-6b-3c+5c$

$\therefore 3a+5c=\boxed{-6b+2c}$

따라서 ㈎, ㈏, ㈐에 알맞은 식은 각각 $b+c$, $-6b-2c$,

$-6b+2c$이므로 세 식의 합은

$(b+c)+(-6b-2c)+(-6b+2c)=-11b+c$

답 $-11b+c$

## 03

$ax+b(3x-2)=(4a-3)x+6$에서

$ax+3bx-2b=(4a-3)x+6$

$\therefore (a+3b)x-2b=(4a-3)x+6$

이 등식이 $x$에 대한 항등식이므로

$a+3b=4a-3$, $-2b=6$

$-2b=6$에서 $b=-3$

$b=-3$을 $a+3b=4a-3$에 대입하면

$a-9=4a-3$, $-3a=6$ $\therefore a=-2$

$\therefore a=-2$, $b=-3$

답 ①

## 04

① $2a+1+(c-1)=b-1+(c-1)$

  $\therefore 2a+c=b+c-2$

② $2a+1+(2b-1)=b-1+(2b-1)$

  $2a+2b=3b-2$ $\therefore 2(a+b)=3b-2$

③ $2a+1+(-b-1)=b-1+(-b-1)$

  $2a-b=-2$

  $c(2a-b)=-2c$ $\therefore 2ac-bc=-2c$

④ $2a+1-7=b-1-7$

  $2a-6=b-8$ $\therefore a-3=\dfrac{b-8}{2}$

⑤ $2a+1+3=b-1+3$

  $2a+4=b+2$ $\therefore \dfrac{a+2}{2}=\dfrac{b+2}{4}$

따라서 옳지 않은 것은 ②, ④이다. 답 ②, ④

## 05

$x=3$을 $4kx-3b=ak+5x-3$에 대입하면

$12k-3b=ak+15-3$

$\therefore 12k-3b=ak+12$

이 등식이 $k$에 대한 항등식이므로

$12=a$, $-3b=12$

따라서 $a=12$, $b=-4$이므로

$a+3b=12+3\times(-4)=0$

답 0

## 06

$3x-\left[3.8x-1-3\left\{(3x-4)\div\dfrac{3}{2}-x\right\}\right]=0$에서

$3x-\left[3.8x-1-3\left\{(3x-4)\times\dfrac{2}{3}-x\right\}\right]=0$

$3x-\left\{3.8x-1-3\left(2x-\dfrac{8}{3}-x\right)\right\}=0$

$3x-\left\{3.8x-1-3\left(x-\dfrac{8}{3}\right)\right\}=0$

$3x-(3.8x-1-3x+8)=0$

$3x-(0.8x+7)=0$, $3x-0.8x-7=0$

$2.2x=7$, $22x=70$, $11x=35$

$\therefore x=\dfrac{35}{11}$

답 $x=\dfrac{35}{11}$

## 07

$(a-2)x^2+3x+1=3x(x-b)+3$에서

$ax^2-2x^2+3x+1=3x^2-3bx+3$

$ax^2-5x^2+3x+3bx-2=0$

$\therefore (a-5)x^2+(3+3b)x-2=0$

이 방정식이 $x$에 대한 일차방정식이려면

$a-5=0,\ 3+3b\neq0$

$a-5=0$에서 $a=5$

$3+3b\neq0$에서 $3b\neq-3$ $\quad\therefore b\neq-1$

$\therefore a=5,\ b\neq-1$ $\qquad\qquad$ 답 $a=5,\ b\neq-1$

---

**BLACKLABEL 특강** 　필수 원리

**일차방정식**

(1) $ax+b=0$이 $x$에 대한 일차방정식 $\Rightarrow a\neq0$

(2) $ax^2+bx+c=0$이 $x$에 대한 일차방정식 $\Rightarrow a=0,\ b\neq0$

---

## 08

$\dfrac{4x-2}{5}+0.8=0.6(3-x)-1.2$의 양변에 10을 곱하면

$2(4x-2)+8=6(3-x)-12$

$8x-4+8=18-6x-12$

$8x+4=-6x+6$

$14x=2$ $\quad\therefore x=\dfrac{1}{7}$

즉, $A=\dfrac{1}{7}$이므로 $\dfrac{1}{A}=7$

따라서 7보다 작은 자연수는 $1, 2, 3, \cdots, 6$의 6개이다. 　답 6개

## 09

$3(x+1):5=(x+3):2$에서

$6(x+1)=5(x+3)$

$6x+6=5x+15$

$x=9$ $\quad\therefore a=9$

$\dfrac{2-x}{3}=\dfrac{3x-2}{6}-\dfrac{3}{2}$의 양변에 6을 곱하면

$2(2-x)=3x-2-9$

$4-2x=3x-11$

$-5x=-15$

$x=3$ $\quad\therefore b=3$

$\therefore a+b=9+3=12$ $\qquad\qquad\qquad$ 답 12

## 10

어떤 수를 $a$라 하면 $x=8$이 방정식 $2(2x+1)=a(x-1)-1$의 해이다. $x=8$을 이 방정식에 대입하면

$2\times17=7a-1,\ -7a=-35$ $\quad\therefore a=5$ $\qquad$ 답 ①

## 11

$2(x-k+1)=3(2-k)$에서

(ⅰ) $k=1$일 때, $2(x-1+1)=3\times(2-1)$

$2x=3,\ x=\dfrac{3}{2}$ $\quad\therefore S_1=\dfrac{3}{2}$ $\qquad$ (가)

(ⅱ) $k=2$일 때, $2(x-2+1)=3\times(2-2)$

$2(x-1)=0,\ 2x-2=0,\ 2x=2$

$x=1$ $\quad\therefore S_2=1$ $\qquad$ (나)

(ⅲ) $k=3$일 때, $2(x-3+1)=3\times(2-3)$

$2(x-2)=-3,\ 2x-4=-3,\ 2x=1$

$x=\dfrac{1}{2}$ $\quad\therefore S_3=\dfrac{1}{2}$ $\qquad$ (다)

(ⅰ), (ⅱ), (ⅲ)에서

$S_1+S_2-S_3=\dfrac{3}{2}+1-\dfrac{1}{2}=2$

$\qquad$ (라)

답 2

| 단계 | 채점 기준 | 배점 |
|---|---|---|
| (가) | $S_1$의 값을 구한 경우 | 30% |
| (나) | $S_2$의 값을 구한 경우 | 30% |
| (다) | $S_3$의 값을 구한 경우 | 30% |
| (라) | $S_1+S_2-S_3$의 값을 구한 경우 | 10% |

## 12

$6x+A-3=4(x-1)$이 항등식이므로

$6x+A-3=4x-4$

$\therefore A=4x-4-(6x-3)=-2x-1$

이것을 $6x-A-3=4(x-1)$에 대입하면

$6x-(-2x-1)-3=4(x-1)$

$6x+2x+1-3=4x-4,\ 4x=-2$

$\therefore x=-\dfrac{1}{2}$ $\qquad\qquad$ 답 $x=-\dfrac{1}{2}$

## 13

다음과 같이 ①~⑤를 정하자.

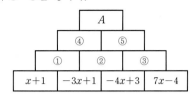

$\boxed{\phantom{x}}$ 안에 알맞은 식을 차례대로 구하면

① $=(x+1)-(-3x+1)=x+1+3x-1=4x$

② $=(-3x+1)-(-4x+3)=-3x+1+4x-3=x-2$

③ $=(-4x+3)-(7x-4)=-4x+3-7x+4=-11x+7$

④ $=4x-(x-2)=4x-x+2=3x+2$

⑤ $=(x-2)-(-11x+7)=x-2+11x-7=12x-9$

$\therefore A=(3x+2)-(12x-9)$

$\qquad =3x+2-12x+9$

$\qquad =-9x+11$

이때 $A=-7$에서

$-9x+11=-7$

$-9x=-18$ $\qquad \therefore x=2$ $\qquad$ 답 2

## 14

㈎에서 40과 56의 최대공약수는

$2\times2\times2=8$

$\therefore 40\bigstar56=8$

즉, $8x-10=5(x+46)$이므로

$8x-10=5x+230$

$3x=240$

$\therefore x=80$

$$\begin{array}{r|ll} 2 & 40 & 56 \\ \hline 2 & 20 & 28 \\ \hline 2 & 10 & 14 \\ \hline & 5 & 7 \end{array}$$

㈏에서 16과 40의 최소공배수는

$2\times2\times2\times2\times5=80$

$\therefore 16\triangle40=80$

즉, $2y-80=0$이므로

$2y=80$

$\therefore y=40$

$$\begin{array}{r|ll} 2 & 16 & 40 \\ \hline 2 & 8 & 20 \\ \hline 2 & 4 & 10 \\ \hline & 2 & 5 \end{array}$$

따라서 $x=80$, $y=40$을 $(x\bigstar y)\triangle(x\triangle y)$에 대입하면

$(80\bigstar40)\triangle(80\triangle40)$

이때 80은 40의 배수이므로 80과 40의 최대공약수는 40, 80과 40의 최소공배수는 80이다.

$\therefore (x\bigstar y)\triangle(x\triangle y)=(80\bigstar40)\triangle(80\triangle40)$

$\qquad\qquad\qquad\qquad =40\triangle80=80$ $\qquad$ 답 80

## 15

$\dfrac{a}{6}=\dfrac{b}{3}=\dfrac{c}{2}$의 각 변에 6을 곱하면

$6\times\dfrac{a}{6}=6\times\dfrac{b}{3}=6\times\dfrac{c}{2}$

$a=2b=3c$ $\qquad \therefore b=\dfrac{1}{2}a$, $c=\dfrac{1}{3}a$

이것을 방정식 $(a-b-c)(x-2)-(a-4b+12c)=0$에 대입하면

$\left(a-\dfrac{1}{2}a-\dfrac{1}{3}a\right)(x-2)-\left(a-4\times\dfrac{1}{2}a+12\times\dfrac{1}{3}a\right)=0$

$\dfrac{1}{6}a(x-2)-3a=0$

$a\neq0$이므로 이 식의 양변에 $\dfrac{6}{a}$을 곱하면

$x-2-18=0$ $\qquad \therefore x=20$ $\qquad$ 답 $x=20$

• 다른 풀이 •

$\dfrac{a}{6}=\dfrac{b}{3}=\dfrac{c}{2}=k$ ($k\neq0$인 상수)라 하면

$a=6k$, $b=3k$, $c=2k$

이것을 방정식 $(a-b-c)(x-2)-(a-4b+12c)=0$에 대입하면

$(6k-3k-2k)(x-2)-(6k-12k+24k)=0$

$k(x-2)-18k=0$, $kx-2k-18k=0$

$kx=20k$ $\qquad \therefore x=20$ $(\because k\neq0)$

## 16

$-2<x<2$이므로 $x-2<0$, $x+2>0$

방정식 $|x-2|+|x+2|+3x=5$에서

$-(x-2)+(x+2)+3x=5$

$-x+2+x+2+3x=5$, $3x=1$

$\therefore x=\dfrac{1}{3}$ $\qquad$ 답 $x=\dfrac{1}{3}$

BLACKLABEL 특강 　　필수 개념

**절댓값**

(1) 절댓값 : 수직선 위에서 어떤 수에 대응하는 점과 원점 사이의 거리를 그 수의 절 댓값이라 한다.

(2) $|x|=\begin{cases} x & (x\geq0) \\ -x & (x<0) \end{cases}$

## 17

약분하면 $\dfrac{3}{5}$이 되는 분수를 $\dfrac{3x}{5x}$ ($x$는 자연수)라 하면

$\dfrac{3x+6}{5x+(3x+6)-5}=\dfrac{3}{5}$

$\dfrac{3x+6}{8x+1}=\dfrac{3}{5}$, $5(3x+6)=3(8x+1)$

$15x+30=24x+3$, $-9x=-27$

$\therefore x=3$

따라서 처음의 분수는

$\dfrac{b}{a}=\dfrac{3x}{5x}=\dfrac{3\times3}{5\times3}=\dfrac{9}{15}$

이므로 $a=15$, $b=9$

$\therefore a+b=15+9=24$   답 ④

## 18 해결단계

| ❶단계 | 연산 *의 뜻에 따라 주어진 방정식을 정리한다. |
|---|---|
| ❷단계 | 절댓값이 $k$인 두 수는 $k$, $-k$임을 이용하여 일차방정식을 세운다. |
| ❸단계 | $x$의 값을 구한다. |

$a*b=ab+a$이므로

$4*x=4x+4$, $x*2=2x+x=3x$

즉, $|(4*x)-(x*2)|=2$에서

$|4x+4-3x|=2$

$\therefore |x+4|=2$

이때 절댓값이 2인 수는 $-2$, 2이므로

$x+4=-2$ 또는 $x+4=2$

$\therefore x=-6$ 또는 $x=-2$   답 ③

## 19

$3(x-1)=2(x-2)$에서

$3x-3=2x-4$

$\therefore x=-1$

따라서 방정식 $ax+5=9-bx$의 해는 $x=(-1)\times2=-2$이므로 $x=-2$를 이 방정식에 대입하면

$-2a+5=9+2b$, $-2a-2b=4$

$\therefore a+b=-2$   답 ②

• 다른 풀이 •

방정식 $3(x-1)=2(x-2)$에서

$3x-3=2x-4$

$\therefore x=-1$   ……㉠

방정식 $ax+5=9-bx$에서

$(a+b)x=4$

$\therefore x=\dfrac{4}{a+b}$   ……㉡

㉡=㉠×2이므로

$\dfrac{4}{a+b}=-2$

$\therefore a+b=-2$

## 20

$\dfrac{3x-4}{2}=\dfrac{2x+9}{3}$의 양변에 6을 곱하면

$9x-12=4x+18$, $5x=30$   $\therefore x=6$

$\dfrac{5x+a}{2}=0.6x-\dfrac{4+5a}{10}$의 해를 $x=b$라 하면 $6:b=3:2$이므로

$3b=12$   $\therefore b=4$

즉, $x=4$가 방정식 $\dfrac{5x+a}{2}=0.6x-\dfrac{4+5a}{10}$의 해이므로 $x=4$를 이 방정식에 대입하면

$\dfrac{20+a}{2}=2.4-\dfrac{4+5a}{10}$

이 등식의 양변에 10을 곱하면

$100+5a=24-4-5a$

$10a=-80$

$\therefore a=-8$   답 ②

## 21

$\dfrac{1}{6}x+\dfrac{2}{3}=\dfrac{1}{3}x-\dfrac{1}{6}$의 양변에 6을 곱하면

$x+4=2x-1$, $-x=-5$   $\therefore x=5$

$x=5$가 방정식 $3\{5x-(6x+a)\}=-12$의 해이므로 $x=5$를 이 방정식에 대입하면

$3\{25-(30+a)\}=-12$, $25-30-a=-4$

$-a=1$   $\therefore a=-1$

$\left(5x+\dfrac{a}{3}\right):(bx+7)=2:3$에 $x=5$, $a=-1$을 대입하면

$\left(25-\dfrac{1}{3}\right):(5b+7)=2:3$, $3\left(25-\dfrac{1}{3}\right)=2(5b+7)$

$75-1=10b+14$, $-10b=-60$

$\therefore b=6$

$\therefore a+b=-1+6=5$   답 5

## 22

$3(x-1)-a=3$에서

$3x-3-a=3$, $3x=a+6$

$\therefore x=\dfrac{a+6}{3}$

$4x-[6x-3-\{9x-(6x-5)\}]=a$에서

$4x-\{6x-3-(9x-6x+5)\}=a$

$4x-\{6x-3-(3x+5)\}=a$, $4x-(6x-3-3x-5)=a$

$4x-(3x-8)=a$, $4x-3x+8=a$

$\therefore x=a-8$

두 방정식의 해가 서로 같으므로

$\dfrac{a+6}{3}=a-8$, $a+6=3a-24$, $-2a=-30$

$\therefore a=15$

답 15

## 23

$0.12(x-3)+\dfrac{2}{5}=0.6-0.2x$의 양변에 100을 곱하면

$12(x-3)+40=60-20x$

$12x-36+40=60-20x$

$32x=56$

$\therefore x=\dfrac{7}{4}$

$x=\dfrac{7}{4}$이 방정식 $|m-1|-4x=0$의 해이므로 $x=\dfrac{7}{4}$을 이 방정식에 대입하면

$|m-1|-7=0$, $|m-1|=7$

$m-1=-7$ 또는 $m-1=7$

$\therefore m=-6$ 또는 $m=8$

따라서 모든 상수 $m$의 값의 곱은

$(-6)\times8=-48$

답 ①

## 24

$\dfrac{2a-x}{3}=\dfrac{3a-5}{2}+x$의 양변에 6을 곱하면

$4a-2x=9a-15+6x$

$-8x=5a-15$ $\therefore x=\dfrac{-5a+15}{8}$

$\therefore A=\dfrac{-5a+15}{8}$

— (가)

$0.4(3x+2a+1)-\dfrac{2x-1}{5}=1$의 양변에 5를 곱하면

$2(3x+2a+1)-(2x-1)=5$, $6x+4a+2-2x+1=5$

$4x=-4a+2$ $\therefore x=\dfrac{-2a+1}{2}$

$\therefore B=\dfrac{-2a+1}{2}$

— (나)

$A-B=2$에서 $\dfrac{-5a+15}{8}-\dfrac{-2a+1}{2}=2$

이 식의 양변에 8을 곱하면

$-5a+15-4(-2a+1)=16$, $-5a+15+8a-4=16$

$3a=5$

$\therefore a=\dfrac{5}{3}$

— (다)

답 $\dfrac{5}{3}$

| 단계 | 채점 기준 | 배점 |
|---|---|---|
| (가) | $A$를 $a$를 사용하여 나타낸 경우 | 30% |
| (나) | $B$를 $a$를 사용하여 나타낸 경우 | 30% |
| (다) | $A-B=2$를 만족시키는 $a$의 값을 구한 경우 | 40% |

## 25

$x+4a=3-2(x-1)$에서

$x+4a=3-2x+2$, $3x=5-4a$

$\therefore x=\dfrac{5-4a}{3}$

$x-\dfrac{x+a}{3}=1$의 양변에 3을 곱하면

$3x-(x+a)=3$, $3x-x-a=3$

$2x=3+a$

$\therefore x=\dfrac{3+a}{2}$

주어진 두 방정식의 해가 절댓값은 같고 부호는 서로 다르므로 두 해의 합은 0이다.

즉, $\dfrac{5-4a}{3}+\dfrac{3+a}{2}=0$이므로 양변에 6을 곱하면

$2(5-4a)+3(3+a)=0$

$10-8a+9+3a=0$

$-5a=-19$

$\therefore a=\dfrac{19}{5}$

답 $\dfrac{19}{5}$

## 26

$\dfrac{ax-2}{3}=\dfrac{7}{3}-x$의 양변에 3을 곱하면

$ax-2=7-3x$, $(a+3)x=9$

$\therefore x=\dfrac{9}{a+3}$

이때 $\dfrac{9}{a+3}$가 정수가 되려면 $a+3$이 9의 약수 또는 9의 약수에 음의 부호를 붙인 수이어야 한다.

즉, $a+3=1$, $3$, $9$, $-1$, $-3$, $-9$이므로

$a=-2$, $0$, $6$, $-4$, $-6$, $-12$

따라서 모든 정수 $a$의 값의 합은

$(-2)+0+6+(-4)+(-6)+(-12)=-18$     답 ①

BLACKLABEL 특강    참고

(홀수)+(홀수)=(짝수), (홀수)-(홀수)=(짝수),
(홀수)+(짝수)=(홀수), (홀수)-(짝수)=(홀수),
(짝수)+(짝수)=(짝수), (짝수)-(짝수)=(짝수)
즉, 위의 문제에서 $23-3b=$(짝수)이므로 $3b=$(홀수)이다.
이때 $b=$(짝수)이면 $3b=$(짝수)이므로 $b=$(홀수)가 되어야 한다.

## 27

$\dfrac{1}{2}a+1=\dfrac{x-a}{6}-1$의 양변에 6을 곱하면

$3a+6=x-a-6$    $\therefore x=4a+12$

이때 $x$가 자연수이므로 $4a+12=1, 2, 3, \cdots$

$\therefore a=-\dfrac{11}{4}, -\dfrac{10}{4}, -\dfrac{9}{4}, \cdots, -\dfrac{1}{4}, 0, \dfrac{1}{4}, \cdots$

따라서 음수인 모든 $a$의 값의 합은

$-\dfrac{11}{4}-\dfrac{10}{4}-\dfrac{9}{4}-\cdots-\dfrac{1}{4}$

$=-\dfrac{1+2+3+\cdots+11}{4}$

$=-\dfrac{66}{4}=-\dfrac{33}{2}$     답 ⑤

## 29

$(2a-1)x+4b-3=ax-b+12$에서

$2ax-x+4b-3=ax-b+12$

$2ax-x-ax=-b+12-4b+3$

$\therefore (a-1)x=-5b+15$

이 방정식이 $x=0$뿐만 아니라 다른 해도 가지므로 해가 무수히 많다.

즉, $a-1=0, -5b+15=0$이므로

$a-1=0$에서 $a=1$

$-5b+15=0$에서 $-5b=-15$

$\therefore b=3$

$\therefore a^2+b^2=1^2+3^2=10$     답 ④

• 다른 풀이 •

$x=0$이 방정식 $(2a-1)x+4b-3=ax-b+12$의 해이므로

$x=0$을 이 식에 대입하면

$4b-3=-b+12, 5b=15$

$\therefore b=3$

$b=3$을 주어진 방정식에 대입하면

$(2a-1)x+12-3=ax-3+12$

$(2a-1)x+9=ax+9, (2a-1)x-ax=0$

$\therefore (a-1)x=0$

이 방정식이 $x=0$ 이외에도 해를 가져야 하므로

$a-1=0$    $\therefore a=1$

$\therefore a^2+b^2=1^2+3^2=10$

BLACKLABEL 특강    참고

$x$에 대한 방정식 $ax=b$에서

(i) $a\neq0$이면 $x=\dfrac{b}{a}$, 즉 해가 1개이다.

(ii) $a=0$이면 $0\times x=b$이므로

   $b=0$이면 $0\times x=0$, 즉 해가 무수히 많다.

   $b\neq0$이면 $0\times x=b$, 즉 해가 없다.

(i), (ii)에서 $x$에 대한 방정식 $ax=b$ 꼴에서 $x=0$뿐만 아니라 다른 해도 가진다고 하면 방정식의 해가 무수히 많다는 뜻이 된다.

## 28

$4(x-1)+a=x+6$에서

$4x-4+a=x+6, 3x=10-a$

$\therefore x=\dfrac{10-a}{3}$

이때 $\dfrac{10-a}{3}$가 자연수가 되려면 $10-a$는 3의 배수이어야 한다.

즉, $10-a=3, 6, 9, 12, \cdots$이므로

$a=7, 4, 1, -2, \cdots$

따라서 자연수 $a$는 1, 4, 7의 3개이다.

비례식 $2 : 3=(5-b) : (y-4)$에서

$2(y-4)=3(5-b), 2y-8=15-3b$

$2y=23-3b$

$\therefore y=\dfrac{23-3b}{2}$

이때 $\dfrac{23-3b}{2}$가 자연수가 되려면 $23-3b$는 2의 배수이어야 한다.

즉, $23-3b=2, 4, 6, 8, 10, 12, 14, 16, 18, 20, 22, \cdots$이므로

$3b=21, 19, 17, 15, 13, 11, 9, 7, 5, 3, 1, \cdots$

그런데 $b<5$이므로

$b=\dfrac{13}{3}, \dfrac{11}{3}, 3, \dfrac{7}{3}, \dfrac{5}{3}, 1, \dfrac{1}{3}, \cdots$

따라서 자연수 $b$는 1, 3의 2개이다.

그러므로 구하는 서로 다른 $(a, b)$의 개수는

$3\times2=6$     답 ②

## 30

$(a+4)x+b-5=5a-4b$에서

$(a+4)x=5a-4b-b+5$

$\therefore (a+4)x=5a-5b+5$

이 방정식의 해가 무수히 많으므로

$a+4=0$, $5a-5b+5=0$

즉, $a=-4$이고 이를 $5a-5b+5=0$에 대입하면

$-20-5b+5=0$, $-5b=15$

$\therefore b=-3$

$5(x+1)=c(3x+1)$에서

$5x+5=3cx+c$

$\therefore (5-3c)x=c-5$

이 방정식의 해가 없으므로

$5-3c=0$, $c-5\neq 0$

$\therefore c=\dfrac{5}{3}$

$\therefore a-2b+3c$

$\qquad =(-4)-2\times(-3)+3\times\dfrac{5}{3}$

$\qquad =(-4)+6+5=7$ 답 ②

---

STEP **3** 종합 사고력 도전 문제 pp.079~080

**01** $x=-\dfrac{18}{11}$　　**02** $x=10$　**03** $-2$　　**04** $4$

**05** (1) $m=-\dfrac{1}{3}$, $n=9$　(2) $m\neq-\dfrac{1}{3}$, $n=9$

**06** $a=-1$, $b=-7$, $n=0$　**07** $x=3$ 또는 $x=-\dfrac{1}{3}$

**08** $x=a+b+c$

---

## 01 해결단계

| ❶단계 | 좌변과 우변에 있는 분수의 분모인 $2-\dfrac{2x}{x-2}$와 $-3+\dfrac{3x}{x+3}$를 간단히 정리한다. |
|---|---|
| ❷단계 | 주어진 방정식을 간단히 정리하여 해를 구한다. |

---

$2-\dfrac{2x}{x-2}=\dfrac{2(x-2)-2x}{x-2}=\dfrac{2x-4-2x}{x-2}=\dfrac{-4}{x-2}$

$-3+\dfrac{3x}{x+3}=\dfrac{-3(x+3)+3x}{x+3}=\dfrac{-3x-9+3x}{x+3}=\dfrac{-9}{x+3}$

이므로 $x-\dfrac{2}{2-\dfrac{2x}{x-2}}=-3+\dfrac{3}{-3+\dfrac{3x}{x+3}}$에서

$x-\dfrac{2}{\dfrac{-4}{x-2}}=-3+\dfrac{3}{\dfrac{-9}{x+3}}$

즉, $x-2\div\dfrac{-4}{x-2}=-3+3\div\dfrac{-9}{x+3}$이므로

$x-2\times\dfrac{x-2}{-4}=-3+3\times\dfrac{x+3}{-9}$

$x+\dfrac{x-2}{2}=-3-\dfrac{x+3}{3}$

이 등식의 양변에 6을 곱하면

$6x+3(x-2)=-18-2(x+3)$

$6x+3x-6=-18-2x-6$, $9x-6=-2x-24$

$11x=-18$　　$\therefore x=-\dfrac{18}{11}$ 답 $x=-\dfrac{18}{11}$

---

## 02 해결단계

| ❶단계 | 주어진 방정식을 간단히 한다. |
|---|---|
| ❷단계 | $b$의 값을 구한다. |
| ❸단계 | $a$의 값을 구한다. |
| ❹단계 | 바르게 풀었을 때의 해를 구한다. |

$\dfrac{a(x-1)}{2}-\dfrac{2-bx}{3}=-\dfrac{5}{6}$의 양변에 6을 곱하면

$3a(x-1)-2(2-bx)=-5$

$3ax-3a-4+2bx=-5$

$\therefore (3a+2b)x=3a-1$　　……㉠

준하는 $a$를 $-1$로 잘못 보고 풀어서 해로 $x=-\dfrac{4}{5}$를 얻었으므

로 $a=-1$, $x=-\dfrac{4}{5}$를 ㉠에 대입하면

$(-3+2b)\times\left(-\dfrac{4}{5}\right)=-3-1$

$-3+2b=-4\times\left(-\dfrac{5}{4}\right)$

$-3+2b=5$, $2b=8$

$\therefore b=4$

권민이는 $b$를 2로 잘못 보고 풀어서 해로 $x=2$를 얻었으므로

$b=2$, $x=2$를 ㉠에 대입하면

$(3a+4)\times 2=3a-1$

$6a+8=3a-1$, $3a=-9$

$\therefore a=-3$

따라서 $a=-3$, $b=4$를 ㉠에 대입하면

$(-9+8)x=-9-1$

$-x=-10$

$\therefore x=10$

따라서 처음 방정식을 바르게 풀었을 때의 해는 $x=10$이다.

답 $x=10$

## 03 해결단계

| ❶단계 | 두 일차방정식의 해를 $a$, $b$를 사용하여 나타낸다. |
|---|---|
| ❷단계 | 두 해가 같다는 조건을 이용하여 $a$와 $b$의 관계식을 구한다. |
| ❸단계 | $a$와 $b$의 관계식을 이용하여 식의 값을 구한다. |

$5(x-a)=3(x+b)$에서

$5x-5a=3x+3b$

$2x=5a+3b$

$\therefore x=\dfrac{5a+3b}{2}$ ......㉠

$\dfrac{x+2a}{5}=\dfrac{x-b}{3}$의 양변에 $15$를 곱하면

$3(x+2a)=5(x-b)$

$3x+6a=5x-5b$

$-2x=-6a-5b$

$\therefore x=\dfrac{6a+5b}{2}$ ......㉡

㉠, ㉡에서

$\dfrac{5a+3b}{2}=\dfrac{6a+5b}{2}$

$5a+3b=6a+5b$

$-a=2b$ $\therefore a=-2b$

따라서 $a=-2b$를 $\dfrac{a}{b}$에 대입하면

$\dfrac{a}{b}=\dfrac{-2b}{b}=-2$

답 $-2$

## 04 해결단계

| ❶단계 | 주어진 일차방정식의 해를 $a$를 사용하여 나타낸다. |
|---|---|
| ❷단계 | $a$와 $b$의 관계식을 구한다. |
| ❸단계 | 관계식을 만족시키는 두 자연수 $a$, $b$의 값을 구한다. |
| ❹단계 | $ab$의 값 중 가장 작은 값을 구한다. |

$3(x+a+5)=2(x-1)+5(x+a)-a$에서

$3x+3a+15=2x-2+5x+5a-a$

$-4x=a-17$

$\therefore x=\dfrac{17-a}{4}$

이때 $\dfrac{17-a}{4}=b$이므로

$17-a=4b$, $-a=-17+4b$

$\therefore a=17-4b$

이를 만족시키는 두 자연수 $a$, $b$의 값은

$b=1$일 때, $a=17-4=13$이고 $ab=13$

$b=2$일 때, $a=17-8=9$이고 $ab=18$

$b=3$일 때, $a=17-12=5$이고 $ab=15$

$b=4$일 때, $a=17-16=1$이고 $ab=4$

따라서 $a=1$, $b=4$일 때, $ab$의 값이 가장 작고, 그 값은 $4$이다.

답 $4$

## 05 해결단계

| | ❶단계 | 주어진 등식을 간단히 정리한다. |
|---|---|---|
| (1) | ❷단계 | 주어진 등식이 $x$에 대한 항등식이 되도록 하는 $m$, $n$의 값을 각각 구한다. |
| (2) | ❸단계 | 주어진 등식을 만족시키는 $x$의 값이 존재하지 않도록 하는 $m$, $n$의 조건을 각각 구한다. |

(1) $a\triangledown b=2ab-b+1$이므로

$2\triangledown(x-1)=2\times2(x-1)-(x-1)+1$

$\qquad\qquad=4x-4-x+1+1$

$\qquad\qquad=3x-2$

$\{2\triangledown(x-1)\}\triangledown3=(3x-2)\triangledown3$

$\qquad\qquad\qquad=2(3x-2)\times3-3+1$

$\qquad\qquad\qquad=18x-12-3+1$

$\qquad\qquad\qquad=18x-14$

$(x+m)\triangledown n=2(x+m)\times n-n+1$

$\qquad\qquad\quad=2nx+2mn-n+1$

즉, $\{2\triangledown(x-1)\}\triangledown3=(x+m)\triangledown n$에서

$18x-14=2nx+2mn-n+1$ ......㉠

㉠이 $x$에 대한 항등식이 되려면

$18=2n$, $-14=2mn-n+1$

$18=2n$에서 $n=9$

$n=9$를 $-14=2mn-n+1$에 대입하면

$-14=18m-9+1$, $-18m=6$

$\therefore m=-\dfrac{1}{3}$

$\therefore m=-\dfrac{1}{3}$, $n=9$

(2) ㉠을 만족시키는 $x$의 값이 존재하지 않으려면

$18=2n$, $-14\neq2mn-n+1$

$\therefore m\neq-\dfrac{1}{3}$, $n=9$

답 (1) $m=-\dfrac{1}{3}$, $n=9$ (2) $m\neq-\dfrac{1}{3}$, $n=9$

## 06 해결단계

| ❶단계 | $a$를 포함하는 두 일차방정식의 해를 $a$를 사용하여 나타낸다. |
|---|---|
| ❷단계 | ❶단계의 두 일차방정식의 해가 $x=n-1$, $x=n+1$이라는 조건을 사용하여 두 해 사이의 관계를 파악한다. |
| ❸단계 | $a$, $n$의 값을 구하여 $b$를 포함하는 방정식의 해를 구한다. |
| ❹단계 | ❸단계의 방정식의 해를 대입하여 $b$의 값을 구한다. |

$3x-2=2a-3$에서 $3x=2a-1$

$\therefore x=\dfrac{2a-1}{3}$ ······㉠

$3.2(x-4)=2.4(2x-a)-16.8$의 양변에 10을 곱하면

$32(x-4)=24(2x-a)-168$

$32x-128=48x-24a-168$

$-16x=-24a-40$

$\therefore x=\dfrac{3a+5}{2}$ ······㉡

이때 두 방정식의 해가 차례대로 $x=n-1$, $x=n+1$이므로

㉠, ㉡에서 $\dfrac{2a-1}{3}+2=\dfrac{3a+5}{2}$의 관계가 성립한다.

이 등식의 양변에 6을 곱하면

$2(2a-1)+12=3(3a+5)$

$4a-2+12=9a+15$

$-5a=5$

$\therefore a=-1$

$a=-1$을 ㉠에 대입하면 $x=\dfrac{-2-1}{3}=-1$이므로

$n-1=-1$

$\therefore n=0$

따라서 방정식 $2(x-1)-\{3(x-1)-b-2(3-x)\}=0$의 해는 $x=n$, 즉 $x=0$이므로 $x=0$을 이 식에 대입하면

$-2-(-3-b-6)=0$

$-2-(-9-b)=0$

$-2+9+b=0$

$\therefore b=-7$

$\therefore a=-1$, $b=-7$, $n=0$ 답 $a=-1$, $b=-7$, $n=0$

## 07 해결단계

| ❶단계 | 절댓값의 성질을 이용하여 경우를 나누고 주어진 방정식을 푼다. |
|---|---|
| ❷단계 | ❶단계에서 구한 $x$의 값을 주어진 방정식에 대입한 후, 조건에 맞는 방정식의 해를 찾는다. |

$|2x-5+|x+1||=5$에서

$2x-5+|x+1|=5$ 또는 $2x-5+|x+1|=-5$

$\therefore |x+1|=-2x+10$ 또는 $|x+1|=-2x$

(i) $|x+1|=-2x+10$일 때,

　$x+1=-2x+10$ 또는 $x+1=2x-10$

　① $x+1=-2x+10$일 때,

　　$3x=9$　$\therefore x=3$

　② $x+1=2x-10$일 때,

　　$-x=-11$　$\therefore x=11$

　①, ②에서 $x=3$ 또는 $x=11$

　$x=3$일 때, $|3+1|=-2\times3+10=4$

　$x=11$일 때, $|11+1|=12$, $-2\times11+10=-12$

　즉, 방정식의 해는 $x=3$

(ii) $|x+1|=-2x$일 때,

　$x+1=-2x$ 또는 $x+1=2x$

　③ $x+1=-2x$일 때,

　　$3x=-1$　$\therefore x=-\dfrac{1}{3}$

　④ $x+1=2x$일 때,

　　$-x=-1$　$\therefore x=1$

　③, ④에서 $x=-\dfrac{1}{3}$ 또는 $x=1$

　$x=-\dfrac{1}{3}$일 때, $\left|-\dfrac{1}{3}+1\right|=-2\times\left(-\dfrac{1}{3}\right)=\dfrac{2}{3}$

　$x=1$일 때, $|1+1|=2$, $-2\times1=-2$

　즉, 방정식의 해는 $x=-\dfrac{1}{3}$

(i), (ii)에서 주어진 방정식의 해는

$x=3$ 또는 $x=-\dfrac{1}{3}$ 　　　　답 $x=3$ 또는 $x=-\dfrac{1}{3}$

## 08 해결단계

| ❶단계 | 좌변의 $-3$을 이항하여 주어진 방정식을 변형한다. |
|---|---|
| ❷단계 | 주어진 방정식의 해를 $a$, $b$, $c$를 사용하여 나타낸다. |

$\dfrac{x}{a}+\dfrac{x}{b}+\dfrac{x}{c}-3=\dfrac{b+c}{a}+\dfrac{a+c}{b}+\dfrac{a+b}{c}$에서

$\dfrac{x}{a}+\dfrac{x}{b}+\dfrac{x}{c}=\dfrac{b+c}{a}+\dfrac{a+c}{b}+\dfrac{a+b}{c}+3$

$\qquad=\left(\dfrac{b+c}{a}+1\right)+\left(\dfrac{a+c}{b}+1\right)+\left(\dfrac{a+b}{c}+1\right)$

$\qquad=\dfrac{a+b+c}{a}+\dfrac{a+b+c}{b}+\dfrac{a+b+c}{c}$

즉, $\left(\dfrac{1}{a}+\dfrac{1}{b}+\dfrac{1}{c}\right)x=(a+b+c)\left(\dfrac{1}{a}+\dfrac{1}{b}+\dfrac{1}{c}\right)$이므로

$x=a+b+c\left(\because \dfrac{1}{a}+\dfrac{1}{b}+\dfrac{1}{c}\neq0\right)$ 　　답 $x=a+b+c$

# 07. 일차방정식의 활용

## 01

연속하는 세 홀수를 $x-2$, $x$, $x+2$라 하자.

이때 가장 큰 수의 3배와 가장 작은 수의 차는 나머지 한 수의 3배보다 15만큼 작으므로

$3(x+2)-(x-2)=3x-15$

$3x+6-x+2=3x-15$, $2x+8=3x-15$

$-x=-23$　　$\therefore x=23$

따라서 세 홀수는 21, 23, 25이므로 구하는 가장 큰 수는 25이다.

답 ③

## 02

휴대폰 케이스의 원가를 $x$원이라 하면 원가에 40 %의 이익을 붙여 정가를 정했으므로

$(정가)=\left(1+\dfrac{40}{100}\right)x=\dfrac{140}{100}x=\dfrac{7}{5}x(원)$

정가에서 600원을 할인하여 팔았으므로

$(판매 가격)=\dfrac{7}{5}x-600(원)$

이때 $(이익)=(판매 가격)-(원가)$이고 원가의 20 %의 이익을 얻었으므로

$\left(\dfrac{7}{5}x-600\right)-x=\dfrac{20}{100}x$

$\dfrac{2}{5}x-600=\dfrac{1}{5}x$

$\dfrac{1}{5}x=600$　　$\therefore x=3000$

따라서 휴대폰 케이스의 원가는 3000원이다.　　답 ⑤

## 03

작년 놀이기구 A의 1회 이용 요금을 $x$원이라 하면 놀이기구 B의 1회 이용 요금은 $(x-600)$원이다.

올해 두 놀이기구 A, B의 1회 이용 요금이 작년에 비해 각각 12 %, 18 % 인상되어 두 놀이기구의 이용 요금이 같아졌으므로

$x\times\dfrac{112}{100}=(x-600)\times\dfrac{118}{100}$

$112x=118(x-600)$

$112x=118x-70800$

$-6x=-70800$

$\therefore x=11800$

따라서 작년 놀이기구 A의 1회 이용 요금은 11800원이다.

답 ①

## 04

집에서 학교까지 자전거를 타고 시속 16 km로 간 거리를 $x$ km라 하면 학교에서 집까지 시속 5 km로 걸어온 거리는 $(x-0.5)$ km이다.

집과 학교 사이를 왕복하는 데 걸린 시간이 총 48분, 즉

$\dfrac{48}{60}=\dfrac{4}{5}(시간)$이므로

$\dfrac{x}{16}+\dfrac{x-0.5}{5}=\dfrac{4}{5}$

$5x+16(x-0.5)=64$, $5x+16x-8=64$

$21x=72$　　$\therefore x=\dfrac{24}{7}$

따라서 집에서 학교까지 자전거를 타고 간 거리는 $\dfrac{24}{7}$ km이다.

답 ⑤

## 05

12.5 %의 소금물 600 g에 $x$ g의 소금을 넣는다고 하면 16 %의 소금물의 양은 $(600+x)$ g이므로

$\dfrac{12.5}{100}\times600+x=\dfrac{16}{100}\times(600+x)$

$7500+100x=9600+16x$

$84x=2100$　　$\therefore x=25$

따라서 더 넣는 소금의 양은 25 g이다.　　답 ⑤

## 06

전체 일의 양을 1이라 하면 재동이와 진혁이가 하루 동안 하는 일의 양은 각각 $\dfrac{1}{12}$, $\dfrac{1}{15}$이다.

재동이와 진혁이가 5일 동안 함께 일한 후에 나머지를 재동이가 혼자 $x$일 동안 일하여 이 일을 완성하였다고 하면

$\left(\dfrac{1}{12}+\dfrac{1}{15}\right)\times5+\dfrac{x}{12}=1$

$\dfrac{3}{4}+\dfrac{x}{12}=1$, $9+x=12$

$\therefore x=3$

따라서 재동이가 혼자 일한 날은 3일이다.　　답 3일

## 07

종이의 네 모퉁이를 잘라낸 후 접으면 오른쪽 그림과 같이 밑면의 가로, 세로의 길이가 각각 $(x-6)$ cm, 14 cm이고, 높이가 3 cm인 직육면체 모양의 상자가 된다.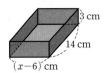

이때 이 상자의 부피가 336 cm³이므로

$(x-6)\times14\times3=336$

$x-6=8$　　∴ $x=14$　　　　　　답 14

## 01

각 자리의 숫자의 합이 12인 두 자리 자연수의 일의 자리의 숫자를 $x$라 하면 십의 자리의 숫자는 $12-x$이다.

즉, 처음 수는

$(12-x)\times10+x=120-9x$

십의 자리의 숫자와 일의 자리의 숫자를 바꾼 수는

$x\times10+(12-x)=9x+12$

바꾼 수는 처음 수의 2배보다 39만큼 작으므로

$9x+12=2(120-9x)-39$

$9x+12=240-18x-39$

$27x=189$

∴ $x=7$

따라서 처음 수의 일의 자리의 숫자는 7, 십의 자리의 숫자는 5이므로 처음 수는 57이다.　　　　　답 ①

**BLACKLABEL 특강**　　교과 외 지식

**진법**

(1) 십(10)진법 : 세계에서 통용되는 수의 표시법

자릿값이 올라감에 따라 10배씩 커지는 수의 표시법

예 $6354=6\times10^3+3\times10^2+5\times10+4$

(2) 이(2)진법 : 컴퓨터에서 사용하는 수의 표시법

자릿값이 올라감에 따라 2배씩 커지는 수의 표시법

수의 마지막에 (2)를 붙여서 이진법으로 나타낸 수임을 구분한다.

예 $1101_{(2)}=1\times2^3+1\times2^2+0\times2+1$

## 02

은영이와 할아버지의 나이의 합이 아버지, 오빠, 동생의 나이의 합과 같아질 때를 $x$년 후라 하자.

현재 할아버지의 나이를 $a$세라 하면

현재 은영이의 아버지, 오빠, 동생의 나이의 합도 $a$

$x$년 후 은영이와 할아버지 나이의 합은

$(14+x)+(a+x)=14+2x+a$　　　　…… ㉠

$x$년 후 아버지, 오빠, 동생의 나이의 합은 $3x+a$　　…… ㉡

이때 ㉠=㉡이므로

$14+2x+a=a+3x$

$14+2x=3x$

$-x=-14$

∴ $x=14$

따라서 14년 후 은영이의 나이는 28세이다.　　　답 ③

## 03

올해 고은이의 아버지의 나이를 $x$세라 하면 고은이의 부모님은 $\frac{4}{11}x$년 동안 결혼 생활을 했고, 고은이는 부모님이 결혼하신 해로부터 2년 후에 태어났으므로 올해 고은이의 나이는 $\left(\frac{4}{11}x-2\right)$세이다.

4년 후에 고은이의 나이는 아버지의 나이에서 12를 뺀 수의 절반과 같으므로

$\left(\frac{4}{11}x-2\right)+4=\frac{1}{2}\{(x+4)-12\}$

$\frac{4}{11}x+2=\frac{1}{2}x-4,\ 8x+44=11x-88$

$-3x=-132$　　∴ $x=44$

따라서 올해 고은이의 아버지의 나이는 44세이다.　　답 44세

**BLACKLABEL 특강**　　오답 피하기

**나이에 대한 문제**

$x$년 후의 나이는 모든 사람이 현재 나이에서 $x$세 증가하는 데 주의하여 등식으로 나타낸다. 이때 다음이 성립한다.

$(x$년 후의 나이$)=($현재의 나이$)+x($세$)$

## 04

옆 반이 후반전에서 얻은 점수를 $x$점이라 하면 우리 반이 후반전에서 얻은 점수는 $(3x-6)$점이다.

우리 반은 전반전에서 5점 차로 지고 있었고, 전후반 경기가 모두 끝난 후 7점 차로 이겼으므로 우리 반이 후반전에서 얻은 점수는 옆 반이 후반전에서 얻은 점수보다 12점 많다.

즉, $3x-6=x+12$이므로

$2x=18$    $\therefore x=9$

따라서 우리 반이 후반전에서 얻은 점수는

$3x-6=3\times 9-6=21$(점)    답 ②

• 다른 풀이 •

전반전에서 옆반이 얻은 점수를 $a$점이라 하면 우리 반이 얻은 점수는 $(a-5)$점이고, 후반전에서 옆 반이 얻은 점수를 $x$점이라 하면 우리 반의 얻은 점수는 $(3x-6)$점이다.

전후반 경기가 모두 끝난 후 우리 반이 옆 반을 7점 차로 이겼으므로

(우리 반 점수)$=$(옆 반 점수)$+7$

$(a-5)+(3x-6)=(a+x)+7$

$3x-11=x+7$

$2x=18$    $\therefore x=9$

따라서 우리 반이 후반전에서 얻은 점수는

$3x-6=3\times 9-6=21$(점)

## 05

우빈이가 주말에 열공 독서실을 이용한 날수를 $x$일이라 하면 각 독서실을 이용한 날수는 다음 표와 같다.

|  | 평일 | 주말 | 합계 |
| --- | --- | --- | --- |
| 집중 독서실 | $(x+2)$일 | $(7-x)$일 | 9일 |
| 열공 독서실 | $(11-x)$일 | $x$일 | 11일 |
| 합계 | 13일 | 7일 | 20일 |

우빈이가 20일 간 이용료로 지불한 금액은 총 15300원이므로

$700(x+2)+900(7-x)+600(11-x)+1000x=15300$

$7(x+2)+9(7-x)+6(11-x)+10x=153$

$7x+14+63-9x+66-6x+10x=153$

$2x+143=153,\ 2x=10$

$\therefore x=5$

따라서 우빈이가 주말에 열공 독서실을 이용한 날은 5일이다.

답 5일

## 06

작년의 여학생 수를 $x$라 하면 전체 학생은 500명이므로 작년의 남학생 수는 $500-x$이다.

이때 올해 증가한 남학생 수는 $\dfrac{8}{100}(500-x)$, 감소한 여학생 수는 $\dfrac{4}{100}x$이고, 작년에 비하여 전체 학생이 7명 증가하였으므로

$\dfrac{8}{100}(500-x)-\dfrac{4}{100}x=7,\ 8(500-x)-4x=700$

$-12x+4000=700,\ -12x=-3300$

$\therefore x=275$

따라서 작년의 여학생이 275명이므로 올해의 여학생 수는

$\left(1-\dfrac{4}{100}\right)\times 275=264$    답 ④

BLACKLABEL 특강    해결 실마리

**증가, 감소에 대한 문제**

(1) $x$가 $a\,\%$ 증가 $\Rightarrow x+x\times \dfrac{a}{100}=\left(1+\dfrac{a}{100}\right)x$

(2) $x$가 $b\,\%$ 감소 $\Rightarrow x-x\times \dfrac{b}{100}=\left(1-\dfrac{b}{100}\right)x$

## 07

할아버지와 할머니께 드릴 상자 속의 사탕과 초콜릿의 개수의 합을 각각 $8x,\ 7x$라 하자.

할아버지께 드릴 상자 속의 사탕과 초콜릿의 개수의 비가 $9:7$이므로

(사탕의 개수)$=8x\times \dfrac{9}{9+7}=\dfrac{9}{2}x$,

(초콜릿의 개수)$=8x\times \dfrac{7}{9+7}=\dfrac{7}{2}x$

할머니께 드릴 상자 속의 사탕과 초콜릿의 개수의 비가 $4:3$이므로

(사탕의 개수)$=7x\times \dfrac{4}{4+3}=4x$,

(초콜릿의 개수)$=7x\times \dfrac{3}{4+3}=3x$

이때 전체 사탕이 전체 초콜릿보다 24개 더 많으므로

$\dfrac{9}{2}x+4x=\left(\dfrac{7}{2}x+3x\right)+24$

$\dfrac{17}{2}x-\dfrac{13}{2}x=24,\ 2x=24$    $\therefore x=12$

따라서 전체 사탕의 개수는

$\dfrac{9}{2}x+4x=\dfrac{17}{2}x=\dfrac{17}{2}\times 12=102$    답 ②

## 08

이 상인이 물건을 구입하는 데 든 총 비용은

$6000\times 100+100000=700000$(원)

도매 가격에 $x\,\%$의 이익을 붙여 판매 가격을 정하면

(판매 가격)$=6000\left(1+\dfrac{x}{100}\right)$

이때 물건 20개는 파손되어 팔 수 없고, 이익은 총 비용의 $20\,\%$이므로

$6000\left(1+\dfrac{x}{100}\right)\times (100-20)-700000=700000\times \dfrac{20}{100}$

$480000\left(1+\dfrac{x}{100}\right)=840000$

$$1+\frac{x}{100}=\frac{7}{4}$$

$$\frac{x}{100}=\frac{3}{4}$$

$$\therefore x=75$$

따라서 이 물건의 판매 가격을 도매 가격에 75 %의 이익을 붙여서 정해야 한다.  답 ③

## 09

조금 편하게 앉기 위해 빈 의자에 한 명씩 옮겨 앉았을 때, 5명씩 앉은 의자와 4명씩 앉은 의자의 개수를 각각 $4x$, $3x$라 하자.

처음에 5명씩 꽉 차게 앉았을 때, 학생들이 앉은 의자의 개수는 $7x-3$이므로

$$4x\times5+3x\times4=(7x-3)\times5$$

$$20x+12x=35x-15$$

$$-3x=-15$$

$$\therefore x=5$$

따라서 5명씩 앉은 의자와 4명씩 앉은 의자의 개수는 각각 20, 15이므로 1학년 전체 학생 수는

$$20\times5+15\times4=160$$  답 ③

## 10

과일 도매상점에서 사온 귤의 개수를 $x$라 하면 도매상점에서 사온 전체 귤의 가격은

$$\frac{2000}{4}x=500x\,(원)$$

첫째 날, 귤의 총 판매 금액은

$$\frac{1}{2}x\times\frac{2400}{3}=400x\,(원)$$

둘째 날, 귤의 총 판매 금액은

$$\left(\frac{1}{2}x\times\frac{80}{100}\right)\times\frac{3500}{5}=280x\,(원)$$

셋째 날, 귤의 총 판매 금액은

$$\left(\frac{1}{2}x\times\frac{20}{100}\right)\times\left\{500\times\left(1+\frac{20}{100}\right)\right\}=60x\,(원)$$

이때 총 144000원의 이익을 얻었으므로

$$400x+280x+60x-500x=144000$$

$$240x=144000 \qquad \therefore x=600$$

따라서 과일 도매상점에서 사온 귤은 600개이다.  답 600개

## 11 해결단계

| ❶단계 | 지원이네 학교에서 인쇄한 종이의 장수를 $x$라 한다. |
|---|---|
| ❷단계 | 표를 이용하여 지원이네 학교에서 낸 인쇄기 임대료에 대한 방정식을 세운다. |
| ❸단계 | 지원이네 학교에서 인쇄한 종이의 장수를 구한다. |

지원이네 학교에서 인쇄한 종이의 장수를 $x$라 하면 $x>3000$이므로 각 구간별로 인쇄한 종이의 장수와 1장당 가격은 다음 표와 같다.

| 구간(장) | 인쇄한 종이의 장수(장) | 1장당 가격(원) |
|---|---|---|
| 1~1000 | 1000 | 5 |
| 1001~3000 | 2000 | $5\times0.9=4.5$ |
| 3001 이상 | $x-3000$ | $5\times0.9\times0.9=4.05$ |

이때 인쇄기 임대료로 80200원을 냈으므로

$$50000+1000\times5+2000\times4.5+(x-3000)\times4.05=80200$$

$$50000+5000+9000+4.05x-12150=80200$$

$$4.05x+51850=80200$$

$$4.05x=28350$$

$$\therefore x=7000$$

따라서 인쇄한 종이는 7000장이다.  답 7000장

## 12

최종 합격자 중 여자는 $140\times\frac{3}{7}=60$(명)

최종 합격자 중 남자는 $140\times\frac{4}{7}=80$(명)

한편, 이 회사의 전체 지원자 수를 $x$라 하면 1차 합격자 수는 $\frac{1}{2}x$이다.

이때 1차 합격자 중 남자는

$$\frac{1}{2}x\times\frac{3}{5}=\frac{3}{10}x\,(명)$$

1차 합격자 중 여자는

$$\frac{1}{2}x\times\frac{2}{5}=\frac{1}{5}x\,(명)$$

즉, 1차 합격자 수는 최종 합격자 수와 면접 불합격자 수의 합과 같으므로 이를 정리하면 다음 표와 같다.

| | 남자 | 여자 |
|---|---|---|
| 1차 합격자 수 | $\frac{3}{10}x$ | $\frac{1}{5}x$ |
| 최종 합격자 수 | 80 | 60 |
| 면접 불합격자 수 | $\frac{3}{10}x-80$ | $\frac{1}{5}x-60$ |

면접 불합격자 중 여자는 면접 불합격자의 $\frac{9}{25}$이므로 면접 불합격자의 남녀의 비는 16 : 9이다. 즉,

$$\left(\frac{3}{10}x-80\right):\left(\frac{1}{5}x-60\right)=16:9$$

$$9\left(\frac{3}{10}x-80\right)=16\left(\frac{1}{5}x-60\right)$$

$$\frac{27}{10}x-720=\frac{16}{5}x-960$$

$$27x-7200=32x-9600$$

$$-5x=-2400$$

$\therefore x=480$

따라서 전체 지원자 수는 480이다. 답 480

## 13

봉지의 개수를 $x$라 하면

$3x+7=5x-3$

$-2x=-10$ $\quad \therefore x=5$

이때 지우개의 개수는 $3x+7=3\times5+7=22$이므로 5개의 봉지에 지우개를 4개씩 나누어 담으면 지우개 $22-4\times5=2$(개)가 남는다. 답 ⑤

## 14

텐트의 개수를 $x$라 하면 한 텐트에 8명씩 들어갈 때, 8명이 모두 들어간 텐트의 개수는 $x-2$이므로

$6x+3=8(x-2)+5$

$6x+3=8x-16+5$

$-2x=-14$ $\quad \therefore x=7$

따라서 텐트가 7개이므로 야영에 참여한 학생 수는

$6x+3=6\times7+3=45$ 답 ④

## 15

거북이가 출발한 후 결승선을 통과하기까지 걸린 시간은

$\dfrac{1000}{10}=100$(분)

토끼가 출발한 후 결승선을 통과하기까지 걸린 시간은

$\dfrac{x}{30}+40+\dfrac{1000-x}{50}$(분)

이때 토끼는 거북이보다 30분 늦게 출발하여 거북이와 동시에 결승선을 통과했으므로

$100=30+\dfrac{x}{30}+40+\dfrac{1000-x}{50}$

$100=\dfrac{x}{30}+\dfrac{1000-x}{50}+70$

$30=\dfrac{x}{30}+\dfrac{1000-x}{50}$

$4500=5x+3000-3x$

$-2x=-1500$

$\therefore x=750$ 답 ④

## 16

두 기차의 길이를 $x$ m라 하자.

A 기차가 길이가 1 km, 즉 1000 m인 다리를 완전히 지나기 위해 움직이는 거리는 $(1000+x)$ m이고, 이 다리를 완전히 지나는 데 32초가 걸리므로 기차의 속력은

초속 $\dfrac{1000+x}{32}$ m

B 기차가 길이가 600 m인 다리를 완전히 지나기 위해 움직이는 거리는 $(600+x)$ m이고, A, B 두 기차의 속력이 같으므로

$600+x=15\times\dfrac{1000+x}{32}+18\times\left(\dfrac{1000+x}{32}\times\dfrac{1}{2}\right)$

$600+x=\dfrac{15(1000+x)+9(1000+x)}{32}$

$600+x=\dfrac{24(1000+x)}{32}$

$600+x=\dfrac{3(1000+x)}{4}$

$4(600+x)=3(1000+x)$

$2400+4x=3000+3x$

$\therefore x=600$

따라서 두 기차 A, B의 원래 속력은

초속 $\dfrac{1000+600}{32}$ m, 즉 초속 50 m

이므로 B 기차가 장애물을 만난 이후의 속력은 초속 25 m이다. 답 ②

## 17

정민이의 집에서 학교까지의 거리를 $x$ km라 하면 집에서 학교까지 시속 15 km로 갈 때와 시속 12 km로 갈 때의 시간 차가 12분이므로

$\dfrac{x}{12}-\dfrac{x}{15}=\dfrac{12}{60}$

$5x-4x=12$

$\therefore x=12$

즉, 정민이의 집에서 학교까지의 거리는 12 km이다.

정민이가 등교 시간보다 12분 일찍 등교하려면 시속 15 km로 이동할 때보다 3분 일찍 도착해야 하고 그때의 속력을 시속 $y$ km라 하면

$y\times\left(\dfrac{12}{15}-\dfrac{3}{60}\right)=12$

$\dfrac{3}{4}y=12$

$\therefore y=16$

따라서 정민이가 등교 시간보다 12분 일찍 등교하려면 시속 16 km로 가야 한다. 답 ①

## 18

영석이와 선희가 걷는 속력을 각각 분속 $4k$ m, 분속 $3k$ m라 하자.

둘레의 길이가 2.1 km, 즉 2100 m인 산책로를 서로 반대 방향으로 걸어서 15분 만에 만났으므로 15분 간 영석이와 선희가 걸은 거리의 합은 2100 m이다.

즉, $4k \times 15 + 3k \times 15 = 2100$에서

$60k + 45k = 2100$

$105k = 2100$ $\quad \therefore k = 20$

즉, 영석이와 선희가 걷는 속력은 각각 분속 $4 \times 20 = 80$(m), 분속 $3 \times 20 = 60$(m)이다.

영석이와 선희가 휴식을 취한 지점에서 같은 방향으로 동시에 출발한 후 다시 만날 때까지 걸린 시간을 $x$분이라 하면

$80x - 60x = 2100$

$20x = 2100$

$\therefore x = 105$

영석이와 선희가 오전 8시 15분에 처음으로 만났고 만난 지점에서 15분 동안 휴식을 취한 후 출발했으므로 다시 동시에 출발한 시각은 오전 8시 30분이다.

따라서 영석이와 선희가 처음으로 다시 만나는 시각은 오전 8시 30분에서 105분 후인 오전 10시 15분이다. **답** 오전 10시 15분

## 19

레일바이크의 속력을 시속 $x$ km라 하자.

한편, 태한이네 가족이 분속 60 m의 속력으로 산책하고 있으므로 속력은 시속 3600 m, 즉 시속 3.6 km이다.

레일바이크와 태한이네 식구들이 같은 방향으로 움직일 때는 레일바이크가 시속 $(x-3.6)$ km로 움직이는 것과 같고, 레일바이크와 태한이네 식구들이 반대 방향으로 움직일 때는 레일바이크가 시속 $(x+3.6)$ km로 움직이는 것과 같다.

레일바이크의 운행 간격이 일정하므로

$(x-3.6) \times \dfrac{11}{60} = (x+3.6) \times \dfrac{8}{60}$

$11(x-3.6) = 8(x+3.6)$

$11x - 39.6 = 8x + 28.8$

$3x = 68.4$

$\therefore x = 22.8$

따라서 레일바이크의 속력은 시속 22.8 km이다.

**답** 시속 22.8 km

## 20

컵 A에 들어 있는 소금의 양은

$\dfrac{4}{100} \times 250 = 10$(g)

컵 B에 들어 있는 소금의 양은

$\dfrac{10}{100} \times 200 = 20$(g)

컵 A에서 물 $2x$ g을 증발시키면 컵 A에 들어 있는 소금물의 양은 $(250-2x)$ g, 소금의 양은 10 g이고, 컵 B에 물 $x$ g을 더 넣으면 컵 B에 들어 있는 소금물의 양은 $(200+x)$ g, 소금의 양은 20 g이다.

이때 두 컵 A, B에 들어 있는 소금물을 섞으면 소금물의 양은

$(250-2x) + (200+x) = 450 - x$(g)

소금의 양은 $10 + 20 = 30$(g)

이때 섞은 소금물의 농도가 8 %이므로

$\dfrac{8}{100} \times (450-x) = 30$

$3600 - 8x = 3000, \ -8x = -600$

$\therefore x = 75$ **답** ④

## 21

원래 팔던 치즈 파이의 무게를 $x$ g이라 하면 이 치즈 파이에 들어 있는 치즈의 양은

$\dfrac{20}{100} \times x = \dfrac{x}{5}$(g)

신제품에는 치즈의 양을 15 g 늘리고, 다른 재료 20 g을 더 넣었으므로 신제품의 무게는

$x + 15 + 20 = x + 35$(g)

신제품에 들어 있는 치즈의 양은

$\dfrac{x}{5} + 15$(g)

이때 신제품의 치즈의 함유량이 25 %이므로

$\dfrac{25}{100} \times (x+35) = \dfrac{x}{5} + 15$

$25x + 875 = 20x + 1500$

$5x = 625$

$\therefore x = 125$

따라서 원래 팔던 치즈 파이의 무게는 125 g이다. **답** ②

## 22

덜어낸 소금물에 들어 있는 소금의 양을 $x$ g이라 하면

$\dfrac{5}{100} \times 300 - x + \dfrac{8}{100} \times (500-300) = \dfrac{6}{100} \times 500$

$15 - x + 16 = 30, \ 31 - x = 30$

$\therefore x = 1$

따라서 덜어낸 소금물에 들어 있는 소금의 양은 1 g이다.

**답** ⑤

## 23

두 컵 A, B에서 각각 200 g의 설탕물을 퍼내어 서로 바꾸어 넣은 후 컵 A에는 $x$ %의 설탕물 $500-200=300(\mathrm{g})$과 6 %의 설탕물 200 g이 들어 있으므로 컵 A에 들어 있는 설탕의 양은

$$\frac{x}{100}\times300+\frac{6}{100}\times200=3x+12(\mathrm{g})$$ ……(가)

컵 B에는 $x$ %의 설탕물 200 g과 6 %의 설탕물 $400-200=200(\mathrm{g})$이 들어 있으므로 컵 B에 들어 있는 설탕의 양은

$$\frac{x}{100}\times200+\frac{6}{100}\times200=2x+12(\mathrm{g})$$ ……(나)

이때 컵 A에 들어 있는 설탕물의 농도가 컵 B에 들어 있는 설탕물의 농도보다 2 % 더 높으므로

$$\frac{3x+12}{500}\times100=\frac{2x+12}{400}\times100+2$$

$$\frac{3x+12}{5}=\frac{x+6}{2}+2$$

$$6x+24=5x+30+20 \qquad \therefore x=26$$ ……(다)

답 26

| 단계 | 채점 기준 | 배점 |
|------|----------|------|
| (가) | 서로 바꾸어 넣은 후 컵 A에 들어 있는 설탕의 양을 $x$를 사용하여 나타낸 경우 | 30% |
| (나) | 서로 바꾸어 넣은 후 컵 B에 들어 있는 설탕의 양을 $x$를 사용하여 나타낸 경우 | 30% |
| (다) | $x$의 값을 구한 경우 | 40% |

## 24

수영장에 가득 찬 물의 양을 1이라 하면 A관, B관은 1시간에 각각 $\frac{1}{10}$, $\frac{1}{5}$의 물을 넣고, C관은 1시간에 $\frac{1}{8}$의 물을 빼낸다.

C관을 열어 둔 시간을 $x$시간이라 하면 B관을 열어 둔 시간은 $\left(x+\frac{10}{60}\right)$시간이고, A관은 8시간 동안 계속 열어 두었으므로

$$\frac{1}{10}\times8+\frac{1}{5}\times\left(x+\frac{10}{60}\right)-\frac{1}{8}x=1$$

$$\frac{4}{5}+\frac{1}{5}x+\frac{1}{30}-\frac{1}{8}x=1$$

$$96+24x+4-15x=120$$

$$9x+100=120,\ 9x=20$$

$$\therefore x=\frac{20}{9}$$

따라서 C관을 열어 둔 시간은 $\frac{20}{9}$시간이다. 답 $\frac{20}{9}$시간

## 25

주인은 수습생보다 4분 동안 36개의 만두를 더 만들 수 있으므로 1분 동안 9개의 만두를 더 만들 수 있다. 즉, 주인이 1분 동안 만들 수 있는 만두의 개수를 $x$라 하면 수습생이 1분 동안 만들 수 있는 만두의 개수는 $x-9$이다.

주인이 21분, 수습생이 28분 동안 각각 만두를 만들었을 때, 수습생은 주인이 만든 만두의 개수의 $\frac{2}{3}$를 만들었으므로

$$\frac{2}{3}\times21x=28(x-9)$$

$$14x=28x-252$$

$$-14x=-252 \qquad \therefore x=18$$

따라서 주인과 수습생이 만든 만두의 개수의 합은

$$18\times21+(18-9)\times28=378+252$$
$$=630(개)$$ 답 630개

## 26

전체 일의 양을 1이라 하면 민혁이와 지수가 1시간 동안 하는 일의 양은 각각 $\frac{1}{5}$, $\frac{1}{4}$이다.

민혁이가 한 번 일할 때마다 하는 일의 양은 $\frac{1}{5}\times\frac{25}{60}=\frac{1}{12}$

지수가 한 번 일할 때마다 하는 일의 양은 $\frac{1}{4}\times\frac{24}{60}=\frac{1}{10}$

이 일이 완성되었을 때, 민혁이가 일을 한 횟수를 $x$라 하면 지수가 일을 한 횟수는 $x-1$이므로

$$\frac{1}{12}x+\frac{1}{10}(x-1)=1$$

$$10x+12(x-1)=120$$

$$10x+12x-12=120,\ 22x=132$$

$$\therefore x=6$$

따라서 민혁이는 일을 25분씩 6회 하였으므로 민혁이가 일한 시간은 $25\times6=150$(분), 즉 2시간 30분이다. 답 2시간 30분

## 27

두 직사각형 ABGE와 EGCD의 넓이의 비가 3 : 2이므로 선분 BG의 길이를 $3x$ cm, 선분 GC의 길이를 $2x$ cm라 하자.

전체 철사의 길이가 60 cm이므로

$$6\times3+(3x+2x)\times2+2x=60$$

$$18+10x+2x=60$$

$$12x=42 \qquad \therefore x=\frac{7}{2}$$

이때 두 직사각형 EFHD와 FGCH의 넓이의 비가 2 : 1이므로
(직사각형 FGCH의 넓이)

$$=(직사각형 EGCD의 넓이)\times\frac{1}{2+1}$$

$$=\left\{6\times\left(2\times\frac{7}{2}\right)\right\}\times\frac{1}{3}$$

$$=14(\mathrm{cm}^2)$$ 답 ④

## 28

정사각형의 한 변에 놓이는 검은 바둑돌의 개수를 $x$라 하면 정삼

각형의 한 변에 놓이는 흰 바둑돌의 개수는 $\frac{1}{2}x+7$

정삼각형을 만드는 데 필요한 흰 바둑돌의 개수는

$$3\left(\frac{1}{2}x+7\right)-3=\frac{3}{2}x+18$$

정사각형을 만드는 데 필요한 검은 바둑돌의 개수는

$$4x-4$$

이때 흰 바둑돌과 검은 바둑돌의 총 개수가 58이므로

$$\left(\frac{3}{2}x+18\right)+(4x-4)=58$$

$$3x+36+8x-8=116$$

$$11x+28=116,\ 11x=88 \qquad \therefore\ x=8$$

따라서 흰 바둑돌 전체의 개수는

$$\frac{3}{2}\times8+18=30(개) \hspace{3cm} \text{답 } 30개$$

---

**BLACKLABEL 특강**　　오답 피하기

규칙적인 간격으로 정다각형을 만드는 데 필요한 바둑돌의 총 개수를
(변의 개수)×(한 변에 놓인 바둑돌의 개수)
로 구하지 않도록 주의한다. 이와 같이 구하면 각 꼭짓점의 위치에 놓인 바둑돌을 2
번씩 중복하여 센 것이기 때문이다.
따라서 다각형을 만드는 데 필요한 바둑돌의 총 개수는
(변의 개수)×(한 변에 놓인 바둑돌의 개수)−(꼭짓점의 개수)
로 구해야 한다.

---

## 29

이 달의 달력에서 ⌐ 모양으로 선택한 5개의 숫자 중 가장 큰
숫자를 $x$라 하면 나머지 숫자는

$$x-1,\ x-8,\ x-15,\ x-16$$

5개의 숫자의 합이 100이면

$$x+(x-1)+(x-8)+(x-15)+(x-16)=100$$

$$5x-40=100,\ 5x=140$$

$$\therefore\ x=28$$

따라서 구하는 가장 큰 숫자는 28이다. 　　　　　　답 28

---

## 30

2시와 3시 사이에 시침과 분침이 서로 반대 방향으로 일직선이
될 때의 시각을 2시 $x$분이라 하자.
이때 시침은 1분에 $0.5°$씩, 분침은 1분에 $6°$씩 움직이므로
분침이 12시 방향으로부터 회전한 각도는

$$6x°$$

시침이 12시 방향으로부터 회전한 각도는

---

$$2\times30°+0.5x°=(60+0.5x)°$$

시침과 분침이 이루는 각의 크기가 180°이므로

$$6x-(60+0.5x)=180$$

$$5.5x=240$$

$$\therefore\ x=43\frac{7}{11}$$

따라서 구하는 시각은 2시 $43\frac{7}{11}$분이다. 　　　　　답 ④

---

**STEP 3　종합 사고력 도전 문제**　　pp.088~089

| | | | | |
|---|---|---|---|---|
| **01** 19명 | **02** 34점 | **03** 3시간 | **04** 75분 | **05** 412 |
| **06** 35° | **07** (1) 60초　(2) 꼭짓점 D | **08** 초속 25 m | | |

---

## 01 해결단계

| ❶단계 | 나누어 준 사탕의 총 개수를 구한다. |
|---|---|
| ❷단계 | 사탕을 받은 아이들의 수를 구한다. |

나누어 준 사탕의 총 개수를 $x$라 하면 첫 번째 아이와 두 번째 아
이가 받은 사탕의 개수가 같으므로

$$\frac{1}{20}x+1=\frac{1}{20}\left\{x-\left(\frac{1}{20}x+1\right)\right\}+2$$

$$\frac{1}{20}x+1=\frac{1}{20}\left(\frac{19}{20}x-1\right)+2$$

$$\frac{1}{20}x+1=\frac{19}{400}x-\frac{1}{20}+2$$

$$20x+400=19x-20+800$$

$$\therefore\ x=380$$

즉, 사탕의 총 개수는 380이므로 첫 번째 아이가 받은 사탕의 개
수는

$$\frac{1}{20}\times380+1=20$$

따라서 각 아이가 받은 사탕의 개수는 20으로 같으므로 사탕을

받은 아이들은 모두 $\frac{380}{20}=19(명)$이다. 　　　　답 19명

---

## 02 해결단계

| ❶단계 | 쪽지시험에 통과한 학생의 최저 점수를 $x$점이라 하고 각각의 평균 점수를 $x$를 사용한 식으로 나타낸다. |
|---|---|
| ❷단계 | $x$에 대한 방정식을 세운다. |
| ❸단계 | 쪽지시험에 통과한 학생의 최저 점수를 구한다. |

쪽지시험에 통과한 학생의 최저 점수를 $x$점이라 하면
선우네 반 학생 30명의 평균 점수는 $(x+8)$점,
쪽지시험에 통과한 학생 20명의 평균 점수는 $(x+18)$점,
쪽지시험에 통과하지 못한 학생 10명의 평균 점수는

---

$\left(\dfrac{x}{2}+5\right)$점이므로 전체 평균 점수는

$$x+8=\dfrac{20\times(x+18)+10\times\left(\dfrac{x}{2}+5\right)}{20+10}$$

$$x+8=\dfrac{20x+360+5x+50}{30}$$

$$x+8=\dfrac{25x+410}{30}$$

$$30x+240=25x+410$$

$$5x=170 \qquad \therefore x=34$$

따라서 쪽지시험에 통과한 학생의 최저 점수는 34점이다.

답 34점

## 03 해결단계

| ❶단계 | 불을 붙이고 $x$시간 후의 남은 두 향초 A, B의 길이를 $x$를 사용한 식으로 나타낸다. |
| --- | --- |
| ❷단계 | 비례식을 이용하여 $x$의 값을 구한다. |
| ❸단계 | 향초 C가 1시간 동안 타는 길이를 구한다. |
| ❹단계 | 향초 C가 다 타버리는 데 걸리는 시간을 구한다. |

세 향초 A, B, C의 길이를 각각 1이라 하면 불을 붙이고 $x$시간 후의 남은 두 향초 A, B의 길이는 각각 $1-\dfrac{1}{5}x$, $1-\dfrac{1}{4}x$로 나타낼 수 있다.

$x$시간 후 남은 두 향초 A, B의 길이의 비가

$21:15=7:5$이므로

$$\left(1-\dfrac{1}{5}x\right):\left(1-\dfrac{1}{4}x\right)=7:5$$

$$5\left(1-\dfrac{1}{5}x\right)=7\left(1-\dfrac{1}{4}x\right)$$

$$5-x=7-\dfrac{7}{4}x$$

$$\dfrac{3}{4}x=2 \qquad \therefore x=\dfrac{8}{3}$$

즉, 오전 10시에 세 향초 A, B, C에 동시에 불을 붙이고 $\dfrac{8}{3}$시간 후의 남은 향초의 길이의 비가 $21:15:5$이므로 C 향초가 1시간 동안 타는 길이를 $y$라 하면 두 향초 A, C의 남은 길이의 비는

$$\left(1-\dfrac{1}{5}\times\dfrac{8}{3}\right):\left(1-\dfrac{8}{3}y\right)=21:5$$

$$\dfrac{7}{15}:\left(1-\dfrac{8}{3}y\right)=21:5$$

$$\dfrac{7}{15}\times5=\left(1-\dfrac{8}{3}y\right)\times21$$

$$\dfrac{7}{3}=21-56y$$

$$56y=\dfrac{56}{3} \qquad \therefore y=\dfrac{1}{3}$$

따라서 C 향초가 1시간 동안 타는 길이가 $\dfrac{1}{3}$이므로 C 향초가 다 타버리는 데 걸리는 시간은 3시간이다.

답 3시간

## 04 해결단계

| ❶단계 | 각 경기에 사용한 시간을 $x$를 사용한 식으로 나타낸다. |
| --- | --- |
| ❷단계 | 소모된 총 열량이 1830 kcal임을 이용하여 $x$에 대한 방정식을 세운다. |
| ❸단계 | $x$의 값을 구한다. |
| ❹단계 | 사이클 경기에 사용한 시간을 구한다. |

수영 경기와 마라톤 경기에 사용한 시간을 각각 $2x$분, $3x$분이라 하면 사이클 경기에 사용한 시간은 $(150-5x)$분이다.

이때 소모된 총 열량은 1830 kcal이므로

$$14\times2x+14\times(150-5x)+8\times3x=1830$$

$$28x+2100-70x+24x=1830$$

$$-18x=-270 \qquad \therefore x=15$$

따라서 사이클 경기에 사용한 시간은

$$150-5\times15=75(\text{분})$$

답 75분

---

**BLACKLABEL 특강**  교과 외 지식

트라이애슬론(triathlon)은 21세기 최후의 스포츠라 불린다. 2000년 시드니 올림픽부터 정식 종목으로 채택되었으며 3개의 유산소 운동을 조화시킨 가장 이상적인 스포츠로 평가받기도 한다.

## 05 해결단계

| ❶단계 | 처음에 담았을 때의 상자의 개수를 $x$라 하고 나중에 담았을 때 필요한 상자의 개수를 $x$를 사용하여 나타낸다. |
| --- | --- |
| ❷단계 | 컵케이크의 개수를 이용하여 $x$에 대한 방정식을 세우고 푼다. |
| ❸단계 | $a+b$의 값을 구한다. |

처음에 담았을 때 상자의 개수를 $x$라 하자.

처음에는 쿠키를 5개씩 $x$개의 상자에 넣어 60개가 남았는데 나중에는 쿠키를 5개씩 넣어도 쿠키가 남지 않았으므로 나중에 사용한 상자의 개수는 $\dfrac{5x+60}{5}=x+12$이다.

이때 컵케이크의 개수는 처음에 담았을 때 $11x$,

나중에 담았을 때 $7(x+12)+4=7x+88$이므로

$$11x=7x+88$$

$$4x=88 \qquad \therefore x=22$$

따라서 준비한 컵케이크의 개수는

$$a=11\times22=242$$

준비한 쿠키의 개수는

$$b=5\times22+60=170$$

따라서 $a+b=242+170=412$

답 412

## 06 해결단계

| ❶단계 | 시침과 분침이 직각을 이루고 있는 시각을 4시 $x$분이라 하고 12시 방향으로부터 시침과 분침이 회전한 각도를 $x$를 사용한 식으로 나타낸다. |
| --- | --- |
| ❷단계 | $x$에 대한 방정식을 세우고 푼다. |
| ❸단계 | 종례가 끝났을 때, 시침과 분침이 이루는 각 중 작은 각의 크기를 구한다. |

4시 30분과 5시 사이에 시침과 분침이 직각을 이루고 있는 시각을 4시 $x$분이라 하자.

이때 시침은 1분에 $0.5°$씩, 분침은 1분에 $6°$씩 움직이므로

분침이 12시 방향으로부터 회전한 각도는 $6x°$

시침이 12시 방향으로부터 회전한 각도는

$4×30°+0.5x°=(120+0.5x)°$

시침과 분침이 이루는 각 중 작은 각의 크기가 $90°$이므로

$6x-(120+0.5x)=90$

$5.5x=210$   ∴ $x=38\dfrac{2}{11}$

담임선생님의 종례는 4시 $\left(38\dfrac{2}{11}-10\right)$분, 즉 4시 $28\dfrac{2}{11}$분에 끝났으므로 분침이 12시 방향으로부터 회전한 각도는

$6°×28\dfrac{2}{11}=6°×\dfrac{310}{11}=\left(\dfrac{1860}{11}\right)°$

시침이 12시 방향으로부터 회전한 각도는

$4×30°+0.5°×\dfrac{310}{11}=120°+\left(\dfrac{155}{11}\right)°=\left(\dfrac{1475}{11}\right)°$

따라서 구하는 각의 크기는

$\left(\dfrac{1860}{11}\right)°-\left(\dfrac{1475}{11}\right)°=\left(\dfrac{385}{11}\right)°=35°$   답 $35°$

• 다른 풀이 •

시침은 1분에 $0.5°$씩, 분침은 1분에 $6°$씩 움직이므로 10분 전에 시침과 분침은 현재 시침과 분침의 시계 반대 방향으로 각각 $5°$, $60°$만큼씩 움직인 곳에 위치하고 있다.

현재 시침과 분침이 이루는 각의 크기가 $90°$이므로 10분 전에 시침과 분침이 이루는 각의 크기는

$90°-60°+5°=35°$

## 07 해결단계

| (1) | ❶단계 | 두 점 P, Q가 몇 초 후에 처음으로 만나는지 구한다. |
| --- | --- | --- |
| | ❷단계 | 두 점 P, Q가 세 번째로 만나는 때는 출발한 지 몇 초 후인지 구한다. |
| (2) | ❸단계 | 두 점 P, Q가 세 번째로 만나는 지점을 구한다. |

(1) 두 점 P, Q가 출발하여 $t$초 동안 움직인 거리는 각각 $3t$ cm, $2t$ cm이다.

처음에 점 P는 점 Q보다 12 cm 뒤에 있으므로 점 P와 점 Q가 동시에 출발하여 첫 번째 만날 때까지 점 P는 점 Q보다 12 cm만큼 더 많이 움직여야 한다.

즉, $3t-2t=12$이므로 $t=12$

따라서 출발한 지 12초 후에 두 점 P와 Q는 처음으로 만난다.

한편, 점 P와 점 Q가 처음으로 만나고 $x$초 후에 세 번째 만난다고 하면 두 번을 더 만나는 것이므로 두 점 P와 Q가 움직인 거리의 차는 정육각형의 둘레의 길이인 24 cm의 2배가 되어야 한다.

즉, $3x-2x=24×2$이므로 $x=48$

따라서 점 P와 점 Q가 세 번째로 만나는 때는 출발한 지

$12+48=60$(초) 후이다.

(2) 점 P는 꼭짓점 A를 출발하여 60초 동안 $60×3=180$(cm)를 움직이고, $180=24×7+12$이므로 점 P는 점 Q와 세 번째로 만날 때까지 정육각형의 둘레를 7바퀴 돌고 12 cm만큼 더 움직인다.

따라서 점 P와 점 Q가 세 번째로 만나는 지점은 꼭짓점 A로부터 12 cm 더 움직인 위치인 꼭짓점 D이다.

답 (1) 60초  (2) 꼭짓점 D

## 08 해결단계

| ❶단계 | 기차 A의 길이를 $x$ m라 하고 600 m 길이의 철교를 완전히 통과하기까지 움직인 거리와 속력을 $x$를 사용한 식으로 나타낸다. |
| --- | --- |
| ❷단계 | 기차 A가 1200 m 길이의 터널을 통과할 때 기차가 완전히 보이지 않는 동안 움직인 거리와 속력을 $x$를 사용한 식으로 나타낸다. |
| ❸단계 | ❶, ❷ 단계에서의 기차 A의 속력이 서로 같음을 이용하여 $x$의 값을 구하고 기차 A의 속력을 구한다. |
| ❹단계 | 기차 B의 속력을 초속 $y$ m라 하고 $y$에 대한 방정식을 세워 푼 후, 기차 B의 속력을 구한다. |

기차 A의 길이를 $x$ m라 하면 기차 A가 600 m 길이의 철교를 완전히 통과하기까지 움직인 거리는 $(600+x)$ m이고, 걸리는 시간은 30초이므로 기차 A의 속력은 초속 $\dfrac{600+x}{30}$ m이다.

기차 A가 1200 m 길이의 터널을 통과할 때 기차가 완전히 보이지 않는 동안 움직인 거리는 $(1200-x)$ m이고, 걸리는 시간은 50초이므로 기차 A의 속력은 초속 $\dfrac{1200-x}{50}$ m이다.

이때 기차 A의 속력이 일정하므로

$\dfrac{600+x}{30}=\dfrac{1200-x}{50}$

$5(600+x)=3(1200-x)$

$3000+5x=3600-3x$

$8x=600$   ∴ $x=75$

즉, 기차 A의 속력은

초속 $\dfrac{600+75}{30}=\dfrac{675}{30}=22.5$(m)

한편, 기차 B의 속력을 초속 $y$ m라 하면 두 기차 A, B가 마주 보고 20초 동안 달린 거리의 합이 950 m이므로

$22.5×20+y×20=950$

$450+20y=950$

$20y=500$   ∴ $y=25$

따라서 기차 B의 속력은 초속 25 m이다.   답 초속 25 m

| | | | |
|---|---|---|---|
| **01** $4a$ | **02** $-9$ | **03** $\dfrac{7}{3}$ | **04** $36$ |
| **05** $5$ | **06** ② | **07** ⑤ | **08** ⑤ |
| **09** $30\,g$ | **10** $250$ | **11** $24$ | |
| **12** (1) $\dfrac{1}{8}$   (2) $(x-2)$일   (3) $5$일 | | | |

## 01

직사각형의 세로의 길이는 $2(a-b)$ 또는 $3(2a-3b)$이므로

$2(a-b)=3(2a-3b)$에서

$2a-2b=6a-9b$

$7b=4a$     $\therefore b=\dfrac{4}{7}a$

직사각형의 둘레의 길이는

$2[2(a-b)+\{2(a-b)+(2a-3b)\}]$

$=2(2a-2b+2a-2b+2a-3b)$

$=2(6a-7b)$

$=12a-14b$

$b=\dfrac{4}{7}a$를 위의 식에 대입하면 직사각형의 둘레의 길이는

$12a-14b=12a-14\times\dfrac{4}{7}a$

$\qquad\qquad\quad =12a-8a=4a$      답 $4a$

## 02

$a-b+c=0$에서

$a-b=-c,\ b-c=a,\ c+a=b$

$\therefore \dfrac{4ac}{(a-b)(b-c)}-\dfrac{3ab}{(b-c)(c+a)}+\dfrac{2bc}{(c+a)(a-b)}$

$=\dfrac{4ac}{-c\times a}-\dfrac{3ab}{a\times b}+\dfrac{2bc}{b\times(-c)}$

$=-4-3+(-2)=-9$      답 $-9$

## 03

(ⅰ) $m$ : 짝수, $n$ : 짝수일 때,

$\left(\dfrac{2}{3}x-\dfrac{1}{2}y\right)-\left(\dfrac{1}{3}x+\dfrac{3}{2}y\right)=\dfrac{1}{3}x-2y$

$a=\dfrac{1}{3},\ b=-2$이므로

$a-b=\dfrac{1}{3}-(-2)=\dfrac{1}{3}+2=\dfrac{7}{3}$

(ⅱ) $m$ : 짝수, $n$ : 홀수일 때,

$\left(\dfrac{2}{3}x-\dfrac{1}{2}y\right)+\left(\dfrac{1}{3}x+\dfrac{3}{2}y\right)=x+y$

$a=1,\ b=1$이므로

$a-b=1-1=0$

(ⅲ) $m$ : 홀수, $n$ : 짝수일 때,

$-\left(\dfrac{2}{3}x-\dfrac{1}{2}y\right)-\left(\dfrac{1}{3}x+\dfrac{3}{2}y\right)$

$=-\dfrac{2}{3}x+\dfrac{1}{2}y-\dfrac{1}{3}x-\dfrac{3}{2}y=-x-y$

$a=-1,\ b=-1$이므로

$a-b=-1-(-1)=-1+1=0$

(ⅳ) $m$ : 홀수, $n$ : 홀수일 때,

$-\left(\dfrac{2}{3}x-\dfrac{1}{2}y\right)+\left(\dfrac{1}{3}x+\dfrac{3}{2}y\right)$

$=-\dfrac{2}{3}x+\dfrac{1}{2}y+\dfrac{1}{3}x+\dfrac{3}{2}y=-\dfrac{1}{3}x+2y$

$a=-\dfrac{1}{3},\ b=2$이므로

$a-b=-\dfrac{1}{3}-2=-\dfrac{7}{3}$

(ⅰ)~(ⅳ)에서 $a-b$의 값 중 가장 큰 값은 $\dfrac{7}{3}$이다.    답 $\dfrac{7}{3}$

## 04

㈎ $0.3x+2.4=0.6(1-x)$의 양변에 10을 곱하면

$3x+24=6(1-x),\ 3x+24=6-6x$

$9x=-18$     $\therefore x=-2$

㈏ $\dfrac{3}{4}x+5=\dfrac{1}{2}(x-7)$의 양변에 4를 곱하면

$3x+20=2(x-7),\ 3x+20=2x-14$

$\therefore x=-34$

㈐ $4(2x-8)=-3x-\{5x-(2-x)\}$

$8x-32=-3x-(5x-2+x)$

$8x-32=-3x-(6x-2)$

$8x-32=-3x-6x+2$

$17x=34$

$\therefore x=2$

따라서 가장 큰 해는 ㈐의 $x=2$, 가장 작은 해는 ㈏의 $x=-34$

이므로 두 해의 차는 $2-(-34)=2+34=36$      답 $36$

## 05

$\dfrac{x-8}{4}:3=(x-3):2$에서

$2\times\dfrac{x-8}{4}=3(x-3)$

양변에 2를 곱하면

$x-8=6x-18, \quad -5x=-10 \qquad \therefore x=2$

$6(x-a)=x+10$의 해를 $x=b$라 하면

$2=b\times\dfrac{1}{4} \qquad \therefore b=8$

즉, 일차방정식 $6(x-a)=x+10$의 해가 $x=8$이므로

$6(8-a)=8+10$

$48-6a=18, \quad -6a=-30 \qquad \therefore a=5$ 　　　　답 5

## 06

$\dfrac{x+3}{3}=\dfrac{(a-1)-x}{6}$의 양변에 6을 곱하면

$2(x+3)=(a-1)-x$

$2x+6=a-1-x$

$3x=a-7$

$\therefore x=\dfrac{a-7}{3}$

이때 $\dfrac{a-7}{3}$이 음의 정수가 되려면

$a-7=-3, \ -6, \ -9, \ -12, \ -15, \ \cdots$

$\therefore a=4, \ 1, \ -2, \ -5, \ -8, \ \cdots$

따라서 구하는 가장 큰 음의 정수는 $-2$이다. 　　　　답 ②

## 07

수현이와 미연이가 움직인 거리를 $x\,\mathrm{km}$라 하면 수현이는 시속 $24\,\mathrm{km}$로 $x\,\mathrm{km}$를 움직였으므로 수현이가 왕복하는 데 걸린 시간은 $\dfrac{x}{24}$시간이다.

미연이가 탄 배가 강의 상류에서 하류로 내려갈 때의 배의 속력은 시속 $20+4=24(\mathrm{km})$이고, 강의 하류에서 상류로 올라갈 때의 배의 속력은 시속 $20-4=16(\mathrm{km})$이므로 미연이가 왕복하는 데 걸린 시간은

$\dfrac{x}{2}\div24+\dfrac{x}{2}\div16=\dfrac{x}{2}\times\dfrac{1}{24}+\dfrac{x}{2}\times\dfrac{1}{16}$

$\qquad\qquad\qquad\qquad =\dfrac{x}{48}+\dfrac{x}{32}$

$\qquad\qquad\qquad\qquad =\dfrac{5}{96}x(시간)$

이때 수현이가 미연이보다 10분 먼저 도착했으므로

$\dfrac{x}{24}+\dfrac{10}{60}=\dfrac{5}{96}x$

$4x+16=5x$

$-x=-16 \qquad \therefore x=16$

따라서 수현이와 미연이가 움직인 거리는 $16\,\mathrm{km}$이다. 　　　　답 ⑤

## 08

소형 봉투의 개수를 $x$라 하면

중형 봉투의 개수는 $x\times3=3x$,

대형 봉투의 개수는 $100-(x+3x)=100-4x$

사탕은 모두 365개이므로

$5\times(100-4x)+3\times3x+2\times x=365$

$500-20x+9x+2x=365$

$-9x=-135$

$\therefore x=15$

따라서 필요한 대형 봉투의 개수는

$100-4\times15=100-60=40$ 　　　　답 ⑤

## 09 해결단계

| ❶단계 | 혼합물에 들어 있는 쌀과 보리의 무게를 각각 구한다. |
|---|---|
| ❷단계 | 유리병 A에 들어 있는 보리의 무게를 $x\,\mathrm{g}$이라 하고, 유리병 A, B에 들어 있는 쌀과 보리의 무게를 $x$를 사용한 식으로 나타낸다. |
| ❸단계 | 유리병 B에 들어 있는 쌀과 보리의 무게의 비를 이용하여 비례식을 세운다. |
| ❹단계 | 유리병 A에 들어 있는 보리의 무게를 구한다. |

두 유리병 A, B의 쌀과 보리를 모두 꺼내어 섞었을 때 혼합물의 무게가 총 $95\,\mathrm{g}$이고, 혼합물에 들어 있는 쌀과 보리의 무게의 비가 $9:10$이므로

$(쌀의 무게)=95\times\dfrac{9}{9+10}=45(\mathrm{g})$

$(보리의 무게)=95\times\dfrac{10}{9+10}=50(\mathrm{g})$

유리병 A에 들어 있는 보리의 무게를 $x\,\mathrm{g}$이라 하면 혼합물에 들어 있는 보리의 무게가 $50\,\mathrm{g}$이므로 유리병 B에 들어 있는 보리의 무게는 $(50-x)\mathrm{g}$이다.

또한, 유리병 A에 들어 있는 쌀과 보리의 무게의 비가 $2:3$이므로 유리병 A에 들어 있는 쌀의 무게는 $\dfrac{2}{3}x\,\mathrm{g}$이다.

즉, 두 유리병 A, B와 혼합물에 들어 있는 쌀과 보리의 무게는 다음 표와 같다.

| | 쌀의 무게(g) | 보리의 무게(g) |
|---|---|---|
| 유리병 A | $\dfrac{2}{3}x$ | $x$ |
| 유리병 B | $45-\dfrac{2}{3}x$ | $50-x$ |
| 혼합물 | $45$ | $50$ |

이때 유리병 B에 들어 있는 쌀과 보리의 무게의 비가 $5 : 4$이므로

$$\left(45-\frac{2}{3}x\right) : (50-x)=5 : 4$$

$$4\left(45-\frac{2}{3}x\right)=5(50-x)$$

$$180-\frac{8}{3}x=250-5x$$

$$\frac{7}{3}x=70 \qquad \therefore x=30$$

따라서 유리병 A에 들어 있는 보리의 무게는 30 g이다.

답 30 g

## 10

$2x-6a=10bx+6$이 모든 $x$에 대하여 항상 성립하므로 이 등식은 $x$에 대한 항등식이다.

즉, $2=10b$에서 $b=\frac{1}{5}$

$-6a=6$에서 $a=-1$ ————————————(가)

$$\therefore \frac{a}{b}+\frac{2a^2}{b}+\frac{3a^3}{b}+\frac{4a^4}{b}+\cdots+\frac{100a^{100}}{b}$$

$$=\frac{1}{b}(a+2a^2+3a^3+4a^4+\cdots+100a^{100})$$

$$=5\times(-1+2-3+4-\cdots+100)$$

$$=5\times\{(-1+2)+(-3+4)+\cdots+(-99+100)\}$$

$$=5\times50=250$$ ————————————(나)

답 250

| 단계 | 채점 기준 | 배점 |
|---|---|---|
| (가) | 항등식임을 이용하여 $a$, $b$의 값을 각각 구한 경우 | 20% |
| (나) | 주어진 식에 $a$, $b$의 값을 대입하고 규칙을 찾아 식의 값을 구한 경우 | 80% |

## 11

세 자리 자연수 $x$의 백의 자리의 숫자를 $a$, 십의 자리의 숫자를 $b$, 일의 자리의 숫자를 $c$라 하면

$x=100a+10b+c$, $y=100c+10b+a$

(단, $1\leq a\leq 9$, $0\leq b\leq 9$, $1\leq c\leq 9$) ————(가)

이때

$$x-y=(100a+10b+c)-(100c+10b+a)$$
$$=99a-99c$$

이므로 $99a-99c=594$에서 $a-c=6$

이를 만족시키는 한 자리 자연수 $a$, $c$를 $(a, c)$로 나타낼 때, $(a, c)$는 $(9, 3)$, $(8, 2)$, $(7, 1)$이다.

또한, $a$, $b$, $c$는 모두 다른 숫자이므로 위의 각 경우에 대하여 $b$로 가능한 숫자는 10개의 숫자 0, 1, 2, $\cdots$, 9 중에서 $a$, $c$의 숫자 2개를 제외한 8개이다. ————————(나)

따라서 가능한 세 자리 자연수 $x$의 개수는

$3\times 8=24$ ————————————(다)

답 24

| 단계 | 채점 기준 | 배점 |
|---|---|---|
| (가) | $x$, $y$를 각각 식으로 나타낸 경우 | 10% |
| (나) | $x$, $y$의 각 자리의 숫자의 조건을 구한 경우 | 80% |
| (다) | 가능한 세 자리 자연수 $x$의 개수를 구한 경우 | 10% |

## 12

(1) 전체 일의 양이 1이므로 영수와 영철이가 혼자서 하루 동안 하는 일의 양은 각각 $\frac{1}{12}$, $\frac{1}{16}$이다.

따라서 두 사람이 함께 하루 동안 하는 일의 양은

$$\left(\frac{1}{12}+\frac{1}{16}\right)\times\frac{6}{7}=\frac{1}{8}$$ ————————(가)

(2) 두 사람이 함께 일한 기간은 전체 일을 완성하는 데 걸린 기간의 절반이므로

$$x=\{2+x+(\text{영수가 혼자 일한 기간})\}\times\frac{1}{2}$$

$$2x=2+x+(\text{영수가 혼자 일한 기간})$$

$$\therefore (\text{영수가 혼자 일한 기간})=x-2(\text{일})$$ ————(나)

(3) $\frac{1}{16}\times 2+\frac{1}{8}\times x+\frac{1}{12}(x-2)=1$

위의 식의 양변에 24를 곱하면

$$3+3x+2(x-2)=24$$

$$3+3x+2x-4=24$$

$$5x=25$$

$$\therefore x=5$$

따라서 두 사람이 함께 일한 기간은 5일이다. ————(다)

답 (1) $\frac{1}{8}$  (2) $(x-2)$일  (3) 5일

| 단계 | | 채점 기준 | 배점 |
|---|---|---|---|
| (1) | (가) | 두 사람이 함께 하루 동안 하는 일의 양을 구한 경우 | 20% |
| (2) | (나) | 영수가 혼자 일한 기간을 $x$에 대한 식으로 나타낸 경우 | 20% |
| (3) | (다) | 두 사람이 함께 일한 기간을 구한 경우 | 60% |

# IV 좌표평면과 그래프

## 08. 좌표평면과 그래프

STEP **1** 시험에 꼭 나오는 문제 pp.095~096

| 01 ④ | 02 ⑤ | 03 18 | 04 ③ | 05 10개 |
|------|------|-------|------|---------|
| 06 ④ | 07 5 | 08 2 | 09 $\frac{65}{2}$ | 10 ④ |
| 11 ④ | | | | |

### 01

$4a-1=3-a$에서 $5a=4$ $\quad \therefore a=\dfrac{4}{5}$

$3-b=2b+4$에서 $-1=3b$ $\quad \therefore b=-\dfrac{1}{3}$

$\therefore ab=\dfrac{4}{5}\times\left(-\dfrac{1}{3}\right)=-\dfrac{4}{15}$

답 ④

### 02

$A(-2, 2)$, $B(0, 3)$, $C(3, -2)$, $D(-3, 0)$, $E(1, -3)$이므로 다섯 점 A, B, C, D, E에 대하여 $2a-b$의 값은 각각 $-6$, $-3$, $8$, $-6$, $5$이다.

따라서 $2a-b=5$를 만족시키는 점은 E이다.

답 ⑤

### 03

사각형 ABCD가 정사각형이고 $b<0$이므로 세 점 $A(-6, 5)$, $C(2, b)$, $D(2, 5)$를 좌표평면 위에 나타내면 다음 그림과 같다.

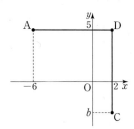

사각형 ABCD가 정사각형이므로 사각형 ABCD는 한 변의 길이가 8인 정사각형이다.

즉, (선분 CD의 길이)$=5-b=8$이므로

$b=-3$

또한, 사각형 ABCD가 정사각형이므로 다음 그림과 같이 점 B의 좌표는 $(-6, -3)$이다.

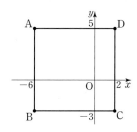

$\therefore a=-6$

$\therefore ab=(-6)\times(-3)=18$

답 18

### 04

점 $A(4a+3, 5-b)$가 $x$축 위에 있으므로

$5-b=0$ $\quad \therefore b=5$

점 $B(-3a+2, 3b-1)$이 $y$축 위에 있으므로

$-3a+2=0$ $\quad \therefore a=\dfrac{2}{3}$

즉, 점 A의 $x$좌표는 $4a+3=4\times\dfrac{2}{3}+3=\dfrac{17}{3}$이고,

점 B의 $y$좌표는 $3b-1=3\times5-1=14$이다.

따라서 점 C의 좌표는 $\left(\dfrac{17}{3}, 14\right)$

답 ③

BLACKLABEL 특강 필수 원리

**좌표축 위의 점의 좌표**

(1) $x$축 위의 점의 좌표 ⇨ ($x$좌표, 0)
(2) $y$축 위의 점의 좌표 ⇨ (0, $y$좌표)

### 05

점 $(x-3, 6-y)$가 제2사분면 위에 있으려면 $x-3<0$이고 $6-y>0$이어야 한다.

이때 $x$, $y$는 자연수이므로

$x-3<0$에서 $x=1, 2$

$6-y>0$에서 $y=1, 2, 3, 4, 5$

따라서 구하는 두 자연수 $x$, $y$의 순서쌍 $(x, y)$는 $(1, 1)$, $(1, 2)$, $(1, 3)$, $(1, 4)$, $(1, 5)$, $(2, 1)$, $(2, 2)$, $(2, 3)$, $(2, 4)$, $(2, 5)$의 10개이다.

답 10개

### 06

점 $P(a, b)$가 제2사분면 위의 점이므로

$a<0, b>0$

① $ab<0$, $a-b<0$이므로

점 $(ab, a-b)$는 제3사분면 위의 점이다.

② $a<0$, $-b<0$이므로

점 $(a, -b)$는 제3사분면 위의 점이다.

③ $-b<0$, $a<0$이므로

점 $(-b, a)$는 제3사분면 위의 점이다.

④ $-2a>0$, $b-a>0$이므로

점 $(-2a, b-a)$는 제1사분면 위의 점이다.

⑤ $a-2b<0$, $a<0$이므로

점 $(a-2b, a)$는 제3사분면 위의 점이다.

따라서 제3사분면 위의 점의 좌표가 아닌 것은 ④이다.　　답 ④

---

**BLACKLABEL 특강**　　필수 개념

**사분면**

(1) 각 사분면 위의 점의 좌표의 부호

　① 제1사분면 위의 점 ⇨ $(+, +)$

　② 제2사분면 위의 점 ⇨ $(-, +)$

　③ 제3사분면 위의 점 ⇨ $(-, -)$

　④ 제4사분면 위의 점 ⇨ $(+, -)$

(2) 어느 사분면에도 속하지 않는 점

　⇨ 원점, $x$축 위의 점, $y$축 위의 점

---

## 07

점 $(a, -7)$과 $x$축에 대하여 대칭인 점 A의 좌표는 $(a, 7)$

점 $(2, b)$와 $y$축에 대하여 대칭인 점 B의 좌표는 $(-2, b)$

이때 두 점 A$(a, 7)$, B$(-2, b)$가 일치하므로

$a=-2$, $b=7$

$\therefore a+b=-2+7=5$　　답 5

## 08

두 점 A, C의 $x$좌표가 같으므로 변 AC를 밑변으로 생각하자.

변 AC의 길이를 $x$라 하면 삼각형 ABC의 넓이가 12이므로

$\dfrac{1}{2} \times x \times \{2-(-4)\}=12$

$3x=12$　　$\therefore x=4$

(변 AC의 길이)$=4$, 점 C의 $y$좌표가 1이므로

$|a-1|=4$　　$\therefore a-1=4$ 또는 $a-1=-4$

$\therefore a=5$ 또는 $a=-3$

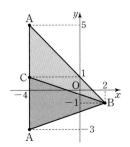

따라서 구하는 모든 $a$의 값의 합은

$5+(-3)=2$　　답 2

## 09

네 점 A$(2, 3)$, B$(-3, 3)$, C$(-5, -2)$, D$(3, -2)$를 좌표평면 위에 나타내면 다음 그림과 같다.

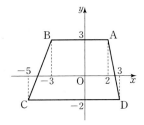

두 변 AB, CD가 평행하므로 사각형 ABCD는 사다리꼴이다.

따라서 사각형 ABCD의 넓이는

$\dfrac{1}{2} \times \{(변\ AB의\ 길이)+(변\ CD의\ 길이)\} \times \{3-(-2)\}$

$=\dfrac{1}{2} \times [\{2-(-3)\}+\{3-(-5)\}] \times 5$

$=\dfrac{1}{2} \times 13 \times 5=\dfrac{65}{2}$　　답 $\dfrac{65}{2}$

## 10

수영장에서 수면으로부터 10 m 위의 지점에서 공을 던지므로 $x=0$일 때, $y$의 값은 10이다. 또한, 공이 최고 높이까지 올라갔다가 내려와서 수면에 도달해야 하므로 가능한 그래프는 ② 또는 ④이다. 그런데 공이 올라갈 때는 속도가 점점 작아지고, 공이 내려갈 때는 속도가 점점 커지므로 구하는 그래프는 ④이다.　　답 ④

## 11

ㄱ. 민지가 학교까지 가는 데 걸린 시간은 $15-5=10(분)$이다.

ㄴ. 민수가 학교까지 가는 데 걸린 시간은 30분이고, 민수가 출발한 지 5분 후에 출발한 민지가 학교까지 가는 데 걸린 시간은 10분이므로 민지가 민수보다 $30-(5+10)=15(분)$ 빨리 학교에 도착한다.

ㄷ. 민지의 속력은 분속 $\dfrac{2}{10}=\dfrac{1}{5}(km)$,

　민수의 속력은 분속 $\dfrac{2}{30}=\dfrac{1}{15}(km)$

이므로 민지의 속력은 민수의 속력의 3배이다.

따라서 옳은 것은 ㄴ, ㄷ이다.　　답 ④

| 01 ③ | 02 ①, ② | 03 ④ | 04 제1사분면 |
| 05 2 | 06 −3 | 07 ④ | 08 (−6, 6) |
| 09 (1) (3, −2) (2) (−3, 2) | | 10 ② | 11 ①, ③ |
| 12 35 | 13 10 | 14 2 | 15 6 | 16 ④ |
| 17 ⑤ | 18 500원 | 19 64 | 20 ③ | 21 ③ |

## 01

(i) $x=1$일 때, 1의 양의 약수는 1의 1개이고

1 이하의 자연수 중 1과 서로소인 자연수는 1의 1개이다.

∴ $a=1$, $b=1$

(ii) $x=2$일 때, 2의 양의 약수는 1, 2의 2개이고

2 이하의 자연수 중 2와 서로소인 자연수는 1의 1개이다.

∴ $a=2$, $b=1$

(iii) $x=3$일 때, 3의 양의 약수는 1, 3의 2개이고

3 이하의 자연수 중 3과 서로소인 자연수는 1, 2의 2개이다.

∴ $a=2$, $b=2$

(iv) $x=4$일 때, 4의 양의 약수는 1, 2, 4의 3개이고

4 이하의 자연수 중 4와 서로소인 자연수는 1, 3의 2개이다.

∴ $a=3$, $b=2$

(v) $x=5$일 때, 5의 양의 약수는 1, 5의 2개이고

5 이하의 자연수 중 5와 서로소인 자연수는 1, 2, 3, 4의 4개이다.

∴ $a=2$, $b=4$

(vi) $x=6$일 때, 6의 양의 약수는 1, 2, 3, 6의 4개이고

6 이하의 자연수 중 6과 서로소인 자연수는 1, 5의 2개이다.

∴ $a=4$, $b=2$

(i)~(vi)에서 $a≤b$를 만족시키는 경우는 $x=1$, 3, 5이므로 구하는 두 자연수 $a$, $b$의 순서쌍 $(a, b)$는 (1, 1), (2, 2), (2, 4)의 3개이다. 답 ③

## 02

점 A(3, 5)를 주어진 규칙에 따라 이동시키면

A′($-3a+5$, $6-5$), 즉 A′($-3a+5$, 1)

점 B(0, 1)을 주어진 규칙에 따라 이동시키면

B′($0+1$, $0-1$), 즉 B′(1, −1)

점 C(0, 0)을 주어진 규칙에 따라 이동시키면

C′(0, 0)

이때 삼각형 A′B′C′이 이등변삼각형이 되려면 오른쪽 그림과 같이 점 A′의 $x$좌표는 1 또는 2이어야 한다.

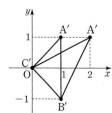

## 즉, $-3a+5=1$에서

$-3a=-4$  ∴ $a=\dfrac{4}{3}$

$-3a+5=2$에서

$-3a=-3$  ∴ $a=1$ 답 ①, ②

## 03

점 $(a-b, ab)$가 제3사분면 위에 있으므로

$a-b<0$, $ab<0$  ∴ $a<0$, $b>0$

① $a<0$, $-ab>0$이므로 점 $(a, -ab)$는 제2사분면 위에 있다.

② $-a>0$, $-b<0$이므로 점 $(-a, -b)$는 제4사분면 위에 있다.

③ $-ab>0$이고 $a+b$의 부호는 알 수 없으므로 점 $(-ab, a+b)$가 속한 사분면은 알 수 없다.

④ $b-a>0$, $-\dfrac{b}{a}>0$이므로 점 $\left(b-a, -\dfrac{b}{a}\right)$는 제1사분면 위에 있다.

⑤ $\dfrac{a}{b}<0$, $a-b<0$이므로 점 $\left(\dfrac{a}{b}, a-b\right)$는 제3사분면 위에 있다.

따라서 항상 제1사분면 위에 있는 점의 좌표는 ④이다. 답 ④

## 04

조건 ㈎에서 $\dfrac{b}{a}<0$이므로 $a>0$, $b<0$ 또는 $a<0$, $b>0$

(i) $a>0$, $b<0$인 경우

조건 ㈏에서 $a+b<0$이므로

$|a|<|b|$

이것은 조건 ㈐를 만족시킨다.

(ii) $a<0$, $b>0$인 경우

조건 ㈏에서 $a+b<0$이므로

$|a|>|b|$

이것은 조건 ㈐를 만족시키지 않는다.

(i), (ii)에서 $a>0$, $b<0$

∴ $a>0$, $-b>0$

따라서 점 P($a$, $-b$)는 제1사분면 위의 점이다. 답 제1사분면

## 05

점 A($a-3$, $b-2$)가 $x$축 위에 있으므로

$b-2=0$  ∴ $b=2$

점 B($a+4$, $b-1$)이 $y$축 위에 있으므로

$a+4=0$  ∴ $a=-4$

따라서 점 C의 좌표는 $(c-3, 4-c)$이고, 점 C는 어느 사분면에

도 속하지 않으므로

$c-3=0$ 또는 $4-c=0$

$\therefore c=3$ 또는 $c=4$

따라서 $c$의 값이 가장 클 때, $a+b+c$의 값도 가장 크므로 구하는 값은

$-4+2+4=2$

답 2

## 06

점 $P(a, a-2b)$와 $y$축에 대하여 대칭인 점 Q의 좌표는

$(-a, a-2b)$

점 $R(3a-2, -b+5)$와 $x$축에 대하여 대칭인 점 S의 좌표는

$(3a-2, b-5)$

두 점 Q, S가 원점에 대하여 대칭이므로

$-(-a)=3a-2$  $\therefore a=1$

$-(a-2b)=b-5, -1+2b=b-5$  $\therefore b=-4$

$\therefore a+b=1+(-4)=-3$

답 $-3$

## 07

점 $\left(-\dfrac{b}{a}, a+b\right)$와 $x$축에 대하여 대칭인 점 P의 좌표는

$\left(-\dfrac{b}{a}, -a-b\right)$

점 P가 제2사분면 위에 있으므로

$-\dfrac{b}{a}<0, -a-b>0$에서

$\dfrac{b}{a}>0, a+b<0$

$\therefore a<0, b<0$

점 $(a, ab)$와 원점에 대하여 대칭인 점 Q의 좌표는

$(-a, -ab)$

이때 $-a>0, -ab<0$이므로 점 Q는 제4사분면 위의 점이다.

답 ④

## 08

$A_1(6, -6)$에서 $6>-6$이므로

규칙 ㈐에 의하여 $A_2(-6, 6)$

$A_2(-6, 6)$에서 $-6<6$이므로

규칙 ㈏에 의하여 $A_3(6, 6)$

$A_3(6, 6)$에서 $6=6$이므로

규칙 ㈎에 의하여 $A_4(6, -6)$

두 점 $A_1$과 $A_4$의 좌표가 같으므로 점 $A_1, A_2, A_3, A_4, \cdots$의 좌표는 $(6, -6), (-6, 6), (6, 6), (6, -6), (-6, 6), (6, 6),$ $\cdots$과 같이 $(6, -6), (-6, 6), (6, 6)$의 3개가 이 순서대로 반복된다.

이때 $500=166\times3+2$이므로 점 $A_{500}$의 좌표는 점 $A_2$의 좌표와 같다.

따라서 구하는 점 $A_{500}$의 좌표는 $(-6, 6)$이다.     답 $(-6, 6)$

## 09

(1) 점 $P(-3, 2)$가 규칙 B에 따라 $y$축에 대하여 대칭인 점으로 이동하면 이동한 점의 좌표는 $(3, 2)$

점 $(3, 2)$가 규칙 A에 따라 $x$축에 대하여 대칭인 점으로 이동하면 이동한 점의 좌표는 $(3, -2)$

따라서 점 $P(-3, 2)$가 규칙 A★B에 따라 이동한 점의 좌표는 $(3, -2)$이다.

(2) 점 $P(-3, 2)$가 규칙 A에 따라 $x$축에 대하여 대칭인 점으로 이동하면 이동한 점의 좌표는 $(-3, -2)$

점 $(-3, -2)$가 규칙 C에 따라 원점에 대하여 대칭인 점으로 이동하면 이동한 점의 좌표는 $(3, 2)$

점 $(3, 2)$가 규칙 B에 따라 $y$축에 대하여 대칭인 점으로 이동하면 이동한 점의 좌표는 $(-3, 2)$

따라서 점 $P(-3, 2)$가 규칙 B★(C★A)에 따라 이동한 점의 좌표는 $(-3, 2)$이다.     답 (1) $(3, -2)$  (2) $(-3, 2)$

## 10

세 점 A, B, C를 좌표평면 위에 나타내면 다음 그림과 같다.

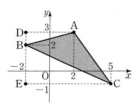

이때 $D(-2, 3)$, $E(-2, -1)$이라 하면

(사각형 DECA의 넓이)$=\dfrac{1}{2}\times(4+7)\times4=22$

(삼각형 ADB의 넓이)$=\dfrac{1}{2}\times4\times1=2$

(삼각형 BEC의 넓이)$=\dfrac{1}{2}\times7\times3=\dfrac{21}{2}$

따라서 삼각형 ABC의 넓이는

$22-\left(2+\dfrac{21}{2}\right)=\dfrac{19}{2}$

답 ②

## 11

점 P의 좌표를 $(a, b)$ $(a>0, b>0)$라 하면

(삼각형 PAB의 넓이)$=\dfrac{1}{2}\times3\times b=\dfrac{3}{2}b$

(삼각형 PDC의 넓이)$=\dfrac{1}{2}\times2\times a=a$

두 삼각형 PAB, PDC의 넓이가 같으므로

$\dfrac{3}{2}b=a$  $\therefore a:b=3:2$

따라서 점 P의 좌표로 가능한 것은 ①, ③이다.     답 ①, ③

## 12

조건 (나)에 의하여 점 B는 점 A$(-3, 5)$와 원점에 대하여 대칭이므로 B$(3, -5)$이다.

조건 (다)에 의하여 점 D는 점 C$(5, -2)$와 $x$축에 대하여 대칭이므로 D$(5, 2)$이다.

따라서 사각형 ABCD를 좌표평면 위에 나타내면 오른쪽 그림과 같다.

이때 P$(-3, -5)$, Q$(5, -5)$라 하면

(사각형 APQD의 넓이)

$= \dfrac{1}{2} \times (10+7) \times 8 = 68$

(삼각형 APB의 넓이)$= \dfrac{1}{2} \times 6 \times 10 = 30$

(삼각형 BQC의 넓이)$= \dfrac{1}{2} \times 2 \times 3 = 3$

따라서 사각형 ABCD의 넓이는

$68-(30+3)=35$

답 35

## 13

점 A$(-3, 2a-4)$가 $x$축 위에 있으므로

$2a-4=0$  ∴ $a=2$

점 B$(2a-b-6, 2)$가 $y$축 위에 있으므로

$2a-b-6=0$

$4-b-6=0$  ∴ $b=-2$

따라서 세 점 A, B, C의 좌표는 각각

A$(-3, 0)$, B$(0, 2)$, C$(4, -2)$

――――――――――――――――――――― (가)

이때 세 점 A, B, C를 좌표평면 위에 나타내면 다음 그림과 같다.

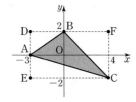

――――――――――――――――――――― (나)

D$(-3, 2)$, E$(-3, -2)$, F$(4, 2)$라 하면

(사각형 DECF의 넓이)$=7 \times 4 = 28$

(삼각형 AEC의 넓이)$= \dfrac{1}{2} \times 7 \times 2 = 7$

(삼각형 BCF의 넓이)$= \dfrac{1}{2} \times 4 \times 4 = 8$

(삼각형 ABD의 넓이)$= \dfrac{1}{2} \times 3 \times 2 = 3$

따라서 삼각형 ABC의 넓이는

$28-(7+8+3)=10$

――――――――――――――――――――― (다)

답 10

| 단계 | 채점 기준 | 배점 |
|---|---|---|
| (가) | $a$, $b$의 값과 세 점 A, B, C의 좌표를 구한 경우 | 30% |
| (나) | 좌표평면 위에 삼각형 ABC를 나타낸 경우 | 20% |
| (다) | 삼각형 ABC의 넓이를 구한 경우 | 50% |

## 14

점 A$(1-a, 4)$와 $x$축에 대하여 대칭인 점 B의 좌표는

$(1-a, -4)$

점 A$(1-a, 4)$와 $y$축에 대하여 대칭인 점 C의 좌표는

$(-1+a, 4)$

점 A$(1-a, 4)$와 원점에 대하여 대칭인 점 D의 좌표는

$(-1+a, -4)$

(ⅰ) $a>1$일 때,

점 A는 제2사분면 위에 있으므로 삼각형 BCD를 좌표평면 위에 나타내면 다음 그림과 같다.

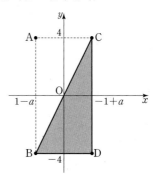

삼각형 BCD의 넓이가 16이므로

$\dfrac{1}{2} \times (변 BD의 길이) \times (변 CD의 길이) = 16$

$\dfrac{1}{2} \times \{(-1+a)-(1-a)\} \times 8 = 16$

$\dfrac{1}{2} \times \{-2(1-a)\} \times 8 = 16$

$1-a=-2$  ∴ $a=3$

(ⅱ) $a<1$일 때,

점 A는 제1사분면 위에 있으므로 삼각형 BCD를 좌표평면 위에 나타내면 다음 그림과 같다.

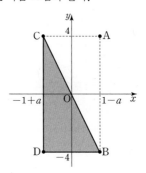

삼각형 BCD의 넓이가 16이므로

$\dfrac{1}{2} \times (변 BD의 길이) \times (변 CD의 길이) = 16$

$$\frac{1}{2}\times\{(1-a)-(-1+a)\}\times 8=16$$

$$\frac{1}{2}\times 2(1-a)\times 8=16$$

$$1-a=2 \qquad \therefore a=-1$$

(i), (ii)에서 모든 $a$의 값의 합은

$$3+(-1)=2 \qquad\qquad\qquad \text{답 } 2$$

---

**BLACKLABEL 특강** 오답 피하기

**부호에 따라 경우를 나누어 생각하기**

삼각형 BCD를 좌표평면 위에 나타낼 때, $1-a$의 값의 부호에 따라 세 점 B, C, D 가 속하는 사분면이 달라진다는 것에 유의한다.

---

## 15

점 $A(a, b)$와 $x$축에 대하여 대칭인 점 B의 좌표는

$(a, -b)$

점 B가 제2사분면 위에 있으므로

$a<0, -b>0 \qquad \therefore a<0, b<0$

즉, 점 A는 제3사분면 위에 있다.

또한, $-a>0, a+b<0$이므로 점 $C(-a, a+b)$는 제4사분면 위에 있다.

따라서 세 점 A, B, C를 좌표평면 위에 나타내면 다음 그림과 같다.

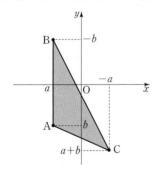

삼각형 ABC의 넓이가 24이므로

$$\frac{1}{2}\times(-b-b)\times(-a-a)=24$$

$$\frac{1}{2}\times(-2b)\times(-2a)=24$$

$$2ab=24$$

$$\therefore ab=12$$

이때 $a<0, b<0$이므로 두 정수 $a$, $b$의 순서쌍 $(a, b)$는

$(-1, -12), (-2, -6), (-3, -4), (-4, -3),$

$(-6, -2), (-12, -1)$의 6개이다. 답 6

## 16

진수는 30분 동안 2250 m를 걸으므로 진수의 속력은

분속 $\dfrac{2250}{30}=75(\text{m})$

---

따라서 진수가 1시간, 즉 60분 동안 걸은 거리는

$75\times 60=4500(\text{m})$

석현이는 45분 동안 2250 m를 걸으므로 석현이의 속력은

분속 $\dfrac{2250}{45}=50(\text{m})$

따라서 석현이가 1시간, 즉 60분 동안 걸은 거리는

$50\times 60=3000(\text{m})$

따라서 진수와 석현이가 1시간 동안 걸은 거리의 차는

$4500-3000=1500(\text{m})$

$\qquad\qquad\qquad =1.5(\text{km})$ 답 ④

## 17

① 서현이는 8:15부터 8:17까지 200 m를 학교 반대 방향으로 걷고 8:17부터 8:30까지 학교 방향으로 500 m를 걸었으므로 이동한 거리는 총 $200+500=700(\text{m})$이다.

② 대현이는 8:15부터 8:18까지 학교 방향으로 걷고 방향을 바꾸어 8:18부터 8:21까지 학교 반대 방향으로 걷다가 다시 방향을 바꾸어 8:21부터 8:25까지 학교 방향으로 걸었으므로 대현이가 이동 방향을 바꾼 횟수는 총 2회이다.

③ 대현이의 집은 학교로부터 1100 m 떨어져 있고, 서현이의 집은 학교로부터 300 m 떨어져 있다.

④ 대현이는 8:18부터 학교에서 멀어지므로 학교 반대 방향으로 걷기 시작했다.

⑤ 서현이는 집에서 출발하여 8:15부터 8:17까지 학교 반대 방향으로 200 m 걷다가 방향을 바꿨으므로 속력은 분속 $\dfrac{200}{2}=100(\text{m})$이고, 8:25부터 학교에 도착할 때, 즉 8:30까지 300 m를 걸었으므로 속력은 분속 $\dfrac{300}{5}=60(\text{m})$이다.

따라서 서현이는 집에서 출발하여 이동 방향을 바꿀 때까지의 구간에 더 빨리 걸었다.

따라서 옳지 않은 것은 ⑤이다. 답 ⑤

## 18

펜 1개의 판매 가격이 100원일 때, 판매 이익은

$(100-50)\times 100=5000(\text{원})$

펜 1개의 판매 가격이 200원일 때, 판매 이익은

$(200-50)\times 70=10500(\text{원})$

펜 1개의 판매 가격이 300원일 때, 판매 이익은

$(300-50)\times 40=10000(\text{원})$

펜 1개의 판매 가격이 400원일 때, 판매 이익은

$(400-50)\times 30=10500(\text{원})$

펜 1개의 판매 가격이 500원일 때, 판매 이익은

$(500-50)\times 25=11250(\text{원})$

펜 1개의 판매 가격이 600원일 때, 판매 이익은

$(600-50) \times 20 = 11000$(원)

따라서 하루 동안 판매되는 펜의 판매 이익이 최대가 될 때의 펜 1개의 판매 가격은 500원이다. 답 500원

## 19

㈎ : $y$의 값이 36일 때 최대이므로 탑승한 관람차가 지면으로부터 가장 높은 곳에 있을 때의 높이는 36 m이다.

$\therefore a=36$

㈏ : 탑승한 관람차의 지면으로부터의 높이가 27 m 이하인 시간은 관람차가 출발한 후 4분까지, 8분부터 16분까지, 20분부터 24분까지이다.

따라서 관람차의 지면으로부터의 높이가 27 m 이하인 시간은 $4+8+4=16$(분) 동안이다.

$\therefore b=16$

㈐ : 탑승한 관람차가 1바퀴 돌아서 처음 탑승한 지점으로 오는 것은 탑승한 지 12분 후이다.

$\therefore c=12$

$\therefore a+b+c=36+16+12=64$ 답 64

## 20

큰 원기둥에 물을 넣을 때는 물의 높이가 천천히 높아지고, 작은 원기둥에 물을 넣을 때는 물의 높이가 빨리 높아진다.

따라서 용기 ㉠의 경우, 아랫부분부터 큰 원기둥－작은 원기둥－중간 원기둥 순으로 배치되어 있으므로 물의 높이는 천천히 높아지다가 빨리 높아지고 중간 빠르기로 높아지면서 물이 채워진다.

용기 ㉡의 경우, 아랫부분부터 중간 원기둥－작은 원기둥－큰 원기둥 순으로 배치되어 있으므로 물의 높이가 중간 빠르기로 높아지다가 빨리 높아지고 천천히 높아지면서 물이 채워진다.

용기 ㉢의 경우, 아랫부분부터 큰 원기둥－중간 원기둥－작은 원기둥 순으로 배치되어 있으므로 물의 높이가 천천히 높아지다가 중간 빠르기로 높아지고 빠르게 높아지면서 물이 채워진다.

따라서 각 용기에 알맞은 그래프로 용기 ㉠은 B, 용기 ㉡은 A, 용기 ㉢은 C이다. 답 ③

## 21 해결단계

| ❶단계 | 두 점 P, Q가 각각 변 DA와 변 BC 위를 이동할 때, 삼각형 PQC의 높이와 밑변의 길이의 변화를 파악한다. |
|---|---|
| ❷단계 | 세 점 P, Q, C가 일직선 위에 있게 될 때는 언제인지 파악한다. |
| ❸단계 | ❶, ❷단계와 같은 방법으로 정사각형 ABCD의 각 변에서 두 점 P, Q의 이동에 따른 삼각형 PQC의 넓이의 변화를 파악한다. |

---

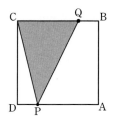

두 점 P, Q가 각각 두 점 D, B에서 동시에 출발하여 두 점 A, C에 도착하는 동안, 삼각형 PQC의 높이는 일정하고 밑변인 선분 CQ의 길이는 일정하게 줄어들므로 삼각형 PQC의 넓이도 일정하게 줄어든다.

두 점 P, Q가 각각 두 점 A, C에 도착하면 세 점 P, Q, C가 일직선 위에 있으므로 $y=0$이다.

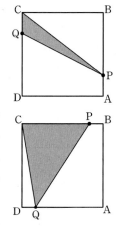

두 점 P, Q가 각각 두 점 A, C에서 출발하여 두 점 B, D에 도착하는 동안, 삼각형 PQC의 높이는 일정하고 밑변인 선분 CQ의 길이는 일정하게 늘어나므로 삼각형 PQC의 넓이도 일정하게 늘어난다.

두 점 P, Q가 각각 두 점 B, D에서 출발하여 두 점 C, A에 도착하는 동안, 삼각형 PQC의 높이는 일정하고 밑변인 선분 CP의 길이는 일정하게 줄어들므로 삼각형 PQC의 넓이도 일정하게 줄어든다.

두 점 P, Q가 각각 두 점 C, A에 도착하면 세 점 P, Q, C가 일직선 위에 있으므로 $y=0$이다.

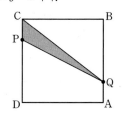

두 점 P, Q가 각각 두 점 C, A에서 출발하여 두 점 D, B에 도착하는 동안, 삼각형 PQC의 높이는 일정하고 밑변인 선분 CP의 길이는 일정하게 늘어나므로 삼각형 PQC의 넓이도 일정하게 늘어난다.

따라서 $x$, $y$ 사이의 관계식을 좌표평면에 그래프로 바르게 나타낸 것은 ③이다. 답 ③

| STEP | **3** | 종합 사고력 도전 문제 | pp.101~102 |
|---|---|---|---|

| 01 11 | 02 ⑴ P(2, 2), Q(2, −2) ⑵ 12초 ⑶ 36초 |
|---|---|
| 03 −1 | 04 20 | 05 $\dfrac{3}{2}a+2b+\dfrac{7}{2}$ | 06 12 |
| 07 20분 | 08 ㈎ : 30 cm², ㈏ : 50 cm², ㈐ : 70 cm² |

## 01 해결단계

| ❶단계 | 사각형 ABCD를 좌표평면 위에 나타낸다. |
|---|---|
| ❷단계 | $-a+b$의 값이 최대가 되는 점 P의 위치를 찾는다. |
| ❸단계 | $-a+b$의 값 중 가장 큰 값을 구한다. |

네 점 A, B, C, D를 좌표평면 위에 나타내면 다음 그림과 같다.

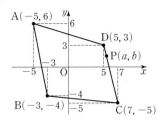

사각형 ABCD의 변 위의 점 $P(a, b)$에 대하여 $a$의 값이 가장 작고, $b$의 값이 가장 클 때, $-a+b$의 값이 가장 크므로 점 P가 점 A에 위치해야 한다.

따라서 $-a+b$의 값 중 가장 큰 값은 $a=-5$, $b=6$일 때,

$-(-5)+6=11$          답 11

## 02 해결단계

| | | |
|---|---|---|
| (1) | ❶단계 | 두 점 P, Q가 출발한 지 2초 후 도착하는 점의 좌표를 각각 구한다. |
| (2) | ❷단계 | 두 점 P, Q가 원점 O로 되돌아올 때까지 걸리는 시간을 각각 구한다. |
| | ❸단계 | 두 점 P, Q가 원점 O에서 처음으로 다시 만날 때까지 걸리는 시간을 구한다. |
| (3) | ❹단계 | 두 점 P, Q가 원점 O에서 세 번째로 다시 만날 때까지 걸리는 시간을 구한다. |

네 점 A, B, C, D를 좌표평면 위에 나타내면 오른쪽 그림과 같다.

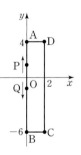

(1) 점 P는 원점 O에서 출발하여 시계 방향으로 매초 4의 속력으로 움직이므로 1초 후 점 P가 도착하는 점은 $A(0, 4)$이고, 2초 후 점 P가 도착하는 점의 좌표는 $(2, 2)$이다.

또한, 점 Q는 원점 O에서 출발하여 시계 반대 방향으로 매초 6의 속력으로 움직이므로 1초 후 점 Q가 도착하는 점은 $B(0, -6)$이고, 2초 후 점 Q가 도착하는 점의 좌표는 $(2, -2)$이다.

(2) 점 P가 매초마다 도착하는 점의 좌표는

$(0, 0) \rightarrow (0, 4) \rightarrow (2, 2) \rightarrow (2, -2) \rightarrow (2, -6)$
$\rightarrow (0, -4) \rightarrow (0, 0) \rightarrow \cdots$

이므로 점 P는 6초마다 원점 O로 되돌아온다.

점 Q가 매초마다 도착하는 점의 좌표는

$(0, 0) \rightarrow (0, -6) \rightarrow (2, -2) \rightarrow (2, 4) \rightarrow (0, 0) \rightarrow \cdots$

이므로 점 Q는 4초마다 원점 O로 되돌아온다.

따라서 6, 4의 최소공배수는 12이므로 두 점 P, Q가 원점 O에서 처음으로 다시 만나는 것은 원점 O를 출발한 지 12초 후이다.

(3) 두 점 P, Q가 원점 O에서 세 번째로 다시 만나는 것은 원점 O를 출발한 지 $12 \times 3 = 36$(초) 후이다.

답 (1) P$(2, 2)$, Q$(2, -2)$ (2) 12초 (3) 36초

## 03 해결단계

| | |
|---|---|
| ❶단계 | 세 유리수 $a, b, c$의 부호를 구한다. |
| ❷단계 | 세 유리수 $a, b, c$의 절댓값 $\|a\|$, $\|b\|$, $\|c\|$의 대소 관계를 구한다. |
| ❸단계 | $\|a\|-\|b\|$와 $bc$의 부호를 파악하여 $p$의 값을 구한다. |
| ❹단계 | $\dfrac{b+c}{a}$와 $c^2-a^2$의 부호를 파악하여 $q$의 값을 구한다. |
| ❺단계 | $p-q$의 값을 구한다. |

$b<a<c$, $ac<0$이므로 $a<0$, $b<0$, $c>0$이다.

$a<0$, $c>0$, $a+c<0$이므로 $\|a\|>\|c\|$이다.

$\|a\|>\|c\|$, $b<a<0<c$이므로 $\|b\|>\|a\|>\|c\|$이다.

(i) $\|b\|>\|a\|$이므로 $\|a\|-\|b\|<0$

$b<0$, $c>0$이므로 $bc<0$

따라서 점 $P(\|a\|-\|b\|, bc)$는 제3사분면 위의 점이므로

$p=3$

(ii) $b<0$, $c>0$, $\|b\|>\|c\|$이므로 $b+c<0$

$b+c<0$, $a<0$이므로 $\dfrac{b+c}{a}>0$

$c^2>0$, $a^2>0$, $\|a\|>\|c\|$이므로 $c^2-a^2<0$

따라서 점 $Q\left(\dfrac{b+c}{a}, c^2-a^2\right)$은 제4사분면 위의 점이므로

$q=4$

(i), (ii)에서

$p-q=3-4=-1$          답 $-1$

BLACKLABEL 특강    풀이 첨삭

세 수 $a, b, c$를 수직선 위에 나타내면 다음 그림과 같다.

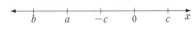

## 04 해결단계

| | |
|---|---|
| ❶단계 | 점 A와 $x$축에 대하여 대칭인 점 B의 좌표를 구한다. |
| ❷단계 | 점 A와 $y$축에 대하여 대칭인 점 C의 좌표를 구한다. |
| ❸단계 | 점 A와 원점에 대하여 대칭인 점 D의 좌표를 구한다. |
| ❹단계 | 사각형 ACDB의 둘레의 길이가 24가 되기 위한 조건을 $a, b$를 사용한 식으로 나타낸다. |
| ❺단계 | 조건을 만족시키는 두 정수 $a, b$의 순서쌍 $(a, b)$의 개수를 구한다. |

점 $A(a, b)$와 점 B가 $x$축에 대하여 대칭이므로 점 B의 좌표는 $(a, -b)$

점 $A(a, b)$와 점 C가 $y$축에 대하여 대칭이므로 점 C의 좌표는 $(-a, b)$

점 $A(a, b)$와 점 D가 원점에 대하여 대칭이므로 점 D의 좌표는 $(-a, -b)$

이때 사각형 ACDB의 둘레의 길이가 24가 되려면

$4(\|a\|+\|b\|)=24$

$\therefore \|a\|+\|b\|=6$

따라서 구하는 두 정수 $a$, $b$의 순서쌍 $(a, b)$는

$|a|=1$, $|b|=5$일 때, 4개

$|a|=2$, $|b|=4$일 때, 4개

$|a|=3$, $|b|=3$일 때, 4개

$|a|=4$, $|b|=2$일 때, 4개

$|a|=5$, $|b|=1$일 때, 4개

이므로 모두 $5 \times 4 = 20$(개)이다.　　　　답 20

**BLACKLABEL 특강**　　풀이 첨삭

$|a|=1$, $|b|=5$일 때, 정수 $a$, $b$의 순서쌍 $(a, b)$는

$(1, 5)$, $(1, -5)$, $(-1, 5)$, $(-1, -5)$

의 4개이다. 나머지 경우도 마찬가지로 4개씩 존재한다.

---

## 05 해결단계

| ❶단계 | $a>b$, $a<b$의 두 경우로 나누어 세 점 A, B, C를 좌표평면 위에 나타낸다. |
| --- | --- |
| ❷단계 | ❶단계의 각 경우에 대하여 삼각형 ABC의 넓이를 $a$, $b$에 대한 식으로 나타낸다. |

(ⅰ) $a>b$일 때,

세 점 A, B, C를 좌표평면 위에 나타내면 다음 그림과 같다.

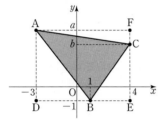

이때 $D(-3, -1)$, $E(4, -1)$, $F(4, a)$라 하면

(사각형 ADEF의 넓이) $= 7 \times (a+1) = 7a+7$

(삼각형 ADB의 넓이) $= \dfrac{1}{2} \times 4 \times (a+1) = 2a+2$

(삼각형 BEC의 넓이) $= \dfrac{1}{2} \times 3 \times (b+1) = \dfrac{3}{2}b + \dfrac{3}{2}$

(삼각형 ACF의 넓이) $= \dfrac{1}{2} \times 7 \times (a-b) = \dfrac{7}{2}a - \dfrac{7}{2}b$

따라서 삼각형 ABC의 넓이는

$$7a+7 - \left\{ (2a+2) + \left( \dfrac{3}{2}b + \dfrac{3}{2} \right) + \left( \dfrac{7}{2}a - \dfrac{7}{2}b \right) \right\}$$

$$= \dfrac{3}{2}a + 2b + \dfrac{7}{2}$$

(ⅱ) $a<b$일 때,

세 점 A, B, C를 좌표평면 위에 나타내면 다음 그림과 같다.

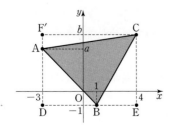

이때 $D(-3, -1)$, $E(4, -1)$, $F'(-3, b)$라 하면

(사각형 CF'DE의 넓이) $= 7 \times (b+1) = 7b+7$

(삼각형 ADB의 넓이) $= \dfrac{1}{2} \times 4 \times (a+1) = 2a+2$

(삼각형 BEC의 넓이) $= \dfrac{1}{2} \times 3 \times (b+1) = \dfrac{3}{2}b + \dfrac{3}{2}$

(삼각형 ACF'의 넓이) $= \dfrac{1}{2} \times 7 \times (b-a) = \dfrac{7}{2}b - \dfrac{7}{2}a$

따라서 삼각형 ABC의 넓이는

$$7b+7 - \left\{ (2a+2) + \left( \dfrac{3}{2}b + \dfrac{3}{2} \right) + \left( \dfrac{7}{2}b - \dfrac{7}{2}a \right) \right\}$$

$$= \dfrac{3}{2}a + 2b + \dfrac{7}{2}$$

(ⅰ), (ⅱ)에서 삼각형 ABC의 넓이를 $a$, $b$에 대한 식으로 나타내면

$\dfrac{3}{2}a + 2b + \dfrac{7}{2}$　　　　답 $\dfrac{3}{2}a + 2b + \dfrac{7}{2}$

---

## 06 해결단계

| ❶단계 | 조건 ㈎를 이용하여 $a$, $b$의 부호를 판단한다. |
| --- | --- |
| ❷단계 | 조건 ㈏를 이용하여 $a$, $b$ 사이의 관계를 식으로 나타낸다. |
| ❸단계 | $a+b-c$의 값 중 가장 큰 값을 구한다. |

조건 ㈎에서 $ab<0$이므로 두 수 $a$, $b$는 부호가 서로 다르고,

$a-b>0$에서 $a>b$이므로 $a>0$, $b<0$이다.

이때 조건 ㈏에서 $-5 \le c \le 5$이므로 삼각형 ABC를 좌표평면 위에 나타내면 다음 그림과 같다.

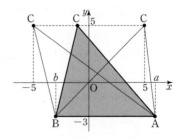

조건 ㈐에서 삼각형 ABC의 넓이가 36이므로

$\dfrac{1}{2} \times ($변 AB의 길이$) \times 8 = 36$

$\therefore$ (변 AB의 길이) $= 9$

$a>0$, $b<0$이므로

(변 AB의 길이) $= a-b = 9$

세 정수 $a>0$, $b<0$, $-5 \le c \le 5$에 대하여 $a+b$의 값이 가장 크고, $c$의 값이 가장 작을 때, $a+b-c$의 값이 가장 크므로

$a=8$, $b=-1$, $c=-5$일 때, $a+b-c$의 값이 가장 크다.

따라서 $a+b-c$의 값 중 가장 큰 값은

$8+(-1)-(-5) = 12$　　　　답 12

## 07 해결단계

| ❶단계 | 수지가 1분 동안 만들 수 있는 제품의 개수를 구한다. |
|---|---|
| ❷단계 | 지우가 1분 동안 만들 수 있는 제품의 개수를 구한다. |
| ❸단계 | 지우가 혼자 제품 760개를 만드는 데 걸리는 시간을 구한다. |

그래프에서 수지가 혼자 10분 동안 제품 240개를 만들었으므로 수지가 1분 동안 만들 수 있는 제품은

$$\frac{240}{10}=24(개)$$

그래프에서 수지와 지우가 함께 5분 동안 제품

$550-240=310(개)$를 만들었으므로 지우가 1분 동안 만들 수 있는 제품의 개수를 $a$라 하면

$(24+a)\times5=310$

$24+a=62$

$\therefore a=38$

즉, 지우가 1분 동안 만들 수 있는 제품은 38개이다.

따라서 지우가 혼자 제품 760개를 만드는 데 걸리는 시간은

$$\frac{760}{38}=20(분)$$

답 20분

## 08 해결단계

| ❶단계 | 물을 넣기 시작한 후 3초까지의 그래프를 통해 ㉮ 칸의 바닥의 넓이를 구한다. |
|---|---|
| ❷단계 | 3초 후부터 8초까지의 그래프를 통해 ㉯ 칸의 바닥의 넓이를 구한다. |
| ❸단계 | 16초 후부터 30초까지의 그래프를 통해 ㉰ 칸의 바닥의 넓이를 구한다. |

매초 $100\,cm^3$의 물을 넣고 있고, 물을 넣은 지 3초 후 수면의 높이가 $10\,cm$이므로 수조에 채워진 물의 양은

(㉮ 칸의 바닥의 넓이)$\times10=3\times100(cm^3)$

$\therefore$ (㉮ 칸의 바닥의 넓이)$=30(cm^2)$

3초 후부터 8초까지 ㉯ 칸에 물이 채워져서 수면의 높이가

$10\,cm$가 되므로 $8-3=5(초)$ 동안 수조에 채워진 물의 양은

(㉯ 칸의 바닥의 넓이)$\times10=5\times100(cm^3)$

$\therefore$ (㉯ 칸의 바닥의 넓이)$=50(cm^2)$

16초 후부터 30초까지 ㉰ 칸에 물이 채워져서 수면의 높이가

$20\,cm$가 되므로 $30-16=14(초)$ 동안 수조에 채워진 물의 양은

(㉰ 칸의 바닥의 넓이)$\times20=14\times100(cm^3)$

$\therefore$ (㉰ 칸의 바닥의 넓이)$=70(cm^2)$

답 ㉮ : $30\,cm^2$, ㉯ : $50\,cm^2$, ㉰ : $70\,cm^2$

# 09. 정비례와 반비례

**01** ⑤　　**02** $y=3x$ 또는 $y=-3x$　**03** $-\dfrac{81}{4}$　**04** 12

**05** $a=-\dfrac{1}{2}$, $b=3$　**06** ④　　**07** ⑤

**08** $(1, 16)$, $(2, 8)$, $(4, 4)$, $(8, 2)$, $(16, 1)$　　**09** 80

**10** ②　　**11** $y=400x$, 36000원　　**12** ④

## 01

① $y=\dfrac{1}{x}$

② $y=24-x$

③ $x$와 $y$ 사이에 아무 관계도 없다.

④ $1:x=y:80$에서 $y=\dfrac{80}{x}$

⑤ $y=\dfrac{1}{6}x$

따라서 $y$가 $x$에 정비례하는 것은 ⑤이다. 　　답 ⑤

## 02

$y$가 $x$에 정비례하므로 $y=ax\,(a\neq0)$라 하면

$x=5$일 때의 $y$의 값과 $x=-2$일 때의 $y$의 값의 차가 21이므로

$|5a-(-2a)|=21$

$|7a|=21$, $|a|=3$

$\therefore a=3$ 또는 $a=-3$

따라서 $x$, $y$ 사이의 관계식은

$y=3x$ 또는 $y=-3x$ 　　답 $y=3x$ 또는 $y=-3x$

## 03

$y$가 $x$에 반비례하므로 $y=\dfrac{a}{x}\,(a\neq0)$라 하면

$x=-2$일 때, $y=-\dfrac{3}{4}$이므로

$-\dfrac{3}{4}=\dfrac{a}{-2}$에서 $a=\dfrac{3}{2}$ 　$\therefore y=\dfrac{3}{2x}$

$x=A$일 때, $y=-\dfrac{1}{4}$이므로

$-\dfrac{1}{4}=\dfrac{3}{2A}$ 　$\therefore A=-6$

$x=4$일 때, $y=B$이므로

$B=\dfrac{3}{2\times4}$ 　$\therefore B=\dfrac{3}{8}$

$x=C$일 때, $y=\dfrac{1}{6}$이므로

$$\frac{1}{6}=\frac{3}{2C} \qquad \therefore C=9$$

$$\therefore ABC=-6\times\frac{3}{8}\times9=-\frac{81}{4}$$

답 $-\dfrac{81}{4}$

## 04

점 $(-4, -2)$가 $y=ax$의 그래프 위의 점이므로
$x=-4$, $y=-2$를 $y=ax$에 대입하면

$$-2=a\times(-4) \qquad \therefore a=\frac{1}{2}$$

따라서 주어진 관계식은 $y=\frac{1}{2}x$이다.

점 $(b, 3)$이 $y=\frac{1}{2}x$의 그래프 위의 점이므로

$x=b$, $y=3$을 $y=\frac{1}{2}x$에 대입하면

$$3=\frac{1}{2}b \qquad \therefore b=6$$

$$\therefore \frac{b}{a}=b\times\frac{1}{a}=6\times2=12$$

답 12

## 05

$y=ax$의 그래프가 제2사분면과 제4사분면을 지나므로 $a<0$이
고, $y=bx$의 그래프가 제1사분면과 제3사분면을 지나므로 $b>0$
이다.

또한, $y=ax$의 그래프는 $y=-x$의 그래프보다 $x$축에 가까우므
로 $|a|<1$이고, $y=bx$의 그래프가 $y=-x$의 그래프보다 $y$축에
가까우므로 $|b|>1$이다.

따라서 $a=-\frac{1}{2}$, $b=3$이다.

답 $a=-\dfrac{1}{2}$, $b=3$

## 06

$A(3, a)$라 하면 점 A는 $y=x$의 그래프 위의 점이므로
$a=3 \qquad \therefore A(3, 3)$

$B(3, b)$라 하면 점 B는 $y=-\frac{2}{3}x$의 그래프 위의 점이므로

$$b=-\frac{2}{3}\times3=-2 \qquad \therefore B(3, -2)$$

따라서 삼각형 AOB는 밑변의 길이가 5,
높이가 3인 삼각형이므로 그 넓이는

$$\frac{1}{2}\times5\times3=\frac{15}{2}$$

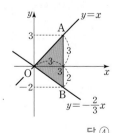

답 ④

## 07

$x$, $y$ 사이의 관계식을 $y=\frac{a}{x}$ $(a\neq0)$라 하면

점 $(6, -3)$이 $y=\frac{a}{x}$의 그래프 위의 점이므로

$$-3=\frac{a}{6} \qquad \therefore a=-18$$

즉, 주어진 반비례 관계의 그래프의 관계식은 $y=-\frac{18}{x}$이므로
$xy=-18$

따라서 주어진 반비례 관계의 그래프 위의 점의 $x$좌표와 $y$좌표의
곱은 $-18$로 일정하다.

① 점 $(-3, 6)$의 경우, $xy=-3\times6=-18$

② 점 $(-2, 9)$의 경우, $xy=-2\times9=-18$

③ 점 $\left(-\frac{1}{2}, 36\right)$의 경우, $xy=-\frac{1}{2}\times36=-18$

④ 점 $(1, -18)$의 경우, $xy=1\times(-18)=-18$

⑤ 점 $\left(3, -\frac{1}{6}\right)$의 경우, $xy=3\times\left(-\frac{1}{6}\right)=-\frac{1}{2}$

따라서 주어진 그래프 위의 점이 아닌 것은 ⑤이다.

답 ⑤

## 08

$y=\frac{16}{x}$에서 $xy=16$

자연수 $x$, $y$에 대하여 위의 식을 만족시키는 $x$, $y$의 값을 나타내
면 다음 표와 같다.

| $x$ | 1 | 2 | 4 | 8 | 16 |
|---|---|---|---|---|---|
| $y$ | 16 | 8 | 4 | 2 | 1 |

따라서 구하는 점의 좌표는 $(1, 16)$, $(2, 8)$, $(4, 4)$, $(8, 2)$,
$(16, 1)$이다.

답 $(1, 16)$, $(2, 8)$, $(4, 4)$, $(8, 2)$, $(16, 1)$

## 09

점 A의 좌표를 $(a, b)$라 하면 점 B가 점 A와 원점에 대하여 대
칭이므로 점 B의 좌표는 $(-a, -b)$이다.

이때 점 $A(a, b)$는 반비례 관계 $y=-\frac{20}{x}$의 그래프 위의 점이므로

$$b=-\frac{20}{a}$$

$$\therefore ab=-20$$

따라서 직사각형 ACBD의 넓이는

(선분 AC의 길이)$\times$(선분 BC의 길이)

$=\{b-(-b)\}\times(-a-a)$

$=-4ab$

$=-4\times(-20)=80$

답 80

## 10

점 $A(b, -4)$가 $y=-\dfrac{4}{3}x$의 그래프 위의 점이므로

$-4=-\dfrac{4}{3}b$    $\therefore b=3$

$\therefore A(3, -4)$

점 $A(3, -4)$는 $y=\dfrac{a}{x}$의 그래프 위의 점이므로

$-4=\dfrac{a}{3}$    $\therefore a=-12$

점 $B(c, 4)$는 $y=-\dfrac{4}{3}x$의 그래프 위의 점이므로

$4=-\dfrac{4}{3}c$    $\therefore c=-3$

$\therefore a+b+c=-12+3+(-3)$

$\qquad\qquad\quad =-12$

답 ②

## 11

길이가 4 m인 전선의 무게가 80 g이므로 길이가 1 m인 전선의 무게는 20 g이다.

이때 전선 10 g당 가격이 200원이므로 전선 20 g의 가격은 400원이다.

즉, 전선 1 m당 가격은 400원이다.

따라서 이 전선 $x$ m의 가격이 $400x$원이므로 $x$, $y$ 사이의 관계식은

$y=400x$

또한, 전선 90 m의 가격은

$400\times90=36000$(원)    답 $y=400x$, 36000원

## 12

매분 3 L씩 물을 넣으면 10분 만에 물통이 가득 차므로 물통에 들어 가는 물의 양은

$3\times10=30$(L)

매분 $x$ L씩 $y$분 동안 물을 넣으면 물통이 가득 차므로

$x\times y=30$

$\therefore y=\dfrac{30}{x}$

따라서 물통에 매분 5 L씩 물을 넣어 물통이 가득 찰 때까지 걸리는 시간은

$y=\dfrac{30}{5}=6$(분)    답 ④

STEP **2** A등급을 위한 문제 pp.106~111

| | | | |
|---|---|---|---|
| **01** ㄷ, ㄹ | **02** $-\dfrac{9}{2}$ | **03** $\dfrac{6}{5}$ | **04** 30 |
| **05** 8 | | | |
| **06** ③ | **07** ④ | **08** ④ | **09** $\dfrac{5}{9}$ |
| **10** 4 | | | |
| **11** ③ | **12** E(4, 3) | **13** $-\dfrac{4}{9}$ | **14** ②, ④ |
| **15** ④ | | | |
| **16** $-\dfrac{23}{4}$ | **17** 4 | **18** C$\left(\dfrac{21}{5}, \dfrac{15}{7}\right)$ | **19** ⑤ |
| **20** 8 | **21** 78 | **22** ② | **23** $-27$ |
| **24** ② | | | |
| **25** $-\dfrac{35}{9}$ | **26** ④ | **27** $\dfrac{45}{2}$ | **28** $y=\dfrac{9}{5}x$, 54 |
| **29** 30 mL | **30** 4대 | **31** ③ | **32** ④ |

## 01

ㄱ. (시간)$=\dfrac{(거리)}{(속력)}$에서 $y=\dfrac{60}{x}$

따라서 $y$는 $x$에 반비례한다.

ㄴ. 시계의 분침은 1분에 6°씩 회전하므로

$y=6x$

따라서 $y$는 $x$에 정비례한다.

ㄷ. 한 번 통화하는 데 기본요금이 7원이고 $x$초 동안 통화한 요금이 $2x$원이므로

$y=2x+7$

따라서 $y$는 $x$에 정비례하지도 않고 반비례하지도 않는다.

ㄹ. 오른쪽 그림의 두 직사각형의 둘레의 길이는 모두 8 cm이지만 넓이는 각각 4 cm², 3 cm²이다.

따라서 $y$는 $x$에 정비례하지도 않고 반비례하지도 않는다.

ㅁ. 소금 $y$ g을 포함한 소금물 300 g의 농도가 $x$ %이므로

$\dfrac{y}{300}\times100=x$에서 $y=3x$

따라서 $y$는 $x$에 정비례한다.

ㅂ. 넓이가 30 cm²인 마름모의 한 대각선의 길이가 $x$ cm일 때, 다른 대각선의 길이는 $y$ cm이므로

$\dfrac{1}{2}\times x\times y=30$, $xy=60$    $\therefore y=\dfrac{60}{x}$

따라서 $y$는 $x$에 반비례한다.

그러므로 $y$가 $x$에 정비례하지도 않고 반비례하지도 않는 것은 ㄷ, ㄹ이다.    답 ㄷ, ㄹ

## 02

조건 ㈎에서 $3y$가 $x$에 정비례하므로

$3y=ax$ $(a\neq0)$, 즉 $y=\dfrac{a}{3}x$    ……㉠

로 놓을 수 있다.

조건 (내)에 의하여 $x=-4$, $y=3$을 ㉠에 대입하면

$3=\dfrac{a}{3}\times(-4)$ ∴ $a=-\dfrac{9}{4}$

즉, $x$, $y$ 사이의 관계식은

$y=\dfrac{1}{3}\times\left(-\dfrac{9}{4}\right)x$

∴ $y=-\dfrac{3}{4}x$

따라서 $x=6$일 때의 $y$의 값은

$y=-\dfrac{3}{4}\times6=-\dfrac{9}{2}$ 답 $-\dfrac{9}{2}$

---

**BLACKLABEL 특강** 오답 피하기

**정비례 관계식**

$x$와 $y$ 사이의 관계식이 $y=ax$ $(a\neq0)$ 꼴이면 정비례 관계이다.
이때 상수 $a$가 음수이거나 분수인 경우에도 정비례 관계임에 주의한다.

---

## 03

조건 (가)에서 $xy=a$ $(a<0)$라 하면 $y=\dfrac{a}{x}$

조건 (나)에서 $x=2$일 때의 $y$의 값과 $x=4$일 때의 $y$의 값의 차가 3이므로

$\left|\dfrac{a}{2}-\dfrac{a}{4}\right|=3$

$\left|\dfrac{a}{4}\right|=3$, $|a|=12$

∴ $a=12$ 또는 $a=-12$

이때 $a<0$이므로 $a=-12$

즉, $x$, $y$ 사이의 관계식은 $y=-\dfrac{12}{x}$

따라서 $x=-10$일 때의 $y$의 값은

$y=-\dfrac{12}{-10}=\dfrac{6}{5}$ 답 $\dfrac{6}{5}$

---

## 04

$y$가 $x$에 반비례하므로 $y=\dfrac{a}{x}$ $(a\neq0)$라 하면

$x=5$일 때, $y=m$이므로 $m=\dfrac{a}{5}$ ······㉠

$x=-3$일 때, $y=n$이므로 $n=-\dfrac{a}{3}$ ······㉡

또한, $x=k$일 때, $y=\dfrac{m}{3}-\dfrac{n}{2}$이므로

$\dfrac{1}{3}m-\dfrac{1}{2}n=\dfrac{a}{k}$

㉠, ㉡을 이 식에 대입하면

$\dfrac{1}{3}\times\dfrac{a}{5}-\dfrac{1}{2}\times\left(-\dfrac{a}{3}\right)=\dfrac{a}{k}$

---

$\dfrac{a}{15}+\dfrac{a}{6}=\dfrac{a}{k}$, $\dfrac{7a}{30}=\dfrac{a}{k}$

$\dfrac{7}{30}=\dfrac{1}{k}$ $(∵\ a\neq0)$ ∴ $k=\dfrac{30}{7}$

∴ $7k=7\times\dfrac{30}{7}=30$ 답 30

---

## 05

2를 파란색 상자에 넣어서 나오는 수는 $2a$이고, 이를 빨간색 상자에 넣어서 나오는 수는 $-12$이므로

$\dfrac{b}{2a}=-12$ ∴ $\dfrac{b}{a}=-24$

$-3$을 파란색 상자에 넣어서 나오는 수는 $-3a$이고, 이를 빨간색 상자에 넣어서 나오는 수는

$\dfrac{b}{-3a}=-\dfrac{1}{3}\times\dfrac{b}{a}=-\dfrac{1}{3}\times(-24)=8$ 답 8

---

## 06

③ $a$의 절댓값이 클수록 그래프는 $y$축에 가깝다. 답 ③

---

## 07

$x$, $y$ 사이의 관계식을 $y=ax$ $(a\neq0)$라 하면
점 $(-2,\ -5)$가 $y=ax$의 그래프 위의 점이므로

$-5=-2a$ ∴ $a=\dfrac{5}{2}$

따라서 $y=\dfrac{5}{2}x$의 그래프가 점 $(m,\ 3m-2)$를 지나므로

$3m-2=\dfrac{5}{2}m$

$\dfrac{1}{2}m=2$ ∴ $m=4$ 답 ④

---

## 08

두 점 A, B와 $y=ax$의 그래프를 좌표평면 위에 나타내면 오른쪽 그림과 같으므로 $y=ax$의 그래프가 점 A를 지날 때 $a$의 값이 가장 크고, 점 B를 지날 때 $a$의 값이 가장 작다.

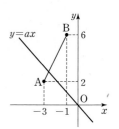

(i) 점 A$(-3,\ 2)$를 지날 때,

$2=-3a$ ∴ $a=-\dfrac{2}{3}$

(ii) 점 B$(-1,\ 6)$을 지날 때,

$6=-a$    $\therefore a=-6$

(i), (ii)에서 상수 $a$의 값의 범위는

$-6 \leq a \leq -\dfrac{2}{3}$      답 ④

## 09

다음 그림과 같이 점 A$(2, 0)$, B$(2, 5)$라 하면 주어진 정사각형의 한 변의 길이가 5이므로 점 C$(7, 5)$, D$(7, 0)$이고, 정사각형과 $y=ax$의 그래프가 만나는 점을 E, F라 하면 점 E, F는 $y=ax$의 그래프 위의 점이므로 두 점 E, F의 좌표는 각각 E$(2, 2a)$, F$(7, 7a)$이다.

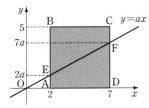

$y=ax$의 그래프가 정사각형 ABCD의 넓이를 이등분하므로

(사각형 ADFE의 넓이)$=\dfrac{1}{2} \times$ (정사각형 ABCD의 넓이)

$\dfrac{1}{2} \times 5 \times (2a+7a) = \dfrac{1}{2} \times 25$

$9a=5$    $\therefore a=\dfrac{5}{9}$      답 $\dfrac{5}{9}$

## 10

정사각형 ABCD의 한 변의 길이를 $a$라 하면

B$(2, 6-a)$, C$(2+a, 6-a)$

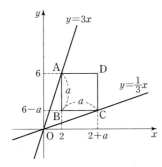

점 C$(2+a, 6-a)$가 $y=\dfrac{1}{3}x$의 그래프 위의 점이므로

$6-a=\dfrac{1}{3}(2+a)$, $18-3a=2+a$

$-4a=-16$    $\therefore a=4$

따라서 정사각형 ABCD의 한 변의 길이는 4이다.      답 4

## 11

$y$축 위의 점 A의 좌표를 $(0, t)$ $(t \neq 0)$라 하면 두 점 B, C의 $y$좌표도 $t$이다.

---

B$(s, t)$라 하면 점 B는 $y=bx$의 그래프 위의 점이므로

$t=bs$    $\therefore s=\dfrac{t}{b}$    $\therefore$ B$\left(\dfrac{t}{b}, t\right)$

또한, C$(u, t)$라 하면 점 C는 $y=ax$의 그래프 위의 점이므로

$t=au$    $\therefore u=\dfrac{t}{a}$    $\therefore$ C$\left(\dfrac{t}{a}, t\right)$

이때 선분 AB의 길이는 두 점 A, B의 $x$좌표의 차와 같으므로

$\dfrac{t}{b}-0=\dfrac{t}{b}$

또한, 선분 BC의 길이는 두 점 B, C의 $x$좌표의 차와 같으므로

$\dfrac{t}{a}-\dfrac{t}{b}$

두 선분 AB, BC의 길이의 비가 $1 : 3$이므로

$\dfrac{t}{b} : \left(\dfrac{t}{a}-\dfrac{t}{b}\right)=1 : 3$

$\dfrac{t}{a}-\dfrac{t}{b}=\dfrac{3t}{b}$, $\dfrac{t}{a}=\dfrac{4t}{b}$, $\dfrac{1}{a}=\dfrac{4}{b} (\because t \neq 0)$

따라서 $b=4a$, 즉 $a=\dfrac{1}{4}b$이므로

$b-a=4a-a=3a$ 또는 $b-a=b-\dfrac{1}{4}b=\dfrac{3}{4}b$      답 ③

• 다른 풀이 •

두 선분 AB, BC의 길이의 비가 $1 : 3$이므로 점 B의 $x$좌표를 $k$ $(k \neq 0)$라 하면 점 C의 $x$좌표는

$k+3k=4k$

점 B는 $y=bx$의 그래프 위의 점이므로 점 B의 $y$좌표는

$y=bk$      ……㉠

점 C는 $y=ax$의 그래프 위의 점이므로 점 C의 $y$좌표는

$y=a \times 4k=4ak$      ……㉡

이때 세 점 A, B, C의 $y$좌표가 모두 같으므로

㉠, ㉡에서

$bk=4ak$    $\therefore b=4a$ 또는 $a=\dfrac{1}{4}b (\because k \neq 0)$

$\therefore b-a=4a-a=3a$ 또는 $b-a=b-\dfrac{1}{4}b=\dfrac{3}{4}b$

**BLACKLABEL 특강**    풀이 첨삭

두 선분 AB, BC의 길이의 비가 $1 : 3$이므로 두 점 B, C의 $x$좌표는 0이 될 수 없다. 따라서 점 B의 $x$좌표를 $k$라 하면 $k \neq 0$이다.

## 12

점 A의 $x$좌표를 $a$라 하면 점 A$(a, 7)$이 $y=7x$의 그래프 위의 점이므로

$7=7a$    $\therefore a=1$

즉, A$(1, 7)$

점 B의 $y$좌표를 $b$라 하면 점 B$(10, b)$는 $y=\dfrac{1}{10}x$의 그래프 위

의 점이므로

$$b=\frac{1}{10}\times10 \qquad \therefore b=1$$

즉, B$(10, 1)$

사각형 DEFG는 직사각형이고 선분 CE와 GH의 길이가 같으므로 선분 CD와 FH의 길이가 같다.

이때 삼각형 ACD와 삼각형 FHB의 넓이의 비가 $1 : 1$이므로 선분 AC와 HB의 길이가 같다.

또한, 선분 DG와 HB의 길이가 같고 사각형 DEFG와 삼각형 FHB의 넓이의 비가 $2 : 1$이므로

세 선분 GF, FH, CD의 길이가 모두 같다.

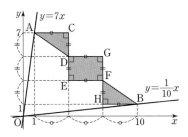

즉, 위의 그림과 같으므로

$$(\text{선분 CD의 길이})=(\text{선분 DE의 길이})$$
$$=(\text{선분 FH의 길이})$$
$$=\frac{1}{3}\times(7-1)=2$$

$$(\text{선분 AC의 길이})=(\text{선분 DG의 길이})$$
$$=(\text{선분 HB의 길이})$$
$$=\frac{1}{3}\times(10-1)=3$$

따라서 점 E의 $x$좌표는 $1+3=4$, $y$좌표는 $1+2=3$이므로 E$(4, 3)$이다. <span style="float:right">답 E$(4, 3)$

## 13

점 P는 $y=ax$의 그래프 위의 점이므로 P$(t, at)$라 하자.

(i) $a>0$일 때,

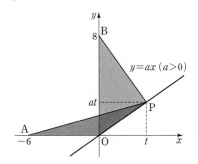

$(\text{삼각형 OPA의 넓이}) : (\text{삼각형 OPB의 넓이})=1 : 2$에서 $t>0$, $at>0$이므로

$$\left(\frac{1}{2}\times6\times at\right):\left(\frac{1}{2}\times8\times t\right)=1:2$$

즉, $3at : 4t=1 : 2$이므로

$$6at=4t \qquad \therefore a=\frac{2}{3}$$

(ii) $a<0$일 때,

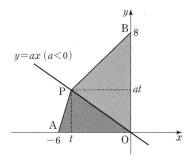

$(\text{삼각형 OPA의 넓이}) : (\text{삼각형 OPB의 넓이})=1 : 2$에서 $t<0$, $at>0$이므로

$$\left(\frac{1}{2}\times6\times at\right):\left\{\frac{1}{2}\times8\times(-t)\right\}=1:2$$

즉, $3at : (-4t)=1 : 2$이므로

$$6at=-4t \qquad \therefore a=-\frac{2}{3}$$

(i), (ii)에서 모든 상수 $a$의 값의 곱은

$$\frac{2}{3}\times\left(-\frac{2}{3}\right)=-\frac{4}{9}$$ 답 $-\frac{4}{9}$

## 14

① 좌표축에 점점 가까워지면서 한없이 뻗어 나가는 한 쌍의 매끄러운 곡선이며 원점을 지나지 않는다.

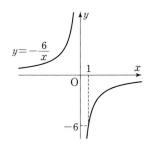

② $x=3$을 $y=-\frac{6}{x}$에 대입하면

$$y=-\frac{6}{3}=-2$$

즉, 그래프는 점 $(3, -2)$를 지난다.

③ 제2사분면과 제4사분면을 지난다.

④ 점 $(a, b)$가 주어진 그래프 위의 점이면

$$b=-\frac{6}{a} \qquad \cdots\cdots \text{㉠}$$

㉠의 양변에 $-1$을 곱하면

$$-b=-\left(-\frac{6}{a}\right)=-\frac{6}{-a}$$

즉, 점 $(a, b)$가 주어진 그래프 위의 점이면 점 $(-a, -b)$도 주어진 그래프 위에 있다.

⑤ 반비례 관계 $y=\frac{a}{x}$에서 $a$의 절댓값이 클수록 그 그래프가 원점에서 멀리 떨어져 있으므로 $y=-\frac{6}{x}$의 그래프는 $y=-\frac{24}{x}$의 그래프보다 원점에 더 가깝다.

따라서 옳은 것은 ②, ④이다. 답 ②, ④

## 15

두 점 A, B의 $x$좌표의 차가 2이므로 점 A의 $x$좌표를 $p$라 하면 점 B의 $x$좌표는 $p+2$이다.

점 A$(p, -6)$이 $y=\dfrac{a}{x}$의 그래프 위의 점이므로

$-6=\dfrac{a}{p}$ $\quad \therefore a=-6p$ $\qquad \cdots\cdots$ ㉠

점 B$(p+2, -3)$도 $y=\dfrac{a}{x}$의 그래프 위의 점이므로

$-3=\dfrac{a}{p+2}$ $\quad \therefore a=-3(p+2)$ $\qquad \cdots\cdots$ ㉡

㉠, ㉡에서

$-6p=-3(p+2), -3p=-6$

$\therefore p=2, a=-12$ ($\because$ ㉠ 또는 ㉡)

따라서 $y=-\dfrac{12}{x}$의 그래프 위의 점 C의 $x$좌표가 $-1$이므로 점 C의 $y$좌표는

$y=-\dfrac{12}{-1}=12$ $\qquad\qquad$ 답 ④

• 다른 풀이 •

점 A의 $y$좌표가 $-6$이므로 $x$좌표는

$-6=\dfrac{a}{x}$에서 $x=-\dfrac{a}{6}$ $\qquad \cdots\cdots$ ㉢

점 B의 $y$좌표가 $-3$이므로 $x$좌표는

$-3=\dfrac{a}{x}$에서 $x=-\dfrac{a}{3}$ $\qquad \cdots\cdots$ ㉣

이때 $|㉢-㉣|=2$이므로

$\left|-\dfrac{a}{6}-\left(-\dfrac{a}{3}\right)\right|=2, \left|\dfrac{a}{6}\right|=2, |a|=12$

$\therefore a=12$ 또는 $a=-12$

한편, $y=\dfrac{a}{x}$의 그래프가 제2사분면, 제4사분면을 지나므로

$a<0$ $\quad \therefore a=-12$

따라서 $y=-\dfrac{12}{x}$의 그래프 위의 점 C의 $x$좌표가 $-1$이므로 $y$좌표는

$y=-\dfrac{12}{-1}=12$

## 16

조건 ㈎에서 점 A$(a, b)$는 반비례 관계 $y=-\dfrac{8}{x}$의 그래프 위의 점이므로

$b=-\dfrac{8}{a}$ $\quad \therefore ab=-8$

조건 ㈏에서 점 B$(c, d)$는 반비례 관계 $y=\dfrac{36}{x}$의 그래프 위의 점이므로

$d=\dfrac{36}{c}$ $\quad \therefore cd=36$

조건 ㈐에서 위의 식을 만족시키는 두 자연수 $c, d$ $(c<d)$를 나타내면 다음 표와 같다.

| $c$ | 1 | 2 | 3 | 4 |
|---|---|---|---|---|
| $d$ | 36 | 18 | 12 | 9 |

이때 $c$는 $d$의 약수가 아니므로 $c=4, d=9$이다.

$\therefore ab+\dfrac{d}{c}=-8+\dfrac{9}{4}=-\dfrac{23}{4}$ $\qquad$ 답 $-\dfrac{23}{4}$

**BLACKLABEL 특강** 풀이 첨삭

$cd=36$을 만족시키는 두 자연수 $c, d$의 순서쌍 $(c, d)$는

$(1, 36), (2, 18), (3, 12), (4, 9), (6, 6), (9, 4), (12, 3), (18, 2), (36, 1)$

의 9개이지만 이 중에서 $c<d$를 만족시키는 것은

$(1, 36), (2, 18), (3, 12), (4, 9)$

의 4개뿐이다.

## 17

점 A$(a, 6)$은 $y=\dfrac{6}{x}$의 그래프 위의 점이므로

$6=\dfrac{6}{a}$ $\quad \therefore a=1$

즉, A$(1, 6)$

$\therefore$ C$(1, 0)$

이때 직사각형 AEFG의 넓이가 4이므로

(선분 EF의 길이)$=4$

즉, F$(0, 2)$

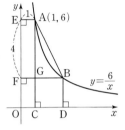

두 점 B, F의 $y$좌표가 서로 같으므로

B$(b, 2)$라 하면 점 B도 $y=\dfrac{6}{x}$의 그래프 위의 점이므로

$2=\dfrac{6}{b}$ $\quad \therefore b=3$

즉, B$(3, 2)$

$\therefore$ (삼각형 AGB의 넓이)

$=\dfrac{1}{2}\times$(선분 GB의 길이)$\times$(선분 AG의 길이)

$=\dfrac{1}{2}\times(3-1)\times(6-2)=4$ $\qquad$ 답 4

## 18

$y=\dfrac{9}{x}$의 그래프 위의 점 B의 $x$좌표가 3이므로 점 B의 좌표는 B$(3, 3)$이다.

점 B가 직사각형 ADEF의 대각선 DF의 길이를 이등분하는 점이고 점 B의 $y$좌표가 3이므로 직사각형 ADEF의 세로의 길이는 $2\times(3-1)=4$이다.

즉, $y=\dfrac{9}{x}$의 그래프 위의 점 A의 $y$좌

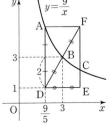

표가 5이므로 점 A의 좌표를 $(a, 5)$라 하면

$5 = \dfrac{9}{a}$  $\therefore a = \dfrac{9}{5}$

즉, $A\left(\dfrac{9}{5}, 5\right)$

따라서 직사각형 ADEF의 가로의 길이는 $2 \times \left(3 - \dfrac{9}{5}\right) = \dfrac{12}{5}$이

므로 점 E의 좌표는 $\left(\dfrac{9}{5} + \dfrac{12}{5}, 1\right)$이다.

즉, $E\left(\dfrac{21}{5}, 1\right)$

이때 $y = \dfrac{9}{x}$의 그래프 위의 점 C의 $x$좌표가 $\dfrac{21}{5}$이므로 점 C의 좌

표를 $\left(\dfrac{21}{5}, c\right)$라 하면

$c = 9 \times \dfrac{5}{21} = \dfrac{15}{7}$

따라서 구하는 점 C의 좌표는 $\left(\dfrac{21}{5}, \dfrac{15}{7}\right)$이다.  답 $C\left(\dfrac{21}{5}, \dfrac{15}{7}\right)$

## 19

두 점 A, B의 $x$좌표를 각각 $a$, $b$ $(a > 0, b < 0)$라 하면

$A\left(a, \dfrac{6}{a}\right)$, $B\left(b, -\dfrac{8}{b}\right)$

두 점 A, B의 $y$좌표가 같으므로

$\dfrac{6}{a} = -\dfrac{8}{b}$   $\therefore b = -\dfrac{4}{3}a$

$\therefore B\left(-\dfrac{4}{3}a, \dfrac{6}{a}\right)$

이때 점 C의 $x$좌표가 $-\dfrac{4}{3}a$이고 점 C는 $y = \dfrac{6}{x}$의 그래프 위의

점이므로 점 C의 $y$좌표는

$y = 6 \times \left(-\dfrac{3}{4a}\right) = -\dfrac{9}{2a}$

$\therefore C\left(-\dfrac{4}{3}a, -\dfrac{9}{2a}\right)$

따라서 (선분 AB의 길이)$= a - \left(-\dfrac{4}{3}a\right) = a + \dfrac{4}{3}a = \dfrac{7}{3}a$,

(선분 BC의 길이)$= \dfrac{6}{a} - \left(-\dfrac{9}{2a}\right) = \dfrac{12}{2a} + \dfrac{9}{2a} = \dfrac{21}{2a}$이므로

(삼각형 ABC의 넓이)$= \dfrac{1}{2} \times \dfrac{7}{3}a \times \dfrac{21}{2a} = \dfrac{49}{4}$  답 ⑤

## 20

점 $\left(2a + 3, \dfrac{1}{2}a - 3\right)$이 $x$축 위에 있으므로 $y$좌표가 0이다. 즉,

$\dfrac{1}{2}a - 3 = 0$   $\therefore a = 6$

─────────────────── (가)

따라서 $x$, $y$ 사이의 관계식은 $y = \dfrac{6}{x}$이다.

─────────────────── (나)

이때 $y = \dfrac{6}{x}$의 그래프 위의 점 중에서 $x$좌표, $y$좌표가 모두 정수

인 점은

$(1, 6), (2, 3), (3, 2), (6, 1),$

$(-1, -6), (-2, -3), (-3, -2), (-6, -1)$

의 8개이다.

─────────────────── (다)

답 8

| 단계 | 채점 기준 | 배점 |
|------|----------|------|
| (가) | 상수 $a$의 값을 구한 경우 | 30% |
| (나) | $x$, $y$ 사이의 관계식을 구한 경우 | 20% |
| (다) | $x$좌표, $y$좌표가 모두 정수인 점의 개수를 구한 경우 | 50% |

**BLACKLABEL 특강**   필수 원리

**$x$좌표, $y$좌표가 모두 정수인 점**

$y = \dfrac{a}{x}$ ($a \neq 0$인 정수)의 그래프 위의 점에 대하여 $x$좌표가 정수일 때 $y$좌표, 즉 $\dfrac{a}{x}$

의 값이 정수이어야 하므로 $x$좌표와 $y$좌표가 모두 정수인 점의

　|($x$좌표)| $=$ (정수 $a$의 양의 약수)

이어야 한다.

예 $y = \dfrac{6}{x}$에서 6의 양의 약수는 1, 2, 3, 6이므로 이 그래프 위의 점 중에서 $x$좌표와

　$y$좌표가 모두 정수인 점의 $x$좌표는 1, 2, 3, 6, $-1$, $-2$, $-3$, $-6$이다.

## 21

점 $A(-3, -2)$가 $y = \dfrac{a}{x}$의 그래프 위의 점이므로

$-2 = \dfrac{a}{-3}$   $\therefore a = 6$

점 $B(4, -3)$이 $y = \dfrac{b}{x}$의 그래프 위의 점이므로

$-3 = \dfrac{b}{4}$   $\therefore b = -12$

제1사분면에서 $y = \dfrac{6}{x}$의 그래프와 $x$축, $y$축으로 둘러싸인 부분에

있는 점 중에서 $x$좌표, $y$좌표가 모두 정수인 점은 $x$좌표에 따라

다음과 같다.

(i) $x = 1$일 때, $y = 1, 2, 3, 4, 5$

(ii) $x = 2$일 때, $y = 1, 2$

(iii) $x = 3, 4, 5$일 때, $y = 1$

(iv) $x \geq 6$일 때, $y$가 정수인 점은 없다.

(i)~(iv)에서 점의 개수는

$5 + 2 + 3 = 10$

제3사분면에서 $y = \dfrac{6}{x}$의 그래프와 $x$축, $y$축으로 둘러싸인 부분에

있는 점 중에서 $x$좌표, $y$좌표가 모두 정수인 점도 위와 같이 10

개이다.

한편, 제4사분면에서 $y = -\dfrac{12}{x}$의 그래프와 $x$축, $y$축으로 둘러싸

인 부분에 있는 점 중에서 $x$좌표, $y$좌표가 모두 정수인 점은 $x$좌

표에 따라 다음과 같다.

(v) $x=1$일 때, $y=-1, -2, -3, \cdots, -11$

(vi) $x=2$일 때, $y=-1, -2, -3, -4, -5$

(vii) $x=3$일 때, $y=-1, -2, -3$

(viii) $x=4, 5$일 때, $y=-1, -2$

(ix) $x=6, 7, 8, 9, 10, 11$일 때, $y=-1$

(x) $x \geq 12$일 때, $y$가 정수인 점은 없다.

(v)~(x)에서 점의 개수는

$11+5+3+4+6=29$

제2사분면에서 $y=-\dfrac{12}{x}$의 그래프와 $x$축, $y$축으로 둘러싸인 부분에 있는 점 중에서 $x$좌표, $y$좌표가 모두 정수인 점도 위와 같이 29개이다.

따라서 구하는 점의 개수는

$10+10+29+29=78$ 답 78

---

**BLACKLABEL 특강** 필수 원리

제1사분면과 제4사분면에 두 반비례 관계 $y=\dfrac{6}{x}$, $y=-\dfrac{12}{x}$의 그래프로 둘러싸인 부분에 있는 점 중에서 $x$좌표와 $y$좌표가 모두 $0$이 아닌 정수인 점을 나타내면 오른쪽 그림과 같다.

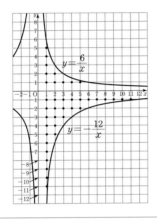

---

## 22 해결단계

| ❶단계 | 주어진 그래프와 점을 좌표평면 위에 나타낸다. |
|---|---|
| ❷단계 | 두 삼각형의 넓이를 $a$, $b$를 사용하여 각각 나타낸다. |
| ❸단계 | 비례식을 이용하여 $\dfrac{b}{a}$의 값을 구한다. |

$0<a<b$이므로 $y=\dfrac{1}{x}$, $y=\dfrac{3}{x}$의 그래프 및 네 점 A, B, C, D를 좌표평면 위에 나타내면 오른쪽 그림과 같다.

(삼각형 ABC의 넓이)

$=\dfrac{1}{2} \times \left(\dfrac{3}{a}-\dfrac{1}{a}\right) \times (b-a)$

$=\dfrac{b-a}{a}$

(삼각형 BCD의 넓이)$=\dfrac{1}{2} \times \left(\dfrac{3}{b}-\dfrac{1}{b}\right) \times (b-a)$

$=\dfrac{b-a}{b}$

이때 두 삼각형의 넓이의 비가 $2:1$이므로

$\dfrac{b-a}{a} : \dfrac{b-a}{b}=2:1$, $\dfrac{2(b-a)}{b}=\dfrac{b-a}{a}$

$a \neq b$에서 $b-a \neq 0$이므로

$\dfrac{2}{b}=\dfrac{1}{a}$ $\therefore \dfrac{b}{a}=2$ 답 ②

---

## 23

점 D는 제1사분면에서 $y=3x$의 그래프 위에 있으므로

$\mathrm{D}(k, 3k)$ $(k>0)$라 하면

두 점 A, D의 $x$좌표는 절댓값이 같은 정수이고 선분 AD는 $x$축에 평행하므로

$\mathrm{A}(-k, 3k)$

두 점 A, B는 $x$좌표가 같고 점 B는 $y=3x$의 그래프 위에 있으므로 점 B의 $y$좌표는

$y=3 \times (-k)=-3k$

$\therefore \mathrm{B}(-k, -3k)$

이때 직사각형 ABCD의 넓이가 108이므로

$2k \times 6k=108$

$12k^2=108$, $k^2=9$ $\therefore k=3$ ($\because k>0$)

$\therefore \mathrm{A}(-3, 9), \mathrm{B}(-3, -9), \mathrm{C}(3, -9), \mathrm{D}(3, 9)$

따라서 점 $\mathrm{A}(-3, 9)$가 $y=\dfrac{a}{x}$의 그래프 위의 점이므로

$9=\dfrac{a}{-3}$ $\therefore a=-27$ 답 $-27$

**• 다른 풀이 •**

$\mathrm{A}(-p, q)$ $(p>0, q>0)$라 하면 점 A는 $y=\dfrac{a}{x}$의 그래프 위의 점이므로

$q=\dfrac{a}{-p}$ $\therefore a=-pq$

이때 직사각형 ABCD의 넓이가 108이므로

$2p \times 2q=108$, $4pq=108$

$\therefore pq=27$

$\therefore a=-27$

---

## 24

$x_1 : x_2=1:2$이므로 $x_1=k$, $x_2=2k$ $(k \neq 0)$라 하자.

두 점 P, Q는 각각 $y=\dfrac{1}{x}$, $y=\dfrac{b}{x}$의 그래프 위의 점이므로

$\mathrm{P}\left(k, \dfrac{1}{k}\right)$, $\mathrm{Q}\left(2k, \dfrac{b}{2k}\right)$

점 $\mathrm{P}\left(k, \dfrac{1}{k}\right)$은 $y=ax$의 그래프 위의 점이므로

$\dfrac{1}{k}=ak$    $\therefore ak^2=1$     $\cdots\cdots$ ㉠

점 $Q\left(2k,\ \dfrac{b}{2k}\right)$도 $y=ax$의 그래프 위의 점이므로

$\dfrac{b}{2k}=2ak$

$\therefore b=4ak^2=4$ $(\because$ ㉠$)$      답 ②

## 25

$y=-\dfrac{14}{x}$의 그래프 위의 점 중

$x$좌표가 $-6$인 점의 $y$좌표는 $y=-\dfrac{14}{-6}=\dfrac{7}{3}$

$x$좌표가 $-2$인 점의 $y$좌표는 $y=-\dfrac{14}{-2}=7$

두 점 A, B를
A$\left(-6,\ \dfrac{7}{3}\right)$, B$(-2,\ 7)$이
라 하면 오른쪽 그림과 같
이 $y=ax$의 그래프가 점
A를 지날 때 $a$의 값이 가
장 크고, 점 B를 지날 때 $a$
의 값이 가장 작다.

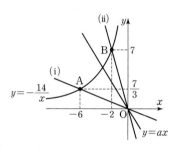

(i) $y=ax$의 그래프가 점 A$\left(-6,\ \dfrac{7}{3}\right)$을 지날 때,

$\dfrac{7}{3}=-6a$    $\therefore a=-\dfrac{7}{18}$

(ii) $y=ax$의 그래프가 점 B$(-2,\ 7)$을 지날 때,

$7=-2a$    $\therefore a=-\dfrac{7}{2}$

(i), (ii)에서 상수 $a$의 값의 범위는 $-\dfrac{7}{2}\leq a\leq -\dfrac{7}{18}$이므로 $a$의

최댓값은 $-\dfrac{7}{18}$이고, 최솟값은 $-\dfrac{7}{2}$이다.

따라서 구하는 합은

$-\dfrac{7}{18}+\left(-\dfrac{7}{2}\right)=-\dfrac{7+63}{18}=-\dfrac{35}{9}$      답 $-\dfrac{35}{9}$

## 26

두 점 A, B의 좌표를 각각
A$(p,\ 12)$, B$(q,\ 4)$ $(p>0,\ q>0)$
라 하면 두 점 A, B는 $y=\dfrac{a}{x}$의 그래프 위의 점이므로

$12=\dfrac{a}{p}$    $\therefore p=\dfrac{a}{12}$

$4=\dfrac{a}{q}$    $\therefore q=\dfrac{a}{4}$

이때 삼각형 ABC의 넓이가 16이므로

$\dfrac{1}{2}\times(q-p)\times(12-4)=16$

$\dfrac{1}{2}\times\left(\dfrac{a}{4}-\dfrac{a}{12}\right)\times 8=16$

$\dfrac{2}{3}a=16$    $\therefore a=24$

따라서 $p=2$, $q=6$이므로 A$(2,\ 12)$, B$(6,\ 4)$

$y=mx$의 그래프가 점 A를 지날 때 $m$의 값이 가장 크고, 점 B
를 지날 때 $m$의 값이 가장 작다.

(i) $y=mx$의 그래프가 점 A$(2,\ 12)$를 지날 때,

    $12=2m$    $\therefore m=6$

(ii) $y=mx$의 그래프가 점 B$(6,\ 4)$를 지날 때,

    $4=6m$    $\therefore m=\dfrac{2}{3}$

(i), (ii)에서 상수 $m$의 값의 범위는

$\dfrac{2}{3}\leq m\leq 6$      답 ④

## 27

P$(p,\ 6)$ $(p>0)$이라 하면
점 P는 $y=3x$의 그래프 위의 점이므로
$6=3p$에서 $p=2$
$\therefore$ P$(2,\ 6)$, A$(2,\ 0)$                           (가)

점 P$(2,\ 6)$이 $y=\dfrac{a}{x}$의 그래프 위의 점이므로

$6=\dfrac{a}{2}$에서 $a=12$    $\therefore y=\dfrac{12}{x}$           (나)

점 B가 점 A를 출발한 지 8초 후의 $x$좌표는

$2+\dfrac{3}{4}\times 8=8$    $\therefore$ B$(8,\ 0)$

Q$(8,\ q)$ $(q>0)$는 $y=\dfrac{12}{x}$의 그래프 위의 점이므로

$q=\dfrac{12}{8}=\dfrac{3}{2}$    $\therefore$ Q$\left(8,\ \dfrac{3}{2}\right)$        (다)

$\therefore$ (사각형 PABQ의 넓이)

   $=\dfrac{1}{2}\times\left(6+\dfrac{3}{2}\right)\times(8-2)$

   $=\dfrac{45}{2}$                                         (라)

                                       답 $\dfrac{45}{2}$

| 단계 | 채점 기준 | 배점 |
| --- | --- | --- |
| (가) | 두 점 A, P의 좌표를 각각 구한 경우 | 20% |
| (나) | $a$의 값을 구한 경우 | 30% |
| (다) | 점 Q의 좌표를 구한 경우 | 20% |
| (라) | 사각형 PABQ의 넓이를 구한 경우 | 30% |

## 28

두 개의 톱니바퀴 P, Q의 톱니 수를 각각 $9a$, $5a$ $(a \neq 0)$라 하면

$9a \times x = 5a \times y$    $\therefore y = \dfrac{9}{5}x$

톱니바퀴 P가 30번 회전할 때의 톱니바퀴 Q의 회전 수는 $x = 30$일 때의 $y$의 값이므로

$y = \dfrac{9}{5} \times 30 = 54$

따라서 $x$, $y$ 사이의 관계식은 $y = \dfrac{9}{5}x$이고, 톱니바퀴 P가 30번 회전할 때의 톱니바퀴 Q의 회전 수는 54이다.    답 $y = \dfrac{9}{5}x$, 54

## 29

기체에 가해지는 압력이 $x$기압, 부피가 $y$ mL이고 주어진 그래프에서 $y$가 $x$에 반비례하므로 기온이 20 ℃일 때와 80 ℃일 때의 기압과 부피 사이의 관계식을 각각 $y = \dfrac{a}{x}$, $y = \dfrac{b}{x}$ $(a \neq 0, b \neq 0)$라 하자.

20 ℃일 때, 압력 10기압에서 부피가 15 mL이므로

$15 = \dfrac{a}{10}$에서 $a = 150$

$\therefore y = \dfrac{150}{x}$

이때 20 ℃에서 압력이 5기압이면 기체의 부피는

$y = \dfrac{150}{5} = 30 \text{(mL)}$

80 ℃일 때, 압력 20기압에서 부피가 15 mL이므로

$15 = \dfrac{b}{20}$에서 $b = 300$

$\therefore y = \dfrac{300}{x}$

이때 80 ℃에서 압력이 5기압이면 기체의 부피는

$y = \dfrac{300}{5} = 60 \text{(mL)}$

따라서 구하는 부피의 차는

$60 - 30 = 30 \text{(mL)}$    답 30 mL

## 30

이 풍력 발전소에서 발전기 1대를 가동할 때, $x$시간 후의 생산된 전력량을 $y$라 하면 $y = ax$ $(a \neq 0)$로 놓을 수 있다.

그래프 $l$, 즉 $y = ax$의 그래프는 점 $(2, 1500)$을 지나므로

$1500 = 2a$    $\therefore a = 750$

즉, 그래프 $l$의 관계식은 $y = 750x$이다.

한편, 공장에서 기계 1대를 운영할 때, $x$시간 후의 필요한 전력량을 $y$라 하면 $y = bx$ $(b \neq 0)$로 놓을 수 있다.

그래프 $m$, 즉 $y = bx$의 그래프는 점 $(2, 500)$을 지나므로

$500 = 2b$    $\therefore b = 250$

즉, 그래프 $m$의 관계식은 $y = 250x$이다.

풍력 발전소에서 발전기 2대를 가동할 때 $x$시간 후의 생산된 전력량을 $y$라 하면

$y = 2 \times 750x$, 즉 $y = 1500x$

공장에서 기계 $n$대를 운영할 때 $x$시간 후의 필요한 전력량을 $y$라 하면

$y = n \times 250x$, 즉 $y = 250nx$

$1500x = 250nx$에서 $n = 6$

즉, 풍력 발전소에서 발전기 2대를 가동하여 생산하는 전력량과 공장에서 기계 6대를 운영하는 데 필요한 전력량은 같다.

따라서 이미 기계 2대를 운영하는 공장에서 추가로 운영할 수 있는 기계는 4대이다.    답 4대

## 31

처음 상자 안에 들어 있던 사탕의 개수가 $x$이므로 처음 상자 안에 들어 있던 초콜릿의 개수는 $2x$이다.

또한, 꺼낸 사탕의 개수가 $y$이므로 꺼낸 초콜릿의 개수는 $5y$이다.

남아 있는 사탕과 초콜릿의 개수의 비가 2 : 3이므로

$(x - y) : (2x - 5y) = 2 : 3$

$2(2x - 5y) = 3(x - y)$, $4x - 10y = 3x - 3y$

$x = 7y$    $\therefore y = \dfrac{1}{7}x$    ……㉠

꺼낸 사탕이 5개이면 $y = 5$이므로 이것을 ㉠에 대입하면 처음 상자 안에 들어 있던 사탕의 개수는

$5 = \dfrac{x}{7}$    $\therefore x = 35$

따라서 처음 상자 안에 들어 있던 초콜릿의 개수는

$2x = 2 \times 35 = 70 \text{(개)}$    답 ③

## 32 해결단계

| ❶단계 | 점 P가 점 B를 출발한 지 $x$초 후의 삼각형 ABP의 넓이를 $y$라 하고 $x$, $y$ 사이의 관계식을 구한다. |
|---|---|
| ❷단계 | 변 BC 위의 점 P에 대하여 삼각형 ABP의 넓이가 60일 때의 $x$의 값을 구한다. |
| ❸단계 | 변 BC 위의 점 P에 대하여 삼각형 ABP의 넓이가 처음으로 60이 될 때까지 걸린 시간을 구한다. |

점 P가 점 B를 출발한 지 $x$초 후의 삼각형 ABP의 넓이를 $y$라 하면 변 BP의 길이가 $2x$이므로

$y = \dfrac{1}{2} \times 12 \times 2x$

$\therefore y = 12x$

$y = 60$을 $y = 12x$에 대입하면

$60 = 12x$

$\therefore x=5$

즉, 점 P가 점 B를 출발한 지 5초 후에 삼각형 ABP의 넓이가
처음으로 60이 된다.

한편, 점 P는 처음에 점 C에서 출발하였으므로 점 P가 점 C에서
출발하여 두 점 D, A를 차례로 지나 점 B에 도착할 때까지 걸리
는 시간은

$$\frac{12}{2}+\frac{20}{2}+\frac{12}{2}=6+10+6=22(초)$$

따라서 점 P가 변 BC 위에 있으면서 삼각형 ABP의 넓이가 처
음으로 60이 되는 것은 점 P가 점 C를 출발한 지

$22+5=27(초)$ 후이다.               답 ④

---

| STEP | **3** | 종합 사고력 도전 문제 | pp.112~113 |
|---|---|---|---|

**01** (1) $c<b<a$ (2) $r<s<q<p$      **02** (가) 정, (나) 반, (다) 반, (라) 정

**03** (1) 6 m (2) 3배      **04** 324      **05** $\frac{9}{8}$      **06** 6

**07** 1 : 2      **08** $\frac{5}{2}$배

---

## 01 해결단계

| | | |
|---|---|---|
| (1) | ❶단계 | $a$, $b$, $c$의 부호를 구한다. |
| | ❷단계 | $a$, $b$, $c$의 대소 관계를 구한다. |
| (2) | ❸단계 | $p$, $q$, $r$, $s$의 부호를 구한다. |
| | ❹단계 | $p$, $q$, $r$, $s$의 대소 관계를 구한다. |

(1) $y=\dfrac{a}{x}$의 그래프는 제1사분면과 제3사분면을 지나고,

$y=\dfrac{b}{x}$, $y=\dfrac{c}{x}$의 그래프는 제2사분면과 제4사분면을 지나므로

$a>0$, $b<0$, $c<0$

또한, $y=\dfrac{b}{x}$의 그래프가 $y=\dfrac{c}{x}$의 그래프보다 원점에 가까우므로

$|c|>|b|$

이때 $b<0$, $c<0$이므로 $c<b$

$\therefore c<b<a$

(2) $y=px$, $y=qx$의 그래프는 제1사분면과 제3사분면을 지나
고, $y=rx$, $y=sx$의 그래프는 제2사분면과 제4사분면을 지
나므로

$p>0$, $q>0$, $r<0$, $s<0$

또한, $y=px$의 그래프가 $y=qx$의 그래프보다 $y$축에 가까우
므로

$|p|>|q|$

이때 $p>0$, $q>0$이므로 $p>q$

$y=rx$의 그래프가 $y=sx$의 그래프보다 $y$축에 가까우므로

$|r|>|s|$

이때 $r<0$, $s<0$이므로 $r<s$

$\therefore r<s<q<p$

             답 (1) $c<b<a$    (2) $r<s<q<p$

## 02 해결단계

| | |
|---|---|
| ❶단계 | ㉠, ㉡에 해당하는 말을 넣었을 때의 $x$, $y$ 사이의 관계식, $y$, $z$ 사이의 관계식을 각각 구한다. |
| ❷단계 | ❶단계의 관계식으로부터 $x$, $z$ 사이의 관계식을 구한다. |
| ❸단계 | ❷단계의 관계식으로부터 ㉢에 알맞은 말을 찾는다. |

(가) ㉠에 '정', ㉡에 '정'이 들어갈 때,

$y$가 $x$에 정비례하면 $y=ax$ $(a\neq0)$로 놓을 수 있고, $z$가 $y$에

정비례하면 $z=by$ $(b\neq0)$로 놓을 수 있다.

이때 $y=ax$를 $z=by$에 대입하면

$z=b\times ax=abx$ $(ab\neq0)$이므로 $z$는 $x$에 정비례한다.

따라서 이 경우 ㉢에 들어갈 말은 '정'이다.

(나) ㉠에 '정', ㉡에 '반'이 들어갈 때,

$y$가 $x$에 정비례하면 $y=ax$ $(a\neq0)$로 놓을 수 있고, $z$가 $y$에

반비례하면 $z=\dfrac{b}{y}$ $(b\neq0)$로 놓을 수 있다.

이때 $y=ax$를 $z=\dfrac{b}{y}$에 대입하면

$z=\dfrac{b}{ax}$ $\left(\dfrac{b}{a}\neq0\right)$이므로 $z$는 $x$에 반비례한다.

따라서 이 경우 ㉢에 들어갈 말은 '반'이다.

(다) ㉠에 '반', ㉡에 '정'이 들어갈 때,

$y$가 $x$에 반비례하면 $y=\dfrac{a}{x}$ $(a\neq0)$로 놓을 수 있고, $z$가 $y$에

정비례하면 $z=by$ $(b\neq0)$로 놓을 수 있다.

이때 $y=\dfrac{a}{x}$를 $z=by$에 대입하면

$z=b\times\dfrac{a}{x}=\dfrac{ab}{x}$ $(ab\neq0)$이므로 $z$는 $x$에 반비례한다.

따라서 이 경우 ㉢에 들어갈 말은 '반'이다.

(라) ㉠에 '반', ㉡에 '반'이 들어갈 때,

$y$가 $x$에 반비례하면 $y=\dfrac{a}{x}$ $(a\neq0)$로 놓을 수 있고, $z$가 $y$에

반비례하면 $z=\dfrac{b}{y}$ $(b\neq0)$로 놓을 수 있다.

이때 $y=\dfrac{a}{x}$를 $z=\dfrac{b}{y}$에 대입하면

$z=b\times\dfrac{x}{a}=\dfrac{b}{a}x$ $\left(\dfrac{b}{a}\neq0\right)$이므로 $z$는 $x$에 정비례한다.

따라서 이 경우 ㉢에 들어갈 말은 '정'이다.

그러므로 ㈎ 정, ㈏ 반, ㈐ 반, ㈑ 정이다.

답 ㈎ 정, ㈏ 반, ㈐ 반, ㈑ 정

## 03 해결단계

| | | |
|---|---|---|
| (1) | ❶단계 | $x$, $y$ 사이의 관계식을 구한다. |
| | ❷단계 | 받침점과 힘점 사이의 거리를 구한다. |
| (2) | ❸단계 | ❶단계에서 구한 관계식을 이용하여 힘이 몇 배가 되어야 하는지 구한다. |

(1) 작용점과 받침점 사이의 거리를 1 m로 두고 힘을 주어 12 kg의 물체를 올렸으므로

$12 : x = y : 1$, $xy = 12$

$\therefore y = \dfrac{12}{x}$ ······ ㉠

$x = 2$를 ㉠에 대입하면 힘점과 받침점 사이의 거리는

$y = \dfrac{12}{2} = 6(\text{m})$

(2) 12 kg의 물체를 올리기 위해 준 힘을 $p$ kg이라 하고 힘점과 받침점 사이의 거리를 $q$ m라 할 때, 수평을 이룬다고 하면

$q = \dfrac{12}{p}$

이때 힘점과 받침점 사이의 거리를 $\dfrac{1}{3}q$ m로 줄이면

$\dfrac{1}{3}q = \dfrac{1}{3} \times \dfrac{12}{p} = \dfrac{12}{3p}$

따라서 수평을 이루기 위해 필요한 힘은 $3p$ kg, 즉 3배가 되어야 한다.

답 (1) 6 m (2) 3배

## 04 해결단계

| | |
|---|---|
| ❶단계 | $y = ax$의 그래프 위의 두 점 B, E와 정사각형의 넓이를 이용하여 $a$의 값을 구한다. |
| ❷단계 | $a$의 값을 이용하여 두 점 F, H의 좌표를 각각 구한다. |
| ❸단계 | $y = bx$의 그래프 위의 점 D를 이용하여 $b$의 값을 구하고 점 J의 좌표를 구한다. |
| ❹단계 | 사각형 FJIH의 넓이를 구한다. |

두 점 A, B의 $x$좌표가 같고 점 A의 $x$좌표가 1이며, 점 B는 $y = ax$의 그래프 위에 있으므로

B(1, $a$)

선분 BC의 길이가 2이므로

C(3, $a$)

두 정사각형 ADCB, CGFE의 넓이의 비가 1 : 9이고, 정사각형 ADCB의 넓이가 4이므로 정사각형 CGFE의 넓이는 36이다.

따라서 정사각형 CGFE의 한 변의 길이는 6이므로

E(3, $a+6$)

점 E는 $y = ax$의 그래프 위의 점이므로

$a + 6 = 3a$

$2a = 6$ $\therefore a = 3$

$\therefore$ B(1, 3), C(3, 3), E(3, 9)

선분 EF의 길이는 6이므로

F(9, 9)

H(9, $p$)라 하면 점 H는 $y = 3x$의 그래프 위의 점이므로

$p = 3 \times 9 = 27$ $\therefore$ H(9, 27)

한편, 점 D(3, 1)은 $y = bx$의 그래프 위의 점이므로

$1 = 3b$ $\therefore b = \dfrac{1}{3}$

J($q$, 9)라 하면 점 J는 $y = \dfrac{1}{3}x$의 그래프 위의 점이므로

$9 = \dfrac{1}{3}q$ $\therefore q = 27$

$\therefore$ J(27, 9)

따라서

(변 FH의 길이) = (변 FJ의 길이) = 27 - 9 = 18이므로

사각형 FJIH는 정사각형이고 그 넓이는

$18 \times 18 = 324$

답 324

## 05 해결단계

| | |
|---|---|
| ❶단계 | 상수 $a$, $b$의 값을 각각 구한다. |
| ❷단계 | 두 넓이 $A$, $B$를 각각 구한다. |
| ❸단계 | 상수 $k$의 값을 구한다. |

점 Q(6, 2)가 $y = \dfrac{a}{x}$의 그래프 위의 점이므로

$2 = \dfrac{a}{6}$에서 $a = 12$

$\therefore y = \dfrac{12}{x}$

점 P(4, $b$)가 $y = \dfrac{12}{x}$의 그래프 위의 점이므로

$b = \dfrac{12}{4} = 3$

$\therefore$ P(4, 3)

$\therefore$ (직사각형 ORPS의 넓이) = $4 \times 3 = 12$

이때 $A : B = 1 : 2$이므로

$A = 12 \times \dfrac{1}{1+2} = 4$, $B = 12 - 4 = 8$

한편, $y = kx$의 그래프와 선분 SP가 만나는 점을 T라 하면

점 T의 $y$좌표는 3이므로 $x$좌표는

$3 = kx$에서 $x = \dfrac{3}{k}$

$\therefore$ T$\left(\dfrac{3}{k}, 3\right)$

이때 $A=4$이므로

$\dfrac{1}{2} \times \dfrac{3}{k} \times 3 = 4$

$\therefore k = \dfrac{9}{8}$

답 $\dfrac{9}{8}$

**BLACKLABEL 특강**  해결 실마리

**$y = \dfrac{a}{x}\ (a \neq 0)$의 그래프 위의 한 점**

$y = \dfrac{a}{x}$의 그래프 위의 한 점 $P(p, q)$에 대하여 $R(p, 0), S(0, q)$라 하면

(사각형 ORPS의 넓이) $= |p \times q|$
$= |a|$

따라서 위의 문제에서 점 $Q(6, 2)$가 $y = \dfrac{a}{x}$의 그래프 위의 점이므로 $a = 6 \times 2 = 12$, 즉 직사각형 ORPS의 넓이가 12임을 알 수 있다.

## 06 해결단계

| **❶단계** | 상수 $a$, $b$의 값을 구한다. |
|---|---|
| **❷단계** | 점 Q의 좌표를 구한다. |
| **❸단계** | 삼각형 POQ의 넓이를 구한다. |

점 $P(2, 4)$가 $y = ax$의 그래프 위의 점이므로

$4 = 2a$  $\therefore a = 2$

점 $P(2, 4)$가 $y = \dfrac{8ab}{x}$, 즉 $y = \dfrac{16b}{x}$의 그래프 위의 점이므로

$4 = \dfrac{16b}{2}$  $\therefore b = \dfrac{1}{2}$

점 Q는 $y = \dfrac{1}{2}x$의 그래프 위의 점이므로 점 Q의 좌표를

$\left(t, \dfrac{1}{2}t\right)\ (t > 0)$라 하면

점 Q는 $y = \dfrac{8ab}{x}$, 즉 $y = \dfrac{8}{x}$의 그래프 위의 점이므로

$\dfrac{1}{2}t = \dfrac{8}{t}$

$t^2 = 16$  $\therefore t = 4\ (\because t > 0)$

$\therefore Q(4, 2)$

세 점 $(4, 4), (0, 4), (4, 0)$을 각각 A, B, C라 하면 다음 그림과 같다.

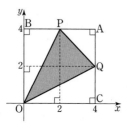

$\therefore$ (삼각형 POQ의 넓이)
$=$ (사각형 ABOC의 넓이) $-$ (삼각형 APQ의 넓이)
$\quad -$ (삼각형 BOP의 넓이) $-$ (삼각형 OCQ의 넓이)
$= 4 \times 4 - \dfrac{1}{2} \times 2 \times 2 - \dfrac{1}{2} \times 4 \times 2 - \dfrac{1}{2} \times 4 \times 2$
$= 16 - 2 - 4 - 4 = 6$

답 6

## 07 해결단계

| **❶단계** | $a$, $b$의 값을 각각 구한다. |
|---|---|
| **❷단계** | 점 P의 좌표를 이용해 두 점 A, B의 좌표를 각각 나타낸다. |
| **❸단계** | 선분 PA와 선분 PB의 길이를 각각 구한다. |
| **❹단계** | 선분 PA의 길이와 선분 PB의 길이의 비를 가장 간단한 자연수의 비로 나타낸다. |

점 $(3, 6)$이 $y = ax$의 그래프 위의 점이므로

$6 = 3a$에서 $a = 2$

$\therefore y = 2x$

점 $(3, 6)$이 $y = \dfrac{b}{x}$의 그래프 위의 점이므로

$6 = \dfrac{b}{3}$에서 $b = 18$

$\therefore y = \dfrac{18}{x}$

이때 점 P는 $y = 2x$의 그래프 위의 점이므로

$P(t, 2t)\ (0 < t < 3)$라 하면

두 점 A, P의 $y$좌표가 $2t$로 같고 점 A는 $y = \dfrac{18}{x}$의 그래프 위의 점이므로 점 A의 $x$좌표는

$2t = \dfrac{18}{x}$에서 $x = \dfrac{9}{t}$

$\therefore A\left(\dfrac{9}{t}, 2t\right)$

두 점 B, P의 $x$좌표가 $t$로 같고 점 B도 $y = \dfrac{18}{x}$의 그래프 위의 점이므로 점 B의 $y$좌표는

$y = \dfrac{18}{t}$

$\therefore B\left(t, \dfrac{18}{t}\right)$

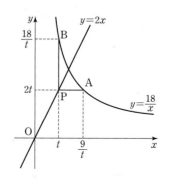

따라서

(선분 PA의 길이)$=\dfrac{9}{t}-t$,

(선분 PB의 길이)$=\dfrac{18}{t}-2t=2\left(\dfrac{9}{t}-t\right)$

이므로

(선분 PA의 길이) : (선분 PB의 길이)

$=\left(\dfrac{9}{t}-t\right):2\left(\dfrac{9}{t}-t\right)=1:2$

답 1 : 2

## 대단원평가
pp.114~115

| 01 $\dfrac{41}{4}$ | 02 $\dfrac{2}{3}$ | 03 ④ | 04 ④ |
| 05 21분 | 06 $\dfrac{1}{4}$ | 07 5 | 08 16 |
| 09 $A=18, y=\dfrac{18}{x}$ | | 10 100 | 11 7 |
| 12 (1) $\dfrac{1}{3}$  (2) $\dfrac{9}{2}$ | | | |

## 08 해결단계

| ❶단계 | 판매 금액과 판매량 사이의 관계를 식으로 나타낸다. |
| --- | --- |
| ❷단계 | 30분 동안의 판매량을 구한다. |
| ❸단계 | 판매 금액을 20 % 할인할 때의 1시간 동안의 판매량을 구한다. |
| ❹단계 | 20 % 할인할 때 1시간 동안의 판매량은 할인 전 30분 동안의 판매량의 몇 배인지 구한다. |

아이스크림의 판매 금액을 $x$원, 30분 동안의 판매량을 $y$개라 하면 판매 금액과 판매량이 서로 반비례하므로

$x\times y=800\times100$

$\therefore y=\dfrac{80000}{x}$ ⋯⋯㉠

판매 금액이 $a$원일 때의 30분 동안의 판매량은 $x=a$를 ㉠에 대입하면

$y=\dfrac{80000}{a}$(개)

판매 금액을 20 % 할인한 $\dfrac{4}{5}a$원일 때의 30분 동안의 판매량은

$x=\dfrac{4}{5}a$를 ㉠에 대입하면

$y=80000\div\dfrac{4}{5}a$

$\quad=80000\times\dfrac{5}{4a}$

$\quad=\dfrac{100000}{a}$(개)

이때 제품의 판매량은 판매 금액이 일정하면 판매 시간에 정비례하므로 할인할 때의 1시간 동안의 판매량은

$2\times\dfrac{100000}{a}=\dfrac{200000}{a}$(개)이다.

따라서

(할인할 때의 1시간 동안의 판매량)

÷(할인 전의 30분 동안의 판매량)

$=\dfrac{200000}{a}\div\dfrac{80000}{a}$

$=\dfrac{200000}{a}\times\dfrac{a}{80000}$

$=\dfrac{5}{2}$(배)

답 $\dfrac{5}{2}$배

## 01

점 $\left(a+\dfrac{3}{2}, 5-2a\right)$가 $x$축 위에 있으므로

$5-2a=0, 2a=5$ $\quad\therefore a=\dfrac{5}{2}$

점 $(a+2b, 4b-1)$이 $y$축 위에 있으므로

$a+2b=0$

즉, $\dfrac{5}{2}+2b=0$이므로

$2b=-\dfrac{5}{2}$ $\quad\therefore b=-\dfrac{5}{4}$

네 점 $(4, 0), (0, -6), (-5, 0), (c, -6)$을 꼭짓점으로 하는 사각형이 평행사변형이므로 다음 그림과 같이 점 $(c, -6)$의 좌표는 $(-9, -6)$ 또는 $(9, -6)$이다.

$\therefore c=-9$ 또는 $c=9$

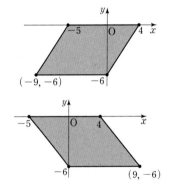

따라서

$a+b+c=\dfrac{5}{2}+\left(-\dfrac{5}{4}\right)+(-9)=\dfrac{5}{4}-9=-\dfrac{31}{4}$

또는

$a+b+c=\dfrac{5}{2}+\left(-\dfrac{5}{4}\right)+9=\dfrac{5}{4}+9=\dfrac{41}{4}$

이므로 가능한 $a+b+c$의 값 중 가장 큰 값은 $\dfrac{41}{4}$이다.

답 $\dfrac{41}{4}$

## 02

두 점 $\mathrm{P}(2a-1, b)$와 $\mathrm{Q}$가 $y$축에 대하여 대칭이므로 점 $\mathrm{Q}$의 좌표는 $\mathrm{Q}(-2a+1, b)$

두 점 Q$(-2a+1, b)$와 R이 원점에 대하여 대칭이므로 점 R의 좌표는 R$(2a-1, -b)$

즉, $2a-1=3a-2$, $-b=2b+1$이므로

$a=1$, $b=-\dfrac{1}{3}$

$\therefore a+b=1+\left(-\dfrac{1}{3}\right)=\dfrac{2}{3}$

답 $\dfrac{2}{3}$

## 03

쇠구슬의 중간 지점까지는 수면의 높이가 점점 빠르게 증가하고, 쇠구슬의 중간 지점 이후에는 수면의 높이가 점점 천천히 증가하다가 쇠구슬이 완전히 잠긴 이후에는 수면의 높이가 일정하게 증가한다.

따라서 두 변수 $x$, $y$ 사이의 그래프의 개형은 다음 그림과 같다.

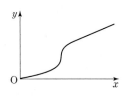

답 ④

## 04

점 $(a, b)$는 제4사분면 위의 점이므로

$a>0$, $b<0$

점 $(c, d)$는 제3사분면 위의 점이므로

$c<0$, $d<0$

① $b<0$, $c<0$, $d<0$이므로 $\dfrac{bc}{d}<0$

② $a>0$, $b<0$이므로 $ab<0$

$c<0$, $d<0$이므로 $cd>0$

$\therefore ab-cd<0$

③ $a>0$, $b<0$, $c<0$이므로 $a-b+c$의 부호는 알 수 없다.

④ $a>0$, $d<0$이므로 $a^2-d>0$

⑤ $a>0$, $c<0$이므로 $ac<0$

$b<0$, $d<0$이므로 $bd>0$

$\therefore ac-bd<0$

따라서 항상 옳은 것은 ④이다.

답 ④

## 05

두 호스 A, B로 동시에 물을 채우면 8분 동안 80 L를 채우므로 1분에 $\dfrac{80}{8}=10$(L)의 물을 채울 수 있다.

또한, 호스 A로만 물을 채우면 18분 동안 60 L를 채우므로 1분에 $\dfrac{60}{18}=\dfrac{10}{3}$(L)의 물을 채울 수 있다.

따라서 호스 B로 1분에 $10-\dfrac{10}{3}=\dfrac{20}{3}$(L)의 물을 채울 수 있으므로 부피가 140 L인 물통을 호스 B만으로 채우는 데 걸리는 시간은

$140\div\dfrac{20}{3}=140\times\dfrac{3}{20}$

$=21$(분)

답 21분

## 06

(사다리꼴 OABC의 넓이)$=\dfrac{1}{2}\times(3+6)\times2=9$

(삼각형 OAB의 넓이)$=\dfrac{1}{2}\times6\times2=6$

$\therefore$ (삼각형 OAB의 넓이)$>\dfrac{1}{2}\times$(사다리꼴 OABC의 넓이)

따라서 $y=ax$의 그래프가 사다리꼴 OABC의 넓이를 이등분하려면 $y=ax$의 그래프는 변 AB와 만나야 하므로 다음 그림과 같다.

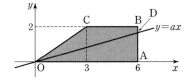

이때 $y=ax$의 그래프와 변 AB가 만나는 D, 점 D의 $y$좌표를 $k$라 하면 점 D의 $x$좌표는 6이므로

$k=6a$

$\therefore$ D$(6, 6a)$

(삼각형 OAD의 넓이)$=\dfrac{1}{2}\times$(사다리꼴 OABC의 넓이)

이므로

$\dfrac{1}{2}\times6\times6a=\dfrac{9}{2}$

$18a=\dfrac{9}{2}$    $\therefore a=\dfrac{1}{4}$

답 $\dfrac{1}{4}$

## 07

조건 (가)에서 $a>0$

조건 (나)에서

$|a|<|-5|$    $\therefore a<5$

이때 $a$는 정수이므로

$a=1, 2, 3, 4$

조건 ㈐에서 $a$는 소수이므로

$a=2, 3$

따라서 정수 $a$가 될 수 있는 값의 합은

$2+3=5$

답 5

## 08

직사각형 ABCO의 가로의 길이와 세로의 길이의 비가 $5:8$이므로

(선분 OA의 길이)$=5k$, (선분 OC의 길이)$=8k$ ($k$는 자연수)

라 하자.

직사각형 ABCO의 둘레의 길이가 $13$이므로

$2 \times (5k+8k)=13$

$26k=13$    $\therefore k=\dfrac{1}{2}$

(선분 OA의 길이)$=\dfrac{5}{2}$, (선분 OC의 길이)$=4$

점 $\mathrm{B}\left(\dfrac{5}{2}, 4\right)$는 $y=ax$의 그래프 위의 점이므로

$4=\dfrac{5}{2}a$    $\therefore a=\dfrac{8}{5}$

점 $\mathrm{B}\left(\dfrac{5}{2}, 4\right)$는 $y=\dfrac{b}{x}$의 그래프 위의 점이므로

$4=b \div \dfrac{5}{2}$    $\therefore b=10$

$\therefore ab=\dfrac{8}{5} \times 10=16$

답 16

## 09

넓이가 $8\,\mathrm{m}^2$인 직사각형 모양의 그늘막 설치 비용이 $5600$원이므로 넓이가 $1\,\mathrm{m}^2$인 직사각형 모양의 그늘막 설치 비용은

$\dfrac{5600}{8}=700$(원)

따라서 $12600$원의 비용으로 설치할 수 있는 그늘막의 넓이가 $A\,\mathrm{m}^2$이므로

$700A=12600$

$\therefore A=18$

한편, 직사각형 모양의 그늘막의 가로의 길이와 세로의 길이가 각각 $x\,\mathrm{m}$, $y\,\mathrm{m}$이므로 그늘막의 넓이는 $xy\,\mathrm{m}^2$이다.

이때 $12600$원의 비용으로 설치할 수 있는 그늘막의 넓이가 $18\,\mathrm{m}^2$이므로

$xy=18$

$\therefore y=\dfrac{18}{x}$

답 $A=18$, $y=\dfrac{18}{x}$

## 10

점 A$(0, -2)$, B$(0, -4)$, C$(3, 0)$, D$(6, 0)$, P$(a, b)$를 좌표평면 위에 나타내면 다음 그림과 같다.

(i) $a>0$, $b>0$일 때,

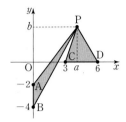

(ii) $a<0$, $b>0$일 때,

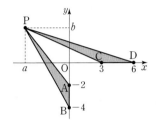

(iii) $a<0$, $b<0$일 때,

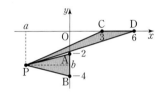

(iv) $a>0$, $b<0$일 때,

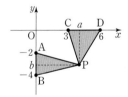

(i)~(iv)에서

(삼각형 PAB의 넓이)

$=\dfrac{1}{2} \times \{(-2)-(-4)\} \times |a|$

$=|a|$

(삼각형 PCD의 넓이)

$=\dfrac{1}{2} \times (6-3) \times |b|$

$=\dfrac{3}{2}|b|$

㈎

조건 ㈏에서 $|a| : \dfrac{3}{2}|b|=1:2$

$2|a|=\dfrac{3}{2}|b|$

$\therefore \dfrac{|b|}{|a|}=\dfrac{4}{3}$ ($\because a \ne 0$)

㈏

이때 $|a|=3k$, $|b|=4k$ ($k$는 자연수)라 하면

조건 ㈎에서 $1 \le |b| \le 100$이므로

$|b|=4, 8, 12, \cdots, 100$

$|b|=4$이면 $k=1$이고 $|a|=3$이므로 조건을 만족시키는 순서쌍 $(a, b)$는

$(-3, -4), (-3, 4), (3, -4), (3, 4)$

의 4개이다.

따라서 각 $|b|$의 값에 대하여 순서쌍 $(a, b)$는 4개씩 존재하므로 구하는 두 정수 $a$, $b$의 순서쌍 $(a, b)$의 개수는

$25 \times 4 = 100$

(다)

답 100

| 단계 | 채점 기준 | 배점 |
|---|---|---|
| (가) | 삼각형 PAB와 삼각형 PCD의 넓이를 구한 경우 | 40% |
| (나) | 조건 (나)를 이용하여 $a$, $b$ 사이의 관계식을 구한 경우 | 30% |
| (다) | 조건 (가)를 이용하여 순서쌍 $(a, b)$의 개수를 구한 경우 | 30% |

| 단계 | 채점 기준 | 배점 |
|---|---|---|
| (가) | 주어진 그래프를 좌표평면 위에 나타내고 두 그래프가 각각 만나는 점의 좌표를 구한 경우 | 30% |
| (나) | $y=\dfrac{20}{x}$ $(2 \leq x \leq 10)$ 위의 점 중 정수 $x$, $y$의 순서쌍 $(x, y)$를 구한 경우 | 30% |
| (다) | 세 그래프로 둘러싼 도형의 경계 위의 점 중 $x$좌표와 $y$좌표가 모두 정수인 점의 개수를 구한 경우 | 40% |

## 11

$y=\dfrac{1}{5}x$, $y=5x$의 그래프와 $y=\dfrac{20}{x}$ $(x>0)$의 그래프를 나타내면 다음 그림과 같다.

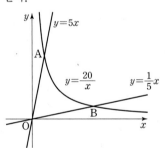

$y=5x$의 그래프와 $y=\dfrac{20}{x}$의 그래프가 만나는 점을 A, 점 A의 $x$좌표를 $a$라 하면 $5a=\dfrac{20}{a}$에서 $a^2=4$

$\therefore a=2 \ (\because a>0)$ $\quad \therefore$ A$(2, 10)$

$y=\dfrac{1}{5}x$의 그래프와 $y=\dfrac{20}{x}$의 그래프가 만나는 점을 B, 점 B의 $x$좌표를 $b$라 하면

$\dfrac{1}{5}b=\dfrac{20}{b}$에서 $b^2=100$

$\therefore b=10 \ (\because b>0)$ $\quad \therefore$ B$(10, 2)$

(가)

$y=\dfrac{20}{x}$, 즉 $xy=20 \,(2 \leq x \leq 10, \ 2 \leq y \leq 10)$을 만족시키는 정수 $x$, $y$의 순서쌍 $(x, y)$는 $(2, 10), (4, 5), (5, 4), (10, 2)$

(나)

따라서 $y=\dfrac{1}{5}x$, $y=5x$의 그래프와 $y=\dfrac{20}{x}$ $(x>0)$의 그래프로 둘러싸인 도형의 경계 위의 점 중 $x$좌표와 $y$좌표가 모두 정수인 점은

$(0, 0), (1, 5), (2, 10), (4, 5), (5, 1), (5, 4), (10, 2)$

의 7개이다.

(다)

답 7

## 12

(1) A$(3, p)$, B$(-3, q)$ $(p>0, q<0)$라 하면 두 점 A, B는 $y=\dfrac{12}{x}$의 그래프 위의 점이므로

$p=\dfrac{12}{3}=4$, $q=\dfrac{12}{-3}=-4$

$\therefore$ A$(3, 4)$, B$(-3, -4)$

$\therefore$ (삼각형 ABC의 넓이)$=\dfrac{1}{2} \times 4 \times 6 = 12$

(가)

삼각형 OAE의 넓이와 사각형 OBCE의 넓이의 비가 $3 : 5$이므로

(삼각형 OAE의 넓이)$=$(삼각형 ABC의 넓이)$\times \dfrac{3}{8}$

$\dfrac{1}{2} \times$ (선분 AE의 길이) $\times 3 = 12 \times \dfrac{3}{8}$

$\therefore$ (선분 AE의 길이)$=3$

따라서 E$(3, 1)$이고, 점 E가 $y=ax$의 그래프 위의 점이므로

$1=3a$ $\quad \therefore a=\dfrac{1}{3}$

(나)

(2) $y=\dfrac{1}{3}x$의 그래프 위의 점 F의 좌표를 $\left(r, \dfrac{1}{3}r\right)$ $(r>0)$이라 하면 점 F는 $y=\dfrac{12}{x}$의 그래프 위의 점이므로

$\dfrac{1}{3}r=\dfrac{12}{r}$

$r^2=36$ $\quad \therefore r=6 \ (\because r>0)$

$\therefore$ F$(6, 2)$

$\therefore$ (삼각형 AEF의 넓이)

$=\dfrac{1}{2} \times$ (선분 AE의 길이) $\times (6-3)$

$=\dfrac{1}{2} \times 3 \times 3 = \dfrac{9}{2}$

(다)

답 (1) $\dfrac{1}{3}$ (2) $\dfrac{9}{2}$

| 단계 | | 채점 기준 | 배점 |
|---|---|---|---|
| (1) | (가) | 두 점 A, B의 좌표와 삼각형 ABC의 넓이를 구한 경우 | 20% |
| | (나) | 주어진 넓이의 비를 이용하여 선분 AE의 길이와 상수 $a$의 값을 구한 경우 | 50% |
| (2) | (다) | 점 F의 좌표와 삼각형 AEF의 넓이를 구한 경우 | 30% |

# WHITE
## *label*

서술형 문항의
원리를 푸는 열쇠

**화 이 트 라 벨**
| 서술형 문장완성북　| 서술형 핵심패턴북

## 링크 랭크

마인드맵으로 쉽게
우선순위로 빠르게

**링 크 랭 크**
| 고등 VOCA　| 수능 VOCA

impossible

+

 땀 한 방울

=

i'm possible

불가능을 가능으로 바꾸는 것은
한 방울의 땀입니다.

**A등급**을 위한 **명품 수학**

# 블랙라벨 중학수학 1-1

Tomorrow
better than today

WWW.**JINHAK**.COM

원서접수 **+** 입시정보 **+** 모의지원·합격예측 **+** 블랙라벨

수능·내신을 위한
상위권 명품 영단어장

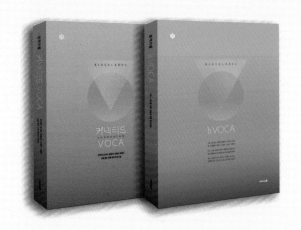

**블랙라벨**

| 커넥티드 VOCA    | 1등급 VOCA

내신 중심 시대
단 하나의 내신 어법서

**블랙라벨**

| 영어 내신 어법

| 전교 1등의 책상 위에는 **블랙라벨** | 국어 | 문학 ｜ 독서(비문학) ｜ 문법 |
| --- | --- | --- |
| | 영어 | 커넥티드 VOCA ｜ 1등급 VOCA ｜ 내신 어법 ｜ 독해 |
| | 15개정 고등 수학 | 수학(상) ｜ 수학(하) ｜ 수학Ⅰ ｜ 수학Ⅱ ｜ 확률과 통계 ｜ 미적분 ｜ 기하 |
| | 15개정 중학 수학 | 1-1 ｜ 1-2 ｜ 2-1 ｜ 2-2 ｜ 3-1 ｜ 3-2 |
| | 15개정 수학 공식집 | 중학 ｜ 고등 |
| | 22개정 고등 수학 | 공통수학 1 ｜ 공통수학 2 (출시예정) |
| | 22개정 중학 수학 | 1-1 ｜ 1-2 (출시예정) |
| 단계별 학습을 위한 플러스 기본서 **더 THE 개념 블랙라벨** | 국어 | 문학 ｜ 독서 ｜ 문법 |
| | 15개정 수학 | 수학(상) ｜ 수학(하) ｜ 수학Ⅰ ｜ 수학Ⅱ ｜ 확률과 통계 ｜ 미적분 |
| | 22개정 수학 | 공통수학 1 ｜ 공통수학 2 (출시예정) |
| 내신 서술형 명품 영어 **WHITE** *label* | 영어 | 서술형 문장완성북 ｜ 서술형 핵심패턴북 |
| 꿈에서도 떠오르는 **그림어원** | 영어 | 중학 VOCA ｜ 토익 VOCA |
| 마인드맵 + 우선순위 **링크랭크** | 영어 | 고등 VOCA ｜ 수능 VOCA |

완벽한 학습을 위한 수학 공식집

블랙라벨 BLACKLABEL

# 수학 공식집

- 블랙라벨의 모든 개념을 한 권에
- 블랙라벨 외 내용 추가 수록
- 목차에 개념 색인 수록
- 한 손에 들어오는 크기

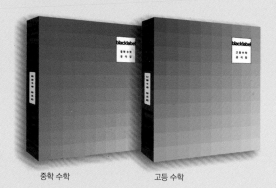

중학 수학          고등 수학